コンサイス 物理化学

D. W. ROGERS 著・中村和郎 訳

東京化学同人

Consice Physical Chemistry
by Donald W. Rogers

Copyright © 2011 by John Wiley & Sons, Inc. All rights reserved.
This translation published under license.
Japanese translation edition © 2013 by Tokyo Kagaku Dozin Co., Ltd.

刊行によせて

　大学の教員や研究機関の研究員であるといろいろ良いことがあるが，自分の研究領域における基本的事項や最近の進歩を簡潔に述べた新しい優良な教科書に出会えると喜びもひとしおである．こういう読書は，先輩研究者たちが作り上げた科学という"建物"の全体像を再度見直す楽しみを与えてくれるだけでなく，もっと大事なこととして，これまで自分が生涯をかけて科学に貢献しようと過ごしてきた日々が無駄なものではなく，なすべき価値があったのだと再確認するきっかけを与えてくれる．同じ教科書を読んでも，その領域の専門家による理解と，これから講義を受けようとしている学部学生の理解の程度はまったく異なる．教科書が複雑な積分や微分方程式でぎゅう詰めになっているのを一目見たら，将来ある学生諸君の多くはひどく怯えてしまう．一方，まったく数式を使わないで議論をするのは，厳密さを失わせることになってしまう．したがって，厳密さと簡潔さのバランスをうまくとって科学の教科書を書いていく必要があるが，そのためには著者に十分な才能が要求される．これはなかなか大変な仕事で，さらに教科書のテーマが読もうとする学生諸君の専攻とは異なる可能性もあるのでなおさらである．その点，本書，つまり Rogers 教授による教科書 "Concise Physical Chemistry" は理想的な出来となっており，上であげた優良な教科書の基準を十分に満たしたものとなっている．

　物理化学の根本原理と基本法則はずいぶん前に定式化されたものであるが，この領域の研究は今も絶えずなされており，広く深く拡がっている．その結果，物理化学のもともとの境界はますます明確でなくなり，決めるのが困難になるほどである．この約 20 年の間にも，主として計算機のハードウェア・ソフトウェアの能力増大によって，物理化学はすさまじい進歩を遂げた．これは量子力学的モデリングにおいて特に明らかである．たとえば，私が物理化学と出会った約 30 年前，量子力学によって得られる計算値が，実験値と定量的に比較できるくらいに精度良く得られる原子は水素原子のみであったのだ．ところが，この間に研究が進歩して今では熱力学データや反応データを実験値と同様，あるいはそれ以上の精度で普通に計算できるようになったのをまさに私は目撃している．研究の進歩のためには，きわめて明らかなことだが，教科書は常に良いものに改訂されていかねばならない．この教科書で，Rogers 教授は伝統的に物理化学の項目とされてきた章を踏襲して書いているが，現代の研究の観点から全部見直して各章を叙述しているのが，他書にはない特長であり，本書の強みである．

物理化学は伝統的に，物理学の原理を使って化学現象を説明し，話の筋道を明らかにする．物理化学がそういう強力な原理・理論を物理学から借りたのと同様に，数学からも微積分などのツールを借りなければならない．これが，物理化学を学ぶ過程を，刺激的でやり甲斐があり成し遂げる価値はあるものの，難しいものにしてしまいがちである．しかし，Rogers 教授が本書で使用している数学のレベルは妥当なものであり，各章を理解していくには，一般的な代数学と微積分をしっかり理解していれば，まったく問題ないといえる．Rogers 教授の論証の仕方はつねに簡潔であり，理解しやすい．理論的展開を示す例題は注意深く選ばれており，いつも的を射たものとなっている．本書は間違いなく大きな価値をもつものであり，物理化学の素晴らしい世界をこれから体験しようとするすべての方々に，私は本書を心から推薦したい．

2010 年 7 月

Worcester Polytechnic 研究所，Worcester, MA にて
Ilie Fishtik

著 者 序

"あんな奴を利口というのか,愚かというのか.本当は利口者だとすると,まるで愚か者のように見える利口者だが,本当は愚か者だったとしたら,利口者のように見える愚か者だ."

("白鯨"第99章より,ハーマン・メルヴィル)

　今日の物理化学は,古典力学と量子力学が補完し合って,力強さと普遍性をもっており,一見遠く離れていると思われる領域を見事に結びつけることができる.たとえば,優雅で簡素な古典熱力学と,複雑さにあふれる化学あるいは生化学の世界とを結びつけることが可能なのである.高いエネルギー状態から低いエネルギー状態への流れとして見ることができる分子過程は,古典熱力学の手法によって解析が可能である.化学熱力学は過程がどのように進んでいくかを示し,化学反応速度論は過程がどのくらいの速さで進むかを示してくれるのである.

　すぐには理解しがたく抽象的な量子力学の原理が,化学現象の解釈において役に立っていることに気づくことがしばしばある.19世紀に発見・研究された原子スペクトルから,今日の医療分野の検査法として確立されている磁気共鳴画像診断法(MRI)[1]に至るまでの分光学の大きな発展は,結局のところ,シンプルな原子あるいは複雑な分子からなる系とエネルギーとの間の量子力学的な相互作用をわれわれが少しずつ理解できるようになったことの結果である.

　物理化学の領域で発展してきた数学的手法は,異なるさまざまな現象に対しても適用できることが明らかとなった.まったく関係がないと思われる現象,たとえばコンデンサーにおける過渡的電位,シクロペンテンの異性化速度,海洋生物の孵化などは,同じ1階微分方程式で表すことができる.

　さて,さまざまな領域の人々が物理化学を利用するが,この範囲の非常に広い教科を3学期フルに学んだり,1000ページにもわたる教科書をマスターするということは滅多にないであろう.このような状況に鑑み,本書はつぎのような要求に応えられるように考えて執筆した.(a) 他分野の専門家が,物理化学のある領域をマスターしたい,あるいは復習したい.(b) 物理化学の指導者が,重要な領域いくつかを1学期でわかりやすく教えたい.

　しかし,本書は物理化学を浅く広く扱っている教科書ではない.各章は簡潔

---

[1] magnetic resonance imaging

ではあるが，必要な情報はすべて含まれており，最初はやさしく一般（基礎）化学の復習の数章から始まり，だんだんと本格的になり，最後のほうでは研究レベルの計算機を使った章も紹介されるように構成されている．

　本書の出版社 John Wiley 社の Anita Lekhwani さんと Rebekah Amos 氏，Long Island 大学の Tony Li 氏に感謝したい．また，長時間のスーパーコンピューター使用を寛大に許していただいたことに対し NCSA[1] および NSF[2] に，本書を書いた際の夏期研究フェローシップでお世話になった Washington 大学 Whiteley 基金に深謝する．

　最後に，本書をより良いものにしていく段階で多数の人々に助けていただいたことを認識しつつ，この書物を，最初に物理化学をお教え下さった恩師である Walter Kauzmann 先生に捧げたい．

Donald W. Rogers

---

1) National Center for Supercomputing Applications　2) National Science Foundation

訳 者 序

　本書は，米国ニューヨーク州ロング・アイランド大学のロジャーズ教授（化学科・生化学科）の"Concise Physical Chemistry"の邦訳である．物理化学の教科書というと，古くは米国のムーア教授，そしてバーロー教授，英国のアトキンス教授それぞれによる著作"Physical Chemistry"が有名であるが，すべて原著で850～1000ページからなる大作であり，学生諸君にとってはなかなかハードなものであるといえよう．それらに比べて，ロジャーズ教授による本書はそれらの約1/3のページ数で物理化学を簡潔に，しかもわかりやすく解説したものとなっている．

　さらに，上の3冊のいわば"古典的教科書"にはない新しい特長も備えている．近年のパーソナルコンピューターのハードウェアおよびソフトウェアの驚異的な進歩に鑑み，科学計算ソフト（Mathcad®），量子化学計算ソフト（Gaussian, GAMESS），分子力学計算ソフト（MM）を，本文および例題・章末問題に積極的に取入れて記述していることである*．これは今後の新しい物理化学教育の進むべき方向を指し示しており，望ましい学習方法として学生諸君にも奨励すべきと考えている．

　本書の翻訳に際しては，原著者とメールによる意見交換を密にして，翻訳の間違いをしないよう心掛けた．訳者の度重なる問合わせに辛抱強く対応してくださったロジャーズ先生に感謝の意を表するものである．また，翻訳の査読をお願いし，多くの貴重なご助言をいただいた学習院大学名誉教授 小谷正博先生に深謝申し上げる次第である．最後に，Gaussianソフトに関する数多くのコメントなどをお寄せくださった(株)菱化システム科学技術システム事業部の千葉貢治氏に厚く感謝する．

　本書の範囲は広範にわたり，訳者の専門外の事項も多く，不備な点や間違いの点もあるかもしれない．ご教示いただければ誠に幸いである．

　出版に当たってご尽力いただいた東京化学同人編集部の住田六連氏，福富美保さんに厚くお礼を申し上げる．

2013年2月

中 村 和 郎

　＊ 科学計算ソフトウェアが利用できない場合は，Excelのような表計算ソフトで代用するのがよい．かなりの部分の計算が可能だ．量子化学計算ソフトなどは，手に入れないと計算ができないが，無料で利用可能なソフトも存在する（例: GAMESS）．

目　次

第1章　理想気体の法則 ……………………………………… 1
　1・1　経験的な気体に関する法則 ……………………………… 1
　1・2　モ　ル ……………………………………………………… 2
　1・3　状態方程式 ………………………………………………… 2
　1・4　ドルトンの法則 …………………………………………… 3
　1・5　モル分率 …………………………………………………… 3
　1・6　示量変数と示強変数 ……………………………………… 3
　1・7　グレアムの流出の法則 …………………………………… 3
　1・8　マクスウェル–ボルツマン分布 ………………………… 4
　1・9　参考になる話："空間" …………………………………… 5
　1・10　状態和，分配関数 ……………………………………… 6
　例題と章末問題 …………………………………………………… 7

第2章　実在気体: 経験的な状態方程式 ……………………… 10
　2・1　ファンデルワールスの状態方程式 ……………………… 10
　2・2　ビリアル状態方程式: パラメーターを使った曲線適合 … 11
　2・3　圧縮率因子 ………………………………………………… 11
　2・4　臨界温度 …………………………………………………… 13
　2・5　換算変数 …………………………………………………… 15
　2・6　対応状態の法則 …………………………………………… 15
　2・7　非理想気体のモル質量の決定 …………………………… 16
　例題と章末問題 ………………………………………………… 16

第3章　簡単な系の熱力学 …………………………………… 19
　3・1　保存則と完全微分 ………………………………………… 19
　3・2　熱力学におけるサイクル ………………………………… 20
　3・3　線積分 ……………………………………………………… 21
　3・4　熱力学状態と系 …………………………………………… 22
　3・5　状態関数 …………………………………………………… 22
　3・6　可逆過程と経路非依存性 ………………………………… 23
　3・7　熱容量 ……………………………………………………… 24
　3・8　内部エネルギーとエンタルピー ………………………… 24
　3・9　ジュールの実験，ジュール–トムソン効果 …………… 25
　3・10　理想気体の熱容量 ……………………………………… 26
　3・11　断熱膨張 ………………………………………………… 27
　例題と章末問題 ………………………………………………… 28

第4章 熱化学 ………………………………………………………… 30
- 4・1 熱量測定法 ……………………………………………………… 30
- 4・2 内部エネルギーと生成エンタルピー ………………………… 30
- 4・3 基準状態 ………………………………………………………… 31
- 4・4 分子の生成エンタルピー ……………………………………… 31
- 4・5 反応エンタルピー ……………………………………………… 32
- 4・6 グループ内の加成性 …………………………………………… 34
- 4・7 古典力学による $\Delta_f H^{298}(g)$ ……………………………… 34
- 4・8 シュレーディンガー方程式 …………………………………… 35
- 4・9 温度による ΔH の変化 ……………………………………… 35
- 4・10 示差走査熱量測定法 …………………………………………… 36
- 例題と章末問題 ……………………………………………………… 37

第5章 エントロピーと熱力学第二法則 ……………………………… 39
- 5・1 エントロピー …………………………………………………… 39
- 5・2 エントロピー変化 ……………………………………………… 41
- 5・3 自発的過程 ……………………………………………………… 42
- 5・4 熱力学第三法則 ………………………………………………… 43
- 例題と章末問題 ……………………………………………………… 44

第6章 ギブズ自由エネルギー ………………………………………… 46
- 6・1 エンタルピーとエントロピーの組合わせ …………………… 46
- 6・2 生成ギブズ自由エネルギー …………………………………… 46
- 6・3 熱力学の基本恒等式 …………………………………………… 47
- 6・4 反応ギブズ自由エネルギー …………………………………… 47
- 6・5 ギブズ自由エネルギーの圧力依存性 ………………………… 48
- 6・6 ギブズ自由エネルギーの温度依存性 ………………………… 48
- 例題と章末問題 ……………………………………………………… 49

第7章 平衡 ……………………………………………………………… 51
- 7・1 平衡定数 ………………………………………………………… 51
- 7・2 一般的な式 ……………………………………………………… 52
- 7・3 反応進行度 ……………………………………………………… 52
- 7・4 フガシティーと活量 …………………………………………… 53
- 7・5 平衡定数の温度依存性 ………………………………………… 53
- 7・6 計算熱化学 ……………………………………………………… 54
- 7・7 化学ポテンシャル,理想的でない系の扱い ………………… 55
- 7・8 生化学の系のギブズエネルギーと平衡 ……………………… 55
- 例題と章末問題 ……………………………………………………… 56

第8章 熱力学の統計学的扱い ………………………………………… 58
- 8・1 平衡 ……………………………………………………………… 58
- 8・2 縮退と平衡 ……………………………………………………… 58
- 8・3 ギブズ自由エネルギーと分配関数 …………………………… 59
- 8・4 エントロピーと確率 …………………………………………… 60

- 8・5　熱力学関数……………………………………60
- 8・6　簡単な系の分配関数………………………61
- 8・7　種々のモードの運動に対する分配関数……62
- 8・8　平衡定数，その統計的な求め方……………62
- 8・9　計算統計熱力学……………………………63
- 例題と章末問題……………………………………64

第9章　相　　律……………………………………66
- 9・1　成分，相，自由度……………………………66
- 9・2　共　存　曲　線………………………………67
- 9・3　クラウジウス–クラペイロンの式……………68
- 9・4　部分モル体積…………………………………68
- 9・5　ギブズの相律…………………………………71
- 9・6　2成分系の相図………………………………71
- 9・7　複合的相図……………………………………73
- 9・8　3成分系の相図………………………………73
- 例題と章末問題……………………………………74

第10章　反応速度論…………………………………77
- 10・1　一次反応の速度則…………………………77
- 10・2　二　次　反　応……………………………78
- 10・3　他の次数の反応……………………………79
- 10・4　速度式の実験による決定…………………82
- 10・5　反　応　機　構……………………………82
- 10・6　反応速度への温度の影響…………………83
- 10・7　衝　突　理　論……………………………84
- 10・8　計算機による動力学………………………85
- 例題と章末問題……………………………………85

第11章　液体と固体…………………………………88
- 11・1　表　面　張　力……………………………88
- 11・2　液体と固体の熱容量………………………89
- 11・3　液体の粘度…………………………………90
- 11・4　結　　　　晶………………………………91
- 11・5　ブラベ格子…………………………………94
- 11・6　計算で求めた構造…………………………95
- 11・7　格子エネルギー……………………………95
- 例題と章末問題……………………………………96

第12章　溶　　液……………………………………98
- 12・1　理　想　溶　液……………………………98
- 12・2　ラウールの法則……………………………98
- 12・3　参考になる話：濃度の単位………………99
- 12・4　実　在　溶　液……………………………99
- 12・5　ヘンリーの法則……………………………100
- 12・6　蒸　気　圧…………………………………100

12・7	沸点上昇	101
12・8	浸透圧	102
12・9	束一的性質	104
例題と章末問題		105

第13章　電量分析と伝導率　108

13・1	電位	108
13・2	抵抗率，伝導率，コンダクタンス	109
13・3	モル伝導率	110
13・4	部分的な電離，弱電解質	111
13・5	イオン移動度	111
13・6	ファラデーの法則	112
13・7	移動度とコンダクタンス	112
13・8	ヒットルフセル	113
13・9	イオンの活量	113
例題と章末問題		115

第14章　化学電池　117

14・1	ダニエル電池	117
14・2	半電池	118
14・3	半電池の電位	118
14・4	電池図	118
14・5	電気的仕事	119
14・6	ネルンストの式	119
14・7	濃淡電池	120
14・8	$E°$の決定	120
14・9	溶解度積と安定度定数	121
14・10	平均イオン活量係数	122
14・11	カロメル電極	122
14・12	ガラス電極	122
例題と章末問題		123

第15章　前期量子論から量子力学へ　125

15・1	水素原子スペクトル	125
15・2	前期量子論	126
15・3	分子量子化学	127
15・4	ハートリー独立電子法	129
15・5	参考になる話：原子単位	130
例題と章末問題		130

第16章　簡単な系の波動力学　133

16・1	波動	133
16・2	波動方程式	133
16・3	シュレーディンガー方程式	134
16・4	量子力学の系	135
16・5	一次元の箱の中の粒子	135

- 16・6　立方体中の粒子 ……………………………………………… 137
- 16・7　水素原子 ………………………………………………… 138
- 16・8　縮退度の解消 ……………………………………………… 139
- 16・9　直交性と重なり …………………………………………… 140
- 16・10　多電子原子の系 …………………………………………… 141
- 章末問題 ………………………………………………………… 142

第17章　変分法: 原子の場合 …………………………………… **143**
- 17・1　変分法の基本 ……………………………………………… 143
- 17・2　永年行列式 ………………………………………………… 143
- 17・3　水素原子に対する変分法 ……………………………………… 145
- 17・4　ヘリウム原子 ……………………………………………… 146
- 17・5　スピン …………………………………………………… 149
- 17・6　ボース粒子とフェルミ粒子 …………………………………… 149
- 17・7　スレーター行列式 …………………………………………… 149
- 17・8　構成原理 ………………………………………………… 150
- 17・9　第2周期の原子やイオンのSCFエネルギー ……………………… 151
- 17・10　スレーター型軌道（STO） …………………………………… 151
- 17・11　スピン-軌道カップリング …………………………………… 152
- 例題と章末問題 …………………………………………………… 152

第18章　分子構造の決定 ………………………………………… **154**
- 18・1　調和振動子 ………………………………………………… 154
- 18・2　フックの法則とポテンシャル井戸 ……………………………… 155
- 18・3　二原子分子 ………………………………………………… 156
- 18・4　量子的剛体回転子 …………………………………………… 156
- 18・5　マイクロ波分光学: 結合の強さと結合距離 ……………………… 157
- 18・6　電子スペクトル ……………………………………………… 157
- 18・7　双極子モーメント …………………………………………… 157
- 18・8　核磁気共鳴（NMR） ………………………………………… 159
- 18・9　電子スピン共鳴（ESR） ……………………………………… 161
- 例題と章末問題 …………………………………………………… 161

第19章　古典的分子モデリング …………………………………… **164**
- 19・1　エンタルピーを求める加成的方法 ……………………………… 164
- 19・2　結合エンタルピー …………………………………………… 164
- 19・3　構造 ……………………………………………………… 165
- 19・4　構造とエンタルピー: 分子力学法 ……………………………… 166
- 19・5　分子モデリング ……………………………………………… 167
- 19・6　GUI ……………………………………………………… 167
- 19・7　熱力学的性質を求める ……………………………………… 167
- 19・8　他の手法との比較 …………………………………………… 168
- 19・9　遷移状態 ………………………………………………… 169
- 例題と章末問題 …………………………………………………… 169

第 20 章　量子力学的分子モデリング ················ **173**

20·1　分子変分法 ···················· 173
20·2　水素分子イオン ················ 173
20·3　一般的な分子軌道の計算 ········ 175
20·4　半経験的方法 ·················· 176
20·5　*ab initio* 法 ··················· 176
20·6　ガウス型基底関数系 ············ 177
20·7　組込みパラメーター ············ 178
20·8　分子軌道 ······················ 179
20·9　メタン ························ 181
20·10　分割価電子基底関数系 ········· 181
20·11　分極基底関数 ················· 182
20·12　ヘテロ原子: 酸素 ············· 182
20·13　メタノールの Δ_fH^{298} の求め方 ··· 183
20·14　さらなる基底関数系の改良 ····· 185
20·15　ポスト・ハートリー–フォック計算 ··· 185
20·16　摂動法 ······················· 185
20·17　スクリプト ··················· 186
20·18　密度汎関数法 (DFT) ·········· 187
例題と章末問題 ······················ 187

第 21 章　光化学と化学反応論 ················ **190**

21·1　アインシュタインの法則 ········ 190
21·2　量子効率 ······················ 190
21·3　結合解離エンタルピー (BDE) ·· 192
21·4　レーザー ······················ 192
21·5　アイソデスミック反応 ·········· 192
21·6　反応速度に関するアイリング理論 ··· 193
21·7　ポテンシャルエネルギー表面 ···· 193
21·8　定常状態における擬平衡 ········ 195
21·9　活性化エントロピー ············ 195
21·10　活性錯体の構造 ··············· 196
例題と章末問題 ······················ 196

付表 1: 基本的物理定数 ················ 199
付表 2: 熱力学的諸量表 ················ 200
付表 3: 25 °C における標準還元電位 ··· 201
章末問題の解答 ······················ 203
参 考 文 献 ·························· 207

索　　引 ···························· 211

1

理想気体の法則

17～18世紀に，ガリレオやニュートンのような科学者が天文学や力学の分野で成功したのに触発された思慮深い人々が身の回りに起こる現象の間の結びつきを注意深く定量的に観察しようとし始めた．この人々のなかに，英国の化学者ボイル[1]，フランスの有名な気球乗りであったシャルル[2]がいた．

1·1 経験的な気体に関する法則

物理化学の教科書の多くは理想気体に関するボイルの法則とシャルルの法則で始まっており，それらは

$$pV = k_1 \quad (\text{ボイル，1662}) \quad (1\cdot1)$$

および

$$V = k_2 T \quad (\text{シャルル，1787}) \quad (1\cdot2)$$

と表される．定数 k_1 と k_2 は実験を何回か行って平均を求めることにより得られる．ボイルの式の場合は定温条件下で pV を，シャルルの式の場合は定圧条件下で V/T を求め，平均すればよい．これらの実験は，マノメーター（圧力計）と温度計があれば簡単に行うことができる．

1·1·1 ボイル-シャルルの法則

上の二つの法則を組み合わせると，つぎのような式が成り立つことがわかる．

$$\frac{pV}{T} = k_3 \quad (1\cdot3)$$

いま考えている気体の質量（単位 g）が原子量あるいは分子量に等しい（つまり，1モルの）場合は，k_3 は R と記すことになっており，つぎのような式になる．

$$pV = RT \quad (1\cdot4)$$

気体が n モルの場合は，つぎのようになることは明らかである．

$$pV = nRT \quad (1\cdot5)$$

定数 R は**気体定数**[*1]とよばれている．

1·1·2 単位

容器に入った気体の圧力 p は，分子が容器の壁（面積 A）を単位時間に押す力の総和 f の結果であるといえる．つまり，つぎのように表される．

$$p = \frac{f(\text{単位は N})}{A(\text{単位は m}^2)} \quad (1\cdot6)$$

f は単位 N（ニュートン）で，A は単位 m²（平方メートル）で与えられるのが普通である．計算結果の単位 N m^{-2} は Pa（パスカル）とよばれる．Pa は通常の実験における圧力の $\frac{1}{10^5}$～$\frac{1}{10^6}$ 程度の小さい単位なので，1 bar ≡ 10⁵ Pa という単位 bar（バール）を使うのが便利である[*2]．

MKS（m, kg, s）系[*3]での体積の単位は論理的には m³ になるが，これは大きすぎて通常の実験室ではあまり使われず，L（リットル）のほうがよく使われる．1000 L が 1 m³ に等しい．したがって，L に相当する MKS 単位名は立方デシメートル dm³ である（dm = $\frac{1}{10}$ m）．1 m³ には 1000 個の 1 dm³ が入り，1 m³ には 1000 個の 1 L が入るので，1 L = 1 dm³ であ

[*1] 訳注：原著では universal gas constant（一般気体定数）と記されているが，単なる気体定数のほうがよく使われているので，**気体定数**と訳すことにする．
[*2] 訳注：圧力の SI 単位は Pa である．1 bar は通常の大気圧（1 atm = 1.013 bar）に近い．
[*3] 訳注：m(長さ)，kg(質量)，s(時間)．これに A (電流) を合わせた単位系を MKSA 単位ともよぶ．国際単位系（SI）は MKSA 単位を含んでいる．

1) Robert Boyle   2) Jacques Alexandre César Charles

ることは明らかだ.

温度の単位は K（ケルビン）で，質量の単位は kg（キログラム）．厳密にいうと質量と重量は異なるが，本書ではあまり気にしない場合もある．化学者は，純物質の量[1]をモル単位で表現するのが好きである．kg 単位で[*4]表した物質の質量を m，モル質量を M とすれば，物質量 n はつぎのように求まる．

$$n = \frac{m}{M} \tag{1·7}$$

圧力 p を単位 $\mathrm{N\,m^{-2}}$ で，体積 V を単位 $\mathrm{m^3}$ で表した場合，pV の単位は N m となり，エネルギーの単位 J（ジュール[2]）となる．これよりつぎの式から

$$R = \frac{pV}{nT} \tag{1·8}$$

R の単位は $\mathrm{J\,K^{-1}\,mol^{-1}}$ と与えられる．実験値から R はつぎのような値になることがわかっている．

$R = 8.314\ \mathrm{J\,K^{-1}\,mol^{-1}} = 0.08206\ \mathrm{atm\,dm^3\,K^{-1}\,mol^{-1}}$

ここで，atm は気圧[3]を表す古い単位であるが，現在も使われている．

1·2 モ ル

モル[4]（古い書物においてはグラム分子量とよばれていた）の概念は，1811 年にアボガドロが提出した考えに由来している．それはアボガドロの法則とよばれ，"同じ圧力・温度のもとで同じ体積の気体は同じ数の粒子からなる" というものである．これは，粒子同士の斥力で特徴づけられる気体状態のイメージから導き出された，どちらかというと直感的な結論である．サンプルの量を 2 倍，3 倍…にしていけば，粒子の数，ひいては気体の体積も 2 倍，3 倍…となっていく．当時，水を電気分解すると酸素 1 容積に対して，水素は 2 容積をもつことが知られていた．これに基づき，アボガドロは水の分子式を H_2O と導き出した．

アボガドロの時代，水の電気分解で得られる酸素の質量が水素の質量の 8 倍であることが知られていた．上の 2 対 1 仮説によってアボガドロは，個数の少ない酸素原子は個数の多い水素原子より $2 \times 8 = 16$ 倍も重いであろうと推論した．この理論的な考察から，原子量あるいは分子量という概念へ，また原子量あるいは分子量に等しい純物質の量へと繋がったわけである．今日では，これをモル[*5]とよんでいる．さまざまな方法で，これまで純物質の 1 モル中に含まれる粒子の数の決定がなされてきたが，その結果は 6.022×10^{23} であり，現在ではアボガドロ定数 N_A とよばれている．理想気体の 1 モルは N_A 個の粒子を含み，圧力 1 bar，絶対温度 298.15 K のもとでは 24.79 $\mathrm{dm^3}$ を占めることが知られている．

1·3 状態方程式

純粋気体 1 モルの場合の式 $pV = RT$ は理想気体の**状態方程式**[5]とよばれる．R は定数であるから，気体の状態方程式はもっと一般的なつぎのような表し方ができる．

$$p = f(V, T) \tag{1·9}$$

ほかにも状態方程式の書き方はある．実際，さまざまな場合に適する多数の状態方程式が存在する（Metiu, 2006）．これら状態方程式の共通した特徴は，三つの変数のうち二つが**独立変数**[6]であり，定数とともに第三の**従属変数**[7]の値を決めることである．一般的な式は，上に示した $p=f(V, T)$ のほかに

$$V = f(p, T) \tag{1·10}$$

あるいは

$$T = f(p, V) \tag{1·11}$$

が考えられる．二つの独立変数と一つの従属変数がある限り，このようになる．つまり，1 モルの純物質の**自由度**[8]はいつも 2 である（独立変数が 2 個ある）といえる．サンプルに関する他の観測可能な物理的特性は，より一般的な式でつぎのように表すことができる．

$$z = f(x_1, x_2) \tag{1·12}$$

この一般式における変数は p や V に結びつかないように見えるが，原理的に状態方程式は二つの独立変数をもつものであり，こう表すことができる．

自由度 2 をもつ系に対する状態関数（§3·5 参照）z の微小変化 dz は，二つの独立変数における微小変化それぞれに感度係数，つまり偏微分係数[*6]$\left(\frac{\partial z}{\partial x_1}\right)_{x_2}, \left(\frac{\partial z}{\partial x_2}\right)_{x_1}$ を乗じた項の和で与えられる．独立変数 x_1 の微小変

[*4] 一般的に，測定量は斜体（イタリック）文字で，単位は立体（ローマン）文字で書かれることになっている．
[*5] モルの英語は mole だが，単位は mol である．
[*6] 訳注：§3·1·1 の訳注 5 を参照．

1) amount　2) joule　3) atmosphere　4) mole　5) equation of state　6) independent variable
7) dependent variable　8) degree of freedom

化 dx_1 に対する従属変数 z の変化が敏感であれば偏微分係数は大きくなり，敏感でない場合は小さくなるわけで，dz はつぎのように表せる．

$$dz = \left(\frac{\partial z}{\partial x_1}\right)_{x_2} dx_1 + \left(\frac{\partial z}{\partial x_2}\right)_{x_1} dx_2 \quad (1 \cdot 13)$$

偏微分の添え字 x_1 と x_2 は，一方の独立変数について微分するとき，他方の添え字の変数は定数とみなして行うことを意味する．この後の第2章で，状態方程式についてさらに検討していくこととする．

1·4 ドルトンの法則

定温かつ定圧のもとでは，アボガドロの法則により，理想気体の体積は気体粒子の数に比例する．つぎのような式が成り立つ．ここで V_m はモル体積である．

$$V = n\left(\frac{RT}{p}\right) = nV_m \quad (1 \cdot 14)$$

アボガドロの法則は，気体粒子の種類に関係なく成立するので

$$p = n\left(\frac{RT}{V}\right)_{\text{const}} \quad (1 \cdot 15)$$

と書ける．粒子の種類が違っても圧力は変わらないので，理想気体の混合物[*7]の全圧は存在する各気体のモル数[*8]によってつぎのように決まることになる．

$$p = n_1\left(\frac{RT}{V}\right)_{\text{const}} + n_2\left(\frac{RT}{V}\right)_{\text{const}} + \cdots = \sum_i n_i \left(\frac{RT}{V}\right)_{\text{const}}$$

$$= \left(\frac{RT}{V}\right)_{\text{const}} \sum_i n_i \quad (1 \cdot 16)$$

各気体は，あたかもそれぞれが単独で容器に入っているかのようにふるまうので，**分圧**[1] p_i という概念が生まれた．分圧は，混合気体中のある気体が単独で示す圧力を意味する．以上のことは，つぎの混合気体に関するドルトンの分圧の法則で表現される．

$$p_{\text{total}} = \sum_i p_i \quad (1 \cdot 17)$$

理想気体の状態は粒子の数によって決まり，個々の気体の種類には関係しないというアボガドロの考えを強調することは大事だが，それはさておきドルトンの法則から**圧力分率**[2] というものが定義できる．混合気体のある要素による圧力の全圧に対する比であり，つぎのように表される．

$$X_{p_i} = \frac{p_i}{\sum_i p_i} \quad (1 \cdot 18)$$

1·5 モル分率

各気体の圧力は物質量に比例し，比例定数は同じであること（式 1·15）を考え合わせると，上で求めた圧力分率はつぎの**モル分率**[3] で置き換えられることがわかる．

$$X_i = \frac{n_i}{\sum_i n_i} \quad (1 \cdot 19)$$

実在気体の圧力は近似的にしかドルトンの法則に従わないが，粒子の数（物質量）は理想気体のふるまいとは関係がないので，つぎのモル分率の和の式

$$X_{\text{total}} = \sum_i X_i \quad (1 \cdot 20)$$

は，理想気体，実在気体，液体や固体といった混合物，溶液に対しても厳密に成り立つ．

1·6 示量変数と示強変数

質量 m は**示量変数**[4] である．一方，密度 ρ は**示強変数**[5] である．サンプルの量を2倍にした場合，質量は2倍となるが，密度は一定の圧力 p および温度 T のもとでは変化しないからである．1モル当たりの量は示強変数であることもわかる．たとえば，一定の p および T のもとでサンプルの量を2倍にしたとき，モル体積（1モル当たりの体積）は，密度と同様に変化しない．

1·7 グレアムの流出の法則

ある気体に対して，ある温度においてその p および V を測定すれば，気体定数 $R = 8.314$ J K^{-1} mol^{-1} $= 0.08206$ dm^3 atm K^{-1} mol^{-1} を使って，理想気体近似のもとでサンプル気体の原子量あるいは分子量を計算することができる．一方，これとは異なるやり方でも分子量を求めることが可能だ．**グレアムの流出の法則**[6] である．これは気体が入った容器に大変小さな穴があるとき，そこを通って出ていく気体分子の速さは粒子の質量，つまり原子量あるいは分子量の平方根に反比例するという法則である．それで，二つの気体の流出速度を測定すれば，片方の分子量が既知で，もう一方

[*7] 実在気体の多くは，通常の室温中ではほぼ理想気体と扱ってよい．
[*8] 訳注：原著では "number of moles (モル数)" が多用されているが，IUPAC に従って，以後，"物質量" を使用する．
1) partial pressure 2) pressure fraction 3) mole fraction 4) extensive variable 5) intensive variable
6) Graham's law of effusion

が未知のとき，分子量(既知)/分子量(未知)が得られ，結局のところ分子量(未知)が求まることになる．

その重要な医療向けの応用(透析)もあるが，それは別として，グレアムの仕事は気体粒子のランダムな動きやその速さに焦点を当てることとなった．グレアムの法則は，容器の壁(小さな穴がある)にぶつかる粒子からなる大きな**アンサンブル**[*9,1)]の結果として説明することができる．穴が小さいので，ほんの少しの粒子しか容器から出ることはできないと考えてよく，脱出確率は，粒子がどれほど速く動くかによって決まる．速い粒子は遅い粒子よりも容器の壁と頻繁に衝突するからである．

標準的な導出(例題1・2)によって，つぎのような式が得られる．

$$pV = \frac{1}{3} N_A m \overline{v^2} \quad (1\cdot21)$$

ここで，$\overline{v^2}$ は 1 モルの理想気体からなるアンサンブルの速度の2乗の平均である．$pV = RT$ は単位 J K^{-1} mol^{-1} × K = J mol^{-1} をもつので，pV は**モル当たりエネルギー**[2)]である．気体の温度を上げるには，エネルギーを必要とする．野球のボールのような動く物体の運動エネルギーは $E_{kin} = \frac{1}{2} m v^2$ である．v は速さで，m は質量である．ここで，一次元の x 空間を考え，x 方向に点粒子が衝突しあうことなく動くものとする．分子としての粒子の運動エネルギーが，もっと質量の大きい粒子の場合と同じような法則に従うとすれば，つぎの式が成り立つ．

$$\frac{1}{2} m \overline{v_x^2} = \overline{E_{kin}} \quad (1\cdot22)$$

ここで，$\overline{E_{kin}}$ は**運動エネルギー**[3)]の平均である．運動エネルギーは点粒子がもつことができる唯一のエネルギーである．式(1・21)に式(1・22)を代入すると，つぎのようになる．

$$pV = \frac{2}{3} N_A \overline{E_{kin}} \quad (1\cdot23)$$

一方，1モルの気体の pV は RT に等しいので，つぎの式も成り立つ．

$$pV = RT = \frac{1}{3} N_A m \overline{v_x^2} \quad (1\cdot24)$$

この式を使えば，どんな温度における分子の平均速さも計算することが可能となる．実際に計算してみると，かなりの速さであることがわかる[*10]．たとえば，窒素分子の場合は室温で400 m s^{-1}（メートル/秒）であり，水素分子では驚くべき速さでほぼ2000 m s^{-1}である．平均の求め方にはいろいろなものがあり(平均，最頻値，根平均二乗)，求め方によって，それぞれの値には若干の違いが生じてくる．

1・8 マクスウェル–ボルツマン分布

たとえ温度が一定であっても，容器に入っている気体の粒子はすべて同じ速度で動いているわけではない．速度の**確率密度分布** ρ_v[4)]をもって動いているのである．その分布は $v = 0$ の周りにランダムに分布し，よく知られているガウス分布 e^{-v^2} に従っている．

v の絶対値が大きいところでは，確率密度は落ち込む．平均値と大きく異なる速度をもつ粒子を見つける確率は小さいのである(図1・1)．平均値のところで縦軸をたてると曲線は軸対称になる．$v = 0$ にピークがあることは，一見，最も確率の高い速さはゼロということを示してしまうので，誤解を招きやすいかもしれない．そうではない．絶対零度でなければどんな温度においても粒子は止まってはいない．$v = 0$ にピークが現れることは，粒子の速度は右へも左へも分布するからである．分布がランダムであるとすれば，その中心はゼロとなることは理解できるであろう．

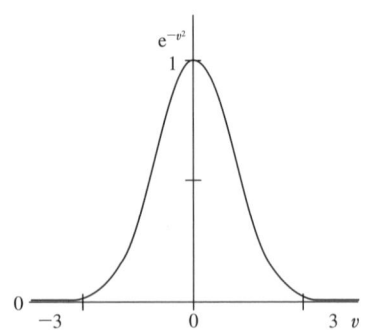

図1・1 絶対零度以外での理想気体粒子の速度の確率分布[*11]

分子の速さに関するマクスウェル–ボルツマン分布は，もともとは図1・1に示したように粒子の速度は連続的に分布すると仮定して導き出された．つまり，

---

*9 訳注：アンサンブルは統計力学の用語であり，厳密な定義があるが，ここでは"さまざまな速さをもつ粒子の集合体"と理解しておくことにしよう．

*10 訳注：速さは speed，速度は velocity．後者はベクトルで，前者は速度ベクトルの長さを表すスカラーである．正確に言えば，$\overline{v_x^2}$ が求まり，次元(単位)を合わせるために平方根をとった根平均二乗速さ $\sqrt{\overline{v_x^2}}$ を計算している．

*11 訳注：横軸の3は3σを表している．

1) ensemble（集合体）　2) molar energy　3) kinetic energy　4) probability density

$\overline{E_{kin}}$ はどんな値もとることができるとした．しかし，量子力学の法則はこれを否定し，エネルギーの**離散的な分布**[1]を要求し，図1·2のようなとびとびのエネルギー準位となる．図1·1と図1·2の関連は，後者を左に90°回すことにより得られる．高いエネルギー準位の粒子の数は，ガウス分布に従ってしだいに少なくなっていく．縮退（すぐ後で説明する）のない場合，離散的なエネルギー準位に対するマクスウェル–ボルツマン分布は

$$\frac{N_i}{N_0} = e^{-\varepsilon_i/k_B T} \qquad (1·25)$$

と表される．ここで，N_i はエネルギー ε_i をもつ準位にある粒子の数，N_0 は最低のエネルギー準位にある数である．特別なことがない限り，$\varepsilon_0 = 0$ とするのが普通である*12．エネルギーはスカラー量で，分子のアンサンブルの**速さ**[2]の2乗に比例する．図1·2において，エネルギー準位の**占有数**[3]はエネルギーが高くなるにしたがい急激に落ち込んでいくのがわかる．

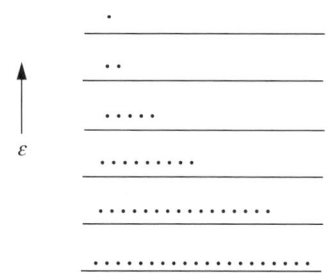

図1·2 離散的なエネルギー準位に対するマクスウェル–ボルツマン分布．粒子（点で表されている）の分布は静止しているわけではなく，準位間で迅速に入れ替わる．準位は必ずしも等間隔ではない．

縮退度[4]という用語は，2個あるいはそれ以上の等しいエネルギー準位が存在しているときに使われる．量子力学においてはそういう場合はしばしばみられる．そのような場合でマウスウェル–ボルツマン分布を考えるときは，準位 ε_i にある粒子の個数に，そのエネルギーをもつ準位の数（縮退度）g_i が掛けられることになる*13．

$$\frac{N_i}{N_0} = g_i e^{-\varepsilon_i/k_B T} \qquad (1·26)$$

縮退度は常に整数であり，通常は小さな数である．1モルの場合，$E_{kin} = \frac{3}{2}RT$ だから粒子1個当たりの運動エネルギーの**期待値**[5]（平均値）$\langle \varepsilon_{kin} \rangle$ はつぎのように与えられる．

$$\langle \varepsilon_{kin} \rangle = \frac{3}{2} \frac{R}{N_A} T \qquad (1·27)$$

この式より重要な定数 k_B の値が求まり

$$\frac{R}{N_A} = k_B = \frac{8.314}{6.022 \times 10^{23}} = 1.381 \times 10^{-23} \text{ J K}^{-1}$$

となり，つぎの式が成り立つ．

$$\langle \varepsilon_{kin} \rangle = \frac{3}{2} k_B T \qquad (1·28)$$

ここで，k_B は粒子1個に対する[6]気体定数とみることができ，**ボルツマン定数**[7]とよばれている．N_i/N_0 は無名数で，式(1·25)より $\ln(N_i/N_0) = -\varepsilon_i/k_B T$ だから，$k_B T$ はエネルギーの単位をもつことになる．ここで，$y = e^x$ ならば，$\ln y = x$ となることを使っている．

1·9 参考になる話：“空間”

確率密度という用語が§1·8で出てきた．これは通常の密度とは異なる言葉だが，似ている側面がある．密度は普通に使われる言葉で，単位体積当たりの質量（m/V）であり，**確率密度**は空間における単位体積当たりの確率として定義される．一つの軸に沿った距離を示す変数は**空間**[8]を定義するといえる．たとえば，水平な軸に沿って x 座標を定めることは一次元の x 空間を定義することになる．また，x, y, z 座標からなる空間はお馴染みの三次元空間[9]であり，それを考え出した17世紀の数学者・哲学者デカルト[10]の名をとってデカルト座標ともよばれる．関数をプロットするときは，互いに直交する座標を使うのが普通であり，それが数学的にも便利であることが多い．速度をある軸に沿って考えるとき，一次元の速度空間をもつことになる．そして，確率密度 ρ がプロットされる場合は，速度とは別の軸に沿ってプロットされることになる．その結果は二次元の**確率密度–速度空間**[11]

---

*12 他のエネルギーと同様に，零点は任意の点でかまわない．
*13 訳注：厳密に書けば，$\frac{N_i}{N_0} = \frac{g_i}{g_0} e^{-\varepsilon_i/k_B T}$ となる．

1) discontinuous spectrum   2) speed   3) population   4) degeneracy   5) expectation value   6) per particle
7) Boltzmann constant   8) space   9) 3-space   10) Rene Descartes   11) probability density-velocity space

となる．$\rho(v)$ が二次元空間でプロットされる場合は，結果は三次元空間における関数となる．つまり，速度 v が一次元，二次元，三次元で表される場合，関数 $\rho(v)$ は，一次元多いそれぞれ二次元，三次元，四次元で表されることになる．**多次元空間**[1] とか**超空間**[2] とかいう用語が用いられることもあるが恐れる必要はない．普通に用いられる用語を単に数学的に拡張したにすぎないからである．

三次元空間におけるガウス分布，つまり4番目の曲面はよくわかるように描画することはなかなか困難だが，球の中心で極大をもつ球対称の分布図としてイメージすることができるであろう．図 1・3 における球は，原点を中心としてどんな方向にいくら回しても分布が不変であることは明らかだ．

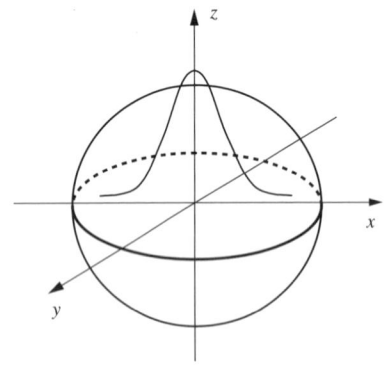

図 1・3 三次元におけるガウス確率密度分布．分布曲面は四次元目で表示される[*14]．確率密度の極大は球の中心にある．

1・10 状態和，分配関数

系のすべての状態に存在する粒子の数を足し合わせると系に含まれる粒子の総数 N になる．

$$\sum_i N_i = N \qquad (1 \cdot 29)$$

§1・8 で導いたマクスウェル–ボルツマン分布の式 (1・26) を使えば，つぎの式が成り立つ．

$$\sum_i N_i = \sum_i N_0 g_i e^{-\varepsilon_i/k_B T} = N \qquad (1 \cdot 30)$$

この $N = N_0 \sum g_i e^{-\varepsilon_i/k_B T}$ で $N_i = N_0 g_i e^{-\varepsilon_i/k_B T}$ を辺々割ると

$$\frac{N_i}{N} = \frac{N_0 g_i e^{-\varepsilon_i/k_B T}}{N_0 \sum g_i e^{-\varepsilon_i/k_B T}} = \frac{g_i e^{-\varepsilon_i/k_B T}}{Q} \qquad (1 \cdot 31)$$

となる．ここで，真ん中の分数の分母の和の部分に Q という名前をつけた．この重要な和はしばしば現れ，**状態和**[3] あるいは**分配関数**[4] とよばれている．式 (1・31) を書き換えると，つぎのようになる．

$$N_i Q = \underbrace{N g_i e^{-\varepsilon_i/k_B T}}_{\text{定温では一定}} \qquad (1 \cdot 32)$$

分子の総数 N と温度 T が決まれば，ある特定のエネルギー状態に対しては式 (1・32) の右辺の値は一定になる．したがって，$N_i Q =$ 一定．状態和はスケール因子に相当するものとなり，$N_i =$ 一定 $/Q$ だから，ある状態の相対的占有数を決める働きをするのである．Q が大きい場合は各状態には粒子はまばらにあり，Q が小さい場合は各状態には粒子は密にあることになる．Q について別の見方をすると，系に可能な状態の数ともいえる．可能な状態の数が多い場合（Q が大）は，少ない場合（Q が小）の場合よりまばらに粒子があることになる．

ある状態にある粒子の数[5] の粒子の総数に対する比，つまり N_i/N は厳密にいえば確率でしかない．しかし，たとえば 1 モルの気体に含まれる粒子の数は膨大になるので，N_i/N は確実なものになると考えてよい．N_i/N すべての和は 1 となることはつぎの式よりわかる．

$$\sum_i \frac{N_i}{N} = \frac{\sum_i N_i}{N} = \frac{N}{N} = 1 \qquad (1 \cdot 33)$$

三次元空間における分子の速度の確率分布は，原点を起点とするランダムな方向のベクトルの集合と見ることができる．図 1・4 に示すように，速さ v を横軸としてプロットすると，原点近くでは確率 P はゼロに近づく．これは，極座標を使って確率密度を表すとわかりやすい．原点付近では確率密度は大きいが，体積は非常に小さいものになってしまうからである[*15]．

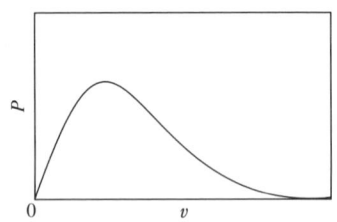

図 1・4 球状速度空間における分子の速さの確率分布

---

*14 訳注：四次元目を色の濃さで表す方法も考えられる．
*15 訳注：確率＝確率密度×体積．

1) many-dimensional space 2) hyperspace 3) sum-over-states 4) partition function 5) occupation number

一方,動径*16 が大きくなるにしたがって空間*17 はしだいに大きくなっていくが,反対に確率密度はガウス関数にしたがって小さくなっていく.そこで,その中間で確率分布は極大をもつわけである(図1・4).

例題と章末問題

例題 1・1 ボイル-シャルルの法則

ボイルの法則とシャルルの法則を結合してボイル-シャルルの法則を導け.

解法 1・1 理想気体を,ある状態 $p_1V_1T_1$ からスタートして,状態 $p_2V_2T_2$ へ二つのステップで変化させよう.まず圧力を変化させ,つぎに温度を変化させるのである.圧力を p_1 から p_2 へ変化させると,ボイルの法則により体積は,温度は T_1 のまま,つぎのような体積 V_x に変化する.

$$p_1V_1 = p_2V_x \quad (T_1 = \text{一定})$$

$$V_x = \frac{p_1V_1}{p_2}$$

今度は温度を,圧力 p_2 のまま T_2 に変化させると,シャルルの法則により

$$\frac{V_x}{T_1} = \frac{V_2}{T_2} \quad (p_2 = \text{一定})$$

$$V_x = T_1\frac{V_2}{T_2}$$

を得る.上の二つの式の V_x が等しいとして

$$\frac{p_1V_1}{p_2} = T_1\frac{V_2}{T_2}$$

$$\frac{p_1V_1}{T_1} = \frac{p_2V_2}{T_2}$$

という式が得られる.任意の状態に対して pV/T の値が等しいということがわかるから,どんな状態でも一定の値 k に等しいとすると,つぎのようになる.

$$\frac{pV}{T} = k = \text{定数}$$

これがボイル-シャルルの法則である.

この法則に従うと,理想気体という制限はあるが,どんな量の気体に対してもこの定数を求めることができる.ここで,気体が1モルのときの体積[1) を V_m とすると,つぎの式が成り立つ.

$$\frac{pV_\text{m}}{T} = \frac{p\left(\frac{V}{n}\right)}{T} = R$$

ここで,n は気体サンプルの物質量であり,右側の等式をさらに変形すると

$$\frac{pV}{T} = nR$$

となる.ここで,R は気体定数とよばれるもので,理想気体近似のもとで,いかなる種類の気体に対しても使用可能な定数である.R の値は,1 bar, 298.15 K の条件下では体積が 24.790 dm³ を占めることから,つぎのように求まる.

$$R = \frac{p\left(\frac{V}{n}\right)}{T} = \frac{1.0000 \times 24.790}{298.15} = 0.083146$$

この場合,単位は bar dm³ K⁻¹ mol⁻¹ である.体積を単位 m³ で表すときは,R は 0.083146 bar dm³ K⁻¹ mol⁻¹ = 10²×0.083146 = 8.3146 J K⁻¹ mol⁻¹ となる*18.気体定数の単位は J K⁻¹ mol⁻¹ であることを銘記しておこう.R の文献値は 8.314472 J K⁻¹ mol⁻¹ である.(CRC Handbook of Chemistry and Physics, 2008-2009, 89th ed. 基本物理定数の値は巻末の付表1参照.)

例題 1・2 マクスウェル-ボルツマン分布

つぎの式を導出せよ.

$$pV = \frac{1}{3}N_\text{A}m\overline{v^2}$$

ここで,N_A はアボガドロ定数,m と $\overline{v^2}$ は,稜が l dm の立方体の容器に入っている理想気体分子の質量と速さの二乗の平均である.

解法 1・2 長さ l の稜をもった立方体容器の中で x 方向に動く粒子(原子または分子)を考えよう.粒子は壁に垂直に進むとし,一つの壁への衝突だけを考える.これから衝突へ向かう粒子の運動量は mv_x,衝突から戻る粒子の運動量は,速度が逆だから $-mv_x$ である.したがって,1回の衝突での運動量の変化は $2mv_x$ となる.一方,粒子は1往復して1回その壁に衝突するのだから,1秒当たりの衝突の回数(衝突頻度)は $v_x/2l$ となる.壁にかかる力は時間 t に関する

---

*16 訳注: この場合,v である.
*17 訳注: オレンジの皮のような薄い球殻の体積.
*18 訳注: bar $\left(\frac{10^5 \text{ N m}^{-2}}{1 \text{ bar}}\right)$ dm³ $\left(\frac{10^{-3} \text{ m}^3}{1 \text{ dm}^3}\right)$ K⁻¹ mol⁻¹ = 10² N m K⁻¹ mol⁻¹ = 10² J K⁻¹ mol⁻¹.

1) molar volume

運動量 p の変化率（dp/dt）である*19．ニュートンの第二法則によれば，$F=ma=dp/dt$ だからである（a は加速度，単位時間つまり1秒間での速度の変化）．したがって，1個の粒子が単位時間にその壁に与える力は（衝突当たりの力）×（単位時間当たりの衝突回数）となるので，つぎのようになる．

$$F = 2mv_x \frac{v_x}{2l} = \frac{mv_x^2}{l}$$

圧力 p は全粒子が単位面積の壁に与える力であり，また壁の面積 A は $A=l^2$ であるから，粒子が N_A 個（1モル）あり，v_x^2 の平均を $\overline{v_x^2}$ と記すと

$$p = \frac{N_A m \overline{v_x^2}}{l}\left(\frac{1}{A}\right) = \frac{N_A m \overline{v_x^2}}{l}\left(\frac{1}{l^2}\right)$$
$$= \frac{N_A m \overline{v_x^2}}{l^3} = \frac{N_A m \overline{v_x^2}}{V}$$

となる．ここで，V は容器の体積である．粒子の運動に方向の偏りがない，つまりまったくランダムである場合，$\overline{v_x^2} = \overline{v_y^2} = \overline{v_z^2}$ が成り立つので，結局

$$\overline{v^2} = \overline{v_x^2} + \overline{v_y^2} + \overline{v_z^2} = \overline{v_x^2} + \overline{v_y^2} + \overline{v_z^2} = 3\overline{v_x^2}$$

となるので，つぎのようになる．

$$p = \frac{1}{3} N_A \frac{m\overline{v^2}}{V}$$

ここで，$\overline{v^2}$ は粒子の速さの二乗の平均である．V を左辺に移項すれば，答となる．

pV という式は単位としてエネルギーをもち，質量 m の粒子が速度 v で動くときの運動エネルギーが $\frac{1}{2}mv^2$ であることをすでに学んでいることから，すぐに題意の pV と $\frac{1}{2}m\overline{v^2}$ の間の比例関係を納得することができるはずだ．明確に示すと

$$pV = \frac{2}{3} N_A \frac{1}{2} m\overline{v^2} = \frac{2}{3} E_{kin}$$

となる．E_{kin} は粒子1モルの運動エネルギーである．

章末問題

1·1 $p=12.0$ bar，400 K におけるメタン 50.0 g の体積を求めよ．$R=8.314$ J K^{-1} mol^{-1} とする．単位についても検討せよ．

1·2 ある理想気体が圧力 1.00 atm の下で 37.5 L を占めるという．温度変化をさせずに 4.50 atm まで圧縮したとき，何 L になるか．ボイルの法則の定数 k も単位 bar dm^3 で求めよ．1 atm = 1.013 bar とする．

1·3 三つの理想気体のサンプルがあり，それぞれエネルギー E_{kin} として 500 J，1500 J，2500 J をもっている．これらのサンプルが 1.00 dm^3 → 10.0 dm^3 → 20.0 dm^3 → … → 100 dm^3 と膨張していく場合の p–V 曲線をプロットせよ．描画ソフトを使ってもよい．

1·4 ある有機物の液体 4.0 g を，298.15 K，1.00 atm の下で蒸発させたら体積は 1.00 dm^3 となった．有機物のモル質量の近似値を求めよ．

1·5 Mathcad® コンピューター練習問題

(a) 298.15 K において，ある量の実在気体の体積 V を，$p=0.160, 0.219, 0.310, 0.498, 0.662$ atm で測定したら，$V=3.42, 2.46, 1.72, 1.06, 0.781$ dm^3 という結果を得た．これら圧力と体積を，列ベクトル $\mathbf{p}$ と $\mathbf{V}$ として Mathcad® ソフトに入力し，五つのボイルの法則の定数 k_1 を求めよ．

(b) 理想気体の場合であれば，k_1 はどうなるべきであろうか．

(c) サンプルが二酸化炭素であり，質量が 1.000 g であるとすれば，モル質量はどれほどになるか．

1·6 0.5333 g の気体サンプルの体積を 298 K で測定したところ，圧力 0.0590, 0.143, 0.288, 0.341, 0.489 bar のとき，それぞれ $V=14.8, 6.07, 2.99, 2.54, 1.75$ dm^3 であったという．この気体のモル質量を求めよ．

1·7 9.00 g の H$_2$ と 2.00 g の D$_2$ の混合物を細い管から流出させ，GLC（ガス液体クロマトグラフィー）で組成を調べた．最初に出てくる気体の組成を答えよ．

1·8 理想気体のモル体積 V_m の表現にはつぎの二つがある．① 圧力 1 気圧（atm）の下で 0 ℃では $V_m=22.414$ L，② 圧力 1 バール（bar）の下で 25 ℃では $V_m=24.790$ dm^3．（1 atm も 1 bar も有効数字は無限にあるとする．）この情報に基づいて絶対零度（$T=0$ K）を摂氏温度で求めよ．

1·9 ある気体サンプルは NSTP = (298.15 K, 1 bar) において体積 47.6 dm^3 を占める．圧力 1 bar で 500 K のときの体積を単位 m^3 で求めよ．略語 NSTP は new standard temperature and pressure の頭文字をとったもので，以前の STP (standard temperature and pressure) に代わるものである．

1·10 (a) NSTP（前問を参照）のもとで，容器に N$_2$ が 18.44 g 入っているとしよう．そこに，温度はそのままで新たな気体サンプル 24.35 g が導入されたとい

---

*19 訳注：圧力も運動量も p で表されていることに注意．ここでは，運動量は太字でベクトルとして表示されている．

う．導入後の圧力は 3.20 bar になったとすると，混合気体の平均モル分子質量 M_{av} はどれほどか．

(b) 導入された気体のモル質量を答えよ．

1・11 ある気体は，多孔性膜をヘリウムの 2.8 倍の時間をかけて流出するという．その気体の分子量を求めよ．

1・12 水素分子 H_2 の 1000 K における根平均二乗速さを求めよ．

1・13 $T = 298.15$ K において理想気体 1 モルがもつ並進運動エネルギーを kJ mol^{-1} 単位で求めよ．

1・14 コンピューター練習問題

標準的な描画パッケージを用いて，$pV = k$ のグラフを描け．$k = 1$ としよう．p を縦軸，V を横軸にとること．いろいろなタイプのプロットを行って（原点を左下隅にとったり，少し中央寄りにとったりなど），パッケージの特徴について学んでおくこと．

1・15 298 K における窒素分子のアンサンブルの速さの期待値を求めよ[20]．

1・16 (a) 298 K における水素分子のアンサンブルの速さの期待値を単位を含めて求めよ．

(b) 同じ温度では，窒素の場合 $\sqrt{v^2} = 515$ m s^{-1} である．比 $\sqrt{v_{H_2}^2/v_{N_2}^2}$ の値を求めよ．この比について説明を加えよ．

1・17 ある理想気体 2.50 mol のサンプルが圧力 1.00 atm，温度 298 K のもとで示す体積を dm^3 単位で求めよ．

1・18 1 bar，298.15 K におけるモル体積を 24.79 dm^3 として，気体定数を単位も含めて求めよ．

---

[20] 根平均二乗速さを求める．

2

実在気体:
経験的な状態方程式

　理想気体の状態方程式は二つの仮定に基づいており，厳密に言うとどちらも正しいものとは言えない．まず最初の仮定は，理想気体を構成している原子あるいは分子は点とみなされ，体積をもっていないという仮定である．つまり，簡単のために物理学で言うところの質点として扱われるわけである．2番目の仮定は，原子・分子は相互作用をもたないというものである．引力や斥力は無視され，ないものとされる．

2·1　ファンデルワールスの状態方程式

　オランダの物理学者ファンデルワールスは，この二つの問題点を改善した．すなわち，体積については，粒子が占める体積（**排除体積**[1]，bと記す）を気体の体積Vから単に差し引くことで解決した．bは経験的なパラメーターであり，$(V-b)$が実効的な体積[2]となる．空間が他の分子によって占められているので，各分子が動ける空間は小さくなるわけである．

　引力あるいは斥力は，距離の2乗に反比例することが多い．たとえば，間隔がrの質量m_1とm_2の二つの物体の間にはつぎのような万有引力Fがかかる．

$$F = G\frac{m_1 m_2}{r^2} \quad (2·1)$$

ここで，Gは万有引力定数である．定数G, m_1, m_2を一つの定数kとしてまとめると，式は$F=k/r^2$となる．ファンデルワールスは，気体粒子の間の距離[3]は気体が占める体積とともに増えると推論し，結局，粒子間の引力は，上式を使って

$$F = \frac{a}{V^2} \quad (2·2)$$

と表せるとした．パラメーターaは実験的に決定され，その中に距離から体積への変換因子は含められるように考慮してある．圧力は容器の壁への単位面積当たりの力であるので，ファンデルワールスは圧力pに式(2·2)を加え，気体の体積から粒子の体積を差し引いたものを使って，1モルの理想気体の状態方程式をつぎのように書き直した．

$$\left(p + \frac{a}{V^2}\right)(V - b) = RT \quad (2·3)$$

ファンデルワールスの状態方程式は，<u>半経験的な</u>[4]状態方程式といえる．ベースとなる理想気体の状態方程式は純然たる理論から導かれ，一方aやbは試行錯誤によって得られる経験的パラメーターであるからだ．それらの値を求める過程は，まずパラメーターaやbがとりそうな値を探し出しておき，つぎにp, V, Tの値を多数測定して，最もよく一致する計算値を与えるパラメーターを，小刻みに変化させることによって求めるのである．この作業はコンピューターを使えばあっという間に終わり，実験値との最良の適合が得られる．

　パラメーターbの値からは，分子のおよその半径を求められることを知っておこう[*1]．たとえば，メタンのファンデルワールス半径は190 pm（ピコメートル，10^{-12} m）と求められたが，分光学の実験（ファンデルワールスのころよりずっと後）で得られたC–Hの

　[*1] 訳注：分子の半径をrとすると，排除体積は半径$2r$の球の体積で，$\frac{4}{3}\pi(2r)^3$．これは1対（＝2個）の分子に対する排除体積だから，分子1個に対する排除体積はその半分$4\left(\frac{4}{3}\pi r^3\right)$．$b$はモル当たりの排除体積だから，$b=4N_\text{A}\left(\frac{4}{3}\pi r^3\right)$
　　$=4N_\text{A}$(1分子の体積)．

1) excluded volume　2) effective volume　3) distance　4) semiempirical

結合長は109 pmであり，概算としてはかなりよい一致ということができる．他の物質に対する同様な計算でも大まかな一致は得られているので，実在気体での排除体積（他の分子が入り込めない部分）という考えは定性的には合っていると言えよう．

2·2 ビリアル状態方程式：
パラメーターを使った曲線適合

ビリアル状態方程式は，ファンデルワールスの式より一般的で実験曲線に正確に適合する式であるが，気体の非理想的挙動を明解に理解するという点では劣ると言える．これを使うと，どんなデータであっても，解析的な展開式（変数とパラメーターからなる級数）に適合した曲線で表すことが可能である．パラメーターは，ある系に対する展開式の中ではある値をとるが，別の系においてはまた異なる値をとる．これは，ボイルの法則の"定数"$pV=k$のようなものと考えればよい．kはある特定の温度でのみ一定であるからだ．温度を変えればパラメーターも異なる値に変化する．しかし，温度を一定にしてさえおけば，あたかも定数のようにふるまう．一方，気体定数Rは本当の意味での定数である．理想気体1モルに対してはいつも同じ値をとる．

式が二つあれば，どちらかが他方より与えられたデータによく適合するであろうし，三つあれば，どれかの式が残る二つよりもよい適合を与えるわけである．コンピューターの計算速度は速くなり，さまざまな展開式を試すことができ，その中から最良のものを選ぶこともできるが，やり過ぎは禁物である．展開式に多数のパラメーターを含めても，誰もそれを使わないであろうし，ひょっとするとデータのランダムな揺らぎを拾ってしまっているかもしれないからである．それでは，考えている系の真実の姿はわからない．曲線適合プログラムを使用するときには慎重にしないと，不必要な計算をしてしまう可能性がある．この注意はどんな曲線適合プログラムの場合にも必要なことであり，実在気体のときに限らない．

複雑すぎずかつ良い精度を与える展開式はつぎのようなものである．

$$y = a + bx + cx^2 + dx^3 + \cdots \quad (2·4)$$

この展開式は無限級数のように示されているが，どこかの項（第3項とか第4項）でカットオフ，つまり和を終わりにすることになっている．実在気体の場合は，つぎのような展開式となり，**ビリアル状態方程式**[1]とよばれている[*2]．

$$pV_\mathrm{m} = RT + B_2[T]\left(\frac{RT}{V_\mathrm{m}}\right) + B_3[T]\left(\frac{RT}{V_\mathrm{m}}\right)^2 + \cdots$$
$$(2·5)$$

パラメーター$B_2[T]$，$B_3[T]$，…は第2，第3，…**ビリアル係数**[2]とよばれている．$V_\mathrm{m}=V/n$だから，体積V_mは**モル**[3]量であることに注意．$B_2[T]$，$B_3[T]$，…とあえてTを記したのは，ビリアル係数には温度依存性があるからだ．[ ]を使ったが，乗算を意味しているわけではない．式(2·5)の右辺を第2項までとした式と§2·1のファンデルワールスの式(2·3)から，$B_2[T]=b-a/RT$と近似できることがわかる．次節では圧縮率因子について学ぶ．

2·3 圧縮率因子

理想気体と実在気体の挙動の差はつぎのような**圧縮率因子**[4]（Z）を定義するとわかりやすい．

$$Z = \frac{pV_\mathrm{m}}{RT} = \frac{pV_\mathrm{m}}{(pV_\mathrm{m})_\mathrm{ideal}} \quad (2·6)$$

Zが1より小さい場合，理想的挙動からのずれはもっぱら分子間の引力に基づいている．Zが1より大きい場合，理想的挙動からのずれは，剛球として取扱われる各分子によって占有される体積，または分子間斥力，あるいはそれら両方による．理想気体の場合，どんな圧力においても圧縮率因子は1となる．温度が高くなれば，どんな圧力においても体積は大きくなっていくので，分子の混み具合は減り，分子間距離が大きくなるので，引力も斥力も弱くなる．圧力pがゼロに近づくにつれ，Zは1.00に近づいていき，理想気体の挙動になっていく．

定温のもとで圧力を変化させてpV_mをRTで割った値Zを求め，横軸にpを，縦軸にZをプロットしてみよう．図2·1は300 Kでの窒素分子の場合である．市販の曲線適合ソフトを使って得られたデータ点への最小二乗適合曲線も示している．適合曲線を得るには使用する多項式の次数を選ぶ必要がある[*3]．図2·1を見ると，低圧において少しの実験的ばらつきがある

[*2] 訳注：RT/V_mをpで置き換えてもよい．
[*3] 訳注：1次（直線），2次（放物線），3次曲線，…のどれで近似するかということ．
1) virial equation of state　2) virial coefficient　3) molar　4) compressibility factor

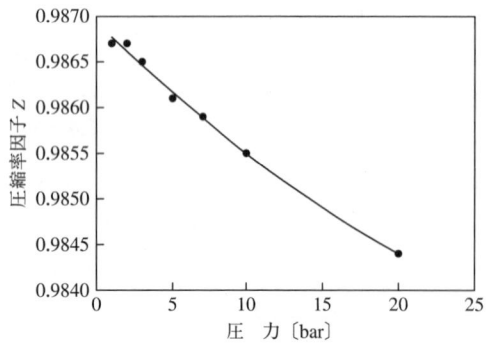

図 2・1 300 K, 低圧における窒素分子の圧縮率因子と最小二乗法による適合曲線（プログラム SigmaPlot 11.0® を使用した.）

が, 後は曲線となっているので, ここでは 2 次の多項式を使用している.

実在気体のこのような計算には実用性がかなりある. 工学の文献には, この種の詳細なデータが記載されており, 図 2・1 よりもっと広い範囲が示されている. 適合の手法は同じで, 3 次, 4 次の適合も使われている. 図 2・1 においては, 計算結果のファイル 2・1 に示したように決定係数*4 **Rsqr**[1] は 1 に非常に近く, よい適合を意味している. ただし, 外挿値 y_0 は 1 から有意にずれてしまっている.

最初の二つのビリアル係数, つまり $B_2[T]$ と $B_3[T]$ はともに非常に小さく, それぞれ -0.0002 と 1.6977×10^{-6} であり, 窒素ガスは 300 K, 1～10 bar の圧力範囲では理想気体に近いことがわかる. 第 2 ビリアル係数は負の値をとり, ゆるやかに下りの傾斜を示して理想気体の挙動から離れていくのを反映している. ファイル 2・1 には $f = y_0 + ax + bx^2$ という式が使われたことが示されている. 第 2 ビリアル係数 $B_2[T]$ は a であり, 第 3 ビリアル係数 $B_3[T]$ は b である. 第 1 ビリアル係数（ほとんどそうよばれることはない）は定義によって 1 である. ファイル 2・1 を見ると, 第 3 ビリアル係数は正の値をとっており, わずかな上向きの曲率を意味している（もう少し圧力の高い所でなら確認できる）.

実在気体の理想気体からのずれは, 圧力が低い領域ではほとんど線形である. 第 2 ビリアル係数 $B_2[T]$ がその勾配となる. 一方, ヘリウム（He）, 窒素ガス

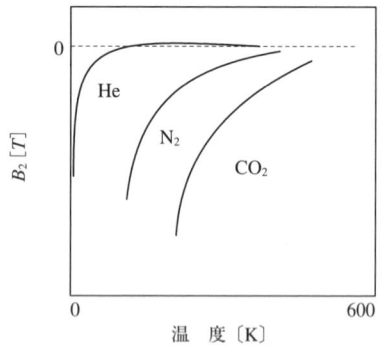

図 2・2 三つの気体の第 2 ビリアル係数. 横軸は温度. ヘリウムの曲線にわずかな極大がみられることに注意. これは計算上の誤差ではない. ヘリウムは確かに極大をもつ. 分子間斥力が, ある温度領域で Z の Z_{ideal} からの正方向へのずれを生み出す.

入力データ: N_2 の圧縮率因子 式: 多項式, 2 次まで $f = y_0 + ax + bx^2$				
R	Rsqr	Adj Rsqr	Standard Error of Estimate	
0.9977	0.9954	0.9932	6.7995E-005	
	Coefficient	Std. Error	t	P
y_0	0.9869	6.0263E-005	16377.0857	<0.001
a	-0.0002	1.6559E-005	-9.6859	0.006
b	1.6977E-006	7.5741E-007	2.2415	0.0885

ファイル 2・1 窒素ガス（300 K）の圧縮率因子データへの 2 次適合曲線を求める最小二乗法計算の出力（一部）

---

*4 訳注: y は x の 2 次式なのでこの適合は重回帰分析であり, 相関係数 R の 2 乗（Rsqr）が決定因子とよばれている. 計算機の出力における 1.6977E-006 は 1.6977×10^{-6} を意味する. 実数値が非常に大きかったり, 小さかったりする場合はこのように表示される.

[1] square of the residual

(N_2)，二酸化炭素（CO_2）の第 2 ビリアル係数の温度依存性を図 2・2 に示した．$B_2[T]=0$ の場合，Z に対するビリアル式の勾配はゼロで，どの領域でもすべて $Z=1$ となる．これは理想気体の場合である．図 2・2 からヘリウムは，どの温度においてもほぼ理想気体であることがわかる．二酸化炭素はかなりの領域で理想気体からはずれており，窒素ガスはそれらの中間である．この順番は，三つの気体に関しての定性的な議論によく合っている．つまり，ヘリウムは "希" ガス*5 であり，二酸化炭素は "ドライアイス" として凝縮した状態で普通に得られる．大気中の窒素ガスはそれらの中間である．窒素ガスは二酸化炭素ほど容易には凝縮することはできず，また液体窒素は液体ヘリウムほど作るのに困難はないということである．

2・3・1 対応状態

圧縮率因子 Z に関して，興味深い比較を図 2・3 に示した．この図を二つの異なる気体の比較とみることもできるし，異なる温度における同じ気体の比較とみてもよい．$Z=f(p)$ と表そう．単に，測定する温度を変えることにより，理想的なものからのずれの度合い，つまり異なる圧縮率因子 Z をもつ同一気体をつくり出すことができる．ところで，異なる気体が異なる温度で同じようにふるまう場合，これらの気体は**対応状態**[1) にあるとよばれる．実在気体のこの状態を定義するためには，他の研究者が実験で再現できるように詳細に述べなくてはならない．系の物理的特性は本質的に無数にあるので，この定義は事実上無理な話である．しかし，純物質であれば，気体の理想的なものからのずれの度合いに関係なく，実在気体 1 モルの自由度は 2 に決まっている*6．それゆえ，どれか二つの物理的特性を指定すれば，すべての特性を指定したことになる．状態方程式は独立変数二つで書くことができ，どの変数であるかにはよらないのである．

ここで，これまでに述べてきたことをまとめよう．いまあるのはファンデルワールスの状態方程式によって得られた実在気体に対する定性的なイメージである．それはかなり道理に合ったものであるが，普通の実験室条件を超えるところではうまく働かない式である．それに代わるものとして経験的な式（ビリアル展開式）が考え出され，多くの場合にかなりうまく働くことを確認した．しかし，この場合は物理的な意味を解釈することは難しい．ただ，ビリアル展開式と図 2・3 の理論的な解釈に近年はかなりの進展がなされており，ビリアル展開式に長年つけられてきた "経験的" という言葉は不適当なのではないかと思われるようになってきた．実は，この種の曲線に対する統計力学の研究はいまホットな研究テーマとなっているのだ．

純物質の気体の状態方程式には自由度は 2 しかないのに，そのビリアル状態方程式は無限の個数の項を含んでいるというパラドックスはつぎのように考えれば納得できる．級数の各項は圧力 p と可変パラメーター（変数ではない）のみを含んでおり，パラメーターは温度 T の関数である．したがって，状態方程式の真の変数は p および T となるわけだ．

2・4 臨界温度

低い温度では気体分子は，より小さい体積を占め，高い温度におけるよりもゆっくりと動く．低温においては分子間あるいは原子間の引力が主要な力となる．究極的にその力が非常に強くなると，気体の液化が起こる．こうして，液化は "極端に非理想的な気体に限定的な挙動[2)である" という液相の物理的イメージが明らかとなり，粒子間の引力が非常に大きくなると起こるわけである．

実在気体の温度が下がっていくと，図 2・4 にみら

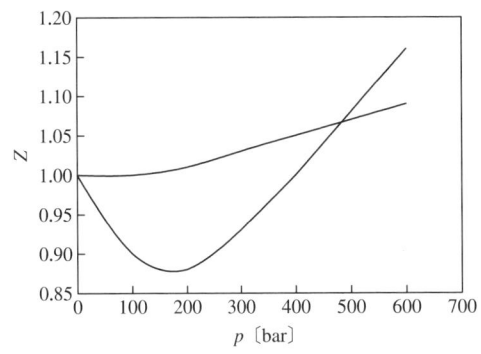

図 2・3 二つの異なる気体，あるいは同一の気体だが温度が異なる場合の $Z=f(p)$ 曲線．単位 bar は近似的には atm（気圧）に等しい．

---

*5 訳注：希ガスは，かなり低い温度でも気体である．
*6 訳注：第 9 章でも出てくるように，系の自由度 F は $F=C-P+2$ で与えられる（C は成分の数，P は相の数）．ここで，純物質だから $C=1$，気体だけだから $P=1$ となるので，$F=2$ となる．
1) corresponding state   2) limiting behavior

れるように双曲線に従う挙動（ボイルの法則）からの逸脱が大きくなり，ついには p–V 曲線は歪みはじめ変曲点をもつようになり，いつかは変曲点での接線の勾配が水平になる．このときの温度を**臨界温度**[1] T_c とよぶ．

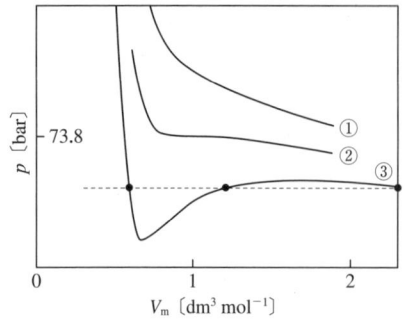

図 2·4 実在気体のファンデルワールス式による等温線．① が臨界温度（T_c）より上の温度におけるもの，② が T_c におけるもの，③ が T_c より下の温度におけるものである．臨界圧力は 73.8 bar とする．

図 2·4 の 3 本の曲線は，ファンデルワールスの式を使って，① T_c より上の温度で，② ちょうど T_c で，③ T_c より下の温度でプロットしたものである．等しい温度における p–V 点の軌跡は**等温線**[2] とよばれ，② の等温線の変曲点の圧力，体積，温度が**臨界点**[3] とよばれる点として定義される．臨界点は個々の実在気体に特有なものである．臨界点の座標，つまり**臨界定数**[4] は，臨界圧力 p_c，臨界体積 V_c，臨界温度 T_c である．臨界定数は物質によって大きく変化する．たとえば，ヘリウムの臨界温度は 5.19 K だが，CO_2 の臨界温度は 304 K である．

T_c より下の温度では，系は液相か気相，あるいは液体と蒸気の平衡状態として存在する．"蒸気"という用語は気体を意味しているが，通常は液体と平衡状態にあるときに使われる．液体が蒸気と平衡状態にあるときは，加えられた熱は系の温度の変化には寄与せず，液体の一部あるいは全部を蒸気に変換するのに使われる．液体が熱せられて気泡が液体中から出始めたとき，沸騰が起こっているという．"臨界点より上では気体は液化することはない"としばしば言われる．これは確かに真実であるが，若干誤解を招く言い方である．臨界温度における等温線より上では，液体と気体の間には"区別はない"からであり，系は"超臨界流体[5]"とよばれるものになっている．

液相領域の上限として働く臨界温度における等温線は興味深い．系は液相から気相へ（あるいは逆に）連続的に変化する．つまり，沸騰することなく，液相から気相へ変化するわけである．臨界温度における等温線のすぐ下の点は，低密度の液相を表し，すぐ上の点は高密度の気相を表している．等温線上では，液相と気相は一つのものとなり，同じになる．

臨界温度における等温線の意味をもっとはっきりと感じとるために，図 2·5 を見てみよう．まず臨界点以下の液体(1)を熱して超臨界流体等温線より上の(2)へ変化させる．つぎに等温膨張させて(3)へ，ついで冷却をしてもとの温度の(4)へもっていくのである．この過程の最後では，相は確かに変化して気相に入っている．しかし，この過程の間に，認識できるはっきりとした相変化（液体→沸騰→気体）はなかったといえる．

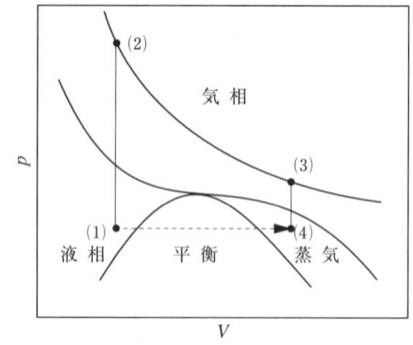

図 2·5 液体から蒸気への沸騰なしの変換（1 → 2 → 3 → 4）

2·4·1 臨界温度以下の流体

図 2·4 における臨界温度以下の等温線（③ に相当）は，圧力を決めたとき，三つの解を与えるようにみえる．つまり，T_c 以下では同じ流体に対して三つの異なる体積が予測されるわけである．これは不可解な話である．この"ある気体が同時に三つの異なる体積を示す"とはどういうことなのだろうか？ 答は，"流体"という言葉は"流れるもの"を意味し，"気体"よりももっと一般的であるということである．流体は気体のほかに液体も含むのである．臨界温度以下の液体の体積は小さく，臨界温度以下の等温線と水平線の交点（解）のうちの左端のものに対応する．臨界温度

---

1) critical temperature 2) isotherm 3) critical point 4) critical constant 5) supercritical fluid

以下の蒸気の体積は大きく，交点（解）のうちの右端のものに対応する．真ん中の交点（解）は実験的には観測されないが，理論的には意味をもっている．

図 2・4 の臨界温度以下の等温線を横切っている水平線は定圧を意味し，左から右への移動は蒸発を，右から左への移動は凝縮を表している．この線は**等圧線**[1)]とよばれている．蒸発の際，系の体積は増えていくが，圧力はそのままである．等圧線上では，液体と気体は平衡状態にある．等圧線が示す圧力が大気圧であれば，通常の沸騰点 T_b での等温線である．

2・4・2 臨 界 密 度

臨界温度より下では，容器の中の気体や液体の密度を測ることができる．定圧条件下で系の温度を少しずつ上げていくと，液体が蒸発するので気体の密度は上がる．一方，液体は膨張するので密度は下がる．一方は増え他方は減るこれら二つの密度は，図 2・6 に示すように互いに近づいていく．両者が出会う点で，気体と液体の密度および他のすべての性質は一つになる．その性質の一つが臨界温度だ．密度測定法による O_2 の臨界温度の決定の様子が図 2・6 に示されている．

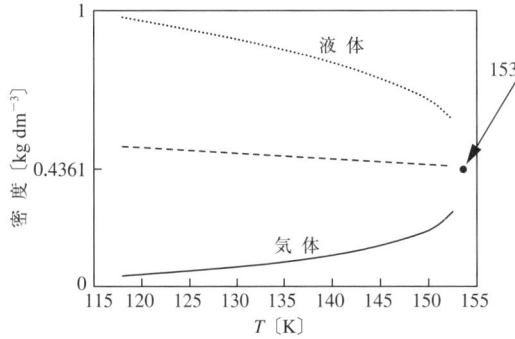

図 2・6 液体および気体の酸素分子の密度 ρ のグラフ．破線（---）は，液体密度 ρ_l（⋯）と気体密度 ρ_g（—）の平均 $(\rho_l + \rho_g)/2$ である．三つの曲線は $T = 153.5$ K で交わる．T_c の文献に載っている値は 154.6 K である（CRC Handbook of Chemistry and Physics, 2008–2009, 89th ed.）．

2・5 換 算 変 数

実在気体の理想的挙動からのずれの度合いは，温度が臨界温度にどれほど近いかによって決定される[*7]．気体の温度の"近さ"は T/T_c という比によって表される．この比は**換算温度**[2)] T_R とよばれている．

$$T_R = \frac{T}{T_c} \quad (2\cdot 7)$$

1 モルに対する他の換算変数も同様に定義され，**換算圧力**[3)] p_R と**換算体積**[4)] V_R はつぎのようになる．

$$p_R = \frac{p}{p_c} \qquad V_R = \frac{V}{V_c} \quad (2\cdot 8)$$

これらの新しい変数は，いわばスケール因子（倍率）の働きをする．これらを使うことにより，図 2・4 の三つの等温線で代表されるような等温線の一まとまり全体を，p–V 図において移動，拡大・縮小を行って，臨界等温線が一致するように変形することができる．これがなされると，同じ T_R においては，すべての気体の p_R と V_R の挙動は一つの曲線上にのることになる[*8]．こうして気体に関するデータは対応状態として取扱うことができるわけである（§2・3・1）．ある気体の挙動を換算変数 p_R, V_R, T_R を使って知れば，どんな気体でもその p_c, V_c, T_c を知ることにより，挙動すべてを予測することができる．言うまでもないが，工業化学者あるいは化学技術者はこれによって大変助かるわけで，これが標準的なデータ表や換算変数で表現した Z 曲線の作成を懸命に行ってきた理由である．

2・6 対応状態の法則

1 モルの気体に対するファンデルワールス式

$$\left(p + \frac{a}{V^2}\right)(V - b) = RT \quad (2\cdot 9)$$

におけるパラメーター a, b, R を

$$b = \frac{V_c}{3} \quad a = 3p_c V_c^2 \quad R = \frac{8 p_c V_c}{3 T_c} \quad (2\cdot 10)$$

で置き換え[*9]，式（2・7）および式（2・8）の三つの定義式も代入すると，つぎのようになる．

$$\left(p_R + \frac{3}{V_R^2}\right)\left(V_R - \frac{1}{3}\right) = \frac{8}{3} T_R \quad (2\cdot 11)$$

個々の気体によって変わるファンデルワールス定数は，この一般的に使える対応状態方程式の式（2・11）からは消え去っており，この式はどんな気体に対して

[*7] 訳注：臨界点において，すべての気体は同程度に非理想的であることが知られている．
[*8] 訳注：ファンデルワールスが考えだした．近似的に成り立つ．図 2・7 参照．
[*9] 訳注：これらは，臨界点で等温線の勾配がゼロとなる．つまり，$\frac{dp}{dV} = 0$，また変曲点となるので，$\frac{d^2 p}{dV^2} = 0$ とすることより得られる．各自，確認してほしい．

1) isobar 2) reduced temperature 3) reduced pressure 4) reduced volume

も使用可能であることがわかる．図2·7に示したように，圧縮率因子 Z は対応状態方程式から p_R の関数として計算することができる．多数の曲線からなる図2·7と同様な図が化学工学の文献にはしばしばみられる．対応状態方程式は近似的なものであり，それのもととなっているファンデルワールス状態方程式が成立する限りにおいてのみ，成り立つものである．

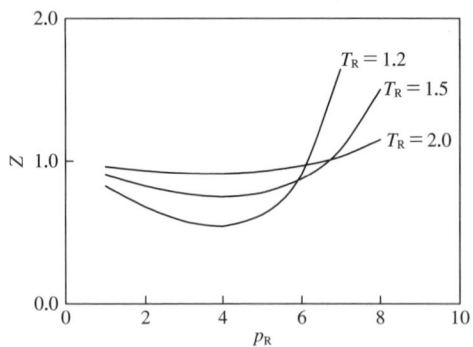

図 2·7 換算変数を使用して計算した圧縮率因子

2·7 非理想気体のモル質量の決定

非理想気体は，たとえ純物質であっても $p = 1.000$ bar，$T = 298.15$ K のもとでモル体積 24.790 dm^3 を占めることはほとんどない．したがって，このモル体積に基づいて求められたモル質量は正しいとは言えない．温度によっては誤差はかなり大きくなる．しかし，純物質の気体サンプルの質量と体積，加えて圧力と温度が測定できれば，理想気体とみなして，不完全ながらモル質量（しばしば**実効分子量**[1]，EMW とよばれる）が求まる．普通は，いくつかの圧力のもとで（実在気体を理想気体とみなして）測定する．その後，EMW を p の関数としてプロットし，外挿した $p = 0$ での値として真の分子量が求められるのである．ここで，圧力がゼロのときの気体とは何を意味するのかなどと考えることは無駄である．単に，非理想性に起因する誤差を消すために外挿する．外挿法はよく使われる数学的な手法である．モル質量を決定するもっと正確な方法はいくつか他にも存在する．

例題と章末問題

例題 2·1　ファンデルワールスの状態方程式
ファンデルワールスの状態方程式を 3 次方程式で示せ．

解法 2·1　ファンデルワールスの状態方程式の左辺を展開し，項の整理をすると

$$\left(p + \frac{a}{V^2}\right)(V - b) = RT$$

$$pV - pb + \frac{a}{V} - \frac{ba}{V^2} = RT$$

$$pV^3 - pbV^2 + aV - ba = RTV^2$$

$$pV^3 - (pb + RT)V^2 + aV - ba = 0$$

[解説] 非理想的挙動―別の見地から見る

われわれは，分子が大きさなしの質点でないことは知っている．図2·8に理想気体に対するボイルの法則と実在気体 N$_2$ のグラフをプロットしたが，窒素ガスの場合，圧力が約 200 bar 以上のときには法則から逸脱することがわかる．圧力が高い領域において，実在気体すべてでみられる現象である．これは，分子が点ではなく，ある体積を占めるためである．したがって，実在気体サンプルの体積はボイルの法則が想定している体積よりも大きいものとなる．剛球とみなされる分子は，互いにぶつかり合い，自分の領域に他の分子が入ってくるのを排除するわけである．粒子が動ける領域の体積は，（全体積－粒子が実際に占める体積）に等しい．圧力が高くなるにつれて，粒子が占める体積の全体積に対する比率は大きくなっていく．それで，ボイルの法則からのずれが顕著になっていくわけである．気体サンプル中の全分子の体積の総計（全体積とは別物）は**排除体積**とよばれる．

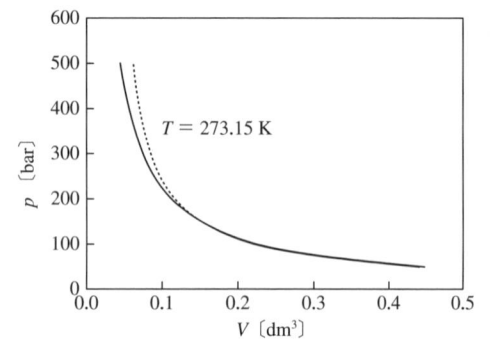

図 2·8 理想気体の p–V 図（―）と窒素ガスの場合のプロット（---）

---

1) effective molecular weight

例題 2·2 表2·1で与えられた実在気体サンプルに対する実測値を表現するビリアル展開式を求めよ．圧力 p の増分は 10 bar である（図2·9）．

表 2·1 圧力 10〜100 bar までの実在気体の実測データ (p, pV_m)

p [bar]	pV_m [dm³ bar]
10.0000	24.6940
20.0000	24.6100
30.0000	24.5400
40.0000	24.4820
50.0000	24.4380
60.0000	24.4070
70.0000	24.3880
80.0000	24.3830
90.0000	24.3910
100.0000	24.4120

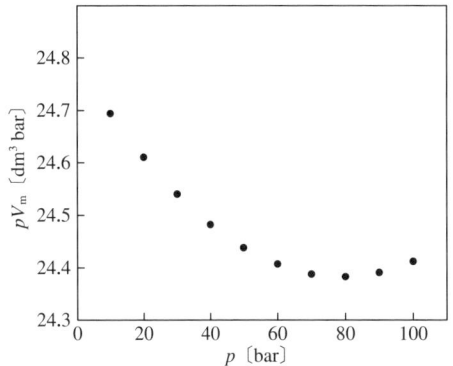

図 2·9 実在気体1モルに対する pV_m（縦軸）-p（横軸）の実測値

解法 2·2 この問題をグラフ作成ソフト SigmaPlot 11.0® を使用して解こう．表2·1のデータを入力した後，メニューから Click on statistics → nonlinear regression → regression wizard → quadratic → next とクリックし，変数 x と y のカラムを指定し，最後に finish をクリックする．

図2·10のグラフは，そうして得られた（2次）適合曲線であり，パラメーターの値はつぎに示すとおりである．

y_0 :	24.7906
a :	−0.0103
b :	6.5341E−005

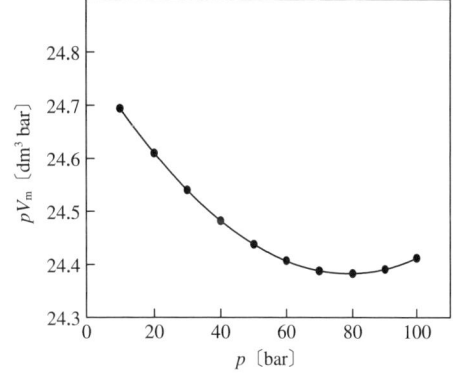

図 2·10 実在気体の（2次）適合曲線

ここでは，パラメーターは
$$y = y_0 + ax + bx^2 + cx^3 + \cdots$$
という形式で使われている．以前と比べて，記法を少し変えていることに注意しよう．y_0 は y 切片，a は勾配，b は2次項の係数である．独立変数は x であり，この場合は圧力 p である．pV はつぎのように与えられる．

$$pV = RT + B[T]p + C[T]p^2 + D[T]p^3 + \cdots$$
$$= 24.7906 - 0.0103p + 6.5341 \times 10^{-5}p^2$$

ここで，和は2次項までで，それ以上の高次項は省略している．

この例題から，どんなデータセットの場合も測定値・グラフ・展開式で表されることがわかり，結局のところ，どれも同じことを別のやり方で表現しているといえる．ときとして困難（虚数解，特異解，複数個の実数解，不連続性など）に遭遇することがある．しかし，そのような場合はしばしば興味深い現象が示されていることが多く，それを検討すると科学における新しい概念に繋がるかもしれない．データが大きく，複雑な挙動を示す場合も，これまでと同様に，あるいは3次項，4次項を含めることで取扱うことが可能である．

章末問題

2·1 n-オクタン（ガソリンの成分）のファンデルワールス定数は，$a = 37.81$ dm⁶ bar mol⁻², $b = 0.2368$ dm³ mol⁻¹ である[*10]．圧力 2.0 bar，温度 450 K のも

---

*10 訳注：a と b の単位をそれぞれ $[a]$ と $[b]$ と記し，単位は圧力が bar，体積が dm³ としよう．式(2.3)の左辺を見ると，1モルだから V を V_m として a/V^2 は圧力と単位が等しいので，単位だけを書くと $[a]/(\text{dm}^3\text{mol}^{-1})^2 = \text{bar}$ であるから，$[a] = \text{dm}^6\,\text{bar}\,\text{mol}^{-2}$ となる．b はモル体積と単位が等しいので，単位だけを書くと $[b] = \text{dm}^3\,\text{mol}^{-1}$ となる．

とで 1.00 mol の n-オクタンの占める体積を求めよ．Mathcad® などのソフトを使ってよい．

2・2 前問の体積解三つすべてを求めよ．

2・3 市販のグラフ作成ソフトを使って，ファンデルワールス気体 N_2 に対する三次元プロット p-V-T を描け．ここで，$a = 1.39 \text{ dm}^6 \text{ bar mol}^{-2}$，$b = 0.039 \text{ dm}^3 \text{ mol}^{-1}$ とする．

2・4 ファンデルワールス定数 b を臨界定数 p_c，V_c，T_c を用いて表せ．導出の過程も示すこと．

2・5 ファンデルワールス定数 a は $a = \frac{9}{8} RT_c V_c$ と表されることを示せ．

2・6 圧力 50 bar，温度 400 K のもとでのエタンのモル体積を求めよ．ただし，ファンデルワールス定数は $a = 5.562 \text{ dm}^6 \text{ bar mol}^{-2}$，$b = 0.0638 \text{ dm}^3 \text{ mol}^{-1}$ とする．

2・7 理想気体 1 モルが温度 300 K，400 K，600 K，800 K にあるときの p-V 等温線を描け．ソフト Mathcad® などを使って描画してもよい．計算結果は 1 章の問題 1・3 の図に似たものになるはずである．

2・8 トルエン（メチルベンゼン）の第 2 ビリアル係数 $B[T]$ は，350 K で $-1641 \text{ cm}^3 \text{ mol}^{-1}$ であるという．まず，この値を SI 単位である $\text{dm}^3 \text{mol}^{-1}$ に変換せよ．ついで，この温度で，圧力 1.00 bar での圧縮因子 Z を求めよ．

2・9 前問からの続き．1.00 bar，350 K において，トルエンの蒸気のモル体積を求めよ．

2・10 1 モルのある実在気体において
$$pV = 24.79 - 0.0103p + 6.52 \times 10^{-5} p^2$$
という式が成り立つという．縦軸に pV，横軸に p をとり，p を 0 から 100 bar まで変化させたときのグラフを描け．また，極小の位置を求めよ．

2・11 問題 2・10 の展開式は，表 2・2 のデータから得られた適合曲線の式である．表 2・2 のデータは表 2・1 と比べると，下 4 個のデータの小数点以下の数字が変わっており，図 2・11 に示した適合曲線のグラフは $p = 70$ bar あたりで上向きになっている．このデータを 3 次式で適合させてみよ．

2・12 (a) 1 モルの CO_2 の体積を単位 dm^3 で求めよ．温度 366 K，圧力 111 bar で，理想気体に従うものとする．

表 2・2 実在気体の実測データ (p, pV_m)

p [bar]	pV_m [dm^3 bar]
10.0000	24.6940
20.0000	24.6100
30.0000	24.5400
40.0000	24.4820
50.0000	24.4380
60.0000	24.4070
70.0000	24.3980
80.0000	24.3990
90.0000	24.4180
100.0000	24.4600

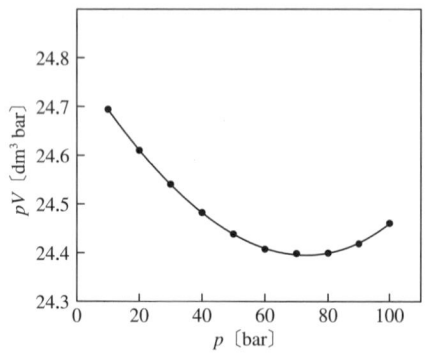

図 2・11 実在気体の（3 次）適合曲線

(b) CO_2 の臨界温度は 305.1 K，臨界圧は 73.8 bar，臨界体積は 0.0956 dm^3 であるという（Laidler and Meiser, 1999）．等温線図から圧縮因子が 0.68 と読み取られたとすると，366 K，111 bar のもとでの 1 モル CO_2 の換算体積を求めよ．

(c) CO_2 のファンデルワールス定数は $a = 3.66 \text{ dm}^6 \text{ bar mol}^{-2}$，$b = 0.0427 \text{ dm}^3 \text{ mol}^{-1}$ であるとする．ファンデルワールスの状態方程式を使って，366 K，111 bar のもとでの 1 モル CO_2 の体積を求めよ．

(d) 対応状態式を使って，366 K，111 bar のもとでの 1 モル CO_2 の体積を求めよ．

(e) ヘリウムの臨界定数は $p_c = 2.29$ bar，$V_c = 0.0577 \text{ dm}^3 \text{ mol}^{-1}$，$T_c = 5.3$ K である．対応状態式を使って，7.95 K，2.75 bar のもとでのヘリウム 1 モルの体積を求めよ．

3

簡単な系の熱力学

　文字どおり熱の動きを扱う"熱力学[1]"は物理化学を支える重要な"柱"の一つであり，近代科学が成し遂げた偉業の一つである．古典熱力学は内部エネルギー[*1]，エンタルピー，自由エネルギーのような保存される量に関する学問である．統計熱力学は，熱力学と量子力学を結びつける働きをする．

3・1　保存則と完全微分

　19世紀の熱力学は，保存される物理量の発見，定義，特徴づけに寄与してきたといえる．"内部エネルギーは保存される"という表現は，**熱力学第一法則**[2]の一つの表し方である．保存ということは，たとえて言えばつぎのように説明できる．岩をもって丘を登り，またそれをもって降りてくる．地球の重力場のもとでの岩のポテンシャルエネルギー[*2]は上りでは増えていき，下りでは減っていく．しかし，過程の最後ではポテンシャルエネルギーは初めの値に戻っている．つまり，保存されているわけである．これとは対照的に**仕事**[3]は保存されない．環状の経路を上がったり下がったりして回るとすると，それは経路のつくりによって大変な場合もあれば容易な場合もあるからだ．そしてまた，上りになさねばならない仕事量は，岩が下るとき，ある種のモーターを回すようにしたときに得られる仕事量と同じではない．

　考慮すべき因子は仕事だけではない．物体を丘の上に向けて押し上げるのに容易な経路と苦労の多い経路の差は，物体を押し上げる高さ（高度）は同じだが，坂道が滑らかな場合と粗い場合にモデル化できる．ポテンシャルエネルギーの変化は同じだが，粗い坂道を押し上げるにはより多くのエネルギーを必要とし，そのうちのある部分は**熱**[4]を生み出すことになる．熱も循環的過程で保存されない．このような仕事や熱の非保存性を，それらの微小変化 dw あるいは dq を使って[*3]周回積分（記号は$\oint$）で表すと $\oint \mathrm{d}w \neq 0$，$\oint \mathrm{d}q \neq 0$ となる．しかし，**内部エネルギー** U はすでに述べたように循環過程で保存されるので，それは $\oint \mathrm{d}U = 0$ と表される．

　西洋科学の偉大な発見の一つは，熱力学において系の内部エネルギーの微小変化が，系になされる仕事の微小変化と系に入る熱の微小変化の和で表されることである[*4]．つまり，つぎの式が成り立つ．

$$\mathrm{d}U = \mathrm{d}w + \mathrm{d}q \qquad (3 \cdot 1)$$

$\oint \mathrm{d}U = \oint \mathrm{d}w + \oint \mathrm{d}q$ は，熱力学第一法則の多数ある表現の一つである．仕事と熱の和は保存されるが，実験をしなければ仕事と熱の比はわからないし，それらが同じ符号をもつかどうかさえわからない．このエネルギー保存則は，約300年間にもわたって数多くのよく制御された測定を行って得られた知識の蓄積からの結果であり，何かシンプルな法則から導き出されたものではないことに留意しよう．

[*1] 訳注: 内部エネルギー（internal energy）とは，物質のもつエネルギーからそれ全体としての運動に関する運動エネルギーを引き去った残りの部分をいう．原著では単に energy と記してあるが，他の物理化学の書籍に合わせて"内部エネルギー"と訳す．

[*2] 訳注: 粒子のもつエネルギーのうちで，その粒子がおかれている位置だけで決まるエネルギーのこと．位置エネルギーともいう．質量 m，重力加速度 g，高さ h とすれば，mgh で与えられる．

[*3] 訳注: δw，δq と表す書物もある．

[*4] 粗い坂道で物体を押し上げる例では，摩擦による熱は失われる（系から出ていく）ので，dq の符号を逆にして，dU = dw_{in} − dq_{out} とする流儀もある．

1) thermodynamics　　2) first law of thermodynamics　　3) work　　4) heat

3·1·1 交換関係式

ある関数 $u = u(x, y)$ に対しては，微分 du

$$\mathrm{d}u = M(x, y)\mathrm{d}x + N(x, y)\mathrm{d}y \quad (3\cdot 2)$$

はつぎのような関係をもつことが知られている[*5].

$$M(x, y) = \left(\frac{\partial u}{\partial x}\right)_y \quad N(x, y) = \left(\frac{\partial u}{\partial y}\right)_x \quad (3\cdot 3)$$

つまり，du はつぎのように表される．

$$\mathrm{d}u = \left(\frac{\partial u}{\partial x}\right)_y \mathrm{d}x + \left(\frac{\partial u}{\partial y}\right)_x \mathrm{d}y \quad (3\cdot 4)$$

式 (3·4) が成り立つ場合 du は**完全微分**[1]とよばれ，成り立たない場合 du は不完全微分とよばれる．つぎのオイラーの交換関係式

$$\frac{\partial^2 u}{\partial x \partial y} = \frac{\partial^2 u}{\partial y \partial x} \quad (3\cdot 5)$$

を使うと

$$\left[\frac{\partial}{\partial x}\left(\frac{\partial u}{\partial y}\right)_x\right]_y = \frac{\partial}{\partial x}N(x, y) = \left[\frac{\partial}{\partial y}\left(\frac{\partial u}{\partial x}\right)_y\right]_x$$

$$= \frac{\partial}{\partial y}M(x, y) \quad (3\cdot 6)$$

となり

$$\frac{\partial}{\partial x}N(x, y) = \frac{\partial}{\partial y}M(x, y) \quad (3\cdot 7)$$

が完全微分のための判定条件となる．

3·2 熱力学におけるサイクル

不完全微分あるいは完全微分に関する問題を，いくつかのやり方で表現しよう．仕事を例にとれば，<u>仕事 w は熱力学関数ではなく，仕事の微分は完全微分ではない</u>．したがって熱力学過程において，仕事はその経路によって異なってくる．つぎの積分

$$w = \int_{V_1}^{V_2} f(T) p \, \mathrm{d}V \quad (3\cdot 8)$$

は<u>線積分</u>（§3·3）である．この線積分は温度の関数 $f(T)$ が具体的にわかるまで値を求めることはできない．V_1 から V_2 への経路は無数にあるので，この仕事の値はさまざまな値をとることになる．

気体をモル体積 V_1 をもつ状態 A からモル体積 V_2 をもつ状態 B へ移す二つの経路を考えてみよう．図 3·1 に示すように，経路①は，まず 290 K において等温圧縮で圧力を 1.00 bar から 10.0 bar へもっていき，ついで<u>圧力を維持したまま温度を 290 K から 310 K へ</u>もっていくのである．一方，経路②は，まず圧力を維持したまま温度を 290 K から 310 K へもっていき，ついで 310 K において等温圧縮で圧力を 1.00 bar から 10.0 bar へもっていくのである．両過程とも，最初と最後の状態は同じである．簡単のため，気体は窒素ガスとし，この温度範囲および圧力範囲においては理想気体としてふるまうものとする．

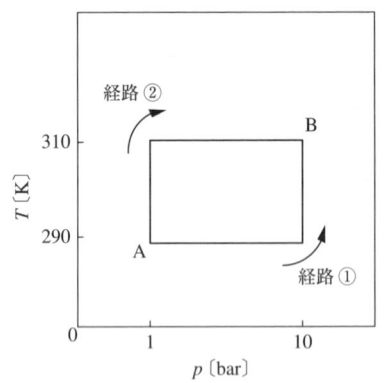

図 3·1 状態 A から B への二つの経路での変化

1 モルの場合，それぞれの状態（四つ角）での体積は $V = RT/p$ を使えば計算できる．その結果は，つぎに示す長方形の略図のそれぞれの角に示されている．左の角の体積の値は圧縮前なので右の角の値より大きく，上の角の値は加熱後なので下の角の値より大きい．

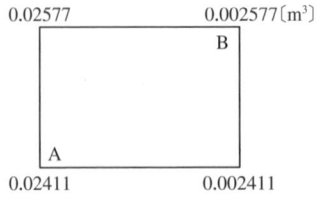

経路①の最初の圧縮で（下の水平線に沿って）系に

[*5] 訳注：微分には常微分と偏微分がある．高校の数学では主として，$y = f(x)$ のような独立変数が 1 個の場合の微分のみを学ぶ．これは常微分とよばれる．一方，$z = u(x, y)$ のように独立変数が 2 個あるいはそれ以上ある関数も考えられる．この場合は，どの独立変数について微分するかを明記する必要がある．独立変数 x で微分する場合は残りの独立変数 y は定数として微分することになり，微分係数は $\left(\frac{\partial u}{\partial x}\right)_y$ と記すことになっている．右下の添字 y は固定していることを意味している．独立変数 y で微分する場合は，微分係数は $\left(\frac{\partial u}{\partial y}\right)_x$ となることはわかるであろう．この微分が偏微分とよばれる．独立変数が多数（n 個）ある場合は，微分する独立変数を微分記号の分母に指定し，残る $(n-1)$ 個の独立変数を右下の添字としてカンマで区切って書けばよい．

[1] exact differential

なされる仕事はつぎのように求まる*6.

$$w = \int_{V_1}^{V_2} dw = -\int_{V_1}^{V_2} p\, dV = -\int_{V_1}^{V_2} \frac{RT}{V} dV$$
$$= -RT \int_{V_1}^{V_2} \frac{dV}{V} = -RT \ln \frac{V_2}{V_1} = -RT \ln 0.100$$
$$= -8.314 \times 290 \times \ln 0.100$$
$$= 5552 \text{ J} \qquad (3\cdot 9)$$

一方,加熱過程(右側)でなされる仕事は
$$w = -p(V_2 - V_1)$$
$$= -(10.0 \times 10^5) \times (0.002577 - 0.002411)$$
$$= -166 \text{ J} \qquad (3\cdot 10)$$

となる.結局,経路①での総和は 5386 J となる.

経路②では,左側の加熱過程での w は $w = -(1.00 \times 10^5) \times (0.02577 - 0.02411) = -166$ J となり,結局経路①の場合と同じである.等温圧縮での仕事は

$$-RT \ln 10.0 = -8.314 \times 310 \times \ln 10.0$$
$$= -5935 \text{ J} \qquad (3\cdot 11)$$

となる.これは経路①の場合とは異なり,それらの絶対値の差は 383 J となる.

3・2・1 永久機関を作ってみよう

図 3・1 に示した熱力学系を繰返して動かしてみよう.つまり,経路②を逆に動かすのである.上辺の水平線は圧縮ではなく膨張となり,左辺の垂直線は冷却となる.経路①はそのままである.

左辺と右辺のステップでの仕事は −166 + 166 で打ち消し合うが,上辺のステップでの仕事は −5935 J,下辺のステップでの仕事は 5552 J となるので,全体としては −5935 J + 5552 J = −383 J となり(負の値は,系が外界へ仕事をすることを意味する),スタートの状態に戻る.以後,なす仕事量は −383 J, −383 J, −383 J…と無限に続く.

昔の科学者は何世代にもわたってこの種の発見に取組んだが,結局このような永久機関は"決してうまく動かない"ということに気がついた.それは億万長者志望の発明家にとって悲しいことではあるが,永久機関が不可能であるということを知ることとなり,物理化学者は**熱力学第二法則**[1] という熱力学の貴重な発見へと導かれ,米国ではギブズやルイスの素晴らしい研究が生まれたのである.

3・3 線 積 分

たとえば,断面積が 1.0 cm² で長さが 70 cm の銅の棒を考えよう.手にとればその質量を決めるのは容易だが,機械の一部になっていて量れない場合は,その銅製品の密度 ρ(単位は g cm^{-3})に体積 $70 \times 1.0 = 70$ cm³ を掛けることになる.積分を使って示すと(棒の伸びる方向を x 軸とする)

$$M = \rho \int_0^{70} dx = \rho(70 - 0) \qquad (3\cdot 12)$$

となる.この式を見て機械工の人々は,なんて簡単なことをこむずかしく表現するんだと笑うかもしれない.

つぎに棒が曲がっているとしよう(図 3・2).こうなると x 軸は積分の際の適切な座標軸とは言えない.棒と軸が平行ではないので,x の増分 1 個に対する棒の長さが等しくはならないからである.

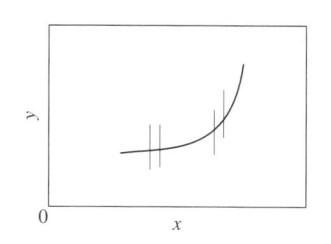

図 3・2 曲がった棒のさまざまな部分

この場合の積分はつぎのようになる.

$$M = \rho \int_a^b ds = \rho(b - a) \qquad (3\cdot 13)$$

依然として,長さに断面積を掛けて全体積を得て,それに密度 ρ を掛けるという点では同じだが,積分はもはや x 軸に沿ってではなく,棒の長さに沿った微小の長さ ds で積分することになる.

さらに今度は銅の密度が棒の中で一定ではない場合を考えよう.密度を s の関数 $\rho(s)$ とすると,積分はつぎのようになる.

$$M = \int_a^b \rho(s)\, ds \qquad (3\cdot 14)$$

ある曲線 C に沿っての弧長 s(座標軸ではなく)での積分は**線積分**[2] とよばれる.一般に,ある関数 $f(s)$

---

*6 訳注: 微小仕事 dw は $-p\, dV$ となることを示しておこう.シリンダー内の気体をピストン(底面積 S)が押し込む例で考える.圧縮だから $dV < 0$ となり,このとき系には仕事がなされるので $dw > 0$ となるはずで,負符号が入ることに気をつけよう.ピストンを押す力 F と圧力 p の間の関係は $F/S = p$ ゆえ,ピストンが進む距離を dl とすると $dw = -F\, dl = -pS\, dl = -p\, dV$ となる.積分は $(\ln x)' = 1/x$ を利用すれば求めることができる.

1) second law of thermodynamics 2) curvilinear integral, line integral

の曲線 C に沿っての積分はつぎのようになる.

$$I = \int_C f(s)\,ds \tag{3·15}$$

3·3·1 参考になる話：弧の長さ

直角三角形の斜辺の長さを求めるピタゴラスの定理を使うと，x-y 平面における曲線の小さな部分（弧）の長さ Δs（図 3·3）はつぎのように与えられる（Barrante, 1998）.

$$\Delta s \approx (\Delta x^2 + \Delta y^2)^{1/2} \tag{3·16}$$

Δx を外に出すと

$$\Delta s \approx \left[1 + \left(\frac{\Delta y}{\Delta x}\right)^2\right]^{1/2} \Delta x \tag{3·17}$$

となり，極限をとって微小部分を考えると

$$ds = \left[1 + \left(\frac{dy}{dx}\right)^2\right]^{1/2} dx \tag{3·18}$$

となる．ある弧の a から b までの長さ s は，積分 $s = \int_a^b ds$ で求まる.

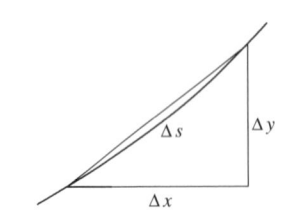

図 3·3　曲線の小さな弧のピタゴラスの定理による近似

3·3·2 線積分をもう一度

ある特性 $f(x, y)$ が x-y 平面における曲線 C に関連づけられており，曲線に沿ってある範囲内で線積分をしたいとすると，その積分は

$$I = \int_C f(x, y)\,ds \tag{3·19}$$

である．しばしば出てくる簡単な積分のように，ある軸に沿ってではなく，x-y 平面における曲線に沿って積分は行われる．x-y 平面における経路が $y = f(x)$ で表される場合は，ds に式 (3·18) を代入すると，つぎのようになる．

$$I = \int_C f(x, y)\left[1 + \left(\frac{dy}{dx}\right)^2\right]^{1/2} dx$$
$$= \int_C f(x, f(x))\left[1 + \left(\frac{dy}{dx}\right)^2\right]^{1/2} dx \tag{3·20}$$

3·4 熱力学状態と系

熱力学における**系**[1]とは，**宇宙**[2]のいま注目しようとする部分のことをいう．宇宙の残る部分は**外界**[3]とよばれる．つまり

$$系 + 外界 = 宇宙$$

である．系というものは，測定可能なものとして定義される．たとえば，化学物質を中に含むフラスコは系である．外界は系を取囲むもので，温度一定の熱溜めであり，宇宙から系を引いた残りである．**孤立系**[4]とは外界とエネルギーも物質もやり取りしない系である．**閉じた系**[5]は，外界とエネルギーのやり取りはするが，物質に関してやり取りはしない系である．シリンダーとピストンの組合わせからなる漏れのない系は，エネルギーである仕事あるいは熱のやり取りを外界とできるので，閉じた系の例となる．**開いた系**[6]は，外界とエネルギーも物質もやり取りする系である．動物や植物はその例である．

3·5 状態関数

熱力学の状態関数[*7,7] とは，系の特性を記述する関数である．内部エネルギーは状態関数の一つである．**状態量**[8]とよばれる場合もある．系の状態を定義するには系の物理的特性をすべて述べなければならないが，純物質の場合，すでに自由度は三つしかなく，通常のようにモル量を考える場合は，一つ減って自由度は 2 になることを学んでいる．非均一系では，変数のなかには位置が変わるとその値が変わってしまうものもあるかもしれない．たとえば，閉めきった部屋の中，すべての場所の温度は同じではないかもしれない．その場合，他の変数もまた非均一になるであろう．このような系は数学的な取扱いは難しいが，プリゴジン[*8]らの 20 世紀の素晴らしい研究（1977 年ノーベル化学賞）によって記述が可能となっている．しかし，ここでは均一な系だけに限ることとしよう．

[*7] 訳注：状態関数（state function）とは，系の状態のみに依存する物理的性質で，その状態が実現された経路の違いには無関係なものである．

[*8] 訳注：Ilya Prigogine. ソ連出身のベルギーの化学者・物理学者（1917–2003）．非平衡熱力学の研究で知られている．

1) system　2) universe　3) surroundings　4) isolated system　5) closed system　6) open system
7) thermodynamic state function　8) thermodynamic property

過程も非常にゆっくりと進み，熱力学変数が滑らかに変化するものに限定し，爆発などのような急激な過程に伴う不連続性などに出会わないですむようにしよう．

p（圧力）-V（体積）図上の各点は熱力学的な状態を表している．独立変数が変化して，ある状態から別の状態へ移動することは，**熱力学的遷移**[1]とよばれる．圧力が p_1 から p_2 へ変化するのに伴い体積が V_1 から V_2 へ遷移する様子は，p-V 図上の曲線として表すことができる．実際の遷移は，非常にゆっくりとなされなければならない．これは，状態 1 から状態 2 への遷移を非常に小さな（無限小の）ステップに分けて，それぞれにおいて平衡を成立させつつ進めていくということによってなされる．ある有限な遷移をこのように細かく分けて行う遷移は**可逆遷移**[2]とよばれる．

以上では，平衡状態を使って遷移を説明したが，よく考えてみるとこれには自己矛盾を含んでいる．つまり，状態が平衡であるならば，どこにも遷移はしないはずだからである[*9]．しかし可逆過程は，注意深い科学者たちによって生み出された理想化されたものであり，それを使うことにより熱力学に微積分の威力を集中することができるわけである．微積分と可逆過程の概念により，化学反応中の熱力学特性の変化を含めたすべての古典熱力学における変化を包含する確固とした基礎をつくり上げることができた．理想としての可逆過程が役に立つことに加えて，実際の化学系のなかには本当にほぼ可逆となるものがみられることは驚くべきことである（特に"第 13 章 電気化学"を参照のこと）．

3・6 可逆過程と経路非依存性

系の最初と最後の状態を知れば，熱力学状態関数の変化を計算することができる．U_i と U_f をそれぞれ最初と最後の状態の内部エネルギーとすれば，U の変化量はつぎのように表される．

$$\Delta U = U_f - U_i \qquad (3 \cdot 21)$$

U_i と U_f は絶対値として知られていなくて構わない．これは，ある状態のときに $U_i \equiv 0$（あるいは $U_f \equiv 0$）と定義することにより解決される．いま**重力場**[3]を考え（垂直軸を z 軸とする），ある高さで $U_i \equiv 0$ とすると，そこから z を（物体を引き上げて）1000 m だけ増やすと，この変化は重力場のエネルギーを増やすことになる．重力場の加速度を大まかに $10\,\mathrm{m\,s^{-2}}$ とすると[*10]，1.0 kg の物体の**ポテンシャルエネルギー**[4]の増加分はつぎのように与えられる．

$$\Delta U = mg\,\Delta z = 1.0 \times 10 \times 1000 = 10000$$
$$= 10^4\,\mathrm{J} = 10\,\mathrm{kJ} \qquad (3 \cdot 22)$$

ここで，エネルギーの単位は J（ジュール）である[*11]．摩擦で失われる仕事の量はわからないので，この過程を起こすのにどれほどの仕事が必要かは誰もわからない．仕事は熱力学関数ではない．

摩擦による損失や他の熱損失がないとすれば，ピストンを動かす気体の膨張・収縮は内部エネルギー変化に等しい仕事を生み出す．決められた経路に沿って状態が変化する場合は，仕事は状態関数のようにふるまうので，微小部分を積分することにより内部エネルギー変化を求めることができる（図 3・4）．熱の損失がない場合，仕事は力 F を線分要素 ds で積分することと定義されるので，いま s_1 から s_2 まで積分すると，仕事 w はつぎのように与えられる．

$$w = \int_{s_1}^{s_2} F\,ds \qquad (3 \cdot 23)$$

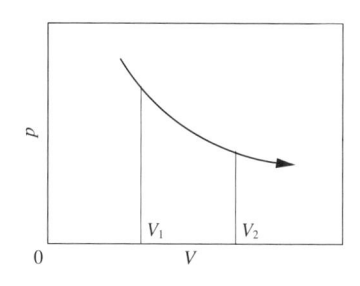

図 3・4 理想気体の可逆膨張の際のエネルギー変化．p-V 曲線の下の面積が V_1 から V_2 への膨張によって系が行った仕事 ($-w$) に相当する．

理想的なピストンであるとすると，w はつぎのように p を dV で積分することで得られる．ピストンに抗しての膨張によって外界になされる仕事の量 $-w$ は，図 3・4 の p-V 曲線の下の面積によって表される．式で書けばつぎのとおりである．

$$-w = \int_{V_1}^{V_2} p\,dV \qquad (3 \cdot 24)$$

---

*9 古典熱力学においては，量子的ゆらぎは無視することにする．
*10 訳注: 実際は，$9.81\,\mathrm{m\,s^{-2}}$．
*11 訳注: 単位を含めて計算すると，$\Delta U = 1.0\,\mathrm{kg} \times 10\,\mathrm{m\,s^{-2}} \times 1000\,\mathrm{m} = 1.0 \times 10^4\,\mathrm{kg\,m\,s^{-2}\,m} = 10 \times 10^3\,\mathrm{N\,m} = 10\,\mathrm{kJ}$ となる．ここで，$\mathrm{N} = \mathrm{kg\,m\,s^{-2}}$，$\mathrm{J} = \mathrm{N\,m}$ である．

1) thermodynamic transition　2) reversible transition　3) gravitational field　4) potential energy

膨張の際，圧力が一定である場合は，系によって外界になされる仕事の量は

$$-w = p\int_{V_1}^{V_2} dV = p(V_2 - V_1) \quad (3\cdot 25)$$

となる．定温条件下で膨張の際に圧力が徐々に変化していく場合は，理想気体であれば

$$-w = \int_{V_1}^{V_2} \frac{nRT}{V} dV = nRT \int_{V_1}^{V_2} \frac{dV}{V}$$
$$= nRT \ln \frac{V_2}{V_1} \quad (3\cdot 26)$$

と得られる．断熱過程[1]に対しても，同様にして式は導けるが（§3・11），その前に熱容量について学んでおこう．

3・7 熱 容 量

熱 q が系に入ると系の温度は上がる．温度の変化量は入った熱量に比例するであろう．

$$q = C \Delta T \quad (3\cdot 27)$$

ここで，C は比例定数である．C は化学物質の種類によって異なり，その量に依存するので，示量性である（§1・6参照）．C は物質によって異なるから，定数というよりはパラメーターといえる．日常生活で経験するように，一般的に金属は加熱されたとき，水よりもはるかに速く熱くなる．つまり各物質の熱を吸収する容量は異なっているわけで，パラメーター C は熱容量[2]とよばれる．

熱容量を扱う場合に，上のように巨視的に $C = q/\Delta T$ と近似するのではなく，微分を使って $C = dq/dT$ とするほうがよい．一般の化学者はふつう化学反応を定圧のもとで行うが，熱化学者は燃焼反応をボンベの中で，つまり定容条件下で行うことが多い．定容条件下と定圧条件下での熱容量は同じではない．そこでこれらを区別し，**定容熱容量**[3] C_V あるいは**定圧熱容量**[4] C_p と記す．それらの定義はつぎのようになる．

$$C_V = \left(\frac{\partial q}{\partial T}\right)_V \qquad C_p = \left(\frac{\partial q}{\partial T}\right)_p \quad (3\cdot 28)$$

微分は偏微分である．添え字の変数（V や p）は，その変数が固定されて，残りの変数について微分がなされることを意味している．

3・8 内部エネルギーとエンタルピー

§3・7に示した定容熱容量 C_V の場合，体積変化はないので仕事 $-pdV$ はゼロとなり，つぎのようになる．

$$dU = dq - pdV \quad (3\cdot 29)$$

したがって

$$C_V \equiv \left(\frac{\partial q}{\partial T}\right)_V = \left(\frac{\partial U}{\partial T}\right)_V \quad (3\cdot 30)$$

ということになる．この式(3・30)では C_V は，q ではなく熱力学関数 U の微分で表されているが，定圧のもとでも同じように表せる熱力学関数があると便利である．そのような関数は存在し，それは**エンタルピー**[5]（H）とよばれている．エンタルピーは，通常の実験室で反応を行う場合，つまり定圧条件下で系へ入る熱量に等しく，定圧熱容量の定義式は式(3・30)と似たつぎのような式になる．

$$C_p \equiv \left(\frac{\partial q}{\partial T}\right)_p = \left(\frac{\partial H}{\partial T}\right)_p \quad (3\cdot 31)$$

この定圧という条件のもとでは体積はもはや一定ではなく，系は外界に対して仕事をするか，あるいは仕事をされることになる．したがって，$dU = dq - pdV$ だから

$$C_p = \left(\frac{\partial H}{\partial T}\right)_p = \left(\frac{\partial q}{\partial T}\right)_p = \left(\frac{\partial U + pdV}{\partial T}\right)_p \quad (3\cdot 32)$$

となり，つぎのような新しい熱力学関数を定義したことになる．

$$H \equiv U + pV \quad (3\cdot 33)$$

両辺を微分すると，つぎのようになり

$$dH = dU + pdV + Vdp \quad (3\cdot 34)$$

右辺最後の項は定圧条件下ではゼロとなるので，仕事 pdV は保存される．したがって循環過程ではゼロとなる．エンタルピーは熱力学関数と保存される関数の和だから

"エンタルピーは熱力学状態関数である"

と言うことができる．

エンタルピーは，化学反応のような過程において，定圧下での内部エネルギーとみることもできる．エンタルピーは内部エネルギーと数学的には同様に扱ってよく，両者はほとんど双子のような関係にある．半定量的議論の多くにおいては，内部エネルギーとエンタルピーの区別はあまりされない．しかし，厳密な場合には区別をしなければならないことはもちろんである．たとえば，分子の0Kにおけるエネルギーから298Kにおけるエンタルピーへの量子力学による補正

---

[1] adiabatic process [2] heat capacity [3] heat capacity at constant volume [4] heat capacity at constant pressure
[5] enthalpy

を行うような場合などである.

内部エネルギーとエンタルピーの間の差はpVであり,系がなす,あるいはなされる仕事である.通常の(溶液での)化学反応では,これは無視できるが,気体が関与する場合は無視できない.気体の体積が増える場合には膨張により系は大気(外界)に対して仕事をし,気体の体積が減る場合には収縮により系は外界から仕事をされるからである.

3·9 ジュールの実験,ジュール–トムソン効果

ジュールが行った実験は,気体の膨張による温度変化は起こらないと示した点で重要である.一方,ジュール–トムソンの実験は,気体の膨張により温度変化は起こると示した点で重要である.これはどういうことであろうか.

ジュールの実験のほうが後者より先に行われた.比較的簡単な装置と感度のよくない温度計がその実験では使われた.装置は2個の容器からなり,一方には圧力pの気体が入れられ他方は真空とされ,両者は止めコックがついた短い管で繋がれる.装置は湯浴に入れられ,熱平衡に保たれる.コックが開けられ,気体は真空の容器のほうに膨張していく.このとき温度が測定されたが,結果は温度に何の変化もみられなかった.つまり,気体の膨張は温度変化を与えないという結論が得られたのである.ジュールの実験結果は,穏やかな条件下(圧力変化が大きすぎない)ではほとんどの気体に対して成り立つのであり,ボイルの法則が理想気体に対しては成立するという点によく似ている.ジュールはたまたま裕福であり(彼は,生活費を稼ぐということを心配したことがなかったという),かつ賢かったので,この実験の結果を本当に信じたわけではなかった.

一方,ジュール–トムソンの実験は,このジュールの実験を改良したものであり,ジュールの実験で見いだせなかったもの,つまり気体を膨張させたときの影響を見いだそうとしたものであった.ピストンによって,気体は圧力の高い容器から多孔性の栓を通って圧力の低い容器に押し出され,膨張する(詳細はKlotz and Rosenberg, 2008).今回は,二つの容器の温度差を測ったところゼロではないことがわかった.その実験結果は,現代での高圧ガスを使っての結果とよく一致するものである.膨張した気体の温度は下がるのである.冷却係数は**ジュール–トムソン係数**[1] μ_{JT} とよばれ,つぎのように表される.

$$\mu_{JT} \equiv \left(\frac{\partial T}{\partial p}\right)_H \quad (3\cdot35)$$

偏微分の右に添え字Hが付けられているが,これはTが変化する過程のなかで,Hは一定であることを意味する.すなわち,**等エンタルピー**[2]である.ジュール–トムソン係数はふつう正の値をとる(膨張の際は$dp<0$で$\mu_{JT}>0$だから温度は下がる,つまり気体は冷える).ところが例外の気体は存在し,その場合は室温付近での膨張で暖まる.これらの気体では室温付近では$\mu_{JT}<0$であるが,もっと低い温度になると$\mu_{JT}>0$と変わり,冷却効果が出てくる.例をあげると,窒素ガスの場合は200 Kで$\mu_{JT}\approx0.6$であり,200 Kで膨張されると冷却され,液化する.一方,ヘリウムの場合は,200 Kでは$\mu_{JT}\approx-0.06$であり,200 Kで膨張することにより液化することはない.ヘリウムが200 Kよりももっと低い温度におかれれば,μ_{JT}は正となり膨張により液化されるわけである.どんな気体でも,十分に低い温度におかれれば,すべて液化が可能となる[*12].μ_{JT}が+から−に変わる温度を**逆転温度**[3]とよぶ.

すぐには気づきにくいが,μ_{JT}はファンデルワールス定数aやbと関連がある.特に引力パラメーターaと深い関係がある.引力相互作用をもつ気体(ほとんどは室温で)の場合,その引力に抗しての膨張は気体粒子を引き離す仕事をすることになる[*13].それで気体は冷え,$\mu_{JT}>0$となるわけだ.ヘリウム,ネオン,水素などの場合は,粒子間の優勢な力は斥力であり,室温では$\mu_{JT}<0$となり,もっと低い温度になると,どんな気体の場合でも引力が優勢になり,μ_{JT}の符号は変わるのである.

ジュール–トムソン逆転温度T_iはファンデルワールス定数aおよびbとつぎのように関係づけられている.

$$\frac{2a}{RT_i} - \frac{3abp}{R^2T_i^2} - b = 0 \quad (3\cdot36)$$

式(3·36)はT_iに関する二次方程式であり,二つの実数解をもつことが可能である.実際に,上下二つの逆転温度が,ある圧力において見つかる.図3.5に示

[*12] 詳細は,D. W. Rogers, "Einstein's Other Theory: The Planck–Bose–Einstein Theory of Heat Capacity" を参照のこと.
[*13] 訳注:一定量の気体が系となると考える.
[1] Joule–Thomson coefficient　[2] isenthalpy　[3] inversion temperature

したように，圧力が高くなっていくと二つの解は近づいていき，ついには同じ値になってしまう．図3·5の上の曲線は上部逆転温度を示しており，ここでは式(3·36)の左辺第2項は，分母にT_i^2があるので無視できる．したがって

$$\frac{2a}{RT_i} \approx b \tag{3·37}$$

$$T_i \approx \frac{2a}{bR} \tag{3·38}$$

を得る．したがって，上部逆転温度は実在気体のパラメーターaとbがわかれば計算が可能である．近似値ではあるが，この値は低温実験機器を冷やす液化ガスの製造などで役に立つことが多い．

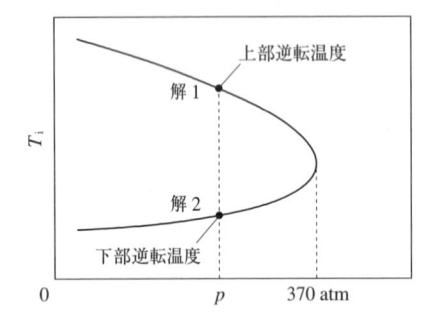

図3·5 圧力の関数としての逆転温度T_i. 窒素ガスに対するdT_i/dpの極値は約 370 atm で起こる．

3·10 理想気体の熱容量

理想気体は点粒子からなり，振動も回転もしないとしているので，エネルギーとしては運動エネルギー$\frac{1}{2}mv^2$のみをもつ．多数の粒子が集まると，全運動エネルギーはつぎのように表される．

$$U_{\text{kin}} = \frac{1}{2}Nm\overline{v^2} \tag{3·39}$$

ここで，Nは原子あるいは分子の数であり，$\overline{v^2}$は分子の速さの2乗の平均である．§1·7で学んだ気体分子運動論からつぎのような式が得られる．

$$pV = RT = \frac{1}{3}N_A m\overline{v^2} = \frac{2}{3}\left(\frac{1}{2}N_A m\overline{v^2}\right)$$

$$= \frac{2}{3}U_{\text{kin}} \tag{3·40}$$

したがって，1モルの理想気体に対するU_{kin}はつぎのように求まる．

$$U_{\text{kin}} = \frac{3}{2}RT \tag{3·41}$$

三次元直交座標系において，粒子の運動方向に特段の偏りはみられないとすると，運動エネルギーを軸の方向の数3で割って，x, y, z方向に沿った1自由度当たりの運動エネルギーは$\frac{1}{2}RT$ということになる．この話は一般性をもっていることであり，1モルの場合は1自由度当たり$\frac{1}{2}RT$, 粒子（分子または原子）1個の場合は1自由度当たり$\frac{1}{2}k_B T$となる．自由度としては，並進・回転・振動の自由度，まれには電子の自由度もある．k_Bは粒子当たりの気体定数と考えてよい．

理想気体の場合，**定容モル熱容量**[1] $C_{V,m}$は

$$C_{V,m} = \left(\frac{\partial U}{\partial T}\right)_V = \frac{\partial\left(\frac{3}{2}RT\right)}{\partial T} = \frac{3}{2}R \tag{3·42}$$

となる．大まかに計算すると，$R \approx 2\,\text{cal}\,\text{K}^{-1}\text{mol}^{-1}$だから[*14]，理想気体の熱容量は約 $3\,\text{cal}\,\text{K}^{-1}\text{mol}^{-1} = 12.5\,\text{J}\,\text{K}^{-1}\text{mol}^{-1}$ となる．表3·1を見ると，この結論は単原子分子であるヘリウム He や水銀蒸気 Hg の場合はよく合っているが，複雑な分子の場合には違いが大きいことがわかる．

表3·1 さまざまな気体の熱容量とγ値

気体	$C_{V,m}$ [J K^{-1} mol^{-1}]	$C_{p,m}$ [J K^{-1} mol^{-1}]	γ (無名数)
He	12.5	20.8	1.67
Hg	12.5	20.8	1.67
H$_2$	20.5	28.9	1.41
NH$_3$	27.5	36.1	1.31
ジエチルエーテル	57.5	66.5	1.16

定圧モル熱容量[2] $C_{p,m}$を求めるには，$H = U + pV$だから

$$C_{p,m} - C_{V,m} = \left(\frac{\partial H}{\partial T}\right)_p - \left(\frac{\partial U}{\partial T}\right)_V$$

$$= \left(\frac{\partial U}{\partial T}\right)_p + \left(\frac{\partial pV}{\partial T}\right)_p - \left(\frac{\partial U}{\partial T}\right)_V \tag{3·43}$$

理想気体の場合，内部エネルギーは温度Tのみの関数であるから

$$\left(\frac{\partial U}{\partial T}\right)_p = \left(\frac{\partial U}{\partial T}\right)_V \tag{3·44}$$

が成り立つので

$$C_{p,m} - C_{V,m} = \left(\frac{\partial pV}{\partial T}\right)_p = \left(\frac{\partial RT}{\partial T}\right)_p = R \tag{3·45}$$

となる．したがって

---

*14 訳注：cal はカロリー，熱量の非 SI 単位．cal = 4.184 J.
1) molar heat capacity at constant volume 2) molar heat capacity at constant pressure

$$C_{p,\text{m}} - C_{V,\text{m}} = R = 8.3 \text{ JK}^{-1}\text{mol}^{-1} \quad (3\cdot46)$$

であり，$C_{p,\text{m}}$ はつぎのように得られる．

$$C_{p,\text{m}} \approx 12.5 + 8.3 \approx 20.8 \text{ JK}^{-1}\text{mol}^{-1} \quad (3\cdot47)$$

よく $\gamma = C_{p,\text{m}}/C_{V,\text{m}}$ というパラメーターが使われる．上の結果から $\gamma = C_{p,\text{m}}/C_{V,\text{m}} = 20.8/12.5 = 1.67$ となる．表3・1を見ると，He と水銀蒸気 Hg に対しては，γ の値がよく一致していることがわかる．また，より複雑な分子になると γ の値は小さくなっていくことがわかる．アンモニア蒸気の γ は 1.31，もっと大きい分子ジエチルエーテルではもっと1に近づく．

ここで問題は，複雑な分子では回転運動や振動運動があるということである．NH_3 分子は底辺が三角形のピラミッドのような形をしており，三次元においては回転の自由度3で回転することができる．したがって，自由度の総数は3(並進)＋3(回転)＝6となる．したがって，モル運動エネルギーは $U = 6 \times \frac{1}{2}RT = 3RT$ となる．これから，以前と同様にして，$C_{V,\text{m}} = 3R$，$C_{p,\text{m}} = C_{V,\text{m}} + R = 3R + R = 4R$ が得られる．$R = 8.31 \text{ JK}^{-1}\text{mol}^{-1}$ とすると，$C_{V,\text{m}} = 3R \approx 24.9 \text{ JK}^{-1}\text{mol}^{-1}$，$C_{p,\text{m}} = 4R \approx 33.2 \text{ JK}^{-1}\text{mol}^{-1}$，$\gamma = \frac{33.2}{24.9} \approx 1.33$ となり，アンモニア蒸気の測定値 1.31 に近いものとなる．ただ，$C_{V,\text{m}}$ や $C_{p,\text{m}}$ そのものの値の一致はよくない．水素ガスはこれまでの中間的なケースである．結合軸に垂直な二つの軸の周りの回転運動エネルギーはもつが，結合軸周りの回転（スピン）のエネルギーはもたないからである．

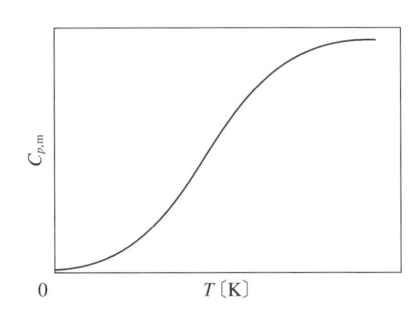

図 3・6 典型的な熱容量（横軸は絶対温度）．簡単な有機化合物の例．温度が上げられ，熱エネルギーが与えられると，徐々にいろいろなモードの運動が活性化されていく（詳細は Klotz and Rosenberg（2008）を参照）．

水素やアンモニアは，表3・1の測定条件では回転はしている．振動はほとんどしていないが，化学結合は伸縮したり，結合角を変化させている．このような動きはさらに多くの自由度を与えることになる（運動モード一つに対して自由度を一つ）．運動モードすべてが活性化されているわけではなく，ある温度では分子は数多くの自由度をもっているが，すべてのモードを活性化するのに十分な熱エネルギーをもってはいない．この理由から，図3・6にみられるように熱容量の曲線は0Kからスタートして，S字形（シグモイド）となる．0Kでは運動はまったくなく，温度が上がるにつれて運動モードが活性化され始め，熱容量も徐々に上がっていき，分子の複雑さによって決まる値の漸近線に近づいていく．

3・11 断熱膨張

$(\partial U/\partial T)_p$ のような偏微分（偏導関数）は普通の変数のように扱うことができるので，熱力学第一法則に出てきた変数などを関連づける式を導き出したり，展開するときに使うことができる（Klotz and Rosenberg, 2008）．その例として，**断熱仕事**[1] を考えよう．断熱仕事というのは，完全に断熱された条件下で気体になされる，あるいは気体がなす仕事である．仕事 dw は，$q = 0$ とされていることによって経路が指定されており，熱力学関数のようにふるまう．膨張による仕事のみの系では，$dU = dq + dw = -p\,dV$ となる．内部エネルギー U は状態関数であり，その独立変数を V および T とすると，$U = f(V, T)$ として

$$dU = \left(\frac{\partial U}{\partial V}\right)_T dV + \left(\frac{\partial U}{\partial T}\right)_V dT \quad (3\cdot48)$$

が成り立つ．したがって，式(3・48)の左辺 dU を上の式で置き換えると，つぎのようになる．

$$\left(\frac{\partial U}{\partial V}\right)_T dV + \left(\frac{\partial U}{\partial T}\right)_V dT + p\,dV = 0 \quad (3\cdot49)$$

左辺第1項は，理想気体の場合 U は温度 T のみの関数になるから，ゼロとなる．第2項の偏微分は定容熱容量 $C_{V,\text{m}}$ であり，1モルの場合 $p = RT/V$ だから

$$C_{V,\text{m}}\,dT + \frac{RT}{V}\,dV = 0 \quad (3\cdot50)$$

両辺を T で割ると

$$C_{V,\text{m}}\frac{dT}{T} + R\frac{dV}{V} = 0 \quad (3\cdot51)$$

となる．両辺を $C_{V,\text{m}}$ で割り，$C_{p,\text{m}} - C_{V,\text{m}} = R$ を使って式を変形すると

---

[1] adiabatic work

$$\frac{dT}{T} + \frac{C_{p,m} - C_{V,m}}{C_{V,m}} \times \frac{dV}{V} = \frac{dT}{T} + (\gamma - 1)\frac{dV}{V} = 0 \quad (3\cdot52)$$

が得られる．この右側の等式を変形して定積分を行うと，最終的には次式が得られる．

$$TV^{\gamma-1} = k \quad \text{あるいは} \quad pV^\gamma = k' \quad (3\cdot53)$$

ここで，k および k' は定数である．

式(3・53)の右の式 $pV^\gamma = k'$ は，パラメーター γ（いつも1以上）を除けばボイルの法則によく似ている．γ が存在することにより，図3・7に示すように，膨張の際に（ボイルの法則に従う）等温膨張よりも $p = k'/V^\gamma$ は必ず下にくることがわかる（断熱膨張は図3・7の下のグラフ）．

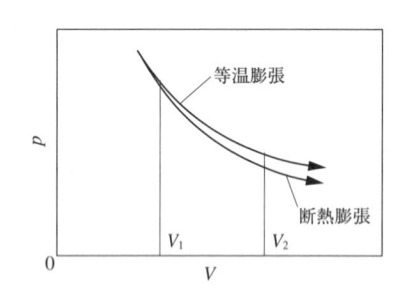

図3・7 理想気体の2種類の膨張．上のグラフは等温膨張，下のグラフは断熱膨張を示す．後者で系がなす仕事は，系への熱の流入がないので，小さくなる（グラフの下の面積が小さくなることからもわかる）．

二つの膨張の違いは，系への熱の流入があるかないかである．等温膨張の場合は定温にするために熱の流入がある．断熱膨張の場合は，$dq = 0$ という定義から流入がないことは明らかである．熱の補給がないので，断熱膨張の際には系の温度は下がっていき[*15]，図3・7を見れば明らかなように，ある体積における圧力は等温膨張の場合よりも必ず低くなっている（$\gamma > 1$ で $p = k'/V^\gamma$ だから）．その p–V 曲線は図3・7に示されるように等温線の下にきている．

例題と章末問題[*16]

例題3・1 線積分

関数 $F(x, y) = xy$ の，放物線 $y = f(x) = x^2/2$ に沿っての線積分を求めよ．ただし，線範囲は $(x, y) = (0, 0)$ から $(1, \frac{1}{2})$ までとする．

解法3・1

曲線 C に沿っての線積分 I は，$I = \int_C F(x, y)\, ds$ である．ここで，$y = f(x)$，$ds = \left[1 + \left(\frac{dy}{dx}\right)^2\right]^{1/2} dx$ とおけばよい．$F(x, y) = xy$ に $y = f(x) = x^2/2$ を代入すると

$$F(x, y) = xy = x(x^2/2) = x^3/2$$

となり（Steiner, 1996）

$$\frac{dy}{dx} = \frac{d(x^2/2)}{dx} = x$$

を得るから，線積分 I はつぎのようになる．

$$I = \int_C F(x, f(x))\left[1 + \left(\frac{dy}{dx}\right)^2\right]^{1/2} dx$$

$$= \int_0^1 \frac{x^3}{2}(1 + x^2)^{1/2} dx = \frac{1}{2}\int_0^1 (x^6 + x^8)^{1/2} dx$$

積分の範囲は x の上限と下限によって決まる．Mathcad® を使用して積分値を求めると，つぎのような解が得られる．

$$\frac{1}{2}\int_0^1 (x^6 + x^8)^{1/2} dx = 0.161$$

章末問題

3・1 つぎの線積分の値を求めよ．

$$\int_C [F(x, y)\, dx + G(x, y)\, dy]$$

ただし，添え字 C は線積分を意味し，$F(x, y) = -y$，$G(x, y) = xy$ であり，線範囲は $(x, y) = (1, 0)$ から $(0, 1)$ までの対角線とする（図3・8）．

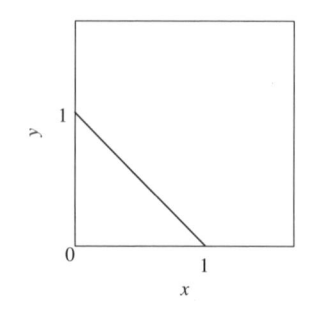

図3・8 C は $(x, y) = (1, 0)$ から $(0, 1)$ までの対角線とする．

3・2 問題3・1と同様にして線積分を求めよ．ただし，経路は図3・9のように異なるものとする．

[*15] 訳注：膨張により系が外界に仕事をして，内部エネルギー U が減少するため．
[*16] 訳注：必要に応じて，Mathcad® などの計算科学ソフトウェアを使って構わない．

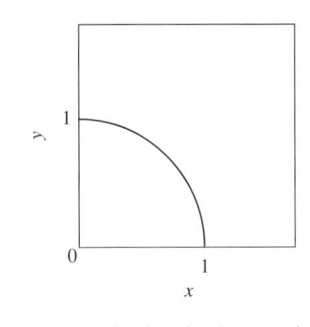

図 3·9 C は $(x, y) = (1, 0)$ から $(0, 1)$ までの $\frac{1}{4}$ 円周とする.

3·3 質量 $m = 20.0$ kg の物体が高さ $h = 20.0$ m から落とされる. 空気抵抗を無視するとして, 地上に激突するときの速さを求めよ. また, 激突時の運動エネルギーも求めよ.

3·4 20 kg の岩が, 高さ 20 m の丘に持ち上げられた.
 (a) 岩の位置エネルギーの増加分を求めよ.
 (b) 岩を丘に持ち上げるときに岩になされた仕事を求めよ.
 (c) 岩が丘を転げ落ちて得た運動エネルギーを求めよ.

3·5 ジュールの実験において, 2 個の 20.3 kg の重りが 1.524 m 落ちる間に, 6.31 kg の水の中に入っている櫂車を回した. 実験は 20 回繰返され, その結果は水の温度を 0.352 K だけ上昇させたという. 熱の仕事当量[17] を単位 J cal^{-1} で求めよ.

3·6 可逆膨張を受ける理想気体 1 モルに対して dw は不完全微分であることを示せ.

3·7 カロリー (cal) という単位の定義は, 1 g の水の温度を 1 K だけ上げるのに必要な熱量である. この定義は, 室温からそう遠くない温度においては近似的に成り立つ. この定義を使って, 283 K の水 200 g と 350 K のお湯 450 g を混ぜたとき, 最終的には何度になるか答えよ.

3·8 一定の C_V をもつ理想気体に対して, 次式が成立することを示せ.

$$\frac{T_2}{T_1} = \left(\frac{V_1}{V_2}\right)^{R/C_V}$$

3·9 気体分子運動論から, 単原子の理想気体の内部エネルギーは $U = \frac{3}{2}RT$ であることがわかっている. オイラーの交換関係式 (§3·1·1) を使って, dU が完全微分であることを示せ.

3·10 (a) 定容条件下で単原子の理想気体 1.0 モルを加熱して, 25.0 K から 75.0 K まで温度を上げるのに必要なエネルギーの量を求めよ.
 (b) 上の過程が定圧条件下でなされたときは, 必要なエネルギーの量はどれほどか.

3·11 10.0 g の鉄片を沸騰したお湯の中に浸して 100.0 °C にした後, 迅速に 25 °C の水 1000 g の入った断熱されたビーカーの中に入れた. 水の最終的な温度を求めよ. 鉄の比熱は 0.449 J g^{-1} K^{-1}, 水の比熱は 4.184 J g^{-1} K^{-1} とする.

3·12 $\gamma = C_{p,m}/C_{V,m}$ は, 窒素ガス N_2 の場合は 1.40 である. 空気 (大部分が N_2) 中の音の速さはつぎの式で与えられるという.

$$v_{\text{sound}} \approx \sqrt{\frac{\gamma RT}{M}}$$

ここで, M は窒素分子のモル質量である. 273 K における v_{sound} を求め, 実験値である 334 m s^{-1} と比較せよ.

---

[17] 訳注: 相等しいエネルギーの変化をもたらす仕事の量 A と熱量 Q との比を仕事当量という.

4

熱 化 学

アインシュタインはかつて,"ものごとには,単純であるのに容易ではないものがある"と言ったことがあるという.彼は**熱化学**を念頭においてこう言ったのではないが,このコメントは本章で学ぶ"熱化学"という学問領域にぴったりのものである.熱化学は単純である.化学反応を行わせ,温度変化を測定すればよいのだから.しかし,"言うは易く行うは難し"である.この種の実験を最高の精度で行おうとする研究者は,技術的に限りなく忍耐力を要求されるさまざまな問題にぶつかるからである.反応熱の精密な測定のためだけにある研究所も存在するくらいである.政府がたくさんの予算を用意して,熱化学データの収集をサポートするのであれば,それから得られる利益は多大なものとなるはずである.本章では熱化学について多くのことを学ぶ.今日では,この学問領域ではコンピューターが重要な働きをしている.近年の熱化学における最も著しい進歩は,量子力学第一原理[*1]による熱化学的諸量の計算である.これについても本章でふれる.

4·1 熱量測定法

熱量計とは,化学反応や物理変化(たとえば,相転移)が起こったときに熱の流入や排出を測る機器である.断熱材で囲まれたコーヒーカップと温度計があれば,簡単な熱量計であるといえる.この熱量計(calorimeter)という用語には歴史的な背景があり,系から出てくる,または系に入る"熱素(caloric)"の量を測るものであった.ずっと昔に熱素説は否定されたが,今日でも**熱量**は**カロリー**(単位は cal や kcal)で測定されている[*2].1 cal は 4.184 J に等しい.

4·2 内部エネルギーと生成エンタルピー

化合物の多くは,それを構成する元素を直接的に組合わせることにより原理的には生成することができる.たとえば,二酸化炭素 CO_2 は少量の炭素,つまり一番普通の形であるグラファイト $C(gr)$[*3] を酸素ガス O_2 を含む閉じた鋼鉄製容器(ボンベ)の中で燃やすと生成し,この過程は中間的な外界,すなわち水浴の温度を少し (ΔT) だけ上昇させる.水浴の熱容量はあらかじめ校正を受けているので既知であり,定容条件下で与えられた熱量 q_V はわかる.

$$C(gr) + O_2(g) \longrightarrow CO_2(g) + q_V \quad (4·1)$$

$C(gr)$ の量が 1 g の場合は $q_V = -32.79$ kJ g^{-1} であり,1 モルの場合は $q_V = \Delta U^{298} = -393.5$ kJ mol^{-1} であるので,単純な比例計算で系が発生する熱量を計算することができる.後者の q_V は系の**モル内部エネルギー変化** ΔU^{298} を与える.値は負になっているが,これは系が外界に熱を発していることを意味している.閉じたボンベは体積一定,すなわち定容なので仕事は 0 となり,この場合は内部エネルギー変化に等しくなるわけである.この反応では,左辺と右辺の気体の物質量に変化はない ($\Delta n_{gas} = 0$) ので,つぎのように内部エネルギー変化はエンタルピー変化と同じになる.

$$\Delta H = \Delta U + \Delta(pV) = \Delta U + \Delta n_{gas} RT \quad (4·2)$$

$\Delta_f U^{298}(CO_2(g)) = \Delta_f H^{298}(CO_2(g)) = -393.5$ kJ mol^{-1}

[*1] 訳注:量子力学第一原理(quantum mechanical first principle)とは,量子力学や電子の質量といった基本法則や基礎物理定数から物性量を直接的に導く原理である.
[*2] 訳注:熱量の SI 組立単位はジュール(J)である.
[*3] 訳注:石墨あるいは黒鉛とよばれる.

と状態関数の右肩に数字を記して，298 K で行われた実験での CO_2 の生成内部エネルギー，あるいは**生成エンタルピー**[1] を示している[*4].

気体の燃焼熱，たとえば水素ガスの燃焼熱は熱量計を用いて測定することができる．既知量の気体が燃やされ熱が発生したとき，適切な位置に置かれた水浴の温度上昇から熱量が求められる．水浴を温めるためのブンゼンバーナーに温度計をプラスしただけのものともいえる．この装置は定圧条件下で使用されるので，発生した熱量は系のエンタルピーの減少量に等しい．つぎの反応

$$H_2(g) + \frac{1}{2} O_2(g) \longrightarrow H_2O(l) + q_p \quad (4 \cdot 3)$$

の実験値から，液体としての水のモル生成エンタルピーがつぎのように求まる．

$$q_p = \Delta_f H^{298}(H_2O(l)) = -285.6 \text{ kJ mol}^{-1} \quad (4 \cdot 4)$$

この生成反応で，$\frac{3}{2}$ モルの気体が消費されて液体としての水 1 モルが生成するが，右辺の水の体積は左辺の気体の体積に比べて無視できるほど小さい．内部エネルギーとエンタルピーの関係は $H = U + pV$ という式で表される．したがって，定圧条件下では $\Delta H = \Delta U + p\Delta V$，理想気体であればさらに $\Delta H = \Delta U + \Delta nRT$ となる．1 モルの水が生成される場合では，$n = -\frac{3}{2}$ mol となるので

$$\begin{aligned}
\Delta_f U^{298}(H_2O(l)) &= \Delta_f H^{298}(H_2O(l)) - \Delta nRT \\
&= \Delta_f H^{298}(H_2O(l)) + \frac{3}{2} RT \\
&= -285.6 \text{ kJ mol}^{-1} + \left(\frac{3}{2} \times 8.31 \times 298\right) \text{ J mol}^{-1} \\
&\approx -281.9 \text{ kJ mol}^{-1} \quad (4 \cdot 5)
\end{aligned}$$

となる．理論的計算との比較で，しばしば気体状態での熱力学的諸量，たとえば $\Delta_f H^{298}(H_2O(g))$ が必要になる場合がある．その場合は，$\Delta_f H^{298}(H_2O(l))$ に水の蒸発熱を加えればよい[*5] ので

$$\begin{aligned}
\Delta_f H^{298}(H_2O(g)) &= -285.6 + 44.0 \\
&= -241.6 \text{ kJ mol}^{-1} \quad (4 \cdot 6)
\end{aligned}$$

と得られる．

4・3 基 準 状 態

C(gr) の同素体であるダイヤモンド C(dia) を，前節のように酸素ガス中で燃やすことも可能である．しかし，この実験で得られる $CO_2(g)$ の生成エンタルピーは，**基準状態**にある炭素，つまり C(gr) を使った場合より 2 kJ mol^{-1} ほど，より負の値である[*6]．この差の原因は，生成物である $CO_2(g)$ にあるのではなく，反応物であるダイヤモンド結晶のほうにある．その結晶は炭素の基準状態とは異なるのである．C から $CO_2(g)$ までの経路が，ダイヤモンドの燃焼においては 2 kJ mol^{-1} ほど長い．ということは，スタート地点の C(dia) は C(gr) よりもエンタルピーで 2 kJ mol^{-1} ほど上にあるに違いない．このような差があることは，1 気圧（atm）[*7] において一番安定に存在するものを元素の基準状態と定義することに繋がる．エンタルピーおよび内部エネルギーの性質から，その零点は任意に決めることができる[*8]．したがって，基準状態にある元素の生成エンタルピーをすべての温度においてゼロと定義することができる．この定義は，通常の化学反応で元素が他の元素に変わってしまうことはないから，うまく機能する．

前に示した $\Delta_f H^{298}(C(dia))$ がゼロではなく，約 2 kJ mol^{-1} であるということは，その差は小さいので，グラファイトから非基準状態のダイヤモンドへの変換が可能であることを意味している．実際にそれは可能であり，ガラスなどの切断に使う小さな工業用ダイヤモンドの製造に利用されている．

4・4 分子の生成エンタルピー

熱力学第一法則を使えば，元素からの直接的な生成反応が通常の実験室では無理だとしても，分子の生成エンタルピーを決定することはできる．一酸化炭素 CO(g) を例にとって説明しよう．炭化水素の燃料を不完全燃焼したときに，この毒性をもつガスが発生することはよく知られている．$O_2(g)$ の供給を制限して反応 $C(gr) + \frac{1}{2} O_2(g)$ を進めると，生成物は CO と CO_2 が混ざったものとなる．一方，つぎの反応

[*4] 訳注: $\Delta_f U^{298}$ や $\Delta_f H^{298}$ の f は formation（生成）の略である．
[*5] 訳注: 水の蒸発エンタルピーは 25 ℃ (298 K) で 44.0 kJ mol^{-1}, 100 ℃ (373 K) で 40.7 kJ mol^{-1} である．
[*6] 訳注: 両者とも負の値で，絶対値は C(dia) からの場合のほうが大きい．
[*7] 訳注: 1982 年以降，1 bar とするほうが一般的．1 atm = 1.013×10^5 Pa = 1.013 bar である．
[*8] 訳注: 地球上の高度を，平均海面を 0 m として便宜的に決めているのと同じ．

1) enthalpy of formation

$$CO(g) + \frac{1}{2} O_2(g) \longrightarrow CO_2(g) \quad (4\cdot 7)$$

は混ざりもののない反応であり，明確な燃焼熱 q_p と q_V を与える．この反応のエンタルピー変化は $\Delta_r H^{298} = -283.0$ kJ mol^{-1} であることが知られている（図 4·1）*9．この図において，二つの経路で同一の状態から同一の状態へ至っていることがわかる．**ヘスの法則**[1]として知られている熱力学第一法則と同等な熱化学の原理によって，両経路のエンタルピー変化は同じにならなければならない．図 4·1 の三角形の残りの辺（---）はつぎのように求まる．

$$\Delta_f H^{298}(CO(g)) = -393.5 - (-283.0)$$
$$= -110.5 \text{ kJ mol}^{-1} \quad (4\cdot 8)$$

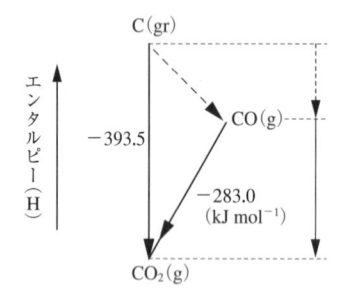

図 4·1 C(gr) および CO(g) の燃焼

$\Delta_f H^{298}(CO(g))$ のこのような間接的な決定法はもっと拡張できる可能性をもっている．たとえば，$\Delta_f H^{298}(H_2O(l))$ と $\Delta_f H^{298}(CO_2(g))$ がわかれば，メタンのような炭化水素の $\Delta_f H^{298}$ を熱量計の中で燃焼させ，状態図（図 4·1 で示した単なる三角形よりは複雑になるが，同じ原理に基づいて）を描くことによって決定することができる．燃焼反応

$$CH_4(g) + 2 O_2(g) \longrightarrow CO_2(g) + 2 H_2O(l)$$
$$\Delta_r H^{298} = -890 \text{ kJ} \quad (4\cdot 9)$$

は，つぎの反応の最終状態と同じ状態になる．

$$2 H_2(g) + C(gr) + 2 O_2(g) \longrightarrow CO_2(g) + 2 H_2O(l)$$
$$\Delta_r H^{298} = -966 \text{ kJ} \quad (4\cdot 10)$$

図 4·2 において，メタンを燃焼させたとき得られる生成物の熱力学的状態，$CO_2(g) + 2 H_2O(l)$ は上に示したように，1 モルの C(gr) と 2 モルの水素ガスを燃やしても再現できる．燃焼熱は，図 4·2 で縦棒として表されている．メタンの熱力学的状態は二つの燃焼熱の差によって表される．つまり，単体の位置から 76 kJ mol^{-1} だけ下がったところにある．メタンを元素から生成すると，メタン 1 モルを生み出すごとに 76 kJ が発生するわけである．したがって，$\Delta_f H^{298}$(メタン) $= -76$ kJ mol^{-1} となる．米国の NIST[2] の熱力学的諸量表によると，-74.9 kJ mol^{-1} となっている．

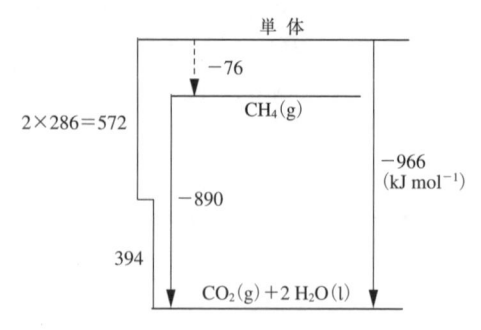

図 4·2 $\Delta_f H^{298}$(メタン) を決定するための熱力学サイクル．模式図であり，縦軸の縮尺は正確ではない．

メタンに対して上で示した間接的な生成エンタルピーの決定法は，炭化水素の多くや他の有機化合物に拡張することが可能である．一方，無機物の多くは燃えないが，反応はするので，図 4·2 に似た無機物反応サイクルを構築することが可能であり，熱力学データが得られる．熱力学に関するデータベースは NIST によって運営されており，無料で使用することができる（http://webbook.nist.gov）．

4·5 反応エンタルピー

図 4·1 に示したような方法でエチン CH≡CH，エテン $CH_2=CH_2$，エタン CH_3-CH_3 の生成エンタルピーがそれぞれ 226.7, 52.5, -84.7 kJ mol^{-1} であることがわかったとしよう．つぎの反応

$$CH\equiv CH(g) + 2 H_2(g) \longrightarrow CH_3-CH_3(g) \quad (4\cdot 11)$$

のエンタルピー変化は反応物の $\Delta_f H^{298}(CH\equiv CH(g))$ の値と生成物の $\Delta_f H^{298}(CH_3-CH_3(g))$ の値を比較することで求まる（元素からなる水素の $\Delta_f H^{298}(H_2(g))$ は定義よりゼロであることを思い出そう）．

$$\Delta_r H^{298} = \Delta_f H^{298}(CH_3-CH_3(g))$$
$$- \Delta_f H^{298}(CH\equiv CH(g))$$
$$= -84.7 - 226.7 = -311.4 \text{ kJ mol}^{-1}$$
$$(4\cdot 12)$$

---

*9 訳注: $\Delta_r H^{298}$ の r は reaction の略であり，$\Delta_r H^{298}$ は "反応エンタルピー" とよび，"変化" をつけないことが多い．

1) Hess's law 2) NIST（National Institute of Standards and Technology,（米国）国立標準技術研究所）

4・5 反応エンタルピー

この反応は，実測によれば $\Delta_r H^{298} = -312.1 \pm 0.6$ kJ mol^{-1} で進むことが知られている．

同様な部分水素化反応であっても

$$CH \equiv CH(g) + H_2(g) \longrightarrow CH_2=CH_2(g) \quad (4 \cdot 13)$$

は実験室においてはうまくいかない．水素化が $CH_2=CH_2(g)$ で止まらないで $CH_3-CH_3(g)$ までいってしまうものがあり，混合生成物を与えるからである．しかし，**反応エンタルピー**の計算はヘスの法則があるので可能である．エテンとエチンの生成エンタルピーを使って，つぎのように得られる．

$$\begin{aligned}\Delta_r H^{298}(部分水素化) &= \Delta_f H^{298}(CH_2=CH_2(g)) \\ &\quad - \Delta_f H^{298}(CH \equiv CH(g)) \\ &= 52.5 - 226.7 = -174.2 \text{ kJ mol}^{-1}\end{aligned}$$
$$(4 \cdot 14)$$

この部分水素化の $\Delta_r H^{298}$ は，つぎの反応のエンタルピー変化が実測で -136.3 kJ mol^{-1} であることを使えば，別のやり方から求まる．

$$CH_2=CH_2(g) + H_2(g) \longrightarrow CH_3-CH_3(g) \quad (4 \cdot 15)$$

つまり，図 4・1 に似た作図をして，部分水素化の $\Delta_r H^{298}$ を求めると

$$\begin{aligned}\Delta_r H^{298}(部分水素化) &= -312.1 - (-136.3) \\ &= -175.8 \text{ kJ mol}^{-1} \quad (4 \cdot 16)\end{aligned}$$

となる．上の計算値 -174.2 kJ mol^{-1} と比べてほしい．

エテンの水素化のエンタルピー変化もつぎのように計算される．

$$\begin{aligned}\Delta_r H^{298} &= \Delta_f H^{298}(CH_3-CH_3(g)) \\ &\quad - \Delta_f H^{298}(CH_2=CH_2(g)) \\ &= -84.7 - 52.5 \\ &= -137.2 \text{ kJ mol}^{-1} \quad (4 \cdot 17)\end{aligned}$$

この反応は最終状態まできちんと進む反応であり，実験室で行うことができ，$\Delta_r H^{298}$ の実測値は -136.3 ± 0.2 kJ mol^{-1} である．

この後，簡単のために熱化学の原理の説明に炭化水素を使用するが，別に有機化合物に限ったわけではない．たとえば，Pitzer ら (1961) は標準生成エンタルピー $\Delta_f H^\circ(KCl) = -435.9$ kJ mol^{-1}, $\Delta_f H^\circ(KClO_3) = -391.2$ kJ mol^{-1} を報告している（上付き記号の $^\circ$ は標準状態を意味しており，絶対零度 0 K を表しているのではないことに注意*10）．これらの値を使うと，$KCl(s)$ から $KClO_3(s)$ に変換するのに必要な反応エンタルピー $\Delta_r H^\circ$ をつぎのように求めることができる．

$$KCl(s) + \frac{3}{2} O_2(g) \longrightarrow KClO_3(s) \quad (4 \cdot 18)$$

$$\Delta_r H^\circ = -391.2 - (-435.9) = 44.7 \text{ kJ mol}^{-1}$$
$$(4 \cdot 19)$$

反応式中の (s) は，標準状態では KCl も $KClO_3$ も固体 (solid) であるので，それを示す意味でつけられている．

ここまで示してきた例からわかるように，生成エンタルピーのデータベースが十分なものであれば，工学・医学・薬学などにおける重要なほとんどすべての反応に対する反応エンタルピーを計算することが可能となる．これが，データベース (webbook.nist.gov) を充実させ，かつデータの受入れには細心の注意が必要とされる理由である．

これまでの例を一般的に示すとつぎのような式になる*11．

$$\Delta_r U^{298} = \sum \Delta_f U^{298}(生成物) - \sum \Delta_f U^{298}(反応物)$$
$$(4 \cdot 20)$$

そしてエンタルピーに関しては

$$\Delta_r H^{298} = \sum \Delta_f H^{298}(生成物) - \sum \Delta_f H^{298}(反応物)$$
$$(4 \cdot 21)$$

となる．ここで，生成物と反応物は標準状態にあり，$\Delta_f U^{298}$ あるいは $\Delta_f H^{298}$ の前に実際には反応式の化学量論係数が掛けられることに注意しておこう*12．このあと，熱力学状態関数に対しても同様な式が成りつつことがわかり，それらが非常に役に立つ．

C(gr) や $CH_4(g)$ などの "燃焼データ" に基づく熱化学が $\Delta_f H^{298}$ データの中心であることは確かだが，他の種類の反応も貢献している．たとえば，$\Delta_f H^{298}$(エタン) $= -83.8 \pm 0.4$ kJ mol^{-1} であることは知っているが，$\Delta_f H^{298}$(エテン) は知らないとしよう．この場合，エテン → エタンの水素化反応のエンタルピー変化を測定したら，-136.3 ± 0.2 kJ mol^{-1} であったと

---

*10 訳注: IUPAC の規則では，標準状態の圧力のみ 1 bar $= 10^5$ Pa と規定されている．温度は規定されていないが，25℃ (298 K) とされる場合が多く，熱力学的諸量も 298 K における値が示されることが多い．

*11 訳注: 通常は，$\Delta_r U^\circ$ あるいは $\Delta_r H^\circ$ と表記される．

*12 訳注: 化学量論係数を ν で表して，$\Delta_r U^{298} = \sum \nu \Delta_f U^{298}(生成物) - \sum \nu \Delta_f U^{298}(反応物)$ と明記したほうがよいかもしれない．

すると，$\Delta_f H^{298}$(エテン) は $\Delta_f H^{298}$(エタン) よりも差の絶対値だけ上にあることがわかる．したがって

$$\Delta_f H^{298}(\text{エテン}) = (-83.8 \pm 0.4) + (136.3 \pm 0.2)$$
$$= 52.5 \pm 0.4 \text{ kJ mol}^{-1} \quad (4 \cdot 22)$$

となり，表へ載せるデータ値は 52.5 ± 0.4 kJ mol^{-1} ということになる．

相転移（蒸発，融解など），溶媒への溶質の溶解，混和可能な溶媒の混合，希釈といった物理過程のエンタルピー変化は，上に示した方法を若干修正すれば取扱うことができる．このとき，熱力学第一法則は守られており，きちんと制御されかつ再試行可能な実験においては決して破られることはない．

4・6 グループ内の加成性

燃焼熱[1] $\Delta_c H^{298}$ のデータをよく観察すると，分子量の増加とともに $\Delta_c H^{298}$ が規則的に増加することに気がつく．たとえば，標準状態にあるアルカンの**燃焼エンタルピー**はつぎのようになる（単位は kJ mol^{-1}）．

	メタン	エタン	プロパン	n-ブタン
$\Delta_c H^{298}$(g)	-890.8	-1560.7	-2219.2	-2877.6
差		-669.9	-658.5	-658.4

もし，"n-ブタン(g) より CH$_2$ が1個多い n-ペンタン(g) の $\Delta_c H^{298}$ を予測しなさい" と問われれば，合理的な答は n-ブタンの値に差分を加えたつぎのような値になるだろう．

$$\Delta_c H^{298}(n\text{-ペンタン(g)})$$
$$= -2877.6 - 658.4$$
$$= -3536.0 \text{ kJ mol}^{-1} \quad (4 \cdot 23)$$

実験で得られる値は -3535.4 ± 1.0 kJ mol^{-1} であり，よく合っている．

よりシンプルにするには，$\Delta_c H^{298}$(エタン(g)) $= -1560.7$ kJ mol^{-1} を基準点にすれば，n-アルカン（メタンは除く）の燃焼熱は付け加わる<u>1個の</u> H ごとに（勾配に等しい）$-658.4/2 = -329.2$ kJ mol^{-1} だけ加わるということになる．これら $-$CH$_2-$ の水素原子は第二級[2] 水素とよばれ，$-$CH$_3$ の第一級[3] 水素とは異なる．$-\overset{|}{\underset{|}{\text{C}}}-$H の場合は，第三級[4] 水素とよばれる．したがって，$\Delta_c H^{298}(n\text{-アルカン(g)})$ は第二級水素の個数に -329.2 を掛け，-1560.7 に加える

という計算になる（単位は kJ mol^{-1}）．

n-アルカン(g) の生成エンタルピー $\Delta_f H^{298}$ は $\Delta_c H^{298}$ に比例する[*13] ので，$\Delta_f H^{298}$ を上と同じようにして見積もれる．単に水素原子の個数を数え，エタン C$_2$H$_6$ の基準値に加えればよい．

	エタン	プロパン	n-ブタン
$\Delta_f H^{298}$(g)	-84.0	-104.7	-125.6
差		-20.7	-20.9

n-オクタン C$_8$H$_{18}$ の場合は，$-20.8/2 = -10.4$ に $(8-2) \times 2 = 12$ を掛けて，$12 \times (-10.4) = -124.8$ となり，これに基準値 -84.0 を加えれば -208.8 kJ mol^{-1} を得る．実験で得られる値は -208.4 ± 0.8 kJ mol^{-1} である．

Zavitsas ら（2008）はこの方法を拡張して，第一級水素，第三級水素を含む場合にも適用できるつぎの式を提案した．

$$\Delta_f H^\circ = -14.0\,n_p + (-10.4\,n_s) + (-6.65\,n_t) = \sum c_i n_i$$
$$(4 \cdot 24)$$

ここで，n_p, n_s, n_t はアルカンまたはシクロアルカンの第一級水素，第二級水素，第三級水素の個数である．この式を使って，n-オクタンの異性体である 4-メチルヘプタンの生成エンタルピーを求めると，つぎのようになる．

$$\text{CH}_3\text{CH}_2\text{CH}_2\overset{\overset{\text{H}}{|}}{\underset{\underset{\text{CH}_3}{|}}{\text{C}}}\text{CH}_2\text{CH}_2\text{CH}_3$$

$$\Delta_f H^\circ = -14.0\,n_p + (-10.4\,n_s) + (-6.65\,n_t)$$
$$(4 \cdot 25)$$

$$\Delta_f H^\circ(4\text{-メチルヘプタン(g)})$$
$$= -14.0 \times 9 + (-10.4 \times 8) + (-6.65 \times 1)$$
$$= -215.8 \text{ kJ mol}^{-1} \quad (4 \cdot 26)$$

実験で得られる値は -212.1 kJ mol^{-1} である．

4・7 古典力学による $\Delta_f H^{298}$(g)

§4・6で紹介した水素原子の個数から $\Delta_f H^{298}$(g) を見積もる方法の弱点は，歪み，あるいは込み入った構造を含む分子における古典力学的な歪みエネルギーを考慮していないことである．さらに，電子の存在確率密度への量子力学的影響が考慮されていないことも問

[*13] 訳注：$\Delta_f H^{298}$ は $\Delta_c H^{298}$ の一次関数になるという意味．
1) heat of combustion 2) secondary 3) primary 4) tertiary

題だ．この影響は，分子エネルギーにも分子構造にも関係してくる．

この歪みの影響は，$\Delta_f H^{298}$ の不一致に現れる．$\Delta_f H^{298}$（シクロペンタン(g)）の実測値は -16.3 kJ mol^{-1} だが，水素原子の個数から求める方法による計算値は -24.9 kJ mol^{-1} とかなりずれる．実測値は計算値より上にくる（負で絶対値が小）．シクロペンタンでは，五員環の狭い領域に 10 個の水素原子が集まるわけで，これが原子間相互作用エネルギーを高め，$\Delta_f H^{298}$ の増加に寄与してくるのである．米国ジョージア大学の N.L.Allinger らは分子力学[1]用プログラム MM1～MM4 を開発し，結合の曲がり，結合の伸縮，環の歪みなどに基づくエネルギーを取込んで，分子構造や $\Delta_f H^{298}$ の計算を行った．計算機上でのプログラムによる計算は非常に速いので，大きくて複雑な分子に対しても適用が可能である．

4·8 シュレーディンガー方程式

1926 年にシュレーディンガー[*14]は，水素原子のエネルギー準位の解を与える方程式を提出した．そのすぐあと，ハイトラーとロンドンはシュレーディンガー方程式（当時からこうよばれるようになった）から H と H の間に化学結合が存在しうることを予測し，H-H のおよその長さを示した．これはその後"分子軌道計算[2]"とよばれるようになった．その拡張・改良版ソフトの一つ GAMESS は各自の PC でサイトライセンスとして無料で利用が可能となっている（アカデミックおよび同種組織に限定）．URL は http://www.msg.ameslab.gov/GAMESS/GAMESS.html である．

GAMESS プログラムを今後，ごく簡単な例から始めて，数多くの分子中の結合エネルギーを決定するのに使う．まず水素分子について考えよう．二つの H 原子が近づいて分子がつぎのように形成される．

$$2 \text{H}\cdot \longrightarrow \text{H-H} \quad (4\cdot 27)$$

GAMESS の計算結果によれば，H・の全エネルギーは $E = -0.4998 E_h$ となる[*15]．ここで E_h は"ハートリーエネルギー[3]"とよばれ，エネルギーの単位である[*16]．一方，分子 H-H の全エネルギーは

$$E = -1.1630349978 E_h \quad (4\cdot 28)$$

と得られる[*17]．

したがって，結合エネルギーは最終状態（分子）のエネルギーから最初の状態（2 個の原子）のエネルギーを引いたものに等しく，つぎのようになる．

$$\begin{aligned} E(\text{H-H}) - 2E(\text{H}\cdot) &= -1.1630 E_h - 2\times(-0.4998) E_h \\ &= -102.5 \text{ kcal mol}^{-1} \\ &= -429 \text{ kJ mol}^{-1} \end{aligned} \quad (4\cdot 29)$$

実測値は -431 kJ mol^{-1} である．分子は遠く離れた 2 個の原子よりも安定なので，結合エネルギーは負となる（"エネルギーは下り降りる"と考えればよい）．このようにして行ったこの最初の分子軌道計算は実測値の 1% 以内の誤差範囲に収まった．式(4·29)で変換に使用した式は $1E_h = 627.5$ kcal mol^{-1} と 1.0 kcal mol^{-1} $\equiv 4.184$ kJ mol^{-1} である．この計算はもっと複雑な分子・イオン・フリーラジカルにも適用可能であり，いくつかについては後の章で（第 20 章）紹介する．これらの強力なソフトウェアと高性能のハードウェアが利用可能になったことから，普通の実験手段では不可能な反応についても計算することができるようになった．計算熱化学はいま最も活発な学問領域である．

4·9 温度による ΔH の変化

定圧熱容量の定義は $C_p = (\partial H/\partial T)_p$ であるから，純物質の場合エンタルピーの微小変化は $dH = C_p\,dT$ と表される．小さな温度変化であれば，$\Delta H = C_p \Delta T$ とすることも可能である．混合物の熱容量は，各成分のモル熱容量に物質量を掛けたものの和となる．化学反応が進むと反応物の物質量は減っていき，生成物の物質量は増えていく．もちろん，各物質は異なる熱容量をもっている．反応物と生成物の熱容量の差はつぎのようになる．

$$\Delta C_p = \sum C_p(\text{生成物}) - \sum C_p(\text{反応物}) \quad (4\cdot 30)$$

C_p の定義を化学反応に関与する化学種すべてに適用すると，つぎの式が得られる．

$$\Delta C_p = \left(\frac{\partial \Delta H}{\partial T}\right)_p \quad (4\cdot 31)$$

簡単のために，エテンを水素化してエタンにする反応

[*14] 訳注: Erwin Schrödinger．オーストリアの理論物理学者（1887-1961）．
[*15] 訳注: 理論的には，$-\frac{1}{2} E_h$ となるはず（§17·3）．
[*16] 訳注: §17·3 を参照のこと．
[*17] 訳注: プログラムの出力値にも有効数字が考慮されるべきであるが，多数の桁数が出力されることはしばしばある．
1) molecular mechanics 2) molecular orbital calculation 3) hartree energy

を例にとると，実測値はエテンが $C_p = 42.90$ J K^{-1} mol^{-1}，エタンが $C_p = 52.49$ J K^{-1} mol^{-1}（ともに webbook.nist.gov より），水素分子が $C_p = 28.87$ J K^{-1} mol^{-1}（Atkins, 1994）であるから，ΔC_p はつぎのようになる．

$$\Delta C_p = 52.49 - 42.90 - 28.87$$
$$= -19.28 \text{ J K}^{-1} \text{ mol}^{-1} \quad (4\cdot32)$$

比較的小さな温度変化に対する $\Delta_r H$ の変化（$\Delta\Delta_{hyd}H$）は $\Delta C_p \Delta T$ である．エテンの水素化の実測値 -137.44 kJ mol^{-1}（Kistiakowsky ら，1935）とこの計算値から $\Delta_{hyd}H^{298}$ を求めてみよう．355～298 K（355 K は実験が行われる温度，298 K は標準温度）の範囲にわたっての $\Delta C_p \Delta T$ の計算値を使うと，$\Delta_{hyd}H$ の 355 K から 298 K までの変化がつぎのように求まる*18．

$$\Delta\Delta_{hyd}H = -19.28 \times (298 - 355)$$
$$= 1.099 \text{ kJ mol}^{-1} \quad (4\cdot33)$$

したがって，298 K におけるエテンの水素化エンタルピーは

$$\Delta_{hyd}H^{298} = -137.44 + 1.10 = -136.34 \text{ kJ mol}^{-1}$$
$$(4\cdot34)$$

となる．一方，298 K における種々の方法を使っての実測値は $\Delta_{hyd}H^{298} = -136.3 \pm 0.2$ kJ mol^{-1} であった．これから，この計算法は±50 K くらいの温度範囲で信頼できるものであることがわかった．さらに，水素化エンタルピーそのものは温度に敏感ではないことがわかり，通常の実験室で行われたときの $\Delta_{hyd}H$ は標準状態での $\Delta_{hyd}H^{\circ}_{298}$ と同じとしてよい．

温度範囲がもっと大きくなる（工業的によくある）場合は，熱容量をつぎのように多項式で表現する．

$$C_p = \alpha + \beta T + \gamma T^2 + \cdots \quad (4\cdot35)$$

これを使えば，化学反応の反応物および生成物の 298 K とは違う温度での C_p を決めることができ，反応に対する熱容量の変化をつぎのように求められる．

$$\Delta C_p = \sum C_p(\text{生成物}) - \sum C_p(\text{反応物})$$
$$(4\cdot36)$$

一方，化学反応あるいは物理過程において，圧力の変化に伴う ΔH の変化は状態方程式から計算することもできるが，実験値を得てそれらを曲線で適合させることによっても得られる．反応の多くは一般に，温度に比べて圧力に対しては敏感ではないといえる．Metiu（2006）は，元素からアンモニアを作る工業的方法における温度と圧力の影響について検討している．

4·10 示差走査熱量測定法[1]

それほど多くない熱が塩溶液に加えられたとき，図 4·3（縦軸 C_p，横軸 T）の下の直線のように，たとえば 290～320 K の間ではスムーズな直線となる．水の熱容量は，この温度領域ではほぼ一定であり，少量の塩（溶質）の影響を受けない．電気回路を使えば，断熱された熱量計の中の希薄溶液に微小な熱（dq）をパルス的に与えることができる．通常は定圧条件下で実験をするので，定圧熱容量の定義 $C_p = $ dq_p/dT が使える．小さなパルスを数多く与えると，温度は徐々に上がっていくが，その様子はサーミスター*19 回路を使って観察することができる．

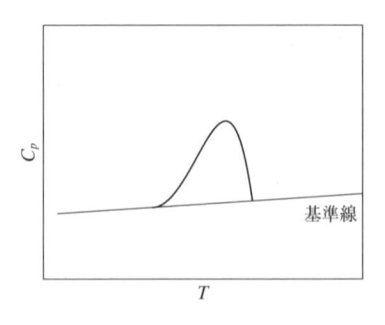

図 4·3 水溶性タンパク質の熱変性の模式図．下の直線は，タンパク質を含まない塩溶液の基準線である．ピークは，タンパク質の吸エンタルピー的変性に基づくものである．

つぎに，塩の希薄溶液の代わりに，熱量計に**熱反応**[2] を受ける溶質が含まれている場合を考えよう．つまり，熱によって何かが起こる場合である．この場合，熱曲線はかなり複雑になる．熱反応は多くの学問領域で重要であるが，そのなかでも特に生化学において重要である．タンパク質は**熱変性**を受ける．熱変性では，天然型タンパク質の構造がほどける．熱変性は，ある特定の温度で起こり，タンパク質の中に微妙な変化，たとえば生理的活性の変化などが起きる．一方，大きな変化が起こった場合は，卵の料理のように大きな構造の変化が起こってしまう．

熱変性はタンパク質中の結合の切断を伴うので，定

---

*18 訳注：$\Delta_{hyd}H^{355}$ などの hyd は hydrogenation（水素化）の略．
*19 訳注：温度の変化により抵抗値が変化する．
1) differential scanning calorimetry　　2) thermal reaction

圧条件下ではエンタルピーの系への入力が必要となる．したがって，この反応は**吸エンタルピー的**[1]とよばれる．タンパク質を含む塩の希薄溶液は，タンパク質を含まない塩溶液に比べて，微小温度変化を起こすためにはより多くの熱が必要になる．この差が顕著になるのは，変性温度付近である．したがって，変性が始まるまでは徐々にしか温度は上がっていかないが，変性温度に至ると溶液の熱容量はぐんと上がり変性が進む．その後はもとに戻って，通常の基準線にのることになる．図 4・3 のように，縦軸 C_p，横軸 T としてプロットすると，変性温度でピークが見られる（上の曲線）．熱量計の出力を PC に繋げば，曲線の下の面積を積分によって，つぎのような式で求めることが可能である[*20]．

$$\Delta_{\text{den}} H = \int_{T_1}^{T_2} C_p \, dT \quad (4\cdot 37)$$

実験で得られた結果から塩溶液の熱容量による分（基準線）を差し引いたとき，複数のピークが見られることがある．それは，溶液の中にほかのタンパク質が含まれていたのかもしれないし，そのタンパク質の構造が段階的にほどけていくのかもしれない．

例題と章末問題

例題 4・1 酸素ボンベ熱量測定法

安息香酸 C_6H_5COOH のサンプル 0.5000 g を酸素ガスの中で燃やしたら，燃焼の結果 1.236 K だけ温度が上がった．同じ熱量計を使って，ナフタレン $C_{10}H_8$ を 0.3000 g 燃やしたら，1.128 K だけ温度が上昇した．安息香酸の燃焼熱は $q_V = \Delta_c U^{298} = -3227 \text{ kJ mol}^{-1}$（発熱反応）である．ナフタレンの燃焼熱 $q_V = \Delta_c U^{298}$ を求めよ．

解法 4・1 モル質量は，安息香酸が 122.12 g mol^{-1}，ナフタレンが 128.17 g mol^{-1} である．1 g 当たりの温度上昇は，安息香酸が $1.236/0.5000 = 2.472$ K g^{-1}，ナフタレンが $1.128/0.3000 = 3.760$ K g^{-1} となる．それぞれにモル質量を掛けると，安息香酸が 301.9 K mol^{-1}，ナフタレンが 481.9 K mol^{-1} となる．比を考えると

$$\frac{301.9}{481.9} = \frac{-3227}{q_V(\text{ナフタレン})}$$

$$q_V(\text{ナフタレン}) = \Delta_c U^{298} = -3227 \times \frac{481.9}{301.9}$$

$$= -5151 \text{ kJ mol}^{-1}$$

最初の式の左辺は無名数になっているので，q_V（ナフタレン）の単位は K mol^{-1} ではなく，kJ mol^{-1} であることに注意．

章末問題

4・1 完全に断熱された 1 dm^3 の水の中に，正確に 1 Ω の抵抗を浸した．正確に 1 A（アンペア）の電流を正確に 1 秒間だけ流した．水の温度が何度上がるか答えよ．

4・2 正確に 1 g の固体サンプルをボンベ熱量計の中で燃焼した．ボンベの熱容量は 300 g の水に相当するとしよう．ボンベは断熱された容器中の水 1700 g の中に浸されている．サンプルの燃焼の結果，温度は 24.02 ℃ から 26.35 ℃ に上昇したという．サンプル 1 g の燃焼熱を単位 cal で答えよ．また，物質のモル質量が 60.0 g mol^{-1} で，O_2 過剰のもとで 2 モルの気体が生成されるとすると，モル燃焼エンタルピーはどれほどか．

4・3 液体の酢酸 $CH_3COOH(l)$ の生成エンタルピーは $\Delta_f H° = -484.5$ kJ mol^{-1} である．$\Delta_c H$ を求めよ．

4・4 固体の α-D-グルコース $C_6H_{12}O_6(s)$ の燃焼エンタルピーは -2808 kJ mol^{-1} である．その生成エンタルピーを求めよ．

4・5 $\Delta_c H^{298}(n\text{-オクタン}(g))$ を水素原子の個数から求める方法を用いて見積もれ．

4・6 $\Delta_f H^{298}(2,4\text{-ジメチルペンタン}(g))$ を，水素原子の個数から求める方法を用いて見積もれ．n-ヘプタン(g) から 2,4-ジメチルペンタン(g) への異性化エンタルピーはどれほどか．得られた答と実測値 -14.6 ± 1.7 kJ mol^{-1} を比較せよ．

4・7 Gaussian プログラムへの入力ファイルについては第 17 章で述べられるが，簡単に説明しておこう．ファイルはいくつかの命令行からなり，使用メモリー量の指定，使用するプロセッサー（中央処理装置）の数の指定，計算内容の設定，分子の近似的な構造の記述などからなる．簡単な場合，入力の構造は一般化学で学んだような推定構造でもよい．計算機に関する指

[*20] 訳注：$\Delta_{\text{den}} H$ の den は denaturation（変性）の略．
[1] endoenthalpic

定は使用する計算機ごとに変わってくる．水分子に対する入力ファイル例はつぎのようになる．

```
%mem=1800Mw
%nproc=1

# g3

Water

 0  1
 H   -1.012237   0.210253   0.097259
 O   -0.260862   0.786229   0.119544
 H    0.489699   0.209212   0.142294
```

自分が利用するシステムにこのファイルを適応させ，実行せよ．最適化された構造は直交座標でどのようなものになるか．O－Hの結合距離とH－O－Hの角度はどのくらいになるか．水に与えられるエネルギーも求めよ．

4・8 つぎの表の値を用いてエチレンの熱容量をプロットせよ．

温度〔K〕	熱容量 $C_{p,m}$ 〔J K^{-1} mol^{-1}〕
300.0000	43.1000
400.0000	53.0000
500.0000	62.5000
600.0000	70.7000
700.0000	77.7000
800.0000	83.9000
900.0000	89.2000
1000.0000	93.9000

4・9 N_2, H_2, NH_3 の定圧モル熱容量 $C_{p,m}$ は標準状態においてそれぞれ 29.1, 28.8, 35.6 J K^{-1} mol^{-1} であり，温度による変化はしないものとする．さらに，つぎの反応

$$N_2(g) + 3\,H_2(g) \longrightarrow 2\,NH_3(g)$$

の反応エンタルピーは，298 K で－92.2 kJ mol^{-1}（N_2 ごとに）であるとする．反応の $\Delta C_{p,m}$ と 398 K での $\Delta_r H°$ を求めよ．また，0 K における $\Delta_r H°$ は（理論的には）どうなるか．

5

エントロピーと熱力学第二法則

熱力学第二法則と**エントロピー**[1]の概念はカルノー[*1]がやや抽象的に示した"熱機関が熱を高温熱溜から引き出し,低温熱溜に捨てた残りを使って行う仕事(効率)は,その熱機関の種類によらない"という定理に基づいている(図5・1).カルノーの熱機関の効率に関する考察からエントロピーへの進化について述べた読みやすい書籍としては,KondepudiとPrigogineによる著作(1998)がある.このあたりに関しての歴史的展開は興味深いが,ここでは立ち入らないで,すぐにクラウジウスによるエントロピーの定義,ボルツマンによる統計学的な解釈,そして熱力学第二法則が物理現象や化学反応へ及ぼす影響について話を進めていこう.

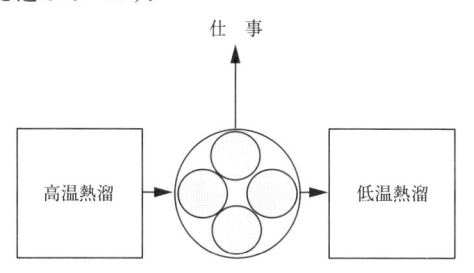

図5・1 熱機関の模式図

5・1 エントロピー

1865年,クラウジウス[*2]は,循環的な経路を可逆的に動くカルノー機関に対する周回積分$\oint dq/T$はゼロになることを示した.つまり

$$\oint \frac{dq}{T} = 0 \qquad (5 \cdot 1)$$

と表される.式(5・1)の被積分関数,つまりdq/Tにクラウジウスはエントロピーという名前をつけ,微小変化の記号はdSとした.Sは**熱力学関数**となる.この定義は熱力学第二法則の一つの表現であり[*3],第二法則には,第一法則と同様に,さまざまな表現方法が存在する.式(5・1)から得られる$\Delta S = \int_a^b dS = \int_a^b dq/T$は状態$a$から$b$へ可逆的に変化する系のエントロピー変化であり,これは**経路に依存しない**状態量となる.この定義は大変役に立つものであり,熱力学を支える重要な2本の柱のうちの一つである.もし,ある可逆過程に対してΔSを求めることができた場合は,同じ最初の状態および最後の状態をもつ過程であれば,どんな過程に対してでもΔSを知っていることとなる.ΔSは経路に依存しないからである.

クラウジウスはエントロピーの概念をさらに発展させて,つぎのように書いた.

$$dS \geq \frac{dq}{T} \qquad (5 \cdot 2)$$

これは可逆変化に加えて,**不可逆**[2]変化も含めたわけである.不可逆変化では$dS > dq_{irr}/T$となる.

熱機関を不可逆的に一周させて,最初の状態に戻ったとしよう.熱の出し入れを考えると,式(5・2)からつぎのような関係が得られる.

$$\frac{dq_{irr}}{T} < dS \qquad dq_{irr} < T dS \qquad (5 \cdot 3)$$

この場合,系はもとの状態に戻ってはおらず,系は循環経路を動くという条件を満たしていないことになる.そこで図5・1の高温熱溜から少し余計に熱をも

[*1] 訳注:Sadi Carnot, フランスの物理学者・数学者(1796–1832).論文の標題は"火の動力と,この力を発現させるのに適した機械に関する考察".1824年に自費出版.
[*2] 訳注:Rudolf Clausius, ドイツの物理学者(1822–1888).
[*3] 訳注:第一法則とともに経験的法則である.

1) entropy 2) irreversible

らい，サイクルを完了させ，エントロピーを最初の値に戻さなければならないことになる．可逆変化の場合の熱量以上のこの余計な熱はどこへ行ってしまうのであろうか？ 系は，この場合何も仕事をしてはいないので，熱機関を通って直接に低温熱溜に行ったに違いない．ここではっきり認識すべきことは，高温熱溜から受け取った熱のうち，すべてが仕事に使われるわけではないということである．熱のある部分は，高温熱溜から熱機関を通って直接に低温熱溜に行き，仕事は何もせず，系のエントロピーをもともとの値に引き戻すのに使われる．不可逆サイクルの場合，高温熱溜からの熱のいくらかは，仕事には使えないのである．

5·1·1 熱的死と時間の矢

不可逆サイクルでは外界への熱の移動は常にあるので，系と外界のエントロピーの和はいつも増加する．系と外界，つまり宇宙において，現実の過程はすべて不可逆過程なのでつぎのような帰結（第二法則）を得る．

"宇宙のエントロピーは最大へ向かう"

宇宙がエントロピーの最大値に達した場合には，もう不可逆変化は不可能になる．変化の駆動力がなくなってしまうのだ．これは宇宙の**熱的死**[1]とよばれる．

宇宙のエントロピーは，不可逆変化の前よりは後のほうが大きいはずだ．したがって，時間の方向を熱力学で定義することができる（第一法則ではできなかったこと）．時間は，変化の前から変化の後にしか進めない[*4]．その逆には行けない．エントロピーはしばしば"時間の矢"とよばれる．

5·1·2 反応進行度

Prigogine は，化学反応がどれほど進行したかを示す**反応進行度**[2] ξ を定義した．つぎのような反応において反応物 A からスタートすると，生成物 B が生成されるにつれて反応進行度は増えていく．

$$A \longrightarrow B \quad (5·4)$$

あるところまできて，ξ を時間で微分したものがゼロとなったとすると，反応は（巨視的に見た場合）止まる[*5]．反応進行度の時間導関数がゼロのとき，$n_A + n_B$ からなる系は平衡状態にあると言える．巨視的な濃度変化はないので，反応物に対する生成物の物質量の比 n_B/n_A は一定になる．これは**平衡定数**[3]とよばれ，K_{eq} と記す習慣であり，つぎのように表される．

$$\left(\frac{\partial \xi}{\partial t}\right)_{T,p} = 0 \quad (5·5)$$

$$K_{eq} = n_B/n_A \quad (5·6)$$

"反応進行度は系の内部エネルギー U あるいはエンタルピー H によってのみ決定され，高いところから低いところに流れる"といった具合に説明ができるとわかりやすいが，実際はそうではない．単に U や H の最小化を考えるのでは不十分で，化学反応や物理変化においてはもっと考えるべきことがある．反応物および生成物の状態の無秩序さである．

5·1·3 無秩序さ

化学反応

$$A \longrightarrow B \quad (5·7)$$

あるいは，物理変化

$$A(l) \longrightarrow A(g) \quad (5·8)$$

を取上げてみよう．変化を生み出す駆動力を考えなくてはならない．駆動力の一部は最小のエネルギーのところへ向かおうとする（水が下のほうに流れるように）ものであるが，ほかにも熱力学的な系は最大の**無秩序さ**に向かおうとする傾向もあるのだ．例として，水のような液体の蒸発を考えてみよう．

液体は，分子がきちんと整列しているわけではないが，かなり強い分子間引力によって結びつけられている．蒸気相において失われている，あるいは無視できる力はまさにこの力である．**トルートンの規則**によれば，多くの液体の蒸発の際のエントロピー変化は大体 $88\,\mathrm{J\,K^{-1}\,mol^{-1}}$ であるという．この規則は Cl_2, HCl, クロロホルム，n-アルカンなどさまざまな液体を調べて検証されたものである．この規則に従わない液体も存在するが，その場合は何か別の力が液体中で働いているわけである．その例として水があげられるが，この場合は水素結合が働くことによってエントロピー変化は若干ずれ，フッ化水素 HF の場合は大きくずれることが知られている．

[*4] 古典熱力学では，もちろん QED (quantum electrodynamics, 量子電磁力学) 的な考慮はされていない．
[*5] 微視的に見れば，A と B の間には入替えがあるが，それらは平均すれば方向が逆で互いに等しいので，測定可能な濃度変化には至らない．

1) heat death   2) extent of reaction   3) equilibrium constant

5・2 エントロピー変化

一般に,融解あるいは固体状態での結晶形の転移を含めた状態変化における**エントロピー変化** ΔS は,その際のエンタルピー変化 $\Delta_{\text{trans}} H$ と**転移**[1]が起こる温度 T によってつぎのように与えられる.

$$\Delta S = \frac{\Delta_{\text{trans}} H}{T} \tag{5・9}$$

5・2・1 加熱

理想気体を**加熱**すると,エントロピー変化は正になる.加熱することにより系は高温となり,高温状態では低温状態より無秩序さが増すからである.**モル熱容量**の定義はつぎのようであり,

$$C_{p,\text{m}} = \left(\frac{\partial H}{\partial T}\right)_p \tag{5・10}$$

したがって

$$dS \equiv \frac{dq_{\text{rev}}}{T} = \frac{dH}{T} = C_{p,\text{m}} \frac{dT}{T} \tag{5・11}$$

となる. T_1 から T_2 まで積分すると

$$\Delta S = \int_{T_1}^{T_2} C_{p,\text{m}} \frac{dT}{T} = C_{p,\text{m}} \int_{T_1}^{T_2} \frac{dT}{T} = C_{p,\text{m}} \ln \frac{T_2}{T_1} \tag{5・12}$$

と,定圧条件下での加熱によるモル当たりのエントロピー変化が得られる.定容条件下でも同様な式が得られる.

5・2・2 膨張

理想気体の U は定温において一定である[*6].熱力学第一法則は $dU = dq + dw = 0$ だから $dq = -dw$ となり,第二法則から可逆的な膨張・圧縮の仕事の場合はつぎのようになる.

$$dS = \frac{dq_{\text{rev}}}{T} = -\frac{dw}{T} = \frac{p \, dV}{T} \tag{5・13}$$

1モルとして,さらに変形すると

$$dS = \frac{p \, dV}{T} = \frac{\frac{RT}{V} dV}{T} = R \frac{dV}{V} \tag{5・14}$$

となるので, V_1 から V_2 まで積分するとつぎのような式が得られる.

$$\Delta S = R \int_{V_1}^{V_2} \frac{dV}{V} = R \ln \frac{V_2}{V_1} \tag{5・15}$$

物質量が n モルの気体の**膨張**の場合は,右辺を単に n 倍すればよい.気体が理想気体でない場合は,導出の式の理想気体の状態方程式を実在気体の状態方程式で置き換えればよいが,数学的な複雑さはかなり増す.しかし,原理は同じである.

5・2・3 加熱と膨張

dS は完全微分であり, $S = f(T, p)$ と書けるので,つぎの式が成り立つ.

$$dS = \left(\frac{\partial S}{\partial T}\right)_p dT + \left(\frac{\partial S}{\partial p}\right)_T dp \tag{5・16}$$

定圧条件下で第二法則から,つぎの式が成り立つ.

$$dS = \frac{dq_p}{T} = \frac{C_p \, dT}{T} \tag{5・17}$$

したがって

$$dS = \frac{C_p}{T} dT + \left(\frac{\partial S}{\partial p}\right)_T dp \tag{5・18}$$

となる. §3・1ですでに学んだように,完全微分 du がつぎのように表されたとき

$$du = \left(\frac{\partial u}{\partial x}\right)_y dx + \left(\frac{\partial u}{\partial y}\right)_x dy$$
$$= M(x, y) dx + N(x, y) dy \tag{5・19}$$

つぎの等式が成り立つ.

$$\frac{\partial M(x, y)}{\partial y} = \frac{\partial N(x, y)}{\partial x} \tag{5・20}$$

第6章で学ぶギブズ自由エネルギー G の場合, $G = f(T, p)$ とすると

$$dG = -S \, dT + V \, dp \tag{5・21}$$

となることが知られており,したがって次式が成り立つ.

$$-\left(\frac{\partial S}{\partial p}\right)_T = \left(\frac{\partial V}{\partial T}\right)_p \tag{5・22}$$

式(5・18)に対してこの式を使うと,つぎのようになる.

[*6] 訳注: $U =$ (運動エネルギー) + (ポテンシャルエネルギー). 理想気体においては分子間相互作用がないとしているので,ポテンシャルエネルギーは0. 運動エネルギーは式(1・28)より物質量が n モルの場合, $\frac{3}{2} nRT$ を与えられるから.

[1] transition

$$dS = \frac{C_p}{T}dT + \left(\frac{\partial S}{\partial p}\right)_T dp = \frac{C_p}{T}dT - \left(\frac{\partial V}{\partial T}\right)_p dp \quad (5\cdot 23)$$

係数 C_p/T および $(\partial V/\partial T)_p$ は測定可能な量であるので，微小変化 dS はどんな T，V においてもわかる．したがって，有限の変化 ΔS はつぎのようにして求めることができる．

$$\Delta S = \int_{T_1}^{T_2} \frac{C_p}{T}dT - \int_{p_1}^{p_2}\left(\frac{\partial V}{\partial T}\right)_p dp \quad (5\cdot 24)$$

一方，ギブズ自由エネルギーの代わりにヘルムホルツ自由エネルギーでスタートすると，つぎのような同様な式が得られる．

$$\Delta S = \int_{T_1}^{T_2} \frac{C_p}{T}dT - \int_{V_1}^{V_2}\left(\frac{\partial p}{\partial T}\right)_V dV \quad (5\cdot 25)$$

これらの導出に関しての詳細は，実在気体に対する正確な状態方程式から得られた結果や NIST[1] の表 (webbook.nist.gov) との比較とともに，Metiu の書籍 (2006) に書かれている．

5・3 自発的過程
5・3・1 混合

理想気体の**混合**を考える．いま，同じ容積の容器 A と B があり，ともに 0.500 モルの理想気体を含んでいるとする．両気体は同じ温度で同じ圧力 1.0 bar の状態にあり，弁をもつ管で繋がれている．弁が開かれたとき気体は自発的に混ざり始める（香水のかおりが部屋いっぱいに広がるように）．気体分子が動ける体積は弁が開く前の 2 倍になったので，両気体とも独立にふるまい，拡散過程はあたかも膨張過程のようになる．エントロピー変化 ΔS_A は式(5・15)を参考にしてつぎのように求まる．

$$\Delta S_A = 0.500\,R\ln\frac{V_2}{V_1} = 0.500\,R\ln\frac{2}{1}$$
$$= 2.88\,\text{J K}^{-1} \quad (5\cdot 26)$$

ΔS_B も同様に求まるので，全エントロピー変化はそれらの和となり

$$\Delta S_A + \Delta S_B = 2\times 2.88 = 5.76\,\text{J K}^{-1} \quad (5\cdot 27)$$

となる．容器の体積が変わったり，気体の量が変わったりすれば，A と B のエントロピー増加量は変わってくるが，両者が増加することに変わりはない．両気体とも，弁が開いた後は動き回る体積が増えることは明らかであるからだ．気体の混合は常に自発的であり，混合の際のエントロピー変化は常に正である．定圧のもとでは，それぞれの気体に着目すると V_2 は V_1 より常に大きくなるからである．

5・3・2 熱の移動

今度は二つのレンガが接触している場合を考えよう．一方は熱く，他方は冷たいとする．長年の経験から，十分な時間が経てば一方は冷えて，他方は暖まり，少し暖かい二つの同一温度のレンガになるであろうと予測できる．この過程の逆，つまり再度一方が冷え始め，他方は熱くなっていくという過程は決して起こらない．この大雑把に述べたことは熱力学第二法則の一つの表現である．実際に，熱機関というものは，高温熱溜と低温熱溜の間に置かれて，熱の流れの一部を仕事として使う"サイフォン"のようなものであると言える．

熱いところから冷たいところへの自発的な熱の流れを第一法則によって説明することはできない．熱いレンガから失われた 1 J の熱は冷たいレンガが受け取るだけだからである．この過程では内部エネルギーにもエンタルピーにも変化はない．したがって，第一法則は何も言っていないに等しい．ここで，もう少し定量的に議論をしよう．レンガは同じ大きさで，同じ熱容量 C をもっているとしよう．さらに，熱いほうは 400 K，冷たいほうは 200 K とする．しばらくすると両者とも 300 K となることはわかると思う．外界への熱の損失がないとすると，熱いほうのエントロピー変化は式(5・12)を使って

$$\Delta S = C\ln\frac{T_2}{T_1} = C\ln\frac{300}{400} = -0.288C \quad (5\cdot 28)$$

となり，冷たいほうのエントロピー変化は

$$\Delta S = C\ln\frac{T_2}{T_1} = C\ln\frac{300}{200} = 0.405C \quad (5\cdot 29)$$

となる．正のエントロピー変化のほうが負のエントロピー変化の絶対値より大きくなることは，スタート時の温度，熱容量，レンガの大きさなどにはまったく依存しない．自発的過程におけるエントロピーは，自発的熱移動の場合は常に増加するのである．熱いレンガと冷たいレンガのエントロピー変化の絶対値が等しくなるのは $T_1 = T_2$ とすることである．この場合，熱の

---

[1] National Institutes of Standards and Technology

流れは存在しない．

5·3·3 化学反応

化学反応が進んでいる系の無秩序さは，劇的に変化することがある．たとえば，$H_2(g)$と$O_2(g)$を同量ずつ混ぜて反応させると，ほとんど体積が無視できる$H_2O(l)$と，反応せずに残った$\frac{1}{2}$体積の$O_2(g)$になる．結局，系は2体積から$\frac{1}{2}$体積になるわけで，エントロピー変化はそれに基づいて考えることになる．この例では，前に示した膨張の場合と違って，反応前の体積のほうが反応後の体積より大きいことになる．したがって，この反応のエントロピー変化は負となる．つまり，反応後の状態は，反応前の状態より<u>無秩序さが減った</u>ということになる．負の$\Delta_r S$というのは，反応の進行を妨げる働きをするように思える．$\Delta_r H - T\Delta_r S$を使って考えてみると，$-T\Delta_r S$は正の値をとるが，負の値をとる$\Delta_r H$の絶対値よりは小さいのである．$\Delta_r S$が負でも，この反応は自発的（というより爆発的）反応であるわけだ．これは，<u>無秩序な系から秩序を自発的に生成する反応にしばしば見られる傾向</u>である．エンタルピーが負でその絶対値が大きく，エントロピー項$-T\Delta_r S$が正でも，全体としては負になるというのである．

5·4 熱力学第三法則

熱力学第三法則は，内部エネルギーやエンタルピーではなく，エントロピーについての法則であり，その零点を決める働きをする"完全結晶のエントロピーは0 Kでゼロとなる"というものである．

第三法則により，純物質のいかなる温度における**標準モルエントロピー**（しばしば"絶対"エントロピーとよばれる）も得ることが可能になる．これは簡単なようにみえるが，なかなか難しいことである．まず，定圧モル熱容量$C_{p,m}$をさまざまな温度で決めなければならない．何らかの相転移が起こる温度T_1までこれを続ける．§5·2·1で示した方法に従い，積分を使って

$$S = \int_0^{T_1} \frac{C_{p,m}}{T} dT \qquad (5·30)$$

を求めると，転移温度T_1における標準エントロピーが得られる．$C_{p,m}$は1モルに対する熱容量であるから，Sは標準モルエントロピーになる．通常は，もっと高い温度，たとえば298 Kにおけるエントロピーが必要になるが，そこまでの間に相転移が起こるかもしれない．その場合は，相転移によるエントロピー変化を加えればよい．転移後の相が熱せられて温度が$T_1 \to T_2$となったとしよう．T_2は298 Kでもよいし，新たな相転移が起こる温度でもよい．融解や蒸発は，結晶の相転移と同様に扱える．こうして何回かの相転移を経て，希望の温度に達すると，そこでの標準エントロピーはすべての寄与を足し合わせて，つぎのように表されることになる[*7]．

$$S = \int_0^{T_1} \frac{C_{p,m}}{T} dT + \sum \frac{\Delta_{trans} H}{T_{trans}} + \sum \int_{T_{lower}}^{T_{higher}} \frac{C_{p,m}}{T} dT \qquad (5·31)$$

5·4·1 化学反応（再び）

化学反応の**反応エントロピー**は，すべての反応物および生成物の標準モルエントロピーの和を求め，つぎのように差し引くことにより求めることができる．

$$\Delta_r S = \sum S(生成物) - \sum S(反応物) \qquad (5·32)$$

反応のなかで無秩序さが変化する，たとえば生成物が気体で，反応物が液体もしくは固体の場合のエントロピー変化は，この式には含められているといえる．$\Delta_{vap} H/T_b$のような（vapは蒸発，T_bは沸点）項は，$\sum S(生成物)$には入っているが，$\sum S(反応物)$には入っていないからである．

"すべての自発的な化学反応や物理過程は必ずエントロピーの増加を生み出す"とシンプルに考えたいところだが，実はそう簡単ではない．自発的変化は二つの駆動力によって進行する．一つは内部エネルギーあるいはエンタルピーHを減らす方向，もう一つは無秩序さ（エントロピーS）を増やす方向への駆動力である．これらを適切に表す関数は，米国の偉大な熱力学の学者であるギブズ[*8]によって考案された．この関数$G = H - TS$は彼の名をとって**ギブズ自由エネルギー**，あるいは単に**ギブズ関数**とよばれている．この関数と似た，内部エネルギーとエントロピーを含む関数もある．化学者よりも技術者に親しまれているこの関数$A = U - TS$は**ヘルムホルツ自由エネルギー**とよばれている．

[*7] 訳注：式(5·31)は誤解を招く恐れがある．Σの意味するところは，相転移があるたびに，右辺の後ろの2項が加わるというように考えればよい．

[*8] 訳注：J. Willard Gibbs，米国の物理学者（1839–1903）．

例題と章末問題

例題 5・1　銀の標準エントロピー

銀の $C_{p,m}/T$ は 15〜300 K の温度範囲で，下表のような値をとる．

T	$C_{p,m}$	$\ln T$	$C_{p,m}/T$
15.0000	0.6700	0.0447	2.7100
30.0000	4.7700	0.1590	3.4000
50.0000	11.6500	0.2330	3.9100
70.0000	16.3300	0.2333	4.2500
90.0000	19.1300	0.2126	4.5000
110.0000	20.9600	0.1905	4.7000
130.0000	22.1300	0.1702	4.8700
150.0000	22.9700	0.1531	5.0100
170.0000	23.6100	0.1389	5.1400
190.0000	24.0900	0.1268	5.2500
210.0000	24.4200	0.1163	5.3500
230.0000	24.7300	0.1075	5.4400
250.0000	25.0300	0.1001	5.5200
270.0000	25.3100	0.0937	5.6000
290.0000	25.4400	0.0877	5.6700
300.0000	25.5000	0.0850	5.7000

横軸に T，縦軸に $C_{p,m}/T$ をとって描いたグラフを図5・2に示した．パッケージソフト（たとえばSigmaPlot®）を使うか，自分で短いプログラムを書き，銀に対するデータを積分して 298 K における標準エントロピーを求めよ．銀の融点も沸点も 298 K より上にあるので，この温度範囲で相転移はなく，問題は簡単となる．"CRC Handbook of Chemistry and Physics, 2008-2009 (89th ed.)"によれば，298 K における標準エントロピー S_{Ag}^{298} は 42.67 J K^{-1} mol^{-1} である．

解法 5・1　SigmaPlot® には，滑らかな関数として表示された曲線の下の面積を積分によって求めるマクロ機能[*9]が用意されている．まずデータを入力し，ついで Tools → macro → run → compute を実行する．SigmaPlot® による出力結果によれば，15 K から 298 K までの積分値は 42.2076 J K^{-1} mol^{-1} となる．

この結果は，上記のハンドブック記載の標準エントロピーに非常に近いが，15 K 以下の寄与を計算していないことに注意しよう．このあたりの温度ではデバイ[*10]の手法が使われ（問題 5・7），つぎの式が仮定できる．$C_{p,m}$ は T の 3 乗に比例するというのであり，15 K ではつぎのようになる．

$$C_{p,m} = AT^3 = 0.67 \text{ J K}^{-1} \text{ mol}^{-1}$$

これより 15 K の標準エントロピーは

$$S_0^{15} = \frac{C_{p,m}}{3} = \frac{0.67}{3} = 0.22 \text{ J K}^{-1} \text{ mol}^{-1}$$

となる[*11]．この値を SigmaPlot® で得た値に加えると $S_0^{298} = 42.43$ J K^{-1} mol^{-1} になり，ハンドブック記載値と 0.6 % の誤差で一致することがわかる．

章末問題

5・1　ヘキサ-1,3,5-トリエンの沸点は，大気圧下で 355 K である．蒸発エンタルピーを求めよ．

5・2　(a) 定容条件下で 2.5 モルのヘリウムを 300 K から 400 K へ加熱した．エントロピー変化を求めよ．
(b) 定圧条件下で(a)と同様な加熱をしたときのエントロピー変化を求めよ．

5・3　定温条件下で 1 モルのヘリウムと 1 モルのアルゴンが別々の容器に入っており，それぞれの圧力は 1 bar であるとする．両容器を繋ぐ弁を開けたとき 2 モルの気体となるが，圧力は 1 bar のままである．この過程のエントロピー変化を求めよ．

5・4　アンモニアは，工業的にはつぎの反応を $T=$

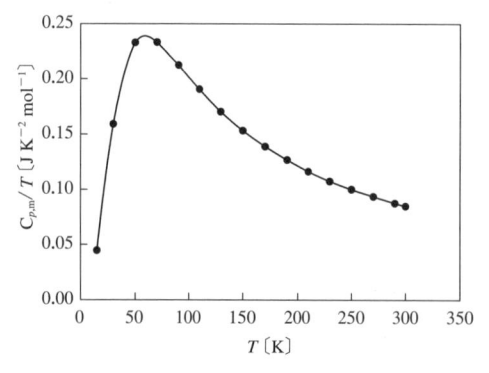

図 5・2　銀（固体）に対する $C_{p,m}/T$-T 図．この温度範囲内では相転移はない．

[*9] 訳注: 特定の操作手順を記憶して自動的に実行する機能．
[*10] 訳注: Peter J. W. Debye, オランダ-米国の物理学者・化学者（1884-1966）.
[*11] 訳注: $\int_0^{15} \frac{C_p}{T} dT = \int_0^{15} AT^2 dT = \left[\frac{1}{3} AT^3\right]_0^{15} = \frac{1}{3} C_{p,m}$

650 K, $p = 400$ bar で進めて製造する（Metiu, 2006）．

$$3\,H_2(g) + N_2(g) \longrightarrow 2\,NH_3(g)$$

簡単のために，これら三つの気体はすべて理想気体として扱えるとして，この温度，圧力における，本反応のエンタルピー変化を求めよ．

5・5 理想気体の圧力が 1.0 bar から 40 MPa に変わったときのエンタルピー変化 $\Delta_r H^{298}$ はどうなるか．

5・6 二酸化硫黄の融点 200 K における融解熱は 7.41 kJ mol^{-1} であるという．つぎの融解過程でのエントロピー変化を求めよ．

$$SO_2(s) \longrightarrow SO_2(l)$$

氷の融解過程でのエントロピー変化と比較せよ．氷の ΔH_{fus} のハンドブック記載値は 333.6 J g^{-1} である．（CRC Handbook of Chemistry and Physics, 2008–2009, 89th ed.）

5・7 デバイは理論的に，今日ではデバイの熱容量式とよばれるつぎのような式を提案した．この式は，完全結晶に対し絶対零度の近くで成立する．

$$C_p = AT^3 \qquad T \leq 15\,K$$

$T = 15$ K において，固体の塩素 Cl$_2$(s) の熱容量は $C_{p,m} = 3.72$ J K^{-1} mol^{-1} である．Cl$_2$(s) のエントロピーを求めよ．

5・8 固体の鉛 Pb(s) の $C_{p,m}/T$ と T からなるデータセットを与えるプログラミング言語 BASIC での命令文（DATA 文）はつぎのようになる．

```
DATA 0,0,5,0.061,10,0.28,15,0.4666,
20,0.54,25,0.564,30,0.55,50,0.428,
70,0.333,100,0.245,150,0.169,
200,0.129,250,0.105,298,0.089
N = 14
```

データは 14 組である．各組の最初の数は T であり，2 番目の数は $C_{p,m}$ である．自分でプログラムを書くか，既製のプログラムを探して，Pb(s) の 300 K における標準モルエントロピーを求めよ．

5・9 相転移は可逆的に起こる．たとえば，固体の氷から液体の水への転移は 273.15 K よりわずかに高い温度で起こるが，再度周囲の温度を 273.15 K よりわずかに低い温度にすれば逆の相転移（水 → 氷）が起こる．

(a) 融解の標準モルエンタルピー $\Delta_{fus}H°$ は 6.01 kJ mol^{-1} である．融解モルエントロピー $\Delta_{fus}S°$ を求めよ．

(b) 水の標準モル蒸発エンタルピー $\Delta_{vap}H°$ は 40.7 kJ mol^{-1} である．水の蒸発モルエントロピー（液体 → 蒸気）を求めよ．

(c) 上の二つの結果はなぜ異なるか答えよ．

6

ギブズ自由エネルギー

これまで熱機関と熱移動について考えてきたが，高温熱溜から低温熱溜へ熱が移動する際に一部の熱が仕事をするのに使われることがわかった．これが，これまで探し求めてきた利用可能な"自由"エネルギーにつながる．熱機関工学の理論ではヘルムホルツ自由エネルギー $A=U-TS$ がおもに登場し，化学反応の理論ではギブズ自由エネルギー $G=H-TS$ がおもに登場する．本書では後者を中心に話を進めることにする．

6・1 エンタルピーとエントロピーの組合わせ

エンタルピー変化とエントロピー変化を同時に受ける系が自発的に進む反応方向を示す関数を求めよう．別の言葉で言えば，化学反応を司っている因子を探そうというのである．エンタルピーとエントロピーに付く符号が逆であることは明らかである．前者は極小へ進もうとし，後者は極大へ進もうとするからである．求める関数を仮に $X=U-S$ と書いてみよう．水が下へ下へとくだるように，ポテンシャルエネルギーに似た関数を考えるのだ．ただ，化学者は定圧下で反応を進めることが多いので，U の代わりに H を使うほうがよい．ところで，エンタルピーの単位は J だが，エントロピーの単位は J K^{-1} である．そこで，エンタルピーの単位との間の矛盾をなくし，一致させるためにエントロピーに温度を掛けて，つぎのような関数 G を定義する．これが化学熱力学において中心的な働きをする関数である．

$$G \equiv H - TS \quad (6 \cdot 1)$$

H を使うので定圧条件，熱平衡を扱うので定温条件の下で，この式を使うことになる．エントロピー S に温度 T を掛けることはエントロピーの定義 $dS = dq/T$ ともぴったり合っている．ここで，q は可逆的熱エネルギーあるいはエンタルピーであるからだ．微小変化 dG あるいは小さな有限変化 ΔG はつぎのような式で表される．

$$dG = dH - TdS \quad (6 \cdot 2)$$

そして

$$\Delta G = \Delta H - T\Delta S \quad (6 \cdot 3)$$

関数 G は，状態関数 H と $-TS$ からなるので，これもまた熱力学状態関数であることがわかる．

G の呼び方には，① **ギブズ状態関数**[1]，② **ギブズ自由エネルギー**[*1,2]，③ **化学ポテンシャル**[3] がある．① は関数の数学的性質を強調するとき，② は一般的な記述で，③ は<u>モル当たりの自由エネルギー</u>，つまり $\mu=G/n$ の示強性を強調するときに使用される．ただ，文脈によってはこれらの用語をあまりこだわらずに使う場合もある．ただし，示強変数である③の μ と示量変数である①，② の G は明確に区別する．モル（部分モル）量 μ である化学ポテンシャルは，極小へ向かって坂道をころがり落ちていく系の性質をよく表現している．坂道の底が平衡点となる．

6・2 生成ギブズ自由エネルギー

すでに学んだように，ある化学反応のエンタルピー変化は，熱量測定法を使って直接的あるいは間接的に決定された反応物および生成物の $\Delta_f H$ の値を使って計算することができる．一方，エントロピー変化は式

---

*1 訳注：IUPAC（International Union of Pure and Applied Chemistry）は"自由"を付けず，単にギブズエネルギーとよぶことを勧めているので，本書でもこれ以降はギブズエネルギーとよぶことにする．
1) Gibbs state function   2) Gibbs free energy   3) chemical potential

(5·31) のような式で熱容量を使い積分を行うことによって得られる. したがって, これらの二つの変化量を使えば, **生成ギブズ自由エネルギー**[1] (以下, 生成ギブズエネルギーとよぶことにする) を計算することができる. 説明のために, つぎのような C (グラファイト, gr) の燃焼反応を例にとろう.

$$C(gr) + O_2(g) \longrightarrow CO_2(g) \quad (6·4)$$

C(gr), $O_2(g)$, $CO_2(g)$ の標準エントロピーをそれぞれ 5.74, 205.14, 213.74 J K^{-1} mol^{-1} とすると, つぎの式で標準反応エントロピーを計算できるので

$$\Delta_r S^{298} = \sum S(生成物) - \sum S(反応物) \quad (6·5)$$

結局

$$\begin{aligned}\Delta_r S^{298} &= 213.74 - 5.74 - 205.14 \\ &= 2.86 \text{ J K}^{-1} \text{ mol}^{-1} \\ &= 2.86 \times 10^{-3} \text{ kJ K}^{-1} \text{ mol}^{-1}\end{aligned} \quad (6·6)$$

が得られる.

$CO_2(g)$ の標準生成エンタルピーは -393.5 kJ mol^{-1} であることがわかっているので (§4·2 参照), 有限変化の ΔG を与える式

$$\Delta G = \Delta H - T\Delta S \quad (6·7)$$

を使って

$$\begin{aligned}\Delta_f G &= \Delta_f H - T\Delta_f S \\ &= -393.5 - 298(2.86 \times 10^{-3}) \\ &= -393.5 - 0.85 = -394.4 \text{ kJ mol}^{-1}\end{aligned} \quad (6·8)$$

と, $CO_2(g)$ の 298 K における標準生成ギブズエネルギーが得られる.

同様な計算を行えば, さまざまな化合物の標準生成ギブズエネルギーを得ることができる. このような標準生成ギブズエネルギーのデータが備わっていれば, それらを使って, 元素から簡単には生成できない化合物の標準生成ギブズエネルギーも求めることができるわけである.

6·3 熱力学の基本恒等式

可逆変化で p-V 仕事のみしかしない系では, 第一法則はつぎのようになる.

$$dU = dq + dw = TdS - pdV \quad (6·9)$$

ところで, $U = f(S, V)$ と表したとき, $dU = (\partial U/\partial S)_V dS + (\partial U/\partial V)_S dV$ となるので, 式 (6·9) と比較するとつぎのような式が成り立つ.

$$\left(\frac{\partial U}{\partial S}\right)_V = T \quad \left(\frac{\partial U}{\partial V}\right)_S = -p \quad (6·10)$$

また, $G = f(p, T)$ と表したとき, $dG = (\partial G/\partial p)_T dp + (\partial G/\partial T)_p dT$ となり, また

$$dG = Vdp - SdT \quad (6·11)$$

であるから[*2], 比較により

$$\left(\frac{\partial G}{\partial p}\right)_T = V \quad \left(\frac{\partial G}{\partial T}\right)_p = -S \quad (6·12)$$

という恒等式が成り立つ.

6·4 反応ギブズ自由エネルギー

第4章で, 1 atm の下での反応における反応物および生成物の生成エンタルピーを計算で求める方法を学んだ. また, 絶対エントロピーの計算法も学んだ. したがって, さまざまな化合物の生成ギブズエネルギーの表を作成することができる. それらデータを使えば, 反応の自由エネルギー変化, すなわち**反応ギブズ自由エネルギー** (以下, 反応ギブズエネルギー) はいつものやり方でつぎのように求まる.

$$\Delta_r G = \sum \Delta_f G(生成物) - \sum \Delta_f G(反応物) \quad (6·13)$$

エンタルピーの場合と同様に, 元素の生成ギブズエネルギーはゼロと定義される. この定義は, いかなる元素も他の元素から通常の化学反応によってつくられることはないから可能となる.

ところで, 反応ギブズエネルギーと反応エンタルピーの違いは, つぎのようなアセチレンの段階的な水素化の反応例によって理解できる. アセチレンに水素化がなされ最初にエテン, ついでエタンが生成されると考える.

$$HC \equiv CH(g) + H_2(g) \longrightarrow H_2C = CH_2(g) \quad (6·14)$$

$$H_2C = CH_2(g) + H_2(g) \longrightarrow H_3C - CH_3(g) \quad (6·15)$$

計算により, これら二つの反応の標準反応エンタルピーはそれぞれ -174 kJ mol^{-1} と -137 kJ mol^{-1}, 標

[*2] 訳注: 章末問題 6·1 を参照のこと.
[1] Gibbs free energy of formation

準反応ギブズエネルギーはそれぞれ$-141\,\mathrm{kJ\,mol^{-1}}$と$-101\,\mathrm{kJ\,mol^{-1}}$である．値そのものはばらばらであるが，各反応での$\Delta_rG-\Delta_rH$を考えてみると，それぞれ$33\,\mathrm{kJ\,mol^{-1}}$と$36\,\mathrm{kJ\,mol^{-1}}$で，かなり近いことがわかる．これは，両反応ともに二つの分子を結びつけて一つの分子にするという共通点をもっているからである．両反応は同程度の無秩序さの減少（$\Delta_rS<0$）を伴い，エンタルピー項（Δ_rH）をエントロピー項（$-T\Delta_rS$）が打ち消す傾向にあるので，エンタルピーのみを考える場合より，ギブズエネルギーGのくぼみ（極小値）は浅くなる．

6・5 ギブズ自由エネルギーの圧力依存性

これまでの計算は圧力$1\,\mathrm{atm}$のもとでの反応に対して行われた．しかし，すべての反応が$1\,\mathrm{atm}$のもとでなされるわけではないので，異なる圧力にしたときのギブズエネルギーの変化を求める方法を見いだしたい．図6・1に示したような反応工程を考えよう．

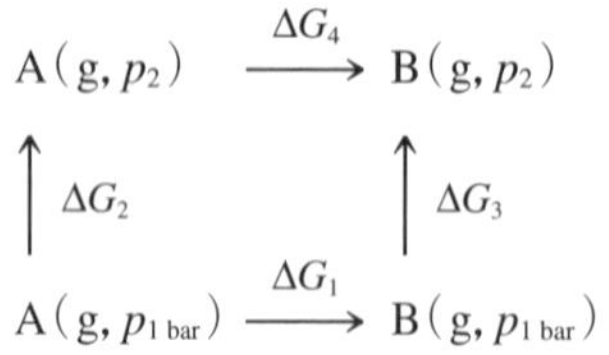

$$\begin{array}{ccc} A(g,p_2) & \xrightarrow{\Delta G_4} & B(g,p_2) \\ \uparrow\Delta G_2 & & \uparrow\Delta G_3 \\ A(g,p_{1\,\mathrm{bar}}) & \xrightarrow{\Delta G_1} & B(g,p_{1\,\mathrm{bar}}) \end{array}$$

図6・1 ΔG_4を求めるための反応工程

いま，反応物および生成物が標準圧力$1\,\mathrm{bar}$（あるいは$1\,\mathrm{atm}$）から新しい圧力p_2に変化したときのギブズエネルギー変化ΔG_2およびΔG_3が決定できれば，圧力p_2におけるΔG_4は求めることができる．それらを決定できることはすでに前で学んでいる．すなわち，§6・3で示したように$(\partial G/\partial p)_T=V$であるから，1モルの理想気体の場合，つぎの式が成り立つ．

$$\mathrm{d}G=V\,\mathrm{d}p=\frac{RT}{p}\,\mathrm{d}p \qquad (6\cdot 16)$$

ΔG_2を求めるために積分をすると，つぎのように得られる．

$$\Delta G_2=\int_{G_{1\,\mathrm{bar}}}^{G_{p_2}}\mathrm{d}G=RT\int_{1\,\mathrm{bar}}^{p_2}\frac{\mathrm{d}p}{p}=RT\ln\frac{p_2}{1} \qquad (6\cdot 17)$$

ここで，積分の下限の圧力は$1\,\mathrm{bar}$である．同様な式がΔG_3に対しても成り立つ．ΔG_1，ΔG_2，ΔG_3を符号に気をつけて和を求めればΔG_4，つまり新しい圧力p_2での反応ギブズエネルギーを求めることができるはずである．その符号を簡単に決める方法は，一周する循環過程を考えることである．熱力学関数は，一周するとゼロになるからである[*3]．

6・5・1 平衡定数

気相反応$\mathrm{A}\rightarrow\mathrm{B}$に対する**平衡定数**$K_{\mathrm{eq}}=p_{\mathrm{B}}/p_{\mathrm{A}}$において，右辺に入る圧力は標準圧力$p^\circ$に対する比$p/p^\circ$として表されることに注意してほしい．したがって，圧力は無名数となり，当然K_{eq}も単位はもたないことになる．気体が理想気体ではないときには，圧力の代わりに**フガシティー**[*4]fが使われる（液体や溶液中では濃度の代わりに活量aが使われるように）．フガシティーや活量も，標準状態の値に対する比f/f°やa/a°として使われるので，K_{eq}は無名数となる．K_{eq}の式にフガシティーや活量が入ってくると，数学的にあるいは実験上で複雑さが増す．しかし，こうすると理想的な扱いがそのまま使えるので便利なのである．

6・6 ギブズ自由エネルギーの温度依存性

関数の商の微分は，$\dfrac{\mathrm{d}\left(\frac{u}{v}\right)}{\mathrm{d}x}=\dfrac{v\left(\frac{\mathrm{d}u}{\mathrm{d}x}\right)-u\left(\frac{\mathrm{d}v}{\mathrm{d}x}\right)}{v^2}$

だから，定圧のもとでは

$$\frac{\mathrm{d}\left(\frac{G}{T}\right)}{\mathrm{d}T}=\frac{T\left(\frac{\mathrm{d}G}{\mathrm{d}T}\right)-G\left(\frac{\mathrm{d}T}{\mathrm{d}T}\right)}{T^2}=\frac{-TS-G}{T^2} \qquad (6\cdot 18)$$

となる．ここで，式(6・12)の$(\mathrm{d}G/\mathrm{d}T)_p=-S$という結果を使っている．$G=H-TS$だから

$$\frac{\mathrm{d}\left(\frac{G}{T}\right)}{\mathrm{d}T}=\frac{-TS-G}{T^2}=\frac{-H}{T^2} \qquad (6\cdot 19)$$

となるので

$$\frac{\mathrm{d}\left(\frac{\Delta G}{T}\right)}{\mathrm{d}T}=\frac{-\Delta H}{T^2} \qquad (6\cdot 20)$$

$\mathrm{d}(1/T)/\mathrm{d}T=-1/T^2$であるから$\mathrm{d}T/\mathrm{d}(1/T)=-T^2$となるので

$$\frac{\mathrm{d}\left(\frac{\Delta G}{T}\right)}{\mathrm{d}T}\frac{\mathrm{d}T}{\mathrm{d}\left(\frac{1}{T}\right)}=\frac{-\Delta H}{T^2}(-T^2)=\Delta H \qquad (6\cdot 21)$$

したがって

[*3] 訳注：ΔG_4からスタートして時計回りに考えると，$\Delta G_4-\Delta G_3-\Delta G_1+\Delta G_2=0$となる．
[*4] 訳注：逃散能，逸散度ともよばれる．

$$\frac{d\left(\frac{\Delta G}{T}\right)}{d\left(\frac{1}{T}\right)} = \Delta H \qquad (6\cdot 22)$$

となる．これは，**ギブズ-ヘルムホルツの式**[1]とよばれるものの一つの表現である．これは一般的に成立するもので，化学変化および物理変化どちらにも適用できる．比較的狭い温度変化の場合 ΔH は一定と考えてよいので，$1/T$ に対する $\Delta G/T$ のプロットを行うことにより ΔH が得られる．反対に，ΔH がわかると $\Delta G/T$ を求めることができ，結局 298 K 以外での ΔG を決定できる．一般に，反応は圧力よりは温度に敏感に影響を受ける．したがって，ギブズ-ヘルムホルツの式は実践的な工業化学において非常に重要な式となる．

さてこれで，標準状態にある ΔG^{298} のデータから，いかなる温度・圧力においても ΔG を求める方法を手に入れた．実際に計算しようとすると，いろいろな問題がある．たとえば，ΔH は決して一定ではなく，つぎのような展開式 $\Delta H = a + bT + cT^2 + \cdots$ で近似される．こういったことで式はやや複雑にはなるが，原理は変わらない．

例題と章末問題

例題 6・1 メタンの標準生成ギブズエネルギーを求めよ．メタンの標準生成エンタルピーは $\Delta_f H^{298}$(メタン) $= -74.81$ kJ mol^{-1} とする．$H_2(g)$，$C(gr)$，$CH_4(g)$ の標準エントロピーはそれぞれ 130.68, 5.74, 186.26 J K^{-1} mol^{-1} である．

解法 6・1 $C(gr) + 2H_2(g) \rightarrow CH_4(g)$ という反応を考えよう．反応エントロピーは

$$\Delta_r S^{298}(\text{メタン}) = 186.26 - 2 \times 130.68 - 5.74$$
$$= -80.84 \text{ J K}^{-1}\text{ mol}^{-1}$$

となる．298.15 K では

$$T\Delta S = -0.08085 \times 298.15 = -24.10 \text{ kJ mol}^{-1}$$

だから，つぎのように求まる．

$$\Delta_f G^{298}(\text{メタン}) = -74.81 - (-24.10)$$
$$= -50.71 \text{ kJ mol}^{-1}$$

(最後から 2 番目の式では，J → kJ の変換が行われていることに注意．) このようにすれば，時間の許す限り，さまざまな化合物に対する $\Delta_f G^{298}$ を計算して表を作っていくことができる．

章末問題

6・1 (a) $G = H - TS$ を使って dG を与える式を書け．
(b) $H = U + pV$ を使って，dH を与える式を書け．
(c) $dU = TdS - pdV$ となることを示せ．
(d) (a), (b), (c) から次式が成り立つことを示せ．
$$dG = Vdp - SdT$$

6・2 (a) 298 K において，液体の水（圧縮できないものとする）を圧力 1.00 bar から 2.00 bar へ等温圧縮したときのギブズエネルギー変化を計算せよ．
(b) 298 K において，理想気体としてみた水を圧力 1.00 bar から 2.00 bar へ等温圧縮したときのギブズエネルギー変化を計算せよ．
(c) 上の(a)と(b)の差についてコメントせよ．

6・3 問題 6・1 の問題文を見ずに，再度つぎの恒等式 $dG = Vdp - SdT$ を証明せよ．

6・4 ある反応は 1.0 bar のもとでは $\Delta_r G^{298}_{1\text{bar}} = -335.0$ kJ mol^{-1} であるという．反応物の系は圧力が 1 bar から p_2 へ変化したときギブズエネルギー変化は 7.5 kJ mol^{-1}，生成物の系のギブズエネルギーは 8.4 kJ mol^{-1} であるという．$\Delta_r G^{298}_{p_2}$ を求めよ．

6・5 トルートンの規則（§5・1・3 参照）に従う液体の沸点 T_b におけるエンタルピー変化 $\Delta_{vap}H$ を与える式を答えよ．

6・6 二硫化炭素 CS_2(s) の 15 K における熱容量は 6.9 J K^{-1} mol^{-1} である．この物質の固体は完全結晶だとして，15 K における標準エントロピーを求めよ．

6・7 固体の二硫化炭素 CS_2 の熱容量の実測値は下表に示すようであった．15 K から融点 161 K までの CS_2(s) のエントロピー変化を求めよ．

T [K]	C_p [J K^{-1} mol^{-1}]
15.0000	6.9000
20.0000	12.0000
29.8000	20.8000
42.2000	29.1000
57.5000	35.6000
75.5000	40.0000
89.4000	43.1000
99.0000	45.9000
108.9000	48.5000
119.9000	50.5000
131.5000	52.6000
145.0000	54.3000
157.0000	56.6000
161.0000	57.4000

---

[1] Gibbs–Helmholtz equation

6·8 Pitzerら(1961)によれば，$CS_2(s)$ から $CS_2(l)$ への融解エンタルピーは 4.38 kJ mol^{-1} である．融点 161 K における $CS_2(s)$ の融解エントロピーを求めよ．

6·9 液体 $CS_2(l)$ の定圧熱容量はほぼ一定で，75.5 J K^{-1} mol^{-1} である．161 K から 298 K までのモルエントロピー変化を求めよ．

6·10 問題 6·6～6·9 の結果を使って，二硫化炭素の 298 K における標準モルエントロピーを求めよ．

6·11 メタンの燃焼ギブズエネルギーは 300 K で -815 kJ mol^{-1}，350 K で -802 kJ mol^{-1} であるという．§6·6 で示したギブズ–ヘルムホルツの式を使って，メタンの 325 K における燃焼エンタルピー $\Delta_c H^{325}$（メタン）を求めよ．

6·12 前問の解を，連立方程式を立てて求めよ．ただし，このような温度範囲においては ΔH や ΔS は一定であるとする．

7

平　衡

　化学者というものは，ビーカーから何かを別のビーカーに注いで，突然に変な煙を発生させたりしているような描写をよくされるが，実際にはそんなことはなく，実験する際には十分注意して反応を進めている．そして，反応物からの生成物の生成が一見停止する"平衡"というものが科学の重要なテーマとなり，化学平衡の理論的研究が古典熱力学の最重要な学問領域となった．

7·1　平衡定数

　気体Aと気体Bがつぎのような平衡状態をとるとしよう．

$$A(g) \rightleftarrows B(g) \tag{7·1}$$

いま，適当な量の気体AとBを298Kの密閉容器の中に入れたとする．それぞれの量は適当なのだから，容器の中の分圧[*1]の比である**反応商**[1] $\mathcal{Q} = p_B/p_A$ は平衡定数 K_{eq} に等しいわけではない．また，標準状態にあるとは限らないので，化学ポテンシャル μ_A は標準化学ポテンシャル[*2] μ_A° からずれており，つぎのように表される（§6·17参照）．

$$\mu_A = \mu_A^\circ + RT \ln \frac{p_A}{1} \tag{7·2}$$

Bについても同様に

$$\mu_B = \mu_B^\circ + RT \ln \frac{p_B}{1} \tag{7·3}$$

となる．右辺にある分母の1は，分圧が標準状態の圧力1barに対する比であることを強調するためのものだ．反応物系と生成物系のギブズエネルギーの差 $\Delta_r G$ は

$$\Delta_r G = \sum \mu (生成物) - \sum \mu (反応物) \tag{7·4}$$

と表される．したがって

$$\begin{aligned}\Delta_r G &= \mu_B - \mu_A \\ &= \mu_B^\circ - \mu_A^\circ + RT \ln \frac{p_B}{1} - RT \ln \frac{p_A}{1}\end{aligned} \tag{7·5}$$

となり

$$\Delta_r G = \Delta_r G^\circ + RT \ln \frac{p_B}{p_A} \tag{7·6}$$

となる[*3]．一般に $\Delta_r G$ はゼロではない．系の G は一定でもないので，時間 t での偏微分 $(\partial G/\partial t)_{T,p} \neq 0$ である．化学反応が進んだ後で止まる，つまり**平衡**に達すると，反応商 $\mathcal{Q} = p_B/p_A$ は $(\partial G/\partial t)_{T,p} = 0$ となるような値になる．したがって

$$\Delta_r G = \Delta_r G^\circ + RT \ln \frac{p_B}{p_A} = 0 \tag{7·7}$$

が成り立つ[*4]．系のギブズエネルギーは極小に達したのである．この状態では $K_{eq} = \mathcal{Q}$ であり，式を変形して

$$\Delta_r G^\circ = -RT \ln \frac{p_B}{p_A} = -RT \ln K_{eq} \tag{7·8}$$

が得られる．さらに変形して，つぎの式もしばしば使われる．

$$K_{eq} = e^{-\Delta_r G^\circ / RT} \tag{7·9}$$

[*1]　訳注: 溶液の場合は濃度．
[*2]　訳注: 1barにおける純粋な気体の場合．
[*3]　訳注: $\Delta_r G^\circ = \mu_B^\circ - \mu_A^\circ$ とする．
[*4]　訳注: §5·1·2で反応進行度 ξ を学んだ．$d\xi/dt$ は反応速度であり，0となったときが平衡状態である．式(7·20)より $dn_i = \nu_i d\xi$ だから，$dG = \sum \mu_i \nu_i d\xi = (\sum \nu_i \mu_i) d\xi$ となり，$dG/d\xi = \sum \nu_i \mu_i = \Delta_r G$ となる．

[1]　reaction quotient

7・2 一般的な式

もっと一般的な反応式はつぎのように示される.

$$aA + bB + \cdots = cC + dD + \cdots \quad (7・10)$$

ここで，$a, b, \cdots, c, d, \cdots$ は反応の化学量論係数である．この場合でも，つぎの式が成り立つ．

$$\Delta_r G = \sum \mu(\text{生成物}) - \sum \mu(\text{反応物}) \quad (7・11)$$

平衡に達すると

$$\Delta G° = -RT \ln K_{eq} \quad (7・12)$$

が成り立ち，一方，**反応商** $\mathcal{Q}$ はつぎのようになる．

$$\mathcal{Q} = \frac{[C]^c [D]^d \cdots}{[A]^a [B]^b \cdots} \quad (7・13)$$

よく知られている**平衡定数** K_{eq} の式

$$K_{eq} = \frac{[C]^c [D]^d \cdots}{[A]^a [B]^b \cdots} \quad (7・14)$$

と同じ形をしているが，ギブズエネルギーが極小に達した，つまり $\Delta_r G = 0$ のときにのみ両者は一致する．化学量論係数が指数部に入り，角括弧 [ ] は単位をもたないある種の濃度（標準状態に対する）を意味している．この表記は溶液化学でよく使われるもので，濃度の単位は mol dm^{-3} で，1 mol dm^{-3} が溶媒中の溶質の標準状態である．

気相での例として，つぎの反応を考えよう．

$$N_2O_4(g) \rightleftarrows 2NO_2(g) \quad (7・15)$$

平衡定数を求める式は

$$\Delta_r G° = -RT \ln \frac{(p_{NO_2})^2}{p_{N_2O_4}} \quad (7・16)$$

である．この反応に対する標準ギブズエネルギー変化は巻末の"付表2 熱力学的諸量表"により，つぎのように得られる．

$$\begin{aligned}\Delta_r G° &= 2 \times \Delta_f G°_{NO_2} - \Delta_f G°_{N_2O_4} \\ &= 2 \times 51.84 - 98.29 \\ &= 5.39 \text{ kJ mol}^{-1}\end{aligned} \quad (7・17)$$

平衡定数は，式(7・9)を使って

$$K_{eq} = e^{-\Delta_r G°/RT} = e^{-4730/(8.314 \times 298.15)} = 0.114 \quad (7・18)$$

となり，実測値の0.13とよく一致している．

熱量計を使って決定された $\Delta_r G°$（$\Delta_r H°$ と $\Delta_r S°$ から求める）は，平衡定数と $K_{eq} = e^{-\Delta_r G°/RT}$ という指数関数を含んだ式で関係づけられているため，正確に K_{eq} を決めることは難しい．$\Delta_r G°$ の誤差が小さくても K_{eq} にかなり大きな誤差を与えるからである．誤差の大小は見る人によって違い，研究論文に現れる言葉は実験の困難さにも影響される．確かに，主観的な側面があることは明らかである．

7・3 反応進行度

化学反応において反応物や生成物の濃度が変化するとき，それらは勝手に変化するわけではなく，反応式の化学量論係数によって関係づけられている．たとえばつぎの反応で，いま反応物Aが0.1モルだけ減ったとしよう．

$$A + B = 2C \quad (7・19)$$

すると，Bも0.1モルだけ減り，Cは0.2モルだけ増すことがわかる．物質量の微小変化 dn_A，dn_B，dn_C の間には比例関係が存在する．このときの反応による変化，この例で言えば三つの成分の変化を表すのには，単一の変数 ξ を使うだけで十分である．一般に，i 番目の成分の微小変化 dn_i はつぎに示す**反応進行度**[1] ξ の微小変化 $d\xi$ を用いて表すことができる．

$$d\xi = \frac{dn_i}{\nu_i} \quad (7・20)$$

ここで，ν_i は**化学量論係数**[2] であり，この反応の場合 $-1, -1, 2$ になる．反応が進むと反応物の濃度は減るので，反応物の係数は負となることに注意しよう．もちろんこれは慣習であり，つぎのように逆に書くこともでき

$$2C = A + B \quad (7・21)$$

この場合，ξ の符号は逆になる．

ここまでは，純物質1モルの場合の熱力学状態関数を考えてきた．たとえば，内部エネルギー $U = f(V,T)$ という具合である．しかし混合物，たとえば反応の系において反応物と生成物が混合している場合，系の組成は，内部エネルギーなどの状態関数に影響を与える．したがって反応進行度 ξ を上の関数の独立変数に加えて

$$U = U(V, T, \xi) \quad (7・22)$$

と表すことになる．V と T に加えて，ξ が独立変数として入るので，完全微分 dU はつぎのように表される．

$$dU = \left(\frac{\partial U}{\partial V}\right)_{T,\xi} dV + \left(\frac{\partial U}{\partial T}\right)_{V,\xi} dT + \left(\frac{\partial U}{\partial \xi}\right)_{T,V} d\xi$$

$$(7・23)$$

---

[1] extent of reaction [2] stoichiometric coefficient

7·5 平衡定数の温度依存性

結局，変数は従属変数 U, 独立変数 V, T, ξ で計4個となり，超空間[*5]を形成する．ここでは内部エネルギーを例にとって説明したが，G, H, S についても同様である．

7·4 フガシティーと活量

理想的でない系では，濃度の変数は，混合物中での化学種の実効濃度を表す新しい変数で置き換えられる．たとえば，ある溶質は水の中でよりもエタノール中でのほうが化学的に活動的であるが，別の溶質は逆である場合もある．また，ある純粋気体は非理想気体としてふるまい，その理想気体からのずれ具合は，混合した場合，共存する他の気体に影響される場合もある．このような非理想性からのずれは係数 γ を使って表され，つぎのように溶質の場合は**活量**[1]，気体の場合は**フガシティー**[2] を与える．a_A が活量，f_A がフガシティーである．

$$a_A = \gamma_A [A] \qquad f_A = \gamma_A p_A \qquad (7\cdot24)$$

活量係数あるいはフガシティー係数は単なる数，つまり無名数であり，その化学種が標準状態よりもどれほど大きく，あるいは小さく寄与するかということを示している．実在溶液・実在気体でのそれらの値は，濃度依存性・圧力依存性をもっており，かなり込み入った経験的方法をもって決定されるのが普通である．

7·5 平衡定数の温度依存性

ギブズエネルギーの温度依存性を表すギブズ–ヘルムホルツの式 (§6·6) をもう一度考えよう．まず平衡定数と標準状態でのギブズエネルギー変化との関係式(7·8)を使って

$$\left[\frac{\partial \left(\frac{\Delta G^\circ}{T}\right)}{\partial \left(\frac{1}{T}\right)}\right]_p = \left[\frac{\partial \left(\frac{-RT \ln K_{eq}}{T}\right)}{\partial \left(\frac{1}{T}\right)}\right]_p$$
$$= -\left[\frac{\partial (R \ln K_{eq})}{\partial \left(\frac{1}{T}\right)}\right]_p \qquad (7\cdot25)$$

が得られるが，ギブズ–ヘルムホルツの式より

$$\left[\frac{d\left(\frac{\Delta G^\circ}{T}\right)}{d\left(\frac{1}{T}\right)}\right]_p = \Delta_r H^\circ \qquad (7\cdot26)$$

である．したがって，つぎの式が成り立つ．

$$\left[\frac{\partial (R \ln K_{eq})}{\partial \left(\frac{1}{T}\right)}\right]_p = -\Delta_r H^\circ \qquad (7\cdot27)$$

ここで，$\Delta_r H^\circ$ は標準反応エンタルピーである．さて，$dT^{-1}/dT = -T^{-2}$ だから $d(1/T) = -T^{-2} dT$ ゆえ

$$d(R \ln K_{eq}) = -\Delta_r H^\circ d\left(\frac{1}{T}\right) = \frac{\Delta_r H^\circ}{T^2} dT \qquad (7\cdot28)$$

両辺を R で割って，積分すると

$$\int d \ln K_{eq} = \frac{\Delta_r H^\circ}{R} \int \frac{1}{T^2} dT \qquad (7\cdot29)$$

となり，つぎのファントホッフ[*6]の式[3] が得られる．

$$\ln K_{eq} = \frac{\Delta_r H^\circ}{R}\left(-\frac{1}{T}\right) + 定数 = -\frac{\Delta_r H^\circ}{R}\left(\frac{1}{T}\right) + 定数 \qquad (7\cdot30)$$

この式を横軸 $1/T$, 縦軸 $\ln K_{eq}$ でプロットすると直線が得られ，その勾配が $-\Delta_r H^\circ/R$ に等しくなる．$\Delta_r H^\circ$ が，ある温度範囲で一定である限り，これは成り立つ．式から勾配はいつも負のように思えるが，そうではない．$\Delta_r H^\circ$ の値は正の場合（吸熱）もあれば，負の場合（発熱）もあり，ゼロの場合（無熱）もあるからだ．吸熱の例は融解，発熱の例は凝固，無熱の例は液体アルカンの異性体同士の混合などがあげられる．

式(7·29)をつぎのように定積分すると，任意の温度での平衡定数を与える式を導出することができる．K_{eq} と T を既知の平衡定数および温度とし，K'_{eq} と T' を未知の平衡定数および温度としよう．つぎのようになる．

$$\int_{K_{eq}}^{K'_{eq}} d \ln K_{eq} = \frac{\Delta_r H^\circ}{R} \int_T^{T'} \frac{1}{T^2} dT \qquad (7\cdot31)$$

$$\ln \frac{K'_{eq}}{K_{eq}} = -\frac{\Delta_r H^\circ}{R}\left(\frac{1}{T'} - \frac{1}{T}\right) = \frac{\Delta_r H^\circ}{R}\left(\frac{1}{T} - \frac{1}{T'}\right) \qquad (7\cdot32)$$

この式を逆に考えると，異なった二つの温度で平衡定数を決定することにより，$\Delta_r H^\circ$ の値を決めることができるわけである．

7·5·1 ルシャトリエの原理

ルシャトリエ[*7]の原理は，"平衡状態にある系で温度や圧力などを変化させたとき，平衡はその変化を和

[*5] 訳注：4次元以上の空間．
[*6] 訳注：Jacobus H. van't Hoff, オランダの化学者（1852–1911）.
[*7] 訳注：Henry L. le Chatelier, フランスの化学者（1850–1936）.
1) activity 2) fugacity 3) van't Hoff equation

らげるように移動する"というものである．まず，つぎのような発熱反応を考えよう．

$$A \rightleftharpoons B + q \quad (7\cdot33)$$

ここで，q は系から発散される熱量である．もし，発熱反応の場合，系に熱が与えられるとき反応は逆に（左へ）進んで，A はより多く，B はより少なくなる．吸熱反応の場合は，いままで述べてきたことのちょうど逆になると考えてよい．ファントホッフの式

$$\ln \frac{K'_{eq}}{K_{eq}} = \frac{\Delta_r H°}{R}\left(\frac{1}{T} - \frac{1}{T'}\right) \quad (7\cdot34)$$

を見ると，$T' > T$ で温度が上昇する場合は $\frac{1}{T} > \frac{1}{T'}$ となるので，$\Delta_r H° < 0$ の場合は $\ln(K'_{eq}/K_{eq}) < 0$ となり，新しい平衡定数 K'_{eq} はもとの K_{eq} より小さくなる[*8]．$\Delta_r H° < 0$ は発熱反応を意味しているので，このファントホッフの式からの結果はルシャトリエの原理からの結果と一致している．ルシャトリエの原理は定性的なものであり，変化の方向しか与えない．平衡定数に対する温度変化の影響の大きさを定量的に得ることは，この原理ではできないのである．

7・5・2 ファントホッフの式から得られるエントロピー

もし，$\Delta_r H°$ が温度によって変化しないとした場合，$d\Delta_r H° = \Delta_r C_p \, dT = 0$ であり[*9]，dT はゼロではないので，$\Delta_r C_p$ がゼロとなる．§4・9で示したように

$$\Delta_r C_p = \sum C_p (生成物) - \sum C_p (反応物) \quad (7\cdot35)$$

であるから，反応物の熱容量は生成物の熱容量と等しくなければならないことになる．実際には，この等式は近似的に成り立っているとしてよいことがわかっている．すでに，つぎの式は導出しており〔式(7・8)〕

$$\Delta_r G° = -RT \ln K_{eq} \quad (7\cdot36)$$

また

$$\Delta_r G° = \Delta_r H° - T\Delta_r S° \quad (7\cdot37)$$

と表されるから

$$-RT \ln K_{eq} = \Delta_r H° - T\Delta_r S° \quad (7\cdot38)$$

となり，結局

$$\ln K_{eq} = \frac{-\Delta_r H°}{R}\left(\frac{1}{T}\right) + \frac{\Delta_r S°}{R} \quad (7\cdot39)$$

を得る〔ファントホッフの式(7・30)〕．横軸 $1/T$，縦軸 $\ln K_{eq}$ としてプロットすると，勾配は $-\Delta_r H°/R$ となり，切片が $\Delta_r S°/R$ となる．二つ以上の温度で平衡定数を決定すると，標準反応エンタルピー $\Delta_r H°$ および標準反応エントロピー $\Delta_r S°$ が求まることになる．このようにして得られた $\Delta_r H°$ や $\Delta_r S°$ の精度は入力データの質に影響を受ける．特に，$\Delta_r S°$ は数学的にやや問題のある外挿法によって求められるので，誤差は大きくなる．

7・6 計算熱化学

シュレーディンガーとハイゼンベルクによる量子力学の発見のほぼ1年後，ハイトラーとロンドン[*10]は化学結合 H–H のエネルギーが量子力学計算によって近似的に求められることを明らかにした．この計算が"いつも近似的"であるのは，最も基礎となる自然の法則の一つであるハイゼンベルクの不確定性原理の反映である．動いている電子の位置を正確には認識することができない．したがって，電子のポテンシャルエネルギー・内部エネルギー・エントロピー・ギブズエネルギーといったものは，最も簡単な H–H においても正確に求めることはできないのである．

しかし，近似でよいのなら計算する方法は多数あり，近似の程度によって，得られる結果の質もいろいろと変わってくる．そのランキングをみて，自分がいま行いたい研究にはどの近似が最も適切か判断すればよいし，もう少しよくしたければ何を選べばよいかもわかる．近似計算というものは，その計算値が，きちんと行った実験値にどれほど一致するかでその正しさが判断される．

しかし，最近では計算値の信頼度が高くなり，実測値における誤差を見分けそれを訂正するのに計算値が使われるようになってきている．現在のトレンドは，"実測値を近似するために計算値を使う"から"実測値にとって代わって計算値を使う"であり，特に実験環境に適さない反応（たとえば炎が出るとか，爆発が起こるとか）や，中間体の寿命が非常に短い反応（フリーラジカル反応）の場合にはその傾向が強い．量子力学計算によって，内部エネルギー・エンタルピー・エントロピー・ギブズエネルギー・平衡定数が求められるが，その方法には分子の大きさによる制約があ

[*8] 訳注：平衡は左にずれる．
[*9] 訳注：式(4・31)を参照のこと．
[*10] 訳注：Walter H. Heitler，ドイツの理論物理学者（1904–1981）．Fritz W. London，ドイツ生まれの米国の理論物理学者（1900–1954）．

り，大きな分子を正確に計算することはできない．

7・7　化学ポテンシャル，理想的でない系の扱い

混合気体における気体の実効的な分圧はフガシティー f で，一方，溶液における溶質の実効的な濃度は活量 a で表されるので，A と B のみからなる非理想的な系における平衡定数はつぎのように表される．

$$K_{eq} = \frac{f_B}{f_A} \text{ （気体の場合）}$$

$$K_{eq} = \frac{a_B}{a_A} \text{ （溶液の場合）} \quad (7\cdot40)$$

<u>純物質</u>のギブズエネルギーは温度と圧力の関数，つまり $G = g(T, p)$ と表せるが，多数の要素からなる混合物のギブズエネルギーは温度と圧力のほかに各成分の物質量 n_i の関数で，$G = g(T, p, n_i)$ と表される．混合物のギブズエネルギーの微小変化はつぎのようになる．

$$dG = \left(\frac{\partial G}{\partial T}\right)_{p, n_i} dT + \left(\frac{\partial G}{\partial p}\right)_{T, n_i} dp + \sum_i \left(\frac{\partial G}{\partial n_i}\right)_{p, T} dn_i \quad (7\cdot41)$$

定温でかつ定圧とすると，上式はつぎのようになる．

$$dG = \sum_i \left(\frac{\partial G}{\partial n_i}\right)_{p, T} dn_i \quad (7\cdot42)$$

ここで，i 以外の n_j は一定であるとする[*11]．さて，つぎの簡単な反応を考えよう．

$$A(g) \rightleftharpoons B(g) \quad (7\cdot43)$$

もし，理想気体であればつぎのようになる．

$$\Delta G = \Delta G° + RT \ln \mathbb{Q} = \Delta G° + RT \ln \frac{p_B}{p_A} \quad (7\cdot44)$$

ここで，p_A と p_B は分圧である．理想気体ではない場合は，分圧の代わりにフガシティーが入ることになる．ギブズエネルギーは，混合物の場合，G の代わりに μ で記すことになっているので，つぎのように表される．

$$\Delta \mu = \Delta \mu° + RT \ln \mathbb{Q} = \Delta \mu° + RT \ln \frac{f_B}{f_A} \quad (7\cdot45)$$

ここで

$$\Delta \mu = \mu_B - \mu_A \quad (7\cdot46)$$

であり[*12]，また

$$\Delta \mu° = \mu_B° - \mu_A° \quad (7\cdot47)$$

である．ギブズの化学ポテンシャルは多数の要素からなる非理想的な場合にも，理想的な場合にも適用可能であり，数学的に厳密な熱力学関数である．

化学ポテンシャルの定義から，気体の場合，つぎの式が成り立つ．

$$\mu_A = \mu_A° + RT \ln f_A \quad (7\cdot48)$$

また，

$$\mu_B = \mu_B° + RT \ln f_B \quad (7\cdot49)$$

であり，一般的に書けばつぎのようになる．

$$\mu_i = \mu_i° + RT \ln f_i \quad (7\cdot50)$$

同様に，活量 a_i に対して一般式

$$\mu_i = \mu_i° + RT \ln a_i \quad (7\cdot51)$$

が成り立つ．§ 7・2 で出てきた反応商 $\mathbb{Q}$ はつぎのようになる．

$$\mathbb{Q} = \frac{[C]^c[D]^d \cdots}{[A]^a[B]^b \cdots} = \frac{\prod [X]^i}{\prod [X]^j} \quad (7\cdot52)$$

ここで，$[X]^i$，$[X]^j$ は濃度や分圧などが a や f で表されたもので，それらが化学量論係数乗されているのである．

7・8　生化学の系のギブズエネルギーと平衡

生化学的に興味深い反応は，気相で起こるのではなく，溶液中，特に塩溶液の中で起こるのが普通である．したがって，自由エネルギー変化や平衡定数の式は活量や化学ポテンシャルを用いて書くのが正しい．非理想溶液，つまり実在溶液のさまざまな濃度における活量や活量係数を決めることは生易しいことではない．そこで，"バックグラウンド"条件というものを考え，それは実験中ずっと一定に保たれ，他の研究者が再試行できるように提示し，その下での濃度を使うことにする．たとえば，アデノシン 5′-三リン酸の脱リン酸反応に関するエネルギー研究は，特定の温度・圧力・pH・pMg・イオン強度の下で行われる．ここで，pH と pMg はイオン濃度とつぎのような式で関係づけられる．pH = $-\log[H^+]$，pMg = $-\log[Mg^{2+}]$．イ

[*11] 訳注：正確に書けば，$\mu_i = \left(\frac{\partial G}{\partial n_i}\right)_{p,T,n_j}$ となる．n_j は i 以外の物質量を表しており，それらを固定して n_i で微分するわけである．これが化学ポテンシャルの定義だ．G の部分モル量と言える．

[*12] 訳注：式(7・5)参照．

オン強度は，反応溶液に溶解した塩によって決まる溶液中のイオン電荷濃度で，$\frac{1}{2}\sum c_i z_i^2$ という式で計算される．ここで，c_i はイオンの濃度であり，z_i はそのイオンの電荷数である．

これらの条件によって，熱力学の標準状態とは異なる独自の標準状態が指定されることになる．この状態は実験中ずっと維持されるもので，他の実験結果ともこの条件下で比較されるのである．そこで，つぎのような式が成り立つ．

$$G_A = G_A^\circ + RT \ln[A] \quad (7\cdot53)$$

G_A° は，反応物 A の濃度が標準状態のときの値である．同様な式が B, C, … に対しても成り立つ．結局，反応におけるギブズエネルギー変化は

$$\Delta G = \Delta G^\circ + RT \ln \mathcal{Q}$$
$$= \Delta G^\circ + RT \ln \frac{[C]^\xi [D]^\xi \cdots}{[A]^\xi [B]^\xi \cdots} \quad (7\cdot54)$$

となる．それぞれ異なる化学量論係数は，簡単のために同じ記号 ξ で示されている．$\mathcal{Q}$ は反応商（濃度商）であり，平衡定数と一致するときもあるが，一般には一致はしないものである．ΔG は，反応が平衡に達するとき以外はゼロではない．平衡に達すると，$\mathcal{Q}$ は K_{eq} に等しくなり，ΔG もゼロとなり，つぎの式が成り立つ．

$$\Delta G^\circ = -RT \ln K_{eq} \quad (7\cdot55)$$

こうして，ギブズエネルギーと平衡定数の間の関係式は，以前に示したのと形はまったく同じになったが，もちろん厳密に設定されたバックグラウンド条件のもとでのみ成立する式である[*13]．イオン強度や pH を変えたりすれば，ΔG° あるいは K_{eq} の値は異なるものになる．

ΔG° を普遍定数のように決して変化しないものと思ってはならない．バックグラウンド条件を変えることは，G° の基準となる標準状態を変えることになるのである．

7・8・1 ATP の生成，細胞のエネルギー源

グルコースの代謝的分解により生理的なエネルギー源が得られる．乳酸と ATP への反応は二つのステップに分けて考えられる（Hammes, 2007）．まず，最初の反応は

グルコース＋2 ATP ⟶
2 ADP＋2 グリセルアルデヒド 3-リン酸
$$\quad (7\cdot56)$$

であり，2 モルの ATP を使って，2 モルの ADP を生み出す．つぎの反応は

2 グリセルアルデヒド 3-リン酸
＋2 リン酸＋4 ADP ⟶
2 乳酸＋4 ATP＋2 H$_2$O
$$\quad (7\cdot57)$$

で，4 モルの ATP を生み出す．二つの反応式を両辺同士足すと

グルコース＋2 リン酸＋2 ADP ⟶
2 乳酸＋2 ATP＋2 H$_2$O
$$\quad (7\cdot58)$$

が得られ，正味で 2 モルの ATP が生み出される．ここで，最初のステップ〔式(7·56)〕の ΔG° を求めてみると，$\Delta G^\circ = 2.2$ kJ mol^{-1} と正の値になり，反応が進むには一見不都合に見える．しかし，濃度を生理的濃度とし（上記 Hammes による書籍の表 3·2 参照）$\mathcal{Q}$ を計算してみると，つぎのようになる[*14]．

$$\mathcal{Q} = \frac{0.14^2 \times 0.019^2}{5.0 \times 1.85^2} \approx 4 \times 10^{-7} \ll 1 \quad (7\cdot59)$$

となる．この非常に小さい反応商 $\mathcal{Q}$ が反応ギブズエネルギー $\Delta_r G$ を負の値にして，ADP の ATP への変換反応を駆動して進めることになり，全体として生体系の中での他の反応にパワーを与えることになる．

例題と章末問題

例題 7·1 **溶液熱量測定法**

溶液熱量計の系は，熱量計自身，温度測定回路，電気加熱回路，熱量計流体からなる．溶液は 0.001 M マグネシウムイオン溶液で，塩 KCl でイオン強度を 0.25 M に，pH は 7.0 に調製された．加熱回路をオンにし，時間 t の間に電流 I アンペアが流れたとき，熱量 $q_p = 95.6$ J が抵抗 R から発生したとする（$q_p = I^2 Rt$）[*15, *16]．このときの温度上昇が $\Delta T = 0.166$ K

[*13] Treptow（1996）を参照のこと．
[*14] 訳注：グルコースが 5.0 mM，ATP が 1.85 mM，ADP が 0.14 mM，グリセルアルデヒド 3-リン酸が 0.019 mM．
[*15] A V s = 1 J，$E = IR$．
[*16] 訳注：電位差（電圧）を E とすれば，$E = IR$．電荷を Q とすれば，$Q = It$．仕事を W とすれば，$W = EQ$．したがって，$W = EQ = IR \times It = I^2 Rt$．なお，それぞれの式の SI 単位を示すと，順に，V = AΩ，C = As，J = VC となる．なお，斜体は変数，立体は単位であることに注意．

だったとして，熱量計系の水当量（熱量計定数）を求めよ．

解法 7・1 熱量計の水当量は，熱量計系全体の熱容量に等しいといえる．実際には，さまざまな素材からできている部品からなり，なかには純水とは異なる溶液（反応物と生成物を含む）が含まれているが，それら全体がどのくらいの水に相当するかを考えるのである．そうすると，水当量は系の熱容量の計算をすればよいことになるので，つぎのようになる．

$$C_p = \frac{dq_p}{dT} \approx \frac{q_p}{\Delta T}$$

$$= \frac{95.6}{0.166} = 576 \, \text{J K}^{-1} = 0.576 \, \text{kJ K}^{-1}$$

例題 7・2 アデノシン 5′-三リン酸（ATP）

アデノシン 5′-三リン酸（ATP）が加水分解されて，アデノシン 5′-二リン酸（ADP）と無機リン酸イオンになる反応はつぎのようになる．

$$\text{ATP} + \text{H}_2\text{O} \longrightarrow \text{ADP} + 無機リン酸$$

[ATP] = 0.200 mol L^{-1} の溶液 10.0 mL を熱容量 0.576 kJ K^{-1} の熱量計（例題 7・1）にピペットを用いて移したところ，温度上昇は 0.107 K であったという．上の反応のエンタルピー変化を求めよ．また，$\Delta_r H$ の符号はどうなるか．

解法 7・2

0.107 K × 0.576 kJ K^{-1} = 0.0616 kJ

10.0 mL = 0.0100 dm^3

0.0100 dm^3 × 0.200 mol dm^{-3} = 0.00200 mol ATP

$$\frac{-0.0616 \, \text{kJ}}{0.00200 \, \text{mol}} = -30.8 \, \text{kJ mol}^{-1}$$

反応は発熱反応なので，$\Delta_r H$ の符号は負となる．定圧のもとで，熱が系から流れ出るのだから，エンタルピーは減ることになる．

章末問題

7・1 エントロピー S は完全微分であり

$$dS(T, p) = \left(\frac{\partial S}{\partial T}\right)_p dT + \left(\frac{\partial S}{\partial p}\right)_T dp$$

と表せる．1 モルの純物質に対する ΔS を与える実行可能な積分式を求めよ．

7・2 N$_2$O$_4$(g) のつぎの反応を考える．温度は 298 K である．

$$\text{N}_2\text{O}_4(\text{g}) \rightleftharpoons 2\,\text{NO}_2(\text{g})$$

純粋な N$_2$O$_4$(g) が反応容器に定温条件下で入れられ，全圧力は 2.500 bar を示したという．平衡に達したとき，N$_2$O$_4$(g) の分圧は 1.975 bar に下がった．この反応の平衡定数 K_{eq} を求めよ．また，§7・2 で計算した値と比較せよ．K_{eq} の単位は何か．

7・3 簡単な反応 A(g) $\rightleftharpoons$ B(g) の平衡定数 K_{eq} は 200 K では 0.100，300 K では 0.200 であるという．反応エンタルピー $\Delta_r H°$ を求めよ．

7・4 つぎの反応

$$\text{Br}_2(\text{g}) \longrightarrow 2\,\text{Br}(\text{g})$$

の平衡定数 K_{eq} を測定したところ，1125 K では 0.410，1200 K では 1.40 であったという．1225 K における K_{eq} を求めよ．

7・5 Lewis & Randall (1961) によれば，つぎの反応に対する平衡定数（K_{eq}）は表 7・1 のように与えられている．反応の $\Delta_r H°$ と $\Delta_r S°$ を求めよ．

$$\text{H}_2(\text{g}) + \frac{1}{2}\text{S}_2(\text{g}) = \text{H}_2\text{S}(\text{g})$$

表 7・1 H$_2$S の元素からの生成に対する T, $1/T$, K, $\ln K$

T	$1/T$	K	$\ln K$
1023	9.775×10^{-4}	105.9	4.662
1218	8.210×10^{-4}	20.18	3.005
1405	7.117×10^{-4}	6.209	1.826
1667	5.999×10^{-4}	1.807	0.5917

7・6 ある気相反応の平衡定数は 298 K では $K_{eq} = 10$，500 K では $K_{eq} = 10^{-1}$ であるという．この反応は発熱反応か，それとも吸熱反応か．ルシャトリエの原理を用いて説明せよ．

7・7 例題 7・1 および 7・2 で述べた実験条件（pH, pMg, イオン強度など）をそのまま使った実験を行った．ただ，反応は

$$\text{ADP} + \text{H}_2\text{O} \longrightarrow \text{AMP} + 無機リン酸$$

であり，左辺の ATP が ADP に，右辺の ADP が AMP（アデノシン 5′-リン酸）に置き換わっている．今回の温度上昇は 0.100 K であった．つぎの反応

$$2\,\text{ADP} \longrightarrow \text{AMP} + \text{ADP}$$

の $\Delta_r H°$ を求めよ．（$\Delta_r H°$ は，指定の溶液条件下での標準反応エンタルピーをさしている．）

8

熱力学の統計学的扱い

19世紀の後半，ボルツマン[*1]は，当時明らかになってきたマクスウェル[*2]の気体分子運動論と化学熱力学とを結びつける研究を行った．（米国のギブズの仕事は当時ヨーロッパでは広くは知られていなかった．）そうしてできた新しい学問領域，今では**統計熱力学**[1]とよばれるものの中心となる概念は**分配関数**[2]である．この章では，ギブズエネルギーを含めた熱力学関数や平衡定数と分配関数の間の関係について見ていくことにしよう．実際に分配関数を計算することには，やさしいものから非常に難しいものまであるが，以下ではやさしいもののいくつかに挑戦し，近似もいくつか試みよう．

8·1 平　衡

気体の二つの系 A と B が平衡状態にあり，それぞれの系のエネルギー準位は図 8·1 に示すようなものであったとしよう．平衡定数は $K_{eq} = n_B/n_A = 3/5 = 0.600$ となる．K_{eq} を知ることにより，A と B のエネルギー準位の間の差をつぎの**ボルツマン式**[3]を使って求めることができる[*3]．

$$K_{eq} = e^{-(\varepsilon_B - \varepsilon_A)/k_B T} \qquad (8·1)$$

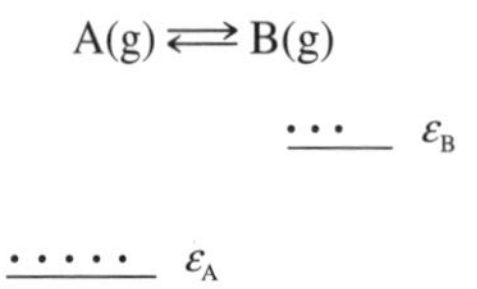

$$A(g) \rightleftarrows B(g)$$

$\cdots\cdots \quad \varepsilon_B$

$\cdots\cdots\cdots \quad \varepsilon_A$

図 8·1　2 準位間での平衡．A の準位には 5 個の分子，B の準位には 3 個の分子が存在する．

たとえば，298 K で図 8·1 のような場合，$K_{eq} = 0.600$ だから，$\varepsilon_B - \varepsilon_A = 2.10 \times 10^{-21}$ J となる．

反対に，エネルギー間隔を知れば平衡定数を求めることができる．今度は，B のエネルギーが A より 2.10×10^{-21} J だけ低いとすれば，平衡において準位 B は準位 A より多くの分子を含むことになり，つぎのように K_{eq} は 1 より大きくなる（図 8·2）．

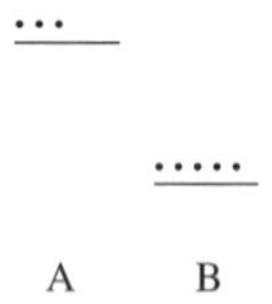

$\cdots\cdots\cdots$

$\cdots\cdots$

A　　B

図 8·2　2 準位間での平衡

$$K_{eq} = \frac{n_B}{n_A} = \frac{5}{3} = 1.67 \qquad (8·2)$$

これらの単純なモデルでは，平衡定数は互いに逆数の関係にあり，最初の平衡のエネルギー差 $\varepsilon_B - \varepsilon_A$ は 2 番目の $\varepsilon_B - \varepsilon_A$ と符号が逆になっている．これまでの議論はエネルギーと平衡定数の間の関係を示すものであり，ある意味では有益なものだった．しかし，一つ大事なことを忘れている．エントロピーの影響である．

8·2 縮退と平衡

もし上の準位が二つの準位に分かれて，どちらも同じエネルギーをもつとしたら，B の分子を収容する余地は 2 倍となる（図 8·3）．そして，平衡定数は $K_{eq} = \frac{6}{5} = 1.2$ となり，1 以上となる．反応が進むとエネルギー変化は上り坂となるのだが，反応物よりは生成物

[*1] 訳注：Ludwig Boltzmann，オーストリアの理論物理学者（1844–1906）．
[*2] 訳注：James Clerk Maxwell，英国の物理学者（1831–1879）．
[*3] 訳注：これはすでに §1·8 で学んだ．
1) statistical thermodynamics　　2) partition function　　3) Boltzmann equation

を与えようとする傾向になる．ここで，熱力学第二法則が効いてくる．生成物の状態はより無秩序であるというのだ．たしかに分子が入る場所がより多くある．机の上に，書類の山が二つあるというように考える．以前は一つしかなかったが，いま探している大事な書類の在りかが二つあるというように考えるのだ．無秩序が増したということはエントロピーが増すことを意味する．

図 8・3 縮退のある 2 準位間での平衡

たとえ二つの準位のエネルギーが厳密には等しくない場合（図 8・4）でも，B の分子の収容領域は準位が一つのときよりも大きいことは確かである．

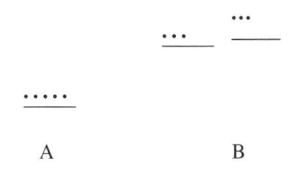

図 8・4 縮退した 2 準位平衡．B の二つの準位は厳密に同レベルではない．

さて今度は，A も B も複数の準位をもっているとしよう（図 8・5）．

図 8・5 A と B の複数個の準位間の平衡

A における分子の分布はボルツマン因子によってコントロールされ，B における分子の分布もボルツマン因子によってコントロールされる．また，A と B の間の分布もボルツマン因子によってコントロールされる．これで三つのボルツマン因子が平衡をコントロールすることになる．つまり，A の中で，B の中で，そして A と B の間である．A の準位間での分布は

$$\frac{n_{A_i}}{n_{A_0}} = e^{-(\varepsilon_{A_i} - \varepsilon_{A_0})/k_B T} \qquad (8\cdot3)$$

となり，B の準位間での分布は

$$\frac{n_{B_i}}{n_{B_0}} = e^{-(\varepsilon_{B_i} - \varepsilon_{B_0})/k_B T} \qquad (8\cdot4)$$

となり，A と B の最低準位の間での分布は

$$\frac{n_{B_0}}{n_{A_0}} = e^{-(\varepsilon_{B_0} - \varepsilon_{A_0})/k_B T} \qquad (8\cdot5)$$

となる．A の分子数の合計 n_A は A のすべての状態に対して和を求めればよいので

$$n_A = \sum_i n_{A_i} = \sum_i n_{A_0} e^{-(\varepsilon_{A_i} - \varepsilon_{A_0})/k_B T} \qquad (8\cdot6)$$

を得る．B の場合も同様に

$$n_B = \sum_i n_{B_i} = \sum_i n_{B_0} e^{-(\varepsilon_{B_i} - \varepsilon_{B_0})/k_B T} \qquad (8\cdot7)$$

となる．平衡定数は A の分子数に対する B の分子数の比としてつぎのように表すことができる．

$$K_{eq} = \frac{n_B}{n_A} = \frac{\sum_i n_{B_0} e^{-(\varepsilon_{B_i} - \varepsilon_{B_0})/k_B T}}{\sum_i n_{A_0} e^{-(\varepsilon_{A_i} - \varepsilon_{A_0})/k_B T}} \qquad (8\cdot8)$$

n_{A_0} と n_{B_0} を $\sum$ の外に出し，$n_{B_0}/n_{A_0} = e^{-(\varepsilon_{B_0} - \varepsilon_{A_0})/k_B T}$ という関係を使うと

$$K_{eq} = \frac{n_{B_0} \sum_i e^{-(\varepsilon_{B_i} - \varepsilon_{B_0})/k_B T}}{n_{A_0} \sum_i e^{-(\varepsilon_{A_i} - \varepsilon_{A_0})/k_B T}}$$

$$= e^{-(\varepsilon_{B_0} - \varepsilon_{A_0})/k_B T} \frac{\sum_i e^{-(\varepsilon_{B_i} - \varepsilon_{B_0})/k_B T}}{\sum_i e^{-(\varepsilon_{A_i} - \varepsilon_{A_0})/k_B T}} \qquad (8\cdot9)$$

となる．これをつぎのように表してみよう．

$$K_{eq} = e^{-(\varepsilon_{B_0} - \varepsilon_{A_0})/k_B T} \frac{Q_B}{Q_A} \qquad (8\cdot10)$$

Q_A と Q_B は，すでに学んだように，それぞれ状態 A と B の分配関数とよばれる（§1・10）．反応商 Q と分配関数 Q を混同しないように注意してほしい．

8・3 ギブズ自由エネルギーと分配関数

式 (8・10) の両辺の自然対数をとり，1 モルで考えると，つぎの式が得られる．

$$\ln K_{eq} = -\frac{\Delta E_0}{RT} + \ln \frac{Q_B}{Q_A} \qquad (8\cdot11)$$

ここで，1 モルで考えたエネルギー差 $\Delta E_0 = E_{B_0} - E_{A_0}$ である．両辺に $-RT$ を掛けると

$$-RT \ln K_{eq} = \Delta E_0 - RT \ln \frac{Q_B}{Q_A} \qquad (8\cdot12)$$

となり，$\Delta G° = -RT \ln K_{eq}$ だから

$$\Delta G° = \Delta E_0 - RT \ln \frac{Q_B}{Q_A} \quad (8·13)$$

が得られる．ギブズエネルギーの定義 $\Delta G° \equiv \Delta H° - T\Delta S°$ と比べてみると，古典熱力学の反応エンタルピー $\Delta H°$ は大まかに見て基底状態のエネルギー差である ΔE_0 に影響を受けており，一方エントロピー項 $T\Delta S°$ は各準位の多重度の比に基づく値 $RT \ln(Q_B/Q_A)$ によって影響を受けていることがわかる．多くの反応では，前者のエンタルピー変化の影響のほうが大きく，19世紀の学者が反応の平衡点を決めたり自発性を決めるのは $\Delta H°$ だけであると考えてしまった理由はこれである．

エンタルピー変化だけでは自発的に進む方向が決まらない化学反応あるいは物理過程があるとしよう．この場合，鍵となるのは分配関数の比である．分配関数は，状態のなかのすべてのエネルギー準位にわたる分子の分布を教えてくれる．状態のなかのこれらを"微小状態[1]"とでもよぼう．エンタルピー変化にそんなに差がない場合，より多くの微小状態をもつ方向に向かって反応は進む．そのような反応あるいは過程は，粒子（分子）が状態中に存在するやり方の数を最大化するわけである．選択のやり方として最大の数を与える系は，最大の無秩序さを与えるといえる．状況はちょうど，いま求めている書類用紙を探さなければならない場所の数は机の上の無秩序さによって決まるというのに似ている．乱雑な机の上は，整頓された机の上より多くの微小状態をもっている．

もう一度式(8·13)を見ると，ギブズより前の熱力学の学者たちが平衡におけるエントロピーの重要性をなぜ見落としたかが理解できる．この式の右辺第2項は T を含んでおり，通常の温度では小さいので，無視できる．しかし，温度が高くなってくるとそれは無視できなくなり，Q_A と Q_B のどちらが大きいかによって，平衡が生成物のほうに寄るのか，それとも反応物のほうに寄るのかが決まってくるのである．$\Delta G° = \Delta E_0 - RT \ln(Q_B/Q_A)$ には二つの項があるので，四つの可能性がある．F(favor)を生成物のほうに有利なことを表し，D(disfavor)を生成物に不利なことを表すとすると，FF, FD, DF, DD の四つの場合である．

8·4 エントロピーと確率

大きな箱の中が100個の区画に区切られていて，そのうち75個が緑に，残りの25個が赤に塗られているとする．この箱の中に"ビー玉"をランダムに落としていくと，赤と緑の区画の中のビー玉の数の比は，たくさんの回数繰返せば，$\frac{75}{25} = \frac{3}{1}$ に近づいていくであろう．あるいは，すべてのビー玉を緑の区画に置いた後，箱を揺すったときも，区画中のビー玉の数の比は以前と同様に $\frac{3}{1}$ に近づいていくはずだ．重力場の中でどの区画におけるポテンシャルエネルギーも同じである（箱は水平に置かれている）ので，結果はそうなる．緑と赤の区画の数の比は，いわば系の微小状態の数の比ということができよう．これは系の大きさには無関係である（$\frac{7500}{2500} = \frac{75}{25}$）．この比を W とよぼう．ボルツマンはこの比を熱力学関数 S とつぎのように結びつけたのであった．

$$S \propto \ln W \quad (8·14)$$

この式が示す結論は，以前にしたAとBの平衡の話の結論と同じになった．ただ，ビー玉の話では温度 T は出てこなかった．この話では，箱を揺することによって"熱エネルギー"を供給していたのである．もし，箱を揺すらなければ，平衡には近づかないわけである（0 K では反応は起こらない）．

式(8·14)の比例係数は k_B と記すことになっており，偉大で悲劇的な人物[3]に敬意を表する意味で**ボルツマン定数**とよんでおり，式(8·14)はつぎのようになる．

$$S = k_B \ln W \quad (8·15)$$

この定数はすでに §1·8 で出てきており，再度その値を示すとつぎのようになる．

$$k_B = 1.381 \times 10^{-23} \text{ J K}^{-1} \quad (8·16)$$

8·5 熱力学関数

各エネルギー準位における粒子の数 n_i が

$$n_i = \frac{n\, e^{-\varepsilon_i/k_B T}}{Q} \quad (8·17)$$

の場合[4]（n は粒子の総数），その準位のエネルギー ε_i を掛けて和を求めることにより，全エネルギーがつぎのように求まる．

---

[3] 1906年に自殺．
[4] 訳注：式(1·31)．縮退度を1としている．
[1] microstate

$$E = \sum_i \varepsilon_i n_i = \frac{n \sum_i \varepsilon_i e^{-\varepsilon_i/k_BT}}{Q} \quad (8\cdot18)$$

こうしてエネルギーとエントロピーを与える式を得て，残りの熱力学関数を分配関数を使って表す式を導出するのに必要なものはすべて揃えたことになる．Irikura (1998) は表 8·1 に示したような簡潔な形で熱力学関数を与える式を示している．

表 8·1 分配関数で表した熱力学関数[†]
(Irikura, 1998)

$$S = Nk_B \left[\frac{\partial}{\partial T}(T \ln Q) - \ln N + 1 \right]$$

$$C_V = Nk_B T^2 \frac{\partial^2}{\partial T^2}(T \ln Q)$$

$$C_p = C_V + R$$

$$H(T) - H(0) = \int_0^T C_p\, dT = \frac{RT^2}{Q}\frac{\partial Q}{\partial T} + RT$$

$$\frac{\partial}{\partial T}(T \ln Q) = \ln Q + \frac{T}{Q}\frac{\partial Q}{\partial T}$$

$$\frac{\partial^2}{\partial T^2}(T \ln Q) = \frac{2}{Q}\frac{\partial Q}{\partial T} + \frac{T}{Q}\frac{\partial^2 Q}{\partial T^2} - \frac{T}{Q^2}\left(\frac{\partial Q}{\partial T}\right)^2$$

$$\frac{\partial Q}{\partial T} = \frac{1}{k_B T^2}\sum_i \varepsilon_i e^{-\varepsilon_i/k_BT}$$

$$\frac{\partial^2 Q}{\partial T^2} = \frac{-2}{T}\frac{\partial Q}{\partial T} + \frac{1}{k_B^2 T^4}\sum_i \varepsilon_i^2 e^{-\varepsilon_i/k_BT}$$

[†] N: アボガドロ定数，k_B: ボルツマン定数

熱力学関数は表 8·1 の上半分に，下半分には実際の評価の際に必要となる微分が示されている．

さて，これから実際に分配関数の求め方を学ぶことにしよう．

8·6 簡単な系の分配関数

分子中のエネルギー準位間の差に関する情報は分光学が教えてくれるので，そこから分配関数へ入っていくことになる．簡単な例として，調和振動子（第 18 章）として取扱える化学結合をもつ分子で他との相互作用をもたない系[*5]を考えよう．調和振動子はちょっと変わった性質をもっていて，エネルギー準位が等間隔に並んでいる．このために振動分配関数は，縮退度なしで考えると

$$Q_{\text{vib}} = \sum_i e^{-\varepsilon_i/k_BT} \qquad i = 0, 1, 2, \cdots \quad (8\cdot19)$$

という定義式は

$$Q_{\text{vib}} = 1 + e^{-\varepsilon/k_BT} + e^{-2\varepsilon/k_BT} + e^{-3\varepsilon/k_BT} + \cdots \quad (8\cdot20)$$

と書くことができる．ε はその等しいエネルギー間隔である．両辺に $e^{-\varepsilon/k_BT}$ を掛けると

$$e^{-\varepsilon/k_BT} Q_{\text{vib}} = e^{-\varepsilon/k_BT} + e^{-2\varepsilon/k_BT} + e^{-3\varepsilon/k_BT} + \cdots \quad (8\cdot21)$$

となる．式 (8·20) の両辺から式 (8·21) の両辺を引くと

$$Q_{\text{vib}} - e^{-\varepsilon/k_BT} Q_{\text{vib}} = 1 \quad (8\cdot22)$$

となるので，つぎのように Q_{vib} が求まる．

$$Q_{\text{vib}} = \frac{1}{1 - e^{-\varepsilon/k_BT}} \quad (8\cdot23)$$

理想的な調和振動子は振動スペクトルを 1 本だけ示し，その振動数を ν とすると，プランクの式からエネルギー $\varepsilon = h\nu$ となる．ここで，h はプランク定数であり，その値は 6.626×10^{-34} J s である．振動子に対する ε がわかると，結局 Q_{vib} を計算することができる．

分光学者は振動周波数 ν を使うよりは，**波数** $\bar{\nu}$ を使うことのほうが多い．単位は cm^{-1} とするのが普通である．これを ν に変換するには，$\nu = c\bar{\nu}$ という式を使えばよい．ここで，c は光（電磁波）の速さ $2.998 \times 10^8\,\text{m s}^{-1}$ である．この式を使うと，分配関数 Q_{vib} は

$$Q_{\text{vib}} = \frac{1}{1 - e^{-\varepsilon/k_BT}} = \frac{1}{1 - e^{-hc\bar{\nu}\beta}} = \frac{1}{1 - e^{-a}} \quad (8\cdot24)$$

となる．ここで，$\beta = 1/k_BT$ であり，定数値を代入すると a の値は

$$a = \frac{hc\bar{\nu}}{k_BT} = \frac{1.439\bar{\nu}}{T} \quad (8\cdot25)$$

となる[*6]．二原子分子である $N_2(g)$ は温度 1000 K で，159.2 cm^{-1} に強い振動共鳴を示す．a の値を求めると，$a = 1.439 \times \frac{159.2}{1000} = 0.229$ となるので

$$Q_{\text{vib}} = \frac{1}{1 - e^{-0.229}} = 4.884 \quad (8\cdot26)$$

を得る．同様に，回転分配関数 Q_{rot} はつぎのように与えられることが知られている[*7]．

$$Q_{\text{rot}} = \frac{1}{\sigma hcB\beta} = \frac{0.6952T}{\sigma B} \quad (8\cdot27)$$

ここで B は**回転共鳴振動数**[*8]とよばれるもので，単

[*5] 厳密には"弱く相互作用をする系"であるということになる．ある準位から別の準位に粒子が移動することは統計的な取扱いをするための必要条件だからである．
[*6] 訳注: 単位も含めて示せば，$a = (1.439\bar{\nu}/T)$ cm K となる．
[*7] 訳注: 単位も含めて示せば，$Q_{\text{rot}} = (0.6952 T/\sigma B)\,\text{cm}^{-1}\text{K}^{-1}$ となる．
[*8] 訳注: 回転共鳴振動数（rotational resonance frequency）は**回転定数**（rotational constant）ともよばれる．

位はこれも cm^{-1} である．σ は"対称数[1]"とよばれるもので，対称的な分子が1回転中に何回同じ配置をとるかを示すものである．たとえば，直線分子 N−N が半（180°）回転してもやはり N−N であり，最初の配置と区別がつかない．区別できる配置と区別できない配置の差は統計に影響を与える（ポーカーで，トランプ1組の中に各エース札が2枚ずつ入っているいかさまの場合と，普通の正直なトランプ1組の場合の差を考えてみるとわかる）．

いま出てきた分子 $N_2(g)$ の回転共鳴振動数は $B=0.1547\,\text{cm}^{-1}$ であるという（$T=1000\,\text{K}$）．上で示した式を使って N−N 分子の対称数2を代入して計算するとつぎのようになる．

$$Q_{\text{rot}} = \frac{0.695T}{\sigma B} = \frac{0.6952 \times 1000}{2 \times 0.1547} = 2247 \quad (8\cdot28)$$

この種の計算が §8・8 で役立つことになる．詳しい Q の決定法についての議論は，Nash（2006）や Maczek（1998）を参照のこと．

8・7 種々のモードの運動に対する分配関数

分子は，並進運動・回転運動・振動運動を激しくしたり，電子励起をさせることによってエネルギーを吸収する．分子の全エネルギーというのは，それら運動モードのエネルギー寄与の和であるから，つぎのような式が成り立つ[*9]．

$$\varepsilon = \varepsilon_{\text{tr}} + \varepsilon_{\text{rot}} + \varepsilon_{\text{vib}} + \varepsilon_{\text{el}} \quad (8\cdot29)$$

これを分配関数の定義に代入すると

$$Q = \sum e^{-(\varepsilon_{\text{tr}}+\varepsilon_{\text{rot}}+\varepsilon_{\text{vib}}+\varepsilon_{\text{el}})/k_BT} \quad (8\cdot30)$$

指数関数に関しては，$e^{a+b}=e^a e^b$ が成り立つので，Q はつぎのように各寄与ごとの分配関数の積で表されることになる．

$$Q = \sum e^{-\varepsilon_{\text{tr}}/k_BT} \sum e^{-\varepsilon_{\text{rot}}/k_BT} \sum e^{-\varepsilon_{\text{vib}}/k_BT} \sum e^{-\varepsilon_{\text{el}}/k_BT} \quad (8\cdot31)$$

したがって，Q はつぎのように表せる．

$$Q = Q_{\text{tr}} Q_{\text{rot}} Q_{\text{vib}} Q_{\text{el}} \quad (8\cdot32)$$

ここで

$$Q_{\text{tr}} = \sum e^{-\varepsilon_{\text{tr}}/k_BT}, \quad Q_{\text{rot}} = \sum e^{-\varepsilon_{\text{rot}}/k_BT}, \quad \cdots \quad (8\cdot33)$$

などとなる．こうして，各運動モードでの励起に対するエネルギー吸収量がわかれば分配関数を書き下すことが可能であり，その結果として系の熱力学的情報すべてを得ることができるということになる．しかし，実際にやろうとするとなかなか困難がある．系の間の相互作用は弱いとはいえず，分子中の各結合の振動エネルギー準位の間隔は近傍にあるものに依存するからだ．他のさまざまな相互作用もありうる．また，化学結合は真の調和振動子とはいえず，その振動エネルギー準位が等間隔に並んでいるというのは近似的なのである．

8・8 平衡定数，その統計的な求め方

まず反応物と生成物の間のエネルギー間隔を考慮し，ついで分配関数を考えると，式(8・11)から平衡定数 K_{eq} をモル分配関数 Q の積を使って，つぎのように書き表せる[*10]．

$$\ln K_{\text{eq}} = -\frac{\Delta E_0}{RT} + \ln \prod \left(\frac{Q_i}{N_A}\right)^{\xi} \quad (8\cdot34)$$

ここで，ξ は対応する化学量論係数であり，N_A はアボガドロ定数である．この式と §7・5 で学んだファントホッフの式(7・39)を比較して，上式の右辺第2項と反応エントロピー $\Delta_r S°$ の間には関連があることを記憶しておくに留めておこう．

ところで，金属ナトリウムは，それほど高い温度でなくとも蒸発する．蒸気は二原子分子 $Na_2(g)$ として存在し，つぎのように原子 $Na(g)$ と平衡状態にある．

$$Na_2(g) \rightleftarrows 2\,Na(g) \quad (8\cdot35)$$

Maczek（1998）は統計熱力学の K_{eq} に対する式をいくつかの反応に適用し，1274 K における気相での Na_2 分子の解離を検討した．この反応では，すべての運動モードが考慮されるべきというわけではない．生成物 $Na(g)$ においては，原子である（質点として扱う）から原子間振動運動はなく回転運動もないので，分配関数 $Q_{\text{vib}}(Na)$ および $Q_{\text{rot}}(Na)$ は存在しない．一方，反応物 $Na_2(g)$ は二つの原子が結合しているので，振動運動も回転運動も量子力学的に許容されている．また電子励起は，量子力学的には許されているが，この程度の温度では熱エネルギーが基底状態から

[*9] 訳注：tr (translation) は並進，rot (rotaion) は回転，vib (vibration) は振動，el (electron) は電子．

[*10] 訳注：$\sum$ は和を求める記号であるが，ここで現れる $\prod$ は積を求める記号であり，$\prod_{i=1}^{n} a_i = a_1 \times a_2 \times \cdots \times a_i$ を意味する．$\prod$ の下や上の $i=1$ や n は省略される場合も多い．

[1] symmetry number

電子を引き上げるには不十分であり，実際には励起は起こらない．平衡定数の式は，思っていたよりもずいぶんシンプルな，つぎのようなものになる．

$$K_{eq} = \frac{[Q_{tr}(Na)Q_{el}(Na)]^2}{Q_{tr}(Na_2)Q_{rot}(Na_2)Q_{vib}(Na_2)} e^{-E_0/RT} \quad (8 \cdot 36)$$

最初に並進運動に対する分配関数 Q_{tr} を考えよう．これは容器の中を飛び回り，壁にぶつかったりする Na 分子あるいは Na_2 分子，その他どんなものに対しても考えるべき分配関数である．量子力学の法則をこれに対して課すと驚くべき現象が起こる．容器，たとえば"箱"の中だけに粒子を限定すると，粒子がもつエネルギーはある特定な準位しか許容されなくなるのである．つまり，エネルギーが量子化されるわけだ．箱の中で許容されるエネルギー準位の様子はこれまで見てきたような多数のエネルギー準位からなるが，記憶に留めておいてほしいのは，調和振動子の例ではエネルギー準位は等間隔にあったのが，並進運動の場合は等間隔ではないということだ．エネルギー準位はつぎの式に従う（§16・5）．

$$E = \frac{n^2 h^2}{8ma^2} \qquad n = 1, 2, 3, \cdots \quad (8 \cdot 37)$$

$n=1, 2, 3, \cdots$ は量子数とよばれるもので，h はプランク定数であり，m は粒子の質量，a は箱（簡単のために立方体としよう）の稜の長さである[*11]．

このエネルギーに関する制限が並進運動につくと，それが分配関数に影響を与えて，容器が体積 $V=a^3$ の立方体の場合，つぎのような分配関数になることが知られている．

$$Q_{tr} = \left(\frac{2\pi m}{h^2 \beta}\right)^{3/2} a^3 = \left(\frac{2\pi m}{h^2 \beta}\right)^{3/2} V \quad (8 \cdot 38)$$

ここで，便利な変数 $\beta = 1/k_B T$ を使っている．あえて括弧の中を逆数にするとつぎのようになる．

$$Q_{tr} = \left(\frac{h^2 \beta}{2\pi m}\right)^{-3/2} V = \frac{V}{\left(\frac{h^2 \beta}{2\pi m}\right)^{3/2}} \equiv \frac{V}{\Lambda^3} \quad (8 \cdot 39)$$

この学問領域の専門用語で，分母の立方根は**熱的波長**[1]とよばれ，記号 Λ で表すことが多い．

$$\Lambda = \left(\frac{h^2 \beta}{2\pi m}\right)^{1/2} \quad (8 \cdot 40)$$

熱的波長は長さの単位（原子・分子の世界ではピコメートル pm が適切）をもっている[*12]．体積をモル体積 $V_m = a^3$ とすると，粒子 1 個当たりの体積は V_m/N_A となる（N_A はアボガドロ定数）．Λ はつぎのように，粒子の質量[*13]と温度の積の逆数の平方根に定数を掛けたものである．Λ の計算につぎの式を使うときもある．

$$\Lambda = \left(\frac{h^2 \beta}{2\pi m}\right)^{1/2} = h\left(\frac{1}{2\pi m k_B T}\right)^{1/2}$$
$$= h\left(\frac{1}{2\pi k_B}\right)^{1/2}\left(\frac{1}{mT}\right)^{1/2} = 7.114 \times 10^{-23} \frac{1}{\sqrt{mT}} \quad (8 \cdot 41)$$

分配関数は，系の中にある粒子の数多くある量子状態へのアクセス可能性の指標である．上に示した定義式 (8・39) からわかるように，分配関数は熱的波長の 3 乗に反比例し，両者の積が粒子が入っている容器の体積 V に等しい．したがって Λ は，数多くある量子状態がフルに占有されるためにはどれほど容器が大きくなればよいかという見当を与えるのである．原子や小さな分子の場合，体積 Λ^3 は 10^{-30} m^3 程度の値をもつ．一方，普通の実験室にある容器はこれよりはるかに大きい．したがって，"並進エネルギー準位すべてはアクセス可能である"と結論づけることができる．ただし，この体積に関する制約は並進運動にのみ適用可能であり，他の運動モードでは成り立たないことに注意しよう．

8・9　計算統計熱力学

K_{eq} の計算を実際に計算機を使って行うと，もう少し理解が深まると思われる．

熱力学関数，それに関連する分配関数を計算するソフトウェアはいくつか存在する．分配関数は，上で学んだように，それぞれのモードの寄与に分かれる．ナトリウムに関する量子力学計算の一部を表 8・2 に示した．これはプログラム Gaussian 03 の膨大な出力から抜粋したものである．計算機が出した結果の値は注意して見る必要がある．調和振動子近似といったある

[*11] 訳注：式 (16・25)．この式は一次元の箱の場合の式．粒子 1 個のエネルギーだから，本来は ε と書くべきところ．式 (8・34) や式 (8・36) のモル当たりのエネルギーとは異なる．注意してほしい．

[*12] 訳注：Λ の単位を $[\Lambda]$ で表すと，h は根号の外に出せるので $[\Lambda] = [h/(2\pi m k_B T)^{1/2}] = J \cdot s/(kg \cdot J \cdot K^{-1} \cdot K)^{1/2} = kg \cdot m^2 \cdot s^{-2} \cdot s/(kg \cdot m \cdot s^{-1}) = m$ となる．これはド・ブロイが考え出したもので，自由電子の波長に相当する（§16・5）．

[*13] 訳注：単位も含めると，$kg^{1/2} m K^{1/2}$ がつく．

1) thermal wavelength

種の近似がしばしば前提となっているからである．

K_{eq} を得るには，分配関数をすべて求め，それらを平衡定数の式(8·36)に代入し，原子と分子の基底状態の差から求まる指数関数を掛ければよい．表8·2の数値を代入すると，つぎのような式になる．ここでの Q は，$v=0$，つまり振動の基底状態に対する値として求められている．

$$K_{eq} = \frac{(Q_{Na})^2}{Q_{Na_2}} e^{-\varepsilon_0/RT} = \frac{(3.44 \times 10^8)^2}{9.531 \times 10^{12}} e^{-6.51} = 18.5 \tag{8·42}$$

表8·2 分子（Na_2）および原子（Na）に対して計算された分配関数[†]

Na₂ Molecules	T = 1300 K
	Q
Total Bot	0.873633D+13
Total V = 0	0.953147D+13 ←
Vib (Bot)	0.573265D+01
Vib (Bot) 1	0.573265D+01
Vib (V = 0)	0.625441D+01
Vib (V = 0) 1	0.625441D+01
Electronic	0.100000D+01
Translational	0.486489D+09
Rotational	0.313256D+04

Na atoms	T = 1300 K
	Q
Total Bot	0.344000D+09
Total V = 0	0.344000D+09 ←
Vib (Bot)	0.100000D+01
Vib (V = 0)	0.100000D+01
Electronic	0.200000D+01
Translational	0.172000D+09
Rotational	0.100000D+01

[†] Q は無名数であることに注意．

例題と章末問題

例題 8·1　熱的波長

1300 K におけるナトリウム（Na）原子の熱的波長を求めよ．

解法 8·1　$Na(g)$ についての Λ の計算には式(8·41)を使おう．Na の原子量は 22.99 である．統一原子質量単位[1]（u）$= 1.6605 \times 10^{-27}$ kg を使うと，Na 原子1個の質量は $m = 22.99 \times 1.6605 \times 10^{-27}$ kg $= 3.817 \times 10^{-26}$ kg と得られるので，式(8·41)に代入すると

---

[1] unified atomic mass unit

$\Lambda = 7.114 \times 10^{-23}$ kg$^{1/2}$ m K$^{1/2}$
$$\times \left(\frac{1}{3.817 \times 10^{-26} \text{ kg} \times 1300 \text{ K}}\right)^{1/2}$$
$$= 0.101 \times 10^{-10} \text{ m} = 10.1 \text{ pm}$$

$Na_2(g)$ 分子に対して同様な計算をすると，それほど違わない結果が得られ，1300 K では $\Lambda(Na_2(g)) =$ 7.14 pm である．双方の熱的波長は大体 10 pm（$= 10^{-11}$ m）程度であるので，Λ^3 は 10^{-33} m^3 程度になることがわかる．この大きさは，§8·8 で推測していた並進のエネルギー準位は非常に接近しているという前提を再確認するものである．エネルギー準位はほとんど連続的に存在しているとみなすことができ，エネルギー準位はフルに占有されている．

例題 8·2　並進運動のみを考慮した平衡定数

§8·3 で示した E_0 が分光学の測定から 70.5 kJ mol^{-1} であることがわかったとして，並進運動のみを考えたときの反応 $Na_2(g) \rightleftarrows 2Na(g)$ の平衡定数を求めよ（内部運動のモードは無視せよ）．

解法 8·2　平衡定数の式は

$$K_{eq} = \frac{(Q_{Na}/N_A)^2}{Q_{Na_2}/N_A} e^{-E_0/RT}$$

である．右辺の分母および分子の累乗の 2 と 1 は，解離として書かれた反応式に対するつぎの平衡定数を求める式に含まれる化学量論係数に対応するものである．

$$K_{eq} = \frac{(p_{Na})^2}{p_{Na_2}}$$

熱的波長を使った分配関数の式(8·39)を使うと

$$K_{eq} = \frac{(\Lambda_{Na_2})^3}{(\Lambda_{Na})^6} \frac{V_m}{N_A} e^{-E_0/RT}$$

$$= \frac{(7.14 \times 10^{-12})^3}{(10.1 \times 10^{-12})^6} \frac{V_m}{N_A} e^{-E_0/RT}$$

$$= \frac{3.64 \times 10^{-34}}{1.06 \times 10^{-66}} \times \frac{0.1066}{6.022 \times 10^{23}} \times e^{-6.51}$$

$$= 9.04 \times 10^4$$

を得る．指数関数の指数部

$(-E_0/RT) = -70.5 \times 10^3/(R \times 1300) = -6.51$

は分光学データからきている．モル体積は 0.1066 m^3 mol^{-1} で，$e^{-6.51} = 1.488 \times 10^{-3}$ である．

しかし，ものごとはそんなに簡単ではない．Na_2 は内部運動モードをもっているのである．その一つは分

子軸に沿った振動運動であり，もう一つは分子の重心を通る軸の周りの回転運動である．両分配関数とも分光学データから決定することができる．すでに，振動運動の共鳴振動数から Q_{vib} が求まることを学んでいる．$Na_2(g)$ 分子の回転エネルギー準位も決定され，同様に Q_{rot} を求めることができる．それらの結果はつぎのようになることがわかった．

$$Q_{vib} = 6.254 \qquad Q_{rot} = 3.132 \times 10^3$$

分配関数は無名数であることに注意．もう一つ考慮すべきことがある．ナトリウム原子の電子構造の縮退度が $4(=2^2)$ であることだ．

これら二つの分配関数，Na の縮退度を取入れると 1300 K での平衡定数の計算は式(8・36)よりつぎのようになる．

$$K_{eq} = 4 \times (9.04 \times 10^4) \times \frac{1}{(3.132 \times 10^3) \times 6.254}$$
$$= 18.4$$

今回の結果は，以前（§8・9）の計算結果（18.5）とほとんど違わない値となった．

章末問題

8・1 300 K におけるつぎの反応の平衡定数 K_{eq} を求めよ．縮退のないシンプルな 2 準位系とする．

$$A(g) \longrightarrow B(g)$$

ここで，B のエネルギー準位 ε_B は ε_A より 1.25 kJ mol^{-1} だけ上にあるという．準位 A と B の占有率をパーセントで答えよ．系の中からまったくランダムに，つまりえこひいきなしに分子を選択する場合，A を選択する確率は B の確率の何倍になるか答えよ．
ヒント $Q_B = Q_A$ と仮定してよい．

8・2 1000 K における $Na_2(g)$ 分子の熱的波長を計算せよ．計算結果の値と文献値 8.14 pm を比較せよ．

8・3 $Na(g)$ の熱的波長を $\frac{1}{\sqrt{2}}$ 倍すると $Na_2(g)$ 分子の熱的波長になる．なぜか説明せよ．

8・4 式 $\nu = c\bar{\nu}$ が成り立つ理由を説明せよ．ν は電磁波の振動数，c は電磁波の速さ（3.0×10^8 m s^{-1}）である．$\bar{\nu}$ は分光学者の言葉で言う"波数"（単位は cm^{-1}）である．

8・5 よく知られているように，固体のヨウ素 $I(s)$ を密閉容器の中で加熱すれば紫色の蒸気を発生する．この蒸気は二原子分子 $I_2(g)$ であり，原子 $I(g)$ と平衡に至る．このあたりの状況はすでに学んだ $Na_2(g)$ と $Na(g)$ の場合と同じである．1274 K において，モル体積に閉じ込められた $I_2(g)$ および $I(g)$ の熱的波長を求めよ．

8・6 §8・8 で学んだように並進運動の分配関数 Q_{tr} はつぎのように与えられる．

$$Q_{tr} = \left(\frac{2\pi m}{h^2 \beta}\right)^{3/2} a^3 = \left(\frac{2\pi m}{h^2 \beta}\right)^{3/2} V$$

この式は，体積 V の容器中での並進運動エネルギーがつぎのように量子化されることより導かれる．

$$E = \frac{n^2 h^2}{8ma^2}$$

最初の式の分数の分子に 2π が現れるのはなぜか説明せよ．

8・7 1000 K における $I_2(g)$ および $I(g)$ の並進分配関数を求めよ．

8・8 問題 8・7 で求めた 1000 K における $I_2(g)$ および $I(g)$ の熱的波長と，解離エネルギーが 152.3 kJ mol^{-1} であることを使って平衡定数を求めよ．内部運動モードは無視して構わない．

8・9 問題 8・8 で求めた結果を，$I_2(g)$ の振動運動および回転運動を考慮に加えて精密なものにせよ．$Q_{el}(I) = 4$，$Q_{rot}(I_2) = 1.19 \times 10^4$，$Q_{vib} = 4.67$ とすること．

9

相　律

　科学においては理論は受け入れられる前に，実験が繰返され，判定され，そして立証されることが欠かせない[*1]．熱化学実験を繰返すには熱化学の系を複製できることが必要であり，ほとんど無限にある物理的特性（質量 m，エネルギー，エントロピー，熱容量 C_p や C_V，屈折率など）のうち，どのくらいの個数の特性が必要であるかを知らなければならない．

　われわれの間で了解されていることは，系はいくつかの変数によって完全に記述されるということ，それら変数のうちいくつかを測定すれば，系についてすべてがわかってしまうというわけである．原理的には，それら測定値に基づいて，測定していない変数も計算できることになる．それでは，どの変数がそれに当たり，いくつあるのだろう．それとも，熱化学の系を定義するには，ほぼ無限にある可能性のうち相当な部分を知らなければいけないのだろうか．もしそうなら，科学というものは，ほとんど不可能であると言わざるをえない．実験結果を複製によって立証することが決してできないからである．これがまさにギブズによって解かれた問題であった．

9・1　成分，相，自由度

　ギブズはつぎのような区別をした．系の**成分** C は"化学的"に区別できるものであり，系の**相** P は"物理的"に区別できるものであると．したがって，氷と水からなる系では，どちらも化学的には H_2O なので成分は一つだが，物理的には固体と液体ということで相は二つとなる．ギブズは彼の有名な相律の式（§9・5 参照）で，熱化学系の**自由度**[1)] の数を定めた．自由度は，代数における独立変数や，完全系[*2, 2)] における基本ベクトルのようなものといえる．自由度のいくつかが指定されると残りは自動的に決まってしまい，自由な値をとることはできなくなる．線形結合によってすでに決まっているわけである．したがって，相律から得られるのは独立変数の個数である．独立変数としてどんな量を採用してもよいが，個数は相律によって決まる数にしなくてはならない．

　液体の水を考えよう．この場合三つの成分 H^+, OH^-, H_2O が，あるいは H_3O^+ も加えて四つの成分が存在するという人もいるであろう．しかし，これらは明らかに相互に関連しており，独立しているわけではないので注意が必要だ．純水においては，イオンの源はつぎの解離なので，$[H^+] = [OH^-]$ である．

$$H_2O \longrightarrow H^+ + OH^- \qquad (9 \cdot 1)$$

したがって，片方のイオンの濃度を測定するだけで，もう一方のイオンの濃度もわかる．$[H^+] = 10^{-7}$ であれば，$[OH^-] = 10^{-7}$ となり，純水に対する解離定数 K_w はつぎのように求まる[*3]．

$$K_w = \frac{[H^+][OH^-]}{[H_2O]} \approx \frac{[H^+]^2}{[H_2O]} = \frac{[10^{-7}]^2}{1} = 10^{-14} \qquad (9 \cdot 2)$$

ここで，イオンの濃度は溶媒（水）の 1 dm³ 当たりの物質量として表されている．

　もう少し話を進めると，溶液化学で"濃度"とよばれるものは実際は活量であり，無名数（標準状態での値に対する比）であるから，K_w も無名数となる．

[*1] 例外もある．宇宙科学である．宇宙を複製することはできない．
[*2] 訳注：完全系とは，ある関数やベクトル集合によって，任意の関数やベクトルなどを線形結合で展開できるときの集合のこと．
[*3] 通常の定義 $pH \equiv -\log[H^+]$ を使うと，$pH = 7$，中性となる．
1) degrees of freedom　　2) complete system

さらに H₅O₂⁺ などのような高重合体も含めて考えていくこともできるが，濃度を求めるための解離定数も複数個出てきて話は複雑になる．原理的にはこの種の計算は可能だが，実行するにはさらなる情報が必要である．しかし，よく考えてみれば，一つのモル濃度を指定すればすべてを指定したことになる．純粋相には 1 個の成分しか存在しないとしてよい．

9·2 共存曲線

水蒸気 H₂O(g) は，他の純物質と同様に，自由度 2 をもっている（§9·5 参照）．化学ポテンシャルを含めて熱力学関数は，たとえば $\mu = f(p, T)$ のように二つの独立変数をもった数学的関数として表すことができる．また，$E = f(p, T)$ や $C_p = f(p, T)$ とも書ける．原理的には，p と T の値から E や C_p を決める式は存在するが，ここでは詳細に入り込むことはしないことにする．もっと言えば，$p = f(C_p, E)$ とさえ書くこともできる．二つという制約を守れば，独立変数は何であっても構わないのである．

純物質からなる 1 相の系の場合の自由度を求めるのはやさしい．相がいくつあるかを見極めるのも容易だ*⁴．たとえば，四塩化炭素と水の混合液で相分離が起こることは，両者の屈折率が異なるので容易にわかる．上層と下層の二つの相が異なって見えるわけである．難しいのは，純物質としてではなく，多数の化学物質がいろいろな相に分布している場合である．

さて，純粋な相として水蒸気を例にとろう．状態関数として化学ポテンシャルを，独立変数として圧力と温度をとると，式は $\mu = f(p, T)$ となる．こうして系はさまざまな自由度をもつことになる．ある範囲内で p も T も自由に変化できることとしよう．横軸に温度，縦軸に圧力をとってプロットした二次元の図（図 9·2 参照）上では，ある状態は点として表される．図中のどの点も何らかの状態を表している．

しかし，状態を動かしていけば，いつかは限界を越えることになる．閉じた容器の中の水蒸気の場合，最初は水蒸気だけだったものがいつか凝縮して水となり水蒸気と平衡状態になる（図 9·1）．

この物理的平衡を化学平衡のように記せば，つぎの蒸発平衡で表せる．

$$H_2O(l) \rightleftharpoons H_2O(g) \quad (9·3)$$

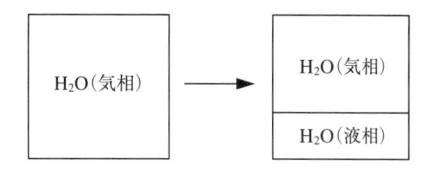

図 9·1 一つの相での純水（左）と二つの相での純水（右）．ある温度において二つの相（気相と液相）は平衡になり，共存する．

この場合の平衡定数は

$$K_{eq} = \frac{p_{H_2O(g)}}{a_{H_2O(l)}} = p_{H_2O(g)} \quad (9·4)$$

となる．純水は標準状態にあるので，分母は $a_{H_2O(l)} \equiv 1$ となる．純液体と純気体の間の平衡は，化学ポテンシャルがつぎのように等しくなければならないことを意味する．

$$\mu_{H_2O(l)} = \mu_{H_2O(g)} \quad (9·5)$$

変数間の比を決めるこの等式は独立変数の数を一つ減らすことになる．したがって，ここで温度か圧力を指定すると残りの変数は自動的に決まってしまう．この場合，その化学ポテンシャルに対応する点は数多くありえるが，それらの点は隣り合って一つの曲線になる．この液相と蒸気が共存する点の軌跡は **共存曲線**¹⁾ とよばれる．T がほんの少しずれると，p は自動的に変化して平衡を維持する値になり，依然として曲線上にのっている．図 9·2 に示すように，共存曲線は二次元，たとえば横軸に独立変数 T，縦軸に p をとって描くことができる．系の状態を表している点は，もはや p–T 図のどこへでも動くわけにはいかず，曲線上に限られる．系の自由度は 1 だけ減って 1 になるこ

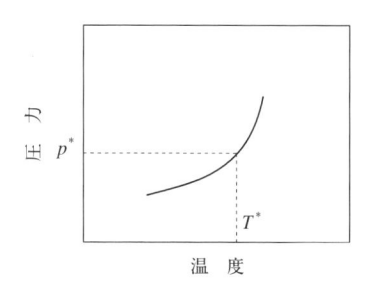

図 9·2 液相–気相共存曲線．温度を T^* に固定すると，純物質の 2 相が共存する圧力は自動的に p^* と決まってくる．

---

*⁴ 相の見極めはやさしいとは限らない．固体の場合，熱容量やモル体積が互いに微妙に異なる相が存在しうる．
1) coexistence curve

共存曲線は液相−蒸気の間だけではない．また，その指数関数的な形は他の場所にも見つかる．固相−蒸気間の平衡である．これで，ナフタレンのような固体物質が匂うのである．固相も蒸気との間に指数関数（あるいは指数関数に似た）の共存曲線を与え，それは図9·3の左下に現れている．もちろん，固相−液相間の共存曲線（融解と凝固）も存在し，図9·3に示すようにこの（直）線の勾配は普通は正であるが，水の場合は例外的で，固相−液相間の共存直線の勾配は負である．これがアイススケートができる理由である*5．こうしてp-T図上の3本の曲線により**相図**[1]が出来上がる．後でも述べるように，相図は共存曲線の様子を表現する一般的な図である．

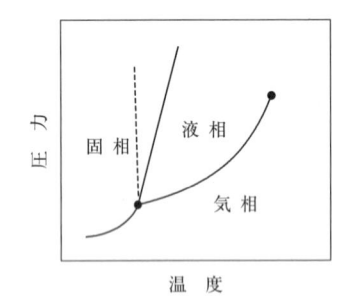

図9·3　1成分系の相図．水の固相−液相共存直線（---）はほかとは異なる特徴をもつ．右のほうにある黒丸（●）は**臨界点**である．3本の曲線の交点は**三重点**とよばれる．

"臨界点"（§2·4参照）を越えては，もはや液体と気体の区別はなくなる．**三重点**[2]は純物質に特有の値で起こる．外部条件pやTを変えても変化しない．そこでは自由度はない（ゼロ）なのである．

9·3 クラウジウス−クラペイロンの式

相転移に関するクラペイロンの式は

$$\frac{dp}{dT} = \frac{\Delta_{trans}H}{T\Delta V} \quad (9·6)$$

である．ここで，$\Delta_{trans}H$は相転移のエンタルピー変化，ΔVは転移における体積変化である．両者とも1モル当たりの量とする習慣である．

クラウジウスは，通常の液体の体積は，沸点において平衡状態にある蒸気の体積よりもはるかに小さいことを観測した．つまり$V(l) \ll V(g)$である．液体の蒸発の際，$\Delta V = V(g) - V(l)$だが，小さい$V(l)$を無視して，$\Delta V = V(g)$と近似したのである．そして液体と共存する気体を理想気体とし，つぎの式を得た．

$$\frac{dp}{dT} = \frac{\Delta_{vap}H}{TV(g)} = \frac{\Delta_{vap}H}{T}\left(\frac{p}{RT}\right) \quad (9·7)$$

式を変形すると

$$\frac{dp}{p} = \frac{\Delta_{vap}H}{R}\left(\frac{1}{T^2}\right)dT \quad (9·8)$$

となる．両辺の不定積分は

$$\int \frac{dp}{p} = \frac{\Delta_{vap}H}{R}\int \frac{1}{T^2}dT \quad (9·9)$$

となり，積分を実行すると

$$\ln p = -\frac{\Delta_{vap}H}{R}\left(\frac{1}{T}\right) + 定数 \quad (9·10)$$

となる．指数関数で表現すると，つぎのようになる．

$$p = ae^{-\Delta_{vap}H/RT} = ae^{b(-1/T)} \quad (9·11)$$

ここで，aは積分定数からきたものである．式(9·10)は**クラウジウス−クラペイロンの式**の一つの表現である．指数関数表現のbの値を決めることができれば，$\Delta_{vap}H$を得ることになる．

口の開いている容器の中に液体が入っているとしよう．外部圧力をp_{ext}として，この容器がその液体の沸点まで加熱されたとすると，容器の底から泡が出てくる．泡のそれぞれが，純蒸気で満たされた小さな閉じた"部屋（系）"を作っているといえる．これが，口の開いている容器で観測した純液体の沸点が，閉じた容器中の液体の共存曲線から導出された式（クラウジウス−クラペイロンの式）に従う理由である．

9·4 部分モル体積

ギブズ以前，熱力学はおもに熱機関を駆動する過程における熱の移動についての学問であり，その時代はまさに蒸気の時代とよばれるものであった．ギブズが違ったのは，物質の転換という点に焦点をおいたことである．それが化学者にとってギブズの研究が非常に重要だということの理由である．われわれの科学の多くの部分は反応物状態から生成物状態へ物質を転換することに関係している．古典的物理化学では，その転換が起こるかどうか（熱力学）を検討し，もし起こるなら，今度はどのくらいの時間でその転換が行われるのか（反応速度論）を検討するのである．

---

*5　物理化学における共存曲線とアイススケートの間にどんな関係があるのだろうか？　各自で考えてほしい．
1) phase diagram　2) triple point

9・4 部分モル体積

最初の問題に答えるのに，ギブズは部分モル熱力学状態関数を使った．これを説明するために，まず系の体積を考え，混合物を2成分系に限定しよう．系の体積というのはイメージが湧きやすいし，2成分系に限ると計算が簡単になるからである．その後でいずれこの制限を外すことにしたい．

一定の p および T のもとで，2成分の理想溶液[*6]のモル当たりの体積は，各成分がどれほどの割合で存在するかに依存する．式で表すとつぎのようになる．

$$V = f(n_1, n_2) \qquad (9 \cdot 12)$$

純粋な成分1のモル体積を V_{m1}° とし，純粋な成分2のモル体積を V_{m2}° とすると，成分1と2の等モル量からなる理想溶液の体積は平均値 $(V_{m1}^\circ + V_{m2}^\circ)/2$ になるであろう（図9・4）．成分1と2が別の比で混ざった溶液の体積は，混合に際して収縮や膨張がなければ，V_{m1}° と V_{m2}° を結ぶ直線上にのることになる．

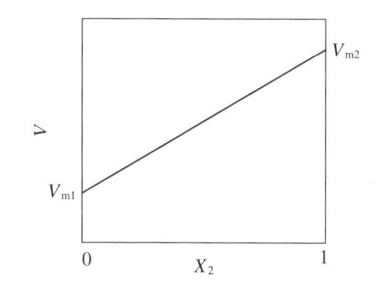

図9・4 2成分からなる理想溶液の全体積．横軸 X_2 は成分2のモル分率である．

一般に，体積はつぎのように表せる．

$$V = V_{m1}^\circ n_1 + V_{m2}^\circ n_2 \qquad (9 \cdot 13)$$

しかし，話はそう簡単ではない．一般の（実在）溶液の全体積は，モル体積に物質量を掛けたものの和にはならない．溶液中で溶質によって実際に占められる体積は**部分モル体積**[1]とよばれ，純粋の状態より大きい場合もあれば，小さい場合もある．それで，溶液の体積は各成分の体積の和より大きくなったり，小さくなったりするのだ．たとえば，1モルの水にカリウム塩を溶かすと最初の水だけの体積より小さくなるのである（収縮が起こる）．さまざまな可能性を図9・5に示した．

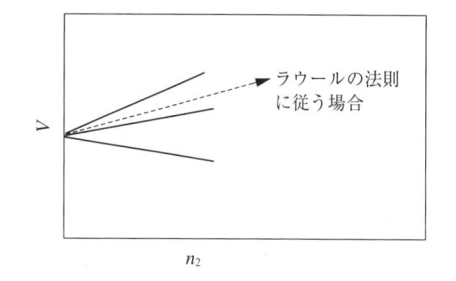

図9・5 純粋な溶媒に少量の溶質（n_2 モル）を加えたときの体積の増加（あるいは減少）．三つの場合を実線で示した．上から，膨張する場合，収縮する場合，収縮が大きく最初の体積より減る場合．

9・4・1 議論の一般化

ここでは，成分2を溶質としてその物質量を n_2，成分1を溶媒としてその物質量を n_1 とするが，それはある意味で任意であり，逆にしても一向に構わない．2成分からなる溶液を考えたとき，成分2について言えることが成分1に対しても言えることは理解できるであろう．溶液が完全に混ざり合う二つの成分からできている場合，量の少ないほうを溶質，多いほうを溶媒とするのが普通である．多くの場合，区別は明らかである．たとえば KCl の水溶液では KCl は間違いなく溶質である．

図9・6から明らかなように，溶質である成分2の部分モル体積は曲線の接線の勾配となる．ここで，測定は大量の成分1，つまり溶媒の中に少量の成分2を加えたとき体積がどのくらいの割合で増えるかを見ることになる．実在溶液では，グラフは直線にならなくてもよい．各点での接線の勾配が成分2の部分モル体積となる．

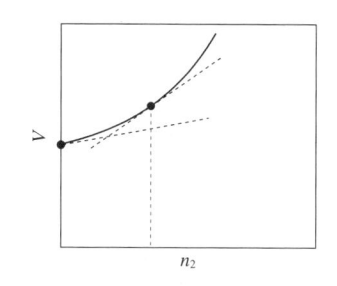

図9・6 V-n_2 図の勾配としての部分モル体積．下の破線（接線）の勾配は $n_2 \to 0$ のときの V_{m2} を，上の接線の勾配は濃度 n_2 がゼロでないときの V_{m2} を与える．

[*6] 訳注：ラウールの法則に従う溶液．§12・2 参照．
[1] partial molar volume

V_{m2} の定義を V-n_2 図における曲線の接線勾配として部分モル体積を認識すると，その定義はつぎのように表される．

$$V_{m2} = \left(\frac{\partial V}{\partial n_2}\right)_{T,p,n_1} \quad (9\cdot14)$$

この勾配は，実験で得られる図9・7のような V-X_2 図上の曲線のどこの点でも得られる．ここで，X_2 はモル分率であり $X_2 = n_2/(n_1+n_2)$ で与えられる．さて，V_{m2} は組成 X_2 の溶液に成分2を微小量加えたときにみられる体積変化と定義できる．X_2 は，図9・7においては横軸の左端からの距離に対応する．たとえば，図9・7では $X_2 = 0.20$ を縦棒で示している．

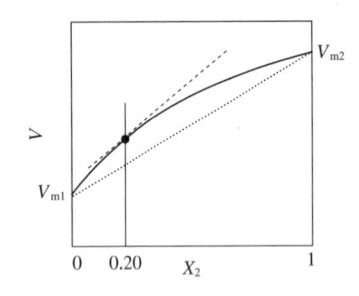

図9・7 非理想（実在）2成分溶液の体積変化．X_2 は成分2のモル分率である．

V_{m2} の定義に驚く必要はない．完全微分という条件からきているのである．体積の場合，dV は一般につぎのように表される．

$$dV = \left(\frac{\partial V}{\partial p}\right)_{T,n_i} dp + \left(\frac{\partial V}{\partial T}\right)_{p,n_i} dT + \sum_i \left(\frac{\partial V}{\partial n_i}\right)_{T,p,n_j} dn_i \quad (9\cdot15)$$

この一般化された式(9・15)の右辺第3項として，つぎの和の項が入っている．

$$\sum_i \left(\frac{\partial V}{\partial n_i}\right)_{T,p,n_j} dn_i \quad (9\cdot16)$$

最初はわかりやすくするために2成分溶液を例にとったが，もはやそれに限定されることはなくなった．成分がいくつあっても構わないわけである．体積 V が熱力学特性であることを思い出せば，関数としてつぎのように書ける．

$$V = f(p, T, n_1, n_2, \cdots, n_i, \cdots) \quad (9\cdot17)$$

式(9・15)の右辺の最初の2項だが，V は圧力と温度に影響を受けやすいので，この後に示す相図では両方あるいはどちらか一方は一定に保つことになる．

図9・7のような非理想的相図において，ある組成での全体積は，両物質の純状態でのモル体積 V_m° にモル分率を掛けたものの和である直線よりも大きくなる場合がある一方，直線より小さくなる場合もある．

実際の2成分系における全体積は，つぎの理想的な場合の式

$$V = V_{m1}^\circ n_1 + V_{m2}^\circ n_2 \quad (9\cdot18)$$

にとって代わって，つぎの式

$$V = \overline{V}_{m1} n_1 + \overline{V}_{m2} n_2 \quad (9\cdot19)$$

で表される．ここで，モル体積 $\overline{V}_{m1}$ および $\overline{V}_{m2}$ はもはや純粋な相における体積ではなく，<u>部分モル体積</u>である．つまり，溶液中の n_1 と n_2 の比率に特有の値である．一般的にはつぎのように書ける．

$$\overline{V}_{mi} = \left(\frac{\partial V}{\partial n_i}\right)_{T,p,n_j} \quad (9\cdot20)$$

個々の部分モル体積は実際に測定して求められなければならない．もちろん，実在気体の場合のように，実在溶液に対してうまく機能する経験的な定数を含む式も存在はする．

ここで大事なことは，これまで議論してきたことが体積に限らないということである．つまり，"部分モル体積と同様な部分モル量というものは，熱力学状態関数すべてに対して存在する"のである．部分モル内部エネルギーは

$$\overline{U}_{mi} = \left(\frac{\partial U}{\partial n_i}\right)_{T,p,n_j} \quad (9\cdot21)$$

で与えられ，同様に部分エンタルピーは

$$\overline{H}_{mi} = \left(\frac{\partial H}{\partial n_i}\right)_{T,p,n_j} \quad (9\cdot22)$$

部分エントロピーは

$$\overline{S}_{mi} = \left(\frac{\partial S}{\partial n_i}\right)_{T,p,n_j} \quad (9\cdot23)$$

部分ギブズエネルギーは

$$\mu_{mi} = \left(\frac{\partial G}{\partial n_i}\right)_{T,p,n_j} \quad (9\cdot24)$$

で与えられる．この最後の部分モル量は非常に重要なものであり，特別に呼び名と記号を与えられている．**ギブズの化学ポテンシャル**[1] μ_{mi} である．実在（非理想）系において各関数は対応する**過剰関数**[2]（理想溶液からのずれを示す関数）をもっている．つまり，過剰エネルギー，過剰エンタルピー，過剰エントロピー

---

1) Gibbs chemical potential 2) excess function

などである.

熱力学を多成分系に一般化するために，ギブズは見方を大きく拡張した．古典的な式を部分モル量に対応させたのである．たとえば，理想的な系に対して成立する式（§6・6）

$$\frac{d\left(\frac{G}{T}\right)}{d\left(\frac{1}{T}\right)} = H \tag{9・25}$$

に対し類推を使って

$$\frac{d\left(\frac{\mu}{T}\right)}{d\left(\frac{1}{T}\right)} = \overline{H}_m \tag{9・26}$$

とした．この式は，部分モルギブズエネルギーと部分モルエンタルピー$\overline{H}_m$を関係づける式である．

9・5 ギブズの相律

C個の多成分からなる1相の混合物があり，それら成分のモル分率をX_i ($i=1, 2, 3,\cdots, C$) とすると，そのうち $(C-1)$ 個が独立である．なぜなら $(C-1)$ 個のモル分率がわかれば，$\sum X_i = 1$ だから残りは自動的に決まってしまうからだ．共存する相がP個あるとすると，各相には $(C-1)$ 個の濃度があるので，変数の数は $P(C-1)$ となる[*7]．一方，前にも学んだように，平衡が実現するには相同士で化学ポテンシャルが等しくなければならない．それぞれの成分に対して，$(P-1)$個の等式が成り立ち[*8]，成分はC個あるから結局$C(P-1)$個の等式が成り立つことになる．自由度というのは独立変数の数なので，$P(C-1)$ から $C(P-1)$ を引いた数になる．多成分系の自由度Fの一般式は

$$F = P(C-1) - C(P-1) = C - P \tag{9・27}$$

となる．これに系の残っている二つの自由度，圧力と温度を加えて，ギブズの相律はつぎのように得られる．

$$F = C - P + 2 \tag{9・28}$$

非常に複雑そうに見えた問題も簡単な式にすることができた．系の自由度の数は成分の数から相の数を引き，それに2を足したものに等しい．

9・6 2成分系の相図

2成分系の相図にはかなり複雑なものもある．相律を知らないと，各成分の挙動の間に関連が見えず当惑する．しかし，2成分系のさまざまな相図はこの後に示す三つのタイプ（Ⅰ, Ⅱ, Ⅲ）の組合わせでできていると言える．2成分系の相図は，純粋の1成分の場合より成分が1だけ増えているので自由度が1だけ多い．自由度の数はつぎのようになる．

$$F = C - P + 2 = 2 - P + 2 = 4 - P \tag{9・29}$$

組成の表し方はいろいろあるが，この場合つぎに示すモル分率が適切である．

$$X_B = \frac{n_B}{n_A + n_B} \tag{9・30}$$

モル分率は0から1の間の値となる（図9・4）．ここで，n_Bは成分Bの物質量，$n_A + n_B$が全物質量となる．

9・6・1 タイプⅠの相図

タイプⅠの相図は，圧力が一定の相図である．pを一定と決めると，自由度は1減り，相の数が1の場合は$F = 3 - P = 2$となる（pとPを混同しないように）．したがって，図9・8のように系を二次元で表現することができる[*9]．相が一つの場合は，系は共存曲線の上か下の (T, X_B) という座標で表される温度とモル分率で存在できることになる．上と下の曲線はそれぞれ，縦軸で指定された温度でもう一方の相と平衡状態にある蒸気（上）および液体（下）のモル分率の軌跡を表している．両曲線の間の温度およびモル分率にある系は二つの相，つまり蒸気（上）と液体（下）に分離するわけである．

二つの相（液相と蒸気）が平衡状態にあるときは，自由度の数はさらに一つ減り，$F = 3 - P = 3 - 2 = 1$となる．したがって，系のX_Bを指定すること，つまりBの液相でのモル分率か蒸気相でのモル分率を決めると，二つの共存曲線のどちらかによって自動的に温度が決まってしまうことになる．これら二つの温度は同じにはならない．図9・8の下の曲線は少量の蒸

[*7] 訳注：Cは成分（component）の頭文字，Pは相（phase）の頭文字．
[*8] たとえば，$\mu_A = \mu_B = \mu_C$という等式は三つの変数の間を結びつけているが，等号は二つしかない．したがって，等式は二つということになる．
[*9] 訳注：沸点はAのほうが低く，Bのほうが高いことがわかる．

気が液体と平衡になる点の軌跡であり，上の曲線は少量の液体が蒸気と平衡になる点の軌跡である*10．両共存曲線上の点を結ぶ水平線は，ある温度 $T(K)$ において液体→蒸気，蒸気→液体という相転移を表している．

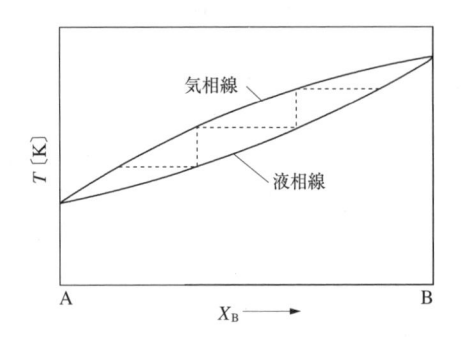

図9・8 タイプIの相図．液相-蒸気平衡の様子を三つの各水平線（タイライン）で表した．

分留は，化学精製の実験室あるいは工業における最も重要な手法の一つである．タイプIの相図において共存曲線が二つに分かれることが分留を可能にする．図9・8において，成分Bのモル分率は左端からの距離として表されているが，どんな温度でも共存する蒸気と液体のモル分率は異なっている（両端は除いて）．AとBからなる液体混合物をそれらの蒸気と平衡にもっていき，そのあと分離し蒸気を凝縮した場合，二つの液体を得る．一つは原液よりAに富み，他方はBに富んでいることがわかる．図9・8にそのような平衡が三つの異なる温度における水平線として示されている．水平線は T-X_B 図中の二つの共存曲線間に引かれている．図9・8の右端に近い組成のAとBの混合溶液からスタートし，蒸気と平衡に至らせると，蒸気は一番上の水平線の左端の組成になる．ここで，蒸気を溶液から分離し凝縮させる．そうすると，この新しい液体はもとの溶液よりもAに富むものとなる．

さらに2回目の平衡と分離を行うと，図9・8の真ん中の水平線に沿って左へ進むので，さらに一層Aに富む溶液が得られる．3度目の繰返しでは，より低い温度で，よりAに富む新たな溶液が得られる．このように精製された溶液におけるAの濃度は，図9・8の一番下の水平線の左端の濃度となる．

もちろん実際の蒸留は，このような骨の折れる段階的な過程（平衡と凝縮）からなるわけではない．しかし，これに似た連続的な蒸発にひき続く凝縮からなる過程が，実際の蒸留塔の中では起こっているのだ．実際の蒸留塔の高さは，実験室で使われる掌の幅程度のものから石油工業で使われる何階にもわたるものまでさまざまなものがある．入力の組成と出力すべき組成を比較して，蒸留器の理論的な段数も計算できる．通常は，理論段数が多ければ多いほど蒸留器の性能はよいといえる．

9・6・2 タイプIIの相図

タイプIIの相図は液相-液相の系に関するもので，温度によっては完全に混ざり合うが，それ以外の温度では相分離が起こるというものである．図9・9のドーム状の共存曲線より上の温度ではどんな組成でも二つの成分は完全に混ざり合う．共存曲線が存在する温度領域では組成によっては相分離が起こる．相転移は，混ざり合っている溶液の温度を（縦軸に沿って）下げて2相領域に入れるか，温度はそのままに維持したうえでどちらかの成分を系に加えることにより組成を変えて2相領域に入れるかすると起こることは理解されよう．透明な混和液から不透明な2相乳濁液（エマルション）への相転移はなかなかドラマチックである．水が一瞬にしてミルクのようになるのだから．

タイプIの相図と同様に，2成分系（$C=2$）で定圧の下（1 atm がしばしば使われる）では，相の数が1の場合，自由度は $F=3-P=2$ となり，二次元で相図を表すことができる．ドーム状の共存曲線上では自由度は1となる．

ドームの下の水平線は**タイライン**[1]とよばれる．タイラインと共存曲線との二つの交点は共存する相の組成を与える．ドームは対称的である必要はなく，さまざまな形がありうる．上も下もドーム状，つまり閉じたいびつな長円形のものもあり，この場合混ざり合う領域の海の中に混ざり合わない領域が島のように存在している．図9・9において，共存曲線が左右の縦軸に極端に近づく場合もある．そのような場合は，"水と油は混ざり合わない"ということわざに相当する．ただし，実際には少しは混ざり合っているわけで，一つの相は非常に油が多く，他方の相は水が非常に多い状態になっている．油と接触している水を飲みたくない理由はこれである．

---

*10 訳注：上の曲線を気相線，下の曲線を液相線とよぶことが多い．

1) tie line

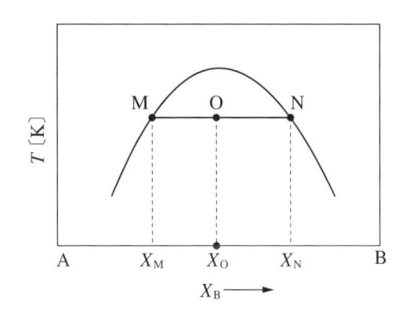

図9・9 タイプIIの相図．水平線で指定された温度において組成 X_O をもつ溶液は，Aに富む相（組成 X_M）とBに富む相（組成 X_N）に分かれる．それらの組成は温度が変われば，ずれてくる[*11]．

9・6・3 タイプIIIの相図

タイプIIIの相図は，**共融点**[1]をもつものとして知られている．図9・10に，縦軸にAおよびB混合物の融点，横軸に組成 X_B をとったグラフを示した．一般に，2成分混合物の融点は，A単独やB単独の場合の融点よりも低くなることが知られている．電気配線などで使われるハンダは鉛とスズの合金であり，鉛単独やスズ単独の場合より融点が低い．われわれが化合物の判定に融点測定を使うのは，純物質の融点は不純物を含む同じ化合物の融点より高いということに基づいているのである．有機化学を学ぶ学生諸君は，有機合成で調製したサンプルの純度をこれまで融点測定で判定してきたはずだ．

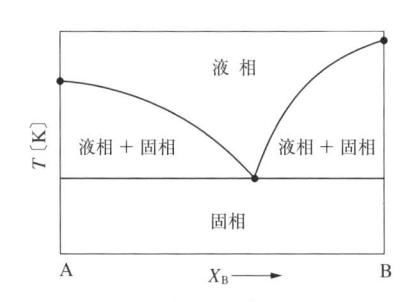

図9・10 タイプIIIの相図．融点が一番低い混合物を**共融混合物**とよぶ．

9・7 複合的相図

相図には複雑なものもあるが，これまでの相図がいくつか組合わされたものと見れば理解できることが多い．その例を図9・11の**共沸混合物**[2]の相図で説明しよう．

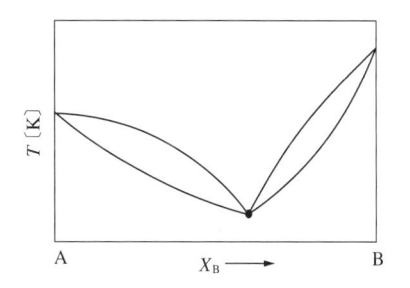

図9・11 極小沸点をもつ共沸混合物の複合的相図

この図を見れば，すぐにタイプIの相図（図9・8）二つが組合わされていることがわかる．一つは左端から組成の中ほどを過ぎたところまでの相図，もう一つはその右の相図である．ここで，水平線（タイライン）を描いて考えると，通常の分留では混合液を完全には分けられないことがわかる．よい蒸留器を使っても，共融点（●）より右の組成の混合液からスタートするとBと共沸混合物しか得られず，共融点より左の組成の混合液からスタートした場合にはAと共沸混合物しか得られないことがわかる．タイプIの相図をもつ混合液に対してうまく使えた蒸留法でも純Aと純Bを得ることができないのだ．

一方，図9・11の図を上下反対にしたようなものもあるが，これは**極大沸点**[3]の共沸混合物とよばれる[*12]．エタノール水溶液は，95％エタノールの組成で極大沸点を示す．これが，ふつう実験室で使われるエタノールが純度95％である理由だ（他の試薬の純度は99％以上である）．

9・8 3成分系の相図

3成分からなる系の相図は正三角形の内部で表すことができる．三角形の内部の点がさまざまな混合物の組成を表す．成分の数が3であるから，自由度は $F = C - P + 2 = 5 - P$ となり，定圧かつ定温とすれば自由度は2だけ減り，$3 - P$ となる．相の数が1の場合，自由度は2となり三角形の内部のどこの組成もとれる．一方，相の数が2の場合は，組成は共存曲線の軌跡上に制限されることになる．タイプIIの相図と同

[*11] 訳注：例題9・2で紹介される"てこの法則"を使えば，つぎの式により二つの相の質量（m_M と m_N）を求めることができる．$m_M(X_O - X_M) = m_N(X_N - X_O)$

[*12] 訳注：図9・11の場合は，極小沸点の共沸混合物．

1) eutectic point　2) azeotrope　3) high boiling

様で，ドーム状の共存曲線が存在することが知られている．3成分の相図は，工業分野において溶媒を選択する際などに広く使われている．図9・12で組成が共存曲線より下にある場合，タイラインと共存曲線との交点は，2相の各相における組成を与えることがわかる．

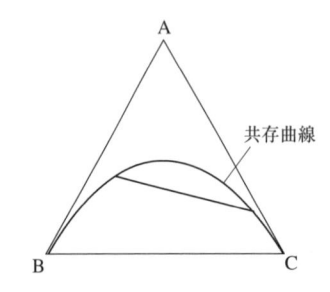

図9・12 3成分の相図．三角形の内部にある直線はタイラインとよばれる．定圧かつ定温のもとでは，三角形の中で相の数が1の場合は自由度 $F=3-P=3-1=2$，共存曲線の上にある，つまり相の数が2の場合は $F=3-P=3-2=1$ となる．一般に，温度が高くなると，曲線の下の領域は小さくなる．もっと複雑な3成分系の相図は数多く知られている．

図9・12を見ると，溶媒BとCはほとんど混ざり合わないことがわかる．しかし，これに溶媒Aを加えていくと共存する2相の組成，つまりタイラインの両端が近づいていき，最後には完全に混ざり合い，AとBとCからなる均一な溶液ができることがわかる．この混合液はドーム状の共存曲線より上の組成をもつ3成分混合液に相当する．

Aを加えていくと，混ざり合わない相でできている乳濁液が突然に透明になる．反対に，AとBからなる透明な液を撹拌しながらCを加えていくと，ある濃度のところで突然に濁る．変化は突然に起こるので，これは**相滴定**[1] での終点判定に使える．

例題と章末問題

例題9・1 H₂Oの蒸発エンタルピー

化学便覧を参照すれば，273 K から 373 K の間の水の蒸気圧 p_vap が得られる．298 K の近くで縦軸に蒸気圧 p_vap，横軸に $-1/T$ をとってプロットし，市販の曲線適合ソフトを使ってその付近の温度での水の蒸発エンタルピー変化を求めよ．式(9・11)を使うこと．

解法9・1 まず化学便覧を参照して 273 K から 373 K の間の水の蒸気圧を調べよう．つぎに室温 298 K を中心として対称的な6点での蒸気圧を選択し，表9・1のような結果を得る．

表9・1 温度の逆数に負の符号をつけたもの（$-1/T$）と水の蒸気圧

$-1/T$	p_vap
-3.6600×10^{-3}	0.6110
-3.5300×10^{-3}	1.2300
-3.4100×10^{-3}	2.3400
-3.3000×10^{-3}	4.2500
-3.1900×10^{-3}	7.3800
-3.1000×10^{-3}	12.3400

水に対する p_vap-$(-1/T)$ プロットが図9・13のように得られる．

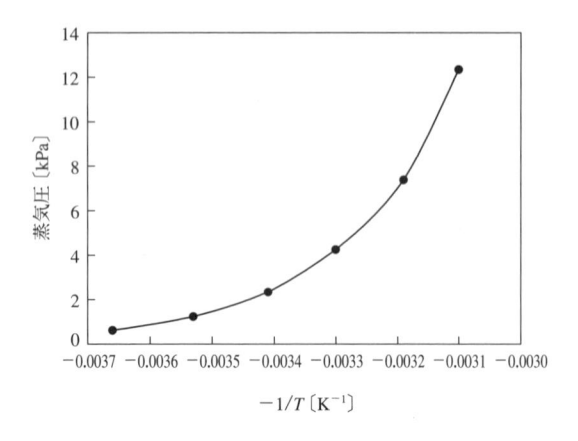

図9・13 水の液体-蒸気共存曲線．この曲線から $\Delta_\text{vap}H(\text{H}_2\text{O}) = 44.90\ \text{kJ}\,\text{mol}^{-1}$ が得られる．

273 K から 10 K おきに 323 K までの蒸気圧を曲線適合ソフト（SigmaPlot® 11.0）にデータとして与えると，二つのパラメーターが得られる．具体的な手順は（Statistics → Nonlinear → Regression Wizard → Exponential Growth → Single, 2-Parameter）である．定数 b の出力結果は 5400.6916 K である．ここで，定数の単位は K であり，これで指数関数の指数部 $-b/T$ は無名数となる．平均の残差（計算値と実験値の差）が 0.1% 程度以下であれば，曲線適合が良好であると

---
1) phase titration

言える．b と $\Delta_{vap}H$ の間の関係は式(9·11)より

$$b = \frac{\Delta_{vap}H}{R}$$

だから，$\Delta_{vap}H$ は

$$\Delta_{vap}H = Rb = 8.314 \times (5.401 \times 10^3)$$
$$= 44.90 \times 10^3 = 44.90 \text{ kJ mol}^{-1}$$

となる．この値は，曲線適合ソフトによって 298 K を中心に対称的な温度範囲で"平均"したものである．水の $\Delta_{vap}H$ の便覧記載値は 298 K において 43.99 kJ mol^{-1} である．

例題 9·2　3 成分の相図

図 9·14 の 3 成分の相図 ABC から，A は B および C と混ざり合うが，B と C は互いにある程度しか混ざり合わないことがわかる．状況は図 9·9 に似ているが，タイラインは水平ではない．最初，A が 0.5 モル，B が 0.5 モルという組成で始め，C を少しずつ加えていくと，何が起こるか答えよ．

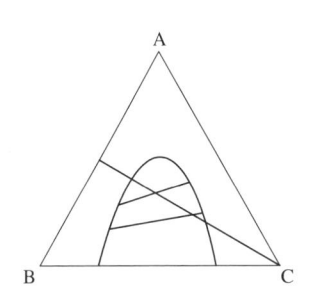

図 9·14　B と C が互いにある程度しか混ざり合わない場合の 3 成分相図．図 9·12 は高温度になると，この図のようになると思われる．

解法 9·2　相の挙動は若干複雑である．C を加えていくと，組成は AB の中点から頂点 C へ向かう直線上を動いていくが，最初のうちは A, B, C からなる透明で均一な溶液はそのままである．しばらくすると共存曲線を横切るので，溶液は 2 相に分かれる．さらに C を加えていくと，全組成は以前と同様に直線上を頂点 C に向かっていくが，二つの相のそれぞれの組成はタイラインの両端の組成になる．2 相に分離して最初のうちは，第二の相はほんのわずかな量であるが，しばらくすると，両者はほぼ同じくらいの量になってくる．両者の組成はいつでもタイラインが共存曲線と交わっている両端の組成である．

さらに C を加えていくと，タイラインの右端が全組成を表す直線に近づいてくる．各相の量は，全組成を表す直線によって分割されるタイラインの二つの線分に反比例する[*13]ので，AC に富んだ相が優勢となり，AB に富んだ相はわずかになる．そして，とうとう共存曲線を再度横切り，溶液は再び透明になる．そのときの組成は C に向かう全組成線と共存曲線の右下の交点に相当する組成である．

章末問題

9·1　(a) 酢酸ナトリウム NaOAc の希薄水溶液には（独立して変化できる）成分はいくつ存在するか．

(b) 上の溶液に，1 滴の HCl を加えた．そうすると，弱酸の陰イオン OAc$^-$ と強酸の陰イオン Cl$^-$ が H$^+$ を求めて競合する．この系には（独立して変化できる）成分はいくつ存在するか．

9·2　(a) 気圧の減少が，水の沸点および凝固点に及ぼす影響を答えよ．

(b) 気圧の減少が，ベンゼンの沸点および凝固点に及ぼす影響を答えよ．

(c) 水の相図（図 9·3）において，臨界点より上にある水平線に沿って左から右へ変化したときの系の様子について述べよ．

(d) 水の相図（図 9·3）において，臨界点より下で，かつ三重点より上にある水平線に沿って左から右へ変化したときの系の様子について述べよ．

(e) 水の相図（図 9·3）において，三重点より下にある水平線に沿って左から右へ変化したときの系の様子について述べよ．

9·3　図 9·9 において，モル分率 $X_B = 0.75$ の系がドーム状共存曲線より十分に上の温度からゆっくりと冷却されていくときの系の様子について述べよ．

9·4　図 9·9 において，モル分率 $X_B = 0.25$ の系が共存曲線より十分に上の温度からゆっくりと冷却されていくときの系の様子について述べよ．

9·5　液体ベンゼンの蒸気圧 p_{vap}（単位 Torr）は

$$\ln p_{vap} = -\frac{4110}{T} + 18.33$$

と与えられ，固体ベンゼンの昇華圧 p_{sub}（単位 Torr）は，

[*13] 訳注："てこの法則"とよばれる．

$$\ln p_{\text{sub}} = -\frac{5319}{T} + 22.67$$

と与えられるという（McQuarrie & Simon, 1997）．ベンゼンの三重点の温度を求めよ．

9·6 図 9·10 と同様な 2 成分相図の概略図を描き，つぎの問いに答えよ．モル分率の位置のみ答えればよい．

(a) 各純物質を X と Y とし，それらに対応する点を示せ．

(b) X と Y の等モル混合物に対応する点を示せ．

(c) X の物質量が 20 %，Y の物質量が 80 % の混合物に対応する点を示せ．

(d) 共融混合物に対応する点を示せ．

9·7 図 9·10 において，自由度 2 の領域に "2"，自由度 1 の領域に "1"，自由度 0 の領域に "0" と記せ．

9·8 図 9·12 に似た 3 成分相図の概略図を描き，つぎの問いに答えよ．

(a) 2 成分を等量含む組成に対応する点に "a" と記せ．

(b) A を 45 %，B を 45 %，C を 10 % 含む組成に対応する点に "b" と記せ．

(c) すべての成分を 33.3 % 含む組成に対応する点に "c" と記せ．

9·9 つぎのような条件を満たす 3 成分相図の概略図を描け．

(a) 三つのすべての成分はまったく同じように，つまり Y 中の X，Z 中の X，Z 中の Y は同じように混ざり合う．

(b) 3 成分混合物になると相分離が起こる．

10

反応速度論

　一般に，化学熱力学は系がどの状態からスタートして，どの状態へいきつくかということに焦点を当てるが，本章で学ぶ**反応速度論**[1]はその状態までいくのにどのくらいの時間がかかるかに関心がある．化学反応における反応物と生成物の濃度変化の速度を追うための分析法は多数あるが，1個1個の原子のカウントをすることは通常はなされない．その例外は**放射化学反応**[2]であり，その計数のためのカウンターが存在し，粒子が崩壊するたびにメモリーに記録が残される．たとえば，1個のラジウムの崩壊はつぎのようにα粒子（ヘリウム原子核）を放出して1個のラドンを生み出す．

$$^{226}_{88}\text{Ra} \longrightarrow {}^{222}_{86}\text{Rn} + {}^{4}_{2}\text{He} \quad (10\cdot1)$$

カウンターがカチッと鳴るたびに1個のα粒子を記録する，つまり1個の崩壊が起こったことがわかる．ここで，ラジウムは放射性元素であり，ラドンとヘリウム原子核は生成物である．ラドンは，親核種ラジウムの娘核種とよばれる．ラドンもまた放射性の気体であり，崩壊してポロニウムになり，さらに崩壊系列に沿って進み究極的には鉛（$^{206}_{82}\text{Pb}$）にまでいく．放射化学反応は，速度則の統計的な本質を明解に示しているので，これをまず本章のはじめに示すことにしよう．

10・1 一次反応の速度則

　仮に，放射性元素 X を1000億個も含むサンプルがあるとしよう．適当なカウンターを使えば，1秒当たり平均1回くらいの崩壊を観測するかもしれない．**崩壊速度**[3]の式は $-dX/dt$ となり[*1]，単位は，原子の個数／時間 となる．通常，時間は秒（s）であるから単位は s^{-1} となる．崩壊するから，原子 X の個数は減るわけで，微分の前に負符号（−）をつけて正の値にするのは納得できる．もし放射性元素が2倍の2000億個あれば，カウント数も2倍になるであろう．そのとおりであるが，崩壊は本来ランダムな事象である．結局，崩壊の**速度式**[4]はつぎのようになる[*2]．

$$-\frac{dX}{dt} = kX \quad (10\cdot2)$$

生成物（娘核種）ができる速度は dX/dt と絶対値は同じだが，符号が反対である．

　もし，娘核種が放射性でないとし，時間 $t = t_0 = 0$（カウンターの値を最初に確認したとき）の原子の数を X_0 とすれば，カウント数の平均値は時間とともにだんだんと減っていく．もし十分な時間だけ測定すれば，単位時間当たりのカウント数が t_0 のときのカウント数の半分に減るときがくる[*3]．この時間を放射性元素の**半減期**[5]とよぶ（表記は $t_{1/2}$）．

　上の式を変形して，左辺に X を集めると

$$\frac{dX}{X} = -k\,dt \quad (10\cdot3)$$

となる．左辺の dX/X は全体としては無名数になるため，右辺 $-k\,dt$ も無名数でなければならないので，k の単位は s^{-1} となる〔t の単位は秒（s）なので〕．両辺を t_0 から t の範囲で定積分すると

$$\int_{X_0}^{X} \frac{1}{X}\,dX = -k\int_{t_0}^{t} dt \quad (10\cdot4)$$

[*1] 訳注：斜体 X は元素 X の原子の個数を表していると考えよう．
[*2] 訳注：式(10·2)では崩壊定数を k としているが，一般には，k ではなく λ で表されることが多い．
[*3] ラジウムの場合は，約1600年．

1) chemical kinetics　2) radiochemical reaction　3) rate of decay　4) rate equation　5) half-life

と表され，実際に積分を実行すると[*4]

$$\ln \frac{X}{X_0} = -k(t - t_0) \qquad (10\cdot 5)$$

が得られる．指数関数で表すと

$$\frac{X}{X_0} = e^{-k(t - t_0)} \qquad (10\cdot 6)$$

となる．X_0 は初期個数（定数）であり，t_0 は通常はゼロとされるので，式(10·6)はつぎのようになる．

$$X = X_0 e^{-kt} \qquad (10\cdot 7)$$

ある種の化学反応は，放射性元素の崩壊と数学的には同じ法則に従って進行する．この反応は**一次反応**[1]とよばれる[*5]．その例に，白金触媒と接触させたときの過酸化水素希薄溶液の分解がある．上で行った議論は，放射性元素の崩壊にも一次反応にも適用できるのだ．過酸化水素の分解反応は，半減期 11 分（min）の一次反応である．

一次反応の半減期 $t_{1/2}$ は，つぎのようにして簡単にかつ わかりやすく求めることができる．式(10·5)を使って $X = \frac{1}{2} X_0$ とおくと（$t_0 = 0$ として）

$$\ln \frac{X}{X_0} = \ln \frac{\frac{1}{2}}{1} = -k t_{1/2} \qquad (10\cdot 8)$$

$$k t_{1/2} = -\ln \frac{\frac{1}{2}}{1} = \ln 2 = 0.693 \qquad (10\cdot 9)$$

となるので，半減期はつぎのように求まる．

$$t_{1/2} = 0.693/k \qquad (10\cdot 10)$$

図 10·1 において，原点と初濃度 X_0 の中点から水平に引いた直線とグラフの交点の t 座標が半減期 $t_{1/2}$ に相当することがわかる．ここで，式(10·10)に濃度 X は入ってきていないことに注意してほしい[*6]．式(10·9)から $t_{1/2}$ と k のどちらかがわかれば，他方を求めることができる．一般には半減期 $t_{1/2}$ のほうが測定しやすい．

図 10·1 は横軸に時間 t を，縦軸には濃度 X をとってプロットしたものである．一方，図 10·2 は縦軸に濃度の自然対数値 $\ln X$ をとったもので，この場合のグラフは直線となる．

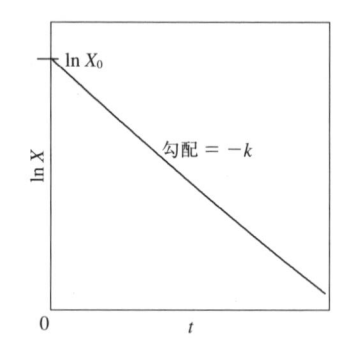

図 10·2 縦軸に $\ln X$ をとった一次反応の濃度変化

速度定数を求めるには図 10·2 のほうがよく使われる．多数の実験値を平均することにより，より信頼できる定数が得られるからである．$\ln X$ を従属変数，t を独立変数とみることができ，直線の勾配が $-k$ に等しいことがわかる．切片 C は $t = 0$ として得られるので

$$C = \ln X_0 \qquad (10\cdot 11)$$

と得られ，式はつぎのようになる．

$$\ln X = -kt + \ln X_0 \qquad (10\cdot 12)$$

これは以前に定積分で得たつぎの式に等しいことがわかる．

$$\ln \frac{X}{X_0} = -kt \qquad (10\cdot 13)$$

10·2 二次反応

2種類の反応物，たとえばAとBが反応するとき

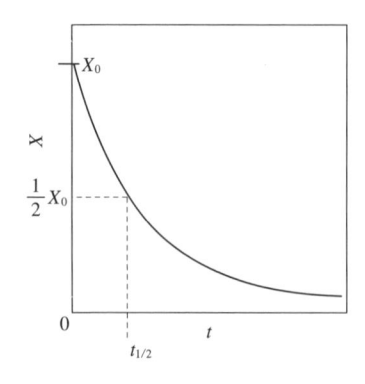

図 10·1 一次反応における濃度変化
（放射性元素の崩壊も同じ）

[*4] 訳注：式(10·4)の左辺は，t_0 のとき X_0，t のとき X だから，$\int_{X_0}^{X} (1/X) dX$ と書ける．
[*5] 訳注：式(10·2)と同様に，物質Aの分解速度は $-(dA/dt) = kA$ と表される．
[*6] 訳注：一次反応の場合，半減期は初濃度によらないことがわかる．
[1] first-order reaction

を考えよう．AとBが衝突し一つあるいは複数の生成物ができるとすると，AとBのどちらかが不足した場合は，反応は遅くなるだろう．分子同士の衝突が依然として多数回あっても，AとBの衝突回数は少なくなるからである．したがって，反応速度はAとBの両方の濃度に比例するであろうから，速度は積ABに比例することになる[*7]．

$$反応速度 = -\frac{dA}{dt} = -\frac{dB}{dt} = kAB \quad (10 \cdot 14)$$

もし，反応物の初期濃度が同じ，つまり濃度$A=B$で反応が始められたとすると，両濃度はずっと同じままである．一方の分子が反応したとき，もう一方の分子も同じく反応するからである．その結果$AB = A^2$ということになり，速度式(10・4)は

$$-\frac{dA}{dt} = kAB = kA^2 \quad (10 \cdot 15)$$

となる．Aを左辺にまとめると

$$\frac{dA}{A^2} = -k\,dt \quad (10 \cdot 16)$$

となり，両辺を不定積分すると，つぎのようになる．

$$\int \frac{1}{A^2}\,dA = -k\int dt \quad (10 \cdot 17)$$

実際に積分を実行すると，つぎの式が得られる．

$$-\frac{1}{A} = -kt + C \quad (10 \cdot 18)$$

積分定数Cを求めるために$t=0$を代入し，初期濃度をA_0とすると，$-1/A_0 = C$となるので

$$\frac{1}{A} = kt + \frac{1}{A_0} \quad (10 \cdot 19)$$

となる．さらに式の変形をして，つぎの式も得られる．

$$\frac{A_0 - A}{A_0 A} = kt \quad (10 \cdot 20)$$

二次反応における半減期$t_{1/2}$と速度定数kの間の関係式には初期濃度A_0が入ってきて，$kt_{1/2}A_0 = 1$となる．

速度式が$-dA/dt = kAB = kA^2$となる二次反応の例として，つぎの式で表されるNO_2の熱分解がある．

$$2NO_2(g) \longrightarrow 2NO(g) + O_2(g) \quad (10 \cdot 21)$$

反応速度はNO_2分子同士の衝突によって決まるので，

$A=B$という条件は満足される．この例では反応次数が左辺の化学量論係数と一致しているが，いつもそうとは限らない．つぎの反応がその例である．

$$2N_2O_5(g) \longrightarrow 4NO_2(g) + O_2(g) \quad (10 \cdot 22)$$

この反応は**一次反応**である．

10・3 他の次数の反応

反応速度が

$$-\frac{dA}{dt} = kA^a B^b C^c \cdots \quad (10 \cdot 23)$$

と表されるとき，反応の次数nは指数部の和，つまり$n = a+b+c+\cdots$で与えられる．次数は分数あるいは小数の場合もあるが，小さな数であるのが普通である．ゼロ次反応，三次反応はあるが，あまり多くはない．ゼロ次反応は，反応速度が一定の反応であり，時間とともに変化しない．速度式はつぎのようになる．

$$-\frac{dA}{dt} = k \quad (10 \cdot 24)$$

このような速度則は，反応が起こる触媒の表面積などの定数が絡んでくる場合に成立する．

次数が整数でない場合でも，濃度と時間の測定値からなるデータセットに対して適用して，次数を決める系統的な方法が存在する．

10・3・1 参考になる話: ラプラス変換

微分方程式を簡単化するために，**ラプラス変換**[1]というものが使用される．$t \geqq 0$について定義された関数$F(t)$を考えよう．$F(t)$のラプラス変換$f(s)$はつぎのように定義される．

$$f(s) = L[F(t)] = \int_0^\infty e^{-st} F(t)\,dt \quad (10 \cdot 25)$$

$f(s)$の逆ラプラス変換は$F(t)$である．ラプラス変換$L[F(t)]$は，関数が引数である関数である[*8]．ラプラス変換および逆ラプラス変換に関する表はハンドブック（CRC Handbook of Chemistry and Physics, 2008-2009, 89th ed.）などに掲載されている．

さて，$F(t)$の導関数のラプラス変換は簡単な代数式になることを示そう[*9]．定義から

[*7] 反応物AやBは立体で表示し，それらの濃度はAやBと斜体で表すことにする．
[*8] 訳注: 関数$y = f(x)$のxがまた関数であるということ，yは汎関数とよばれる．§20・18でも出てくる．
[*9] 訳注: ラプラス変換は微分や積分を算術計算にしてしまう働きがある．
1) Laplace transform

$$L\left[\frac{dF(t)}{dt}\right] = \int_0^\infty e^{-st}\frac{dF(t)}{dt}dt \quad (10\cdot 26)$$

となるが,部分積分を行うと*10,つぎのようになる.

$$L\left[\frac{dF(t)}{dt}\right] = [e^{-st}F(t)]_0^\infty - \int_0^\infty F(t)\,d(e^{-st})$$

$$= -F(0) + s\int_0^\infty F(t)e^{-st}dt$$

$$= -F(0) + sf(s) \quad (10\cdot 27)$$

10・3・2 再び反応速度について:連続反応

ここでは,つぎのような連続反応の中間にある B の濃度に着目しよう.どちらの反応も一次反応であるとする.

$$A \xrightarrow{k_1} B \xrightarrow{k_2} C \quad (10\cdot 28)$$

微分方程式はつぎのようになる.

$$\frac{dA}{dt} = -k_1 A \quad (10\cdot 29)$$

$$\frac{dB}{dt} = k_1 A - k_2 B \quad (10\cdot 30)$$

$$\frac{dC}{dt} = k_2 B \quad (10\cdot 31)$$

最初の微分方程式からつぎの結果が得られる.

$$A = A_0 e^{-k_1 t} \quad (10\cdot 32)$$

BとCの初濃度はゼロとして $B_0 = 0$, $C_0 = 0$. 時間 t であることを明示して $B(t)$ と記すと,2番目の微分方程式(10・30)はつぎのようになる.

$$\frac{dB(t)}{dt} = k_1 A_0 e^{-k_1 t} - k_2 B(t) \quad (10\cdot 33)$$

ここで,両辺のラプラス変換をとると*11,つぎのようになる.

$$sb(s) - B(0) = \frac{k_1 A_0}{s + k_1} - k_2 b(s) \quad (10\cdot 34)$$

$B(0) = B_0 = 0$ だから,式(10・34)は

$$sb(s) + k_2 b(s) = \frac{k_1 A_0}{s + k_1} \quad (10\cdot 35)$$

となり,さらに変形すると

$$b(s)(s + k_2) = \frac{k_1 A_0}{s + k_1} \quad (10\cdot 36)$$

$$b(s) = \frac{k_1 A_0}{s + k_1}\frac{1}{(s + k_2)} = k_1 A_0 \frac{1}{(s + k_1)}\frac{1}{(s + k_2)} \quad (10\cdot 37)$$

となる.ここで,この式の両辺の逆ラプラス変換をとってみると,右辺は

$$\frac{1}{(s + k_1)}\frac{1}{(s + k_2)} \xrightarrow{\text{逆ラプラス変換}}$$

$$\frac{1}{k_2 - k_1}(e^{-k_1 t} - e^{-k_2 t}) \quad (10\cdot 38)$$

となるので,結局

$$B(t) = k_1 A_0 \frac{1}{k_2 - k_1}(e^{-k_1 t} - e^{-k_2 t}) \quad (10\cdot 39)$$

と得られる.

10・3・3 可 逆 反 応

反応というものは完全には進まないものであると言える."完全に"進む反応とは,反応物 A の濃度がつぎの反応でほとんど無視できる,つまり検出限界以下になるということである.

$$A \longrightarrow B \quad (10\cdot 40)$$

これは,A の標準ギブズエネルギーが B よりもはるかに大きい場合であり,反応はギブズエネルギーがかなり減って,A より安定な B に変化するのである.

多くの反応では,途中でギブズエネルギーの釣合いがとれるところが存在し,反応を平衡定数 K_{eq} をもつ平衡として表すことができる(第7章参照).正反応の速度定数 k_f,逆反応の速度定数 k_b による平衡はつぎのように表され

---

*10 訳注:f と g を関数とした場合,それらの積を微分したとき $(fg)' = f'g + fg'$ となるので,両辺を積分すると $fg = \int f'g + \int fg'$. 結局,$\int fg' = fg - \int f'g$ となる(部分積分).ここで,f に e^{-st}, g に $F(t)$ を代入すればよい(積分は略記した).

*11 訳注:ラプラス変数表を抜粋してつぎに示す.

$F(t)$ $\xrightarrow{\text{ラプラス変換}}$ $f(s)$ (1)
e^{at} $1/(s-a)$ (2)
$(e^{at} - e^{bt})/(a-b)$ $\xleftarrow{\text{逆ラプラス変換}}$ $1/(s-a)(s-b)$ (3)

式(10・33)の左辺は式(10・27)によって,右辺第1項は上の式(2)によって,右辺第2項は式(1)によって変換される.
式(10・38)の逆ラプラス変換は式(3)を使えばよい.

10・3 他の次数の反応

$$A \underset{k_b}{\overset{k_f}{\rightleftarrows}} B \quad (10・41)$$

平衡定数はつぎのように表される[*12].

$$\frac{k_f}{k_b} = K_{eq} = \frac{B}{A} \quad (10・42)$$

AとBが混合されたときの両濃度をAとBとすれば，それらは平衡時の濃度と等しくはないので，正反応あるいは逆反応のいずれかが速く進行し，平衡に向かって進んでいく．

Aが減る速度は，つぎのように表される．

$$\left(-\frac{dA}{dt}\right)_{obs} = k_f A - k_b B \quad (10・43)$$

k_fとk_bは互いに反対方向へ働くので，平衡へ近づく速度は単独の正反応あるいは単独の逆反応よりも常に遅いと言える．

つぎのようなシンプルな可逆反応に対して

$$A \rightleftarrows B \quad (10・44)$$
$$A + B \rightleftarrows C \quad (10・45)$$
$$A + B \rightleftarrows C + D \quad (10・46)$$
……

平衡へ向かう実測の速度定数k_{obs}と，その反応に含まれる素反応の速度定数k_fとk_bを関係づける式が導き出されている（Metiu, 2006）．

互いに反対方向の正反応と逆反応の結果としての平衡の概念は，**詳細釣合いの原理**[1]とよばれている[*13]．たとえば，平衡においては

$$k_f A - k_b B = 0 \quad (10・47)$$

が成り立つ．詳細釣合いの原理で示される式は，反応物と生成物の濃度は可能なうちの最もシンプルな経路で変化するという仮定に基づいている．この仮定は満足されない場合がしばしばあるので，当然のこと思ってはならない．

有名なミカエリス－メンテン式の反応機構を含めて，酵素触媒反応は非常に複雑な反応機構をもっている場合が多い（Houston, 2001）．しかし，複雑ではあるが，しばしばいくつかの素反応およびいくつかの平衡反応に分けることが可能である．複雑な反応の速度論は，反応過程のなかのある成分を一定とみなすことによって簡単になることがある．これは**定常状態近似**[2]とよばれている[*14]（Metiu, 2006）．

反応機構のうちで特に重要なのは連鎖反応の機構で，ある分子事象が非常に多数の生成物を与えるものである．古典的な例としては，つぎのような構成元素からのHBrの生成反応があげられる．

$$H_2 + Br_2 \longrightarrow 2HBr \quad (10・48)$$

この場合の速度式はつぎのように推測することもできるが

$$\frac{1}{2}\frac{d[HBr]}{dt} = k[H_2][Br_2] \quad 誤 \quad (10・49)$$

これは誤りで，正しい速度式はつぎのようになる．

$$\frac{1}{2}\frac{d[HBr]}{dt} = k[H_2][Br_2]^{1/2} \quad 正 \quad (10・50)$$

この反応の受け入れられている反応機構はつぎの三つのタイプの素反応を含んでいる．**開始反応**[3]，**連鎖反応**[4]，**停止反応**[5] である（Mは分子）．

開始反応 $\quad Br_2 + M \xrightarrow{k_1} 2Br\bullet + M \quad (10・51)$

連鎖反応 $\quad Br\bullet + H_2 \xrightarrow{k_2} HBr + H\bullet \quad (10・52)$

連鎖反応 $\quad H\bullet + Br_2 \xrightarrow{k_3} HBr + Br\bullet \quad (10・53)$

停止反応 $\quad Br\bullet + Br\bullet \xrightarrow{k_{-1}} Br_2 \quad (10・54)$

この提案された反応機構のポイントは，連鎖反応は循環的になっており，際限なく続くということである．最初の連鎖反応で使われてしまう**フリーラジカル**[6] $Br\bullet$ はつぎの連鎖反応でまた生成されるからである．開始反応は，高エネルギーをもつ分子Mとの衝突や，連鎖爆発における炎や火花からのフォトンの衝撃といったあまりありそうにない過程によって起こされるので，開始反応はそんなに頻繁に起こるわけではないが，いったん起こると大変大きな影響を与える．水素－酸素爆発がその例である．小さな火花によって非常に大きな爆発がひき起こされるわけである．ところで，上で示したHBr連鎖反応は，1回の開始反応で多数の分子を与えるが，もちろん永遠に続くわけではない．$Br\bullet$フリーラジカル同士が結合したり，Br_2やH_2がなくなってしまえば，反応は停止する．

もし，開始反応と停止反応が連鎖反応に比べてほとんど起こらず，かつ連鎖反応の1段目で消費された

[*12] 訳注：正反応と逆反応の速度が等しいとすれば，式(10・42)はすぐに得られる．
[*13] 訳注：この原理は"平衡状態では，すべての素過程はその逆の素過程と正確に釣り合っている"とも言える．
[*14] 訳注：ミカエリス－メンテンの式の導出では酵素－基質（ES）活性錯体の濃度を一定（定常状態）と仮定している．

1) principle of detailed balance　2) steady-state approximation　3) initiation　4) chain reaction　5) termination
6) free redical

Br・が2段目の連鎖反応で生成されるとすると，どんな時点でもフリーラジカルの量は一定になるので，つぎの式が成り立つ．

$$\frac{d[Br・]}{dt} = 0 \quad (10・55)$$

これが定常状態近似の例である．この近似のもとに，数学的に少し議論をすると（Houston, 2006），前に示したつぎの式が得られる．

$$\frac{1}{2}\frac{d[HBr]}{dt} = k[H_2][Br_2]^{1/2} \quad (10・56)$$

もっと複雑な反応機構の場合，つまり各反応ステップで2個以上の反応性化学種が生成されるならば，それらの量は急激に増えることになる．たとえば，各ステップで2個の反応性化学種が生成されると，幾何級数的に1, 2, 4, 8, 16, …と量が増えていく．連鎖反応の速度が速ければ，この種の反応機構は爆発的に進むことになる．このタイプの反応機構は，核分裂爆弾に特有なものである．

フリーラジカルとその（制御された）連鎖反応は生化学反応においてもみられ，生体にとって有益な場合と有害な場合がある．アルキルペルオキシルラジカルRCOO・の連鎖反応は細胞膜において脂質の過酸化によって脂質分子を壊し，細胞にとって害を与えることになる．トコフェロール（主要なビタミンEの一群）由来のフリーラジカルは血液の中で抗酸化剤として機能し，連鎖伝播を阻止し，細胞分解を遅めたり，防止したりする．フリーラジカルは急激に増殖している正常な細胞にみられるが，無制限に増殖しているがん細胞でも見つかっている．フリーラジカルの生物学的役割というのは複雑であり，まだ十分に解明されていないのが実情である．

10・4 速度式の実験による決定

ある反応の速度則と速度定数を決定することは簡単にできる．まず試薬を混合した後，反応物と生成物の濃度を滴定で求め，しばらく待ってまた滴定をし濃度を求める．これを何度も行い，濃度と時間からなる一連のデータを得る．このデータセットに対し，適切な数学的な処理を行えば速度則と速度定数は得られるのである．

反応速度の分野で現在行われている研究では，反応に関与する物質あるいは中間体を物理的な方法で追跡する場合もある．その理由は，中間体などの寿命が非常に短く，反応系にほんの数秒あるいはそれ以下の時間しか存在しないからである．

このような反応の場合，最も普通の測定法はストップトフロー装置を使うことである．実験装置は，2本のシリンジ（注射器）が溶液混合器に繋がっている．反応を開始するには，両シリンジが駆動され，反応物AおよびBが溶液混合器に入り，十分に混合されたのち観測フローセルに送られ，そこで分光器によって観測されるわけである．分光器の出力データは定期的に，たとえば数ミリ秒おきに，あるいは数マイクロ秒おきにPC[*15]に送られる．現在の分光器やPCへのインターフェースの処理能力は速く問題はなく，したがって律速段階は溶液の混合速度ということになる．半減期がミリ秒程度の反応がこの手法によりうまく解析できている．

もっと速い反応の場合，制約となるのは研究者の器用さであると言える．半減期 $t_{1/2} = 10^{-15}$ s などという非常に速い反応に対して閃光光分解法による研究ができるということは，ある種の研究者にとってはこの程度の半減期は大した問題ではないことを示している．(Zewail, 1994 を参照のこと．Zewailは1999年ノーベル化学賞を受賞．)

10・5 反応機構

実際の反応機構は，単に速度則で示されるような簡単なものばかりではない．複雑な反応には，平衡反応

$$A \rightleftharpoons B \quad (10・57)$$

連続反応

$$A \longrightarrow B \longrightarrow C \quad (10・58)$$

並発反応

$$\begin{array}{c} A \longrightarrow C \\ \Updownarrow \\ B \longrightarrow D \end{array} \quad (10・59)$$

があり，それらを組合わせたものも存在する．

これらの複雑さのために，用語"次数（order）"と"分子度（molecularity）"は区別して使われることになる．次数は速度式の指数の和であり，分子度は素反応に関与している分子の数である．次数と分子度は，最も簡単な反応においてのみ一致する．反応次数が一見分子度と関係がなさそうに見える例として，大気中でのオゾン O_3 が関与するつぎの反応がある．

[*15] 訳注：原著ではマイクロコンピューターとしてあるが，PC（パーソナルコンピューター）と記すことにする．

$$2\,O_3 \longrightarrow 3\,O_2 \quad (10\cdot60)$$

この反応は二次反応ではない．実測値から決定された速度式はつぎに示すとおりである*16．

$$-\frac{dO_3}{dt} = k\frac{(O_3)^2}{O_2} \quad (10\cdot61)$$

この速度式は，以下の反応機構によって説明がつく．まず，最初は単分子ステップとしてつぎのように始まる．

$$O_3 \rightleftarrows O_2 + O \quad (10\cdot62)$$

平衡定数 K_{eq} はつぎのように表される．

$$K_{eq} = \frac{O_2 O}{O_3} \quad (10\cdot63)$$

反応機構の2ステップ目は，2分子反応でつぎのようなものであり

$$O + O_3 \rightleftarrows 2\,O_2 \quad (10\cdot64)$$

この反応は最初のステップより遅い反応である．連続反応では，一番遅い反応が全体の反応の律速段階となる．この反応で言えば，1番目のステップは速く，2番目のステップが律速段階である．2分子 O と O_3 の間の衝突による反応の速度式はつぎのように与えられる．

$$-\frac{dO_3}{dt} = k_2 O O_3 \quad (10\cdot65)$$

式(10·63)から O を求めると

$$O = \frac{K_{eq} O_3}{O_2} \quad (10\cdot66)$$

となるので，これを式(10·65)に代入すると

$$-\frac{dO_3}{dt} = k_2 O O_3 = k_2 \frac{K_{eq} O_3}{O_2} O_3 = k\frac{(O_3)^2}{O_2}$$
$$(10\cdot67)$$

となり，実測値から得られた式(10·61)に一致した．

オゾンは成層圏において，この十年で全体積の約4％が減少した．北極や南極の近くではもっと減少している（オゾンホール）．減少の原因は，原子状態のハロゲンによる触媒反応でのオゾンの破壊である．そのハロゲン原子は，クロロフルオロカーボン化合物および関連化合物（フレオンとよばれている）が光解離されて生み出されるわけだ．オゾン層は地球にやって来る光のうち有害な紫外線（UV，270～315 nm）をカットしてくれるので，オゾンの減少は世界的な懸念を呼び起こし，フレオンの製造中止につながった．皮膚がんの増加・植物への損傷・光線が届く海におけるプランクトンの減少といったさまざまな生物への影響は，オゾンの減少によるUVへの露出増加によるものではないかと疑われている（ネット上のフリー百科辞典 Wikipedia から抜粋）．

10·6 反応速度への温度の影響

反応速度への温度の影響は通常は指数関数で表される．反応溶液を少し温めて反応を速くしたいと思ったことがあるだろう．実測された速度定数 k が指数関数的に増えるということは，k をファントホッフの式（7·30）と同じような形でつぎのように表現するのが便利である．

$$\ln k = -\frac{\Delta_a H}{R}\left(\frac{1}{T}\right) + 定数 \quad (10\cdot68)$$

ただし，この場合，$\Delta_a H$ は活性化エンタルピーであり，しばしば"活性化エネルギー[1]"とよばれているもので実験から求められるものである．

活性化の過程は，図10·3のように積み木を押す様子で理解することができる．cはaよりも安定な状態であることはわかる．熱力学的に言えば，cは自発的反応における生成物であり，自由エネルギーの減少に伴って生成されてくる．aの積み木は確かにcよりは高いエネルギーの状態にあるが，そのまま自発的にcに移行するわけではない．bのように，何らかの力が働けばの話である．これが"活性化"という過程である．

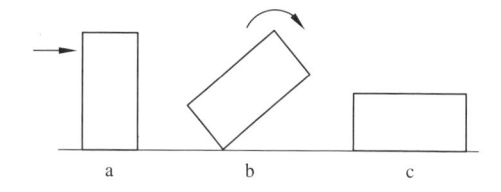

図 10·3 不安定な位置と安定な位置の間にある活性化エネルギー障壁

bにおける積み木の重心はcよりはもちろん，aよりも高い．したがって，bにおける（ポテンシャル）エネルギーは最も高い．何らかのエネルギー（この場合の"押し"に対応するもの）が系aに入り，より不安定な配置bにもっていかれた結果，そのあとは自発的に最も安定な配置cに移行するわけだ．bからcへの移行の際に解放されるエネルギーは，"押し"に要するエネルギーより大きいので，この過程はエネルギーを解放することになる．

図10·3の変化を化学反応に置き換えると，過程は

---

*16 訳注：式中の O_3 などは分圧 $p(O_3)$ を意味している．O_3 と斜体で示していることに注意．

1) energy of activation

つぎのように書ける．

$$A \longrightarrow [B] \longrightarrow C \qquad (10 \cdot 69)$$

ここで，[B] は活性化された複合体（**活性錯体**[1]），たとえば寿命の短いフリーラジカル中間体のようなものである．中間体を含めてエンタルピーの変化を描くと図 10·4 のようになる．反応のエンタルピー変化

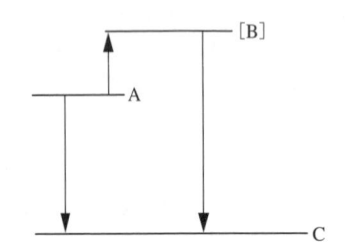

図 10·4　活性錯体 [B] のエンタルピー図

は，A から C への下向きの矢印で表される．これが熱化学的な実測値である．反応の活性化エネルギーは A から [B] への上向き矢印になる．これをエンタルピーの観点だけからみたら，自発的な過程とは到底思えない．しかし，[B] へ上がる活性化エンタルピーが供給されるのであれば，反応は起こりうるのであり，[B] から C へのエンタルピー変化が最初の A ⟶ [B] に要したエンタルピーを補ってあまりあるものとなる．A から [B] への言わば"エンタルピー山"は，図 10·5 に示したように**活性化障壁**とたとえることができる．

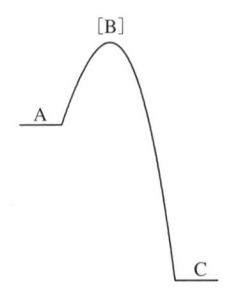

図 10·5　活性化障壁

活性化障壁を超えるためのエンタルピーは，絶対零度（0 K）より上の温度であれば，環境から系に入ってくる熱で与えられるのである．明らかに，温度が高ければ高いほど系に供給されるエンタルピーは多く，障壁を超えるのに十分なエンタルピーをもつ分子の数は統計的に多くなる．これが，"なぜ反応速度は高い温度になると指数関数的に大きくなるのか？"という質問に対する（定性的な）答となる．活性化される分子の数は，温度とともに指数関数的に増える．

反応速度定数と温度の間の関係はつぎの式で表される[*17]．

$$k = a e^{-\Delta_a H / RT} \qquad (10 \cdot 70)$$

この式は，反応物分子のマクスウェル–ボルツマン分布をよく吟味することによって理解することができる[*18]．マクスウェル–ボルツマン分布曲線の下の活性化障壁 r を超える部分の面積は温度とともに急激に（指数関数的に）増加する．ということは k の指数関数的増加につながる（図 10·6）．k と T の間の指数関数を含む式 (10·70) は**アレニウスの式**[2]とよばれている．

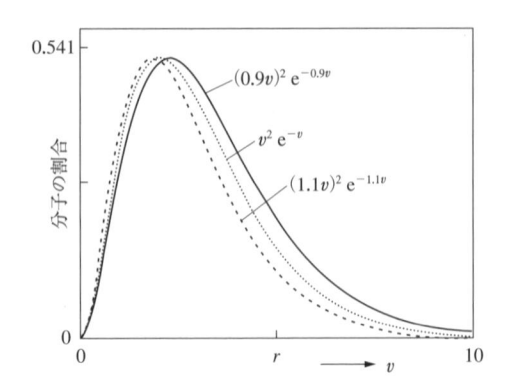

図 10·6　分子の速さのマクスウェル–ボルツマン分布．速さ v が r 以上の曲線より下の面積は指数関数的に増加する．高温（—），中温（……），低温（…）

10·7　衝突理論

ある温度の気体サンプル中で，気体分子同士がぶつかり合う衝突回数を計算することは可能である．Z_{AB} をその単位時間当たりの衝突回数とし，気体サンプルは 2 分子反応をするものとし，分子がすべて活性化

[*17] 訳注：普通は $\Delta_a H$ は E_a，a は A と記される．後者は頻度因子あるいは前指数因子とよばれる．

[*18] 訳注：マクスウェル–ボルツマン分布の式は $\dfrac{1}{N}\dfrac{dN}{dv} = 4\pi \left(\dfrac{m}{2\pi k_B T}\right)^{3/2} v^2 \exp[-mv^2/(2k_B T)]$ である（N は分子の個数，v は分子の速さ，m は分子の質量）．本来は指数関数の引数には v^2 が入るべきだが，図 10·6 では v が入っている．ただ両者のグラフの傾向は似ており，ここでは温度 T が上がった（指数部の v の前の係数が減る）とき，r 以上の曲線の下の面積が急激に増えることを示すのが目的であり，原著者の考えを尊重して，原著のまま図を示した．

1) activated complex　2) Arrhenius rate law

されているとすれば，速度定数は単位時間当たりの分子種Aと分子種Bの衝突回数から直接求まることになる．しかし，全部の分子が活性化されることはないであろうから，Z_{AB} に活性化されている分子の割合を乗じなければならない．その割合はボルツマン因子とよばれる $e^{-\Delta_a H/RT}$ となるわけである．

構造が複雑な分子同士で気体反応が起こる場合は，確率因子 P というものが導入され[*19]，活性化された分子同士が反応が起こるのに適さない向きで衝突した場合を考慮する因子である．P を入れて，式はつぎのようになる．

$$k = PZ_{AB}\, e^{-\Delta_a H/RT} \qquad (10\cdot71)$$

たとえば，臭素イオンがアルキルアルコールに衝突する場合，ほとんどがアルコール分子の適当でない部位にぶつかるであろう．

$$\mathrm{Br^-} + \mathrm{CH_3(CH_2)}_n\mathrm{CH_2OH} \longrightarrow \text{反応は起こらない} \qquad (10\cdot72)$$

本当にたまに，つぎのように OH 基のところに衝突して，反応が起こる．

$$\mathrm{CH_3(CH_2)}_n\mathrm{CH_2OH} \xrightarrow{\mathrm{Br^-}} \mathrm{OH^-} + \mathrm{CH_3(CH_2)}_n\mathrm{CH_2Br} \qquad (10\cdot73)$$

確率因子 P はかなり小さな値になるはずである．

10·8 計算機による動力学

化学反応の速度を決める鍵となる因子は活性化エンタルピーである．それは反応物のエンタルピーと，比較的不安定な活性錯体のエンタルピーの差であり，つぎのように表される．

$$\Delta_a H = H_{ac} - H_r \qquad (10\cdot74)$$

ここで，H_{ac} は活性錯体のエンタルピーであり，H_r は反応物分子のエンタルピーである．Hehre (2006) は，つぎのようなメチルイソシアニドからアセトニトリルへの異性化反応の活性化エンタルピーを含むいくつかの活性化エンタルピーを計算によって求めた．

$$\mathrm{CH_3 N^+ \equiv C^-} \longrightarrow \mathrm{CH_3 C \equiv N} \qquad (10\cdot75)$$

仮説としての活性中間体はつぎに示すような三員環化合物である．

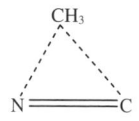

$$\begin{array}{c} \mathrm{CH_3} \\ \triangle \\ \mathrm{N} = \mathrm{C} \end{array}$$

このエネルギーの高そうな化合物は実験で研究されてはいないが，計算化学的には取扱うことができる．計算動力学のいくつかの研究の結果は実測値と大まかには合う値を導き出している．しかし，計算された活性化エンタルピー $\Delta_a H$ は活性錯体の構造に非常に敏感であり，速度定数はその $\Delta_a H$ を引数に含む指数関数で計算されるので，この領域は大変困難な学問分野である．

例題と章末問題

例題 10·1　活性化エンタルピー

ある一次反応の半減期が 298 K では 20.0 min（分），313 K では 4.00 min であるという．活性化エンタルピーを求めよ．

解法 10·1　式 (10·68) を温度 T_1 と T_2 に対して書くと

$$\ln k_1 = -\frac{\Delta_a H}{R}\left(\frac{1}{T_1}\right) + 定数 \qquad (1)$$

$$\ln k_2 = -\frac{\Delta_a H}{R}\left(\frac{1}{T_2}\right) + 定数 \qquad (2)$$

式 (2) から式 (1) を辺々引くと，つぎの式が求まる．

$$\ln \frac{k_2}{k_1} = -\frac{\Delta_a H}{R}\left(\frac{1}{T_2} - \frac{1}{T_1}\right) \qquad (3)$$

一次反応なので $k = 0.693/t_{1/2}$ という関係がある．したがって，$T_1 = 298$ K, $T_2 = 313$ K とすると，$k_2/k_1 = 20.0/4.00 = 5.00$ となる．これと $T_1 = 298$ K, $T_2 = 313$ K を式 (3) に代入すると

$$\ln 5.00 = -\frac{\Delta_a H}{R}\left(\frac{1}{313} - \frac{1}{298}\right)$$

$$1.609 = \frac{\Delta_a H}{R} \times 0.0001608$$

$$\frac{\Delta_a H}{R} = \frac{1.609}{0.0001608} = 1.00 \times 10^4$$

[*19]　訳注：P は立体因子（steric factor）とよばれることもある．

$$\Delta_a H = 1.00 \times 10^4 R = 8.31 \times 10^4 \text{ J mol}^{-1}$$
$$= 83.1 \text{ kJ mol}^{-1}$$

例題 10·2 電子的に励起されたヨウ素からの蛍光の相対強度は下表に示すように時間がたつにつれて下がっていく（時間の単位はミリ秒）．

時 間 [ms]	0	50	100	150	200	250	300
I（相対強度）	1	0.61	0.42	0.30	0.21	0.08	0.02

この放射崩壊の速度定数と半減期を求めよ．また，それぞれの単位も答えよ．横軸に時間，縦軸に相対強度をとったプロットもせよ．

解法 10·2 与えられたデータでプロットしてみると図 10·7 のようになり，大まかに一次崩壊であるように見える．$I = 0.5$ で水平線を引けば，曲線と大体 70 ms で交差し，そのあたりの値が半減期であることがわかる．

もっと議論を明確にするために縦軸を $\ln I$ にしたグラフを描いてみると，図 10·8 のようになる．確かにプロットは直線上にのっており，一次反応と同じであることがわかった（より詳細については，Houston, 2001 を参照のこと）．

SigmaPlot®11.0 パッケージの統計ルーチンを使って計算を行うと，つぎのような結果が得られる．

$$f = y_0 + a*x$$

	係 数	標準偏差
y_0	0.0889	0.1232
a	-0.0098	0.0007

y_0 で表されている切片は 0 に近く，理に叶っている[20]．a で表されている勾配は -0.0098 ms^{-1} で，これは $dI/dt = -kI$ の速度定数 k に相当する．したがって，この崩壊の半減期はつぎのように求まる．

$$t_{1/2} = \frac{\ln 2}{9.8 \times 10^{-3} \text{ ms}^{-1}} = \frac{0.693}{9.8 \times 10^{-3} \text{ ms}^{-1}}$$
$$= 71 \text{ ms}$$

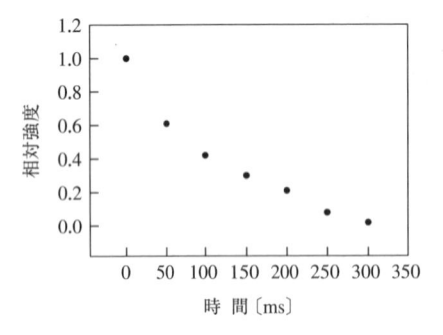

図 10·7 電子的に励起されたヨウ素からの蛍光の相対強度の変化

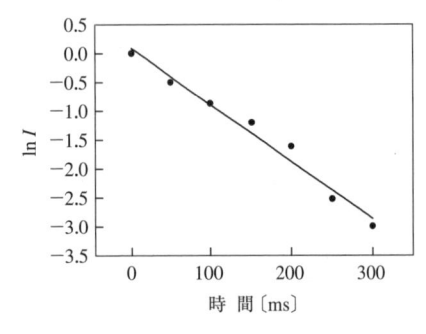

図 10·8 図 10·7 の縦軸を $\ln I$ としたプロット．誤差範囲内で，プロットは直線にのっている（§10·1）．

章末問題

10·1 つぎの反応が一次反応であるとする．
$$A \xrightarrow{k} \text{生成物}$$

$t = 0$ のとき A の量が 0.5000 モルであったものが，正確に 1.0 時間後には 0.0625 モルになったという．速度定数と半減期を求めよ．

10·2 Ci（キュリー）は放射能の単位であり[21]，$1 \text{ Ci} = 3.7 \times 10^{10} \text{ s}^{-1}$ である[22]．β線[23]を出すテクネチウム 99 の 1.50 mg のサンプルの放射能を測定すると，5.66×10^7 cpm（count per minute）であったという．テクネチウムは $^{99}_{43}\text{Tc}$ であり，β粒子は電子であることに留意せよ．

(a) 崩壊でできる娘核種は何か．崩壊の式も書くこと．
(b) 放射能の値を Ci 単位で答えよ[24]．
(c) 速度定数（崩壊定数）k を求め，半減期も求めよ[25]．

---

[20] 訳注: I は相対強度であり $I_0 = 1$ だから，$\ln I_0 = 0$ となる．
[21] 訳注: 古い単位であり，非 SI 単位である．1 g のラジウム (Ra) の放射能がほぼ 1 Ci である．
[22] 訳注: $\text{s}^{-1} = \text{Bq}$（ベクレル）．Bq が放射能の SI 単位である．
[23] 訳注: 正確に書くと，β$^-$ 線である．陽電子 e^+ の流れである β$^+$ 線もある．
[24] 訳注: 本当はカウンターの計数効率を考慮しなくてはならないが，ここでは効率が 100% として答えよ．
[25] 訳注: ヒント．式(10·2)を使う．左辺は放射能そのものである．

10・3 個体群生態学では，指数関数的成長曲線

$$P(t) = Ae^{kt}$$

は，新たに導入された種が何の制御も受けない場合に適用できる．ここで，$P(t)$ は時間 t における採取個体数で，A はパラメーターである．サンフランシスコ湾のある区域に新しい種類のカニが数年前に導入されたとする．一定のサンプリング方法を使って採取したところ，調査開始時には12匹が，2年後には24匹が捕れた．個体数が倍になる時間はどれほどか．また，k と A の値を求めよ．10年後の採取予測個体数も求めよ．

10・4 前問と同じ状況で，2年ごとに10年後までサンプリングしたところ，以下の結果になったという．

t〔年〕	0	2	4	6	8	10
$P(t)$	12	24	39	59	167	300

最小二乗法を使って，k と A の値を再計算せよ．また，12年後の採取予測個体数も求めよ．

10・5 ^{14}C の半減期は 5730 年である．エジプトのある墓から出てきた木製サンプル 1 g の放射能を測定したところ 7.3±0.1 cpm であった．切ったばかりの木 1 g の放射能は 12.6±0.1 cpm であるとすると，墓からのサンプルは何年前のものであるか．

10・6 つぎの連続反応

$$A \xrightarrow{k_1} B \xrightarrow{k_2} C$$

において，A は

$$A = A_0 \, e^{-k_1 t}$$

と表され，B は

$$B(t) = k_1 A_0 \frac{1}{k_2 - k_1} (e^{-k_1 t} - e^{-k_2 t})$$

となるとしたとき，C はどのように変化するか図示せよ．$A+B+C=A_0$ という等式は常に成り立ち，A, B, C の初期濃度はそれぞれ $A_0, 0, 0$ であることに留意せよ．

10・7 二次反応では，$\dfrac{A_0-A}{A_0 A} = kt$ が成立する．半減期を含む式 $k t_{1/2} A_0 = 1$ が成り立つことを示せ．

10・8 つぎのような連続反応を考えよう．すべて一次反応である．

$$A \xrightarrow{k_1} B \xrightarrow{k_2} C \xrightarrow{k_3} D \cdots$$

速度定数は，最初から順に 0.6, 0.7, 0.06 h^{-1} である（h は時間）．D がさらに E に変化する反応の速度定数は 0.02 h^{-1} とする．A, B, C の濃度をプロットせよ．Mathcad$^{®}$ のような描画ソフトを使用すること[*26]．濃度 A と B は，それぞれ式(10・32)と式(10・39)で与えられ，濃度 C はつぎの式で計算が可能である．なお，簡単のため A の初期濃度は 1 とすること．

$$C(t) = 0.6 \times 0.7 \times \left[\frac{e^{-0.6t}}{(0.7-0.6)\times(0.06-0.6)} \right.$$
$$+ \frac{e^{-0.7t}}{(0.6-0.7)\times(0.06-0.7)}$$
$$\left. + \frac{e^{-0.06t}}{(0.6-0.06)\times(0.7-0.06)} \right]$$

10・9 つぎの反応を考える．

$$\text{NOBr(g)} \longrightarrow \text{NO(g)} + \frac{1}{2}\text{Br}_2\text{(g)}$$

実験データ，すなわち時間 t（単位は s）と濃度（単位は mol dm^{-3}）が下表のように与えられたとして，何次反応であるか答えよ．また，速度定数も答えること．

t〔s〕	0	6	10	15	20	25
NOBr〔mol dm^{-3}〕	0.025	0.019	0.016	0.014	0.012	0.011

10・10 NOCl が分解して NO と Cl$_2$ になる反応は，前問の反応とほぼ同様で

$$\text{NOCl(g)} \longrightarrow \text{NO(g)} + \frac{1}{2}\text{Cl}_2\text{(g)}$$

となる．400 K における速度定数は 9.3×10^{-5} dm^3 mol^{-1} s^{-1} であり，430 K では速度定数は 1.0×10^{-3} dm^3 mol^{-1} s^{-1} であるという．この反応の活性化エネルギーを求めよ．

[*26] 訳注：描画ソフトを利用できない場合は，表計算ソフト Excel などのグラフ機能を使用すること．

11

液体と固体

　表面張力は雨粒を球のようにし，鋼鉄製の針を水の表面に浮かすことを可能にし（注意深くやれば），木が地中から栄養素を含んだ水を毛管現象によって吸い上げることを可能にする．これらの現象や，美しい六角形の雪の結晶ができるのは，液体あるいは固体（これら二つをまとめて凝縮相とよぶ）の性質から来ている．

11·1 表面張力

　液体の表面は液体内部の分子とは異なる様式で覆われている．液体内部の分子に対する力は釣り合っているのに対し，表面にある分子に対する力は釣合いがとれていない（図11·1）．表面分子にかかるアンバランスな力のために，それらの分子は内側に引かれ，内側にある多くの分子を包むしなやかなフィルムのように機能する．雨粒の場合そのようなフィルムが存在するので，最小の表面積をもった安定な構造を保持しながら地上まで落ちてくるのである．ある一定の体積で表面積を最小にする形は球である．もし，重力や空気抵抗などによる歪みがなければ，雨粒は完全な球であるはずである．

　液体表面フィルムのモデルを構築し解析することはそれほど難しくはない．図11·2を見てほしい．シャボン玉を作る器具の一辺の枠だけを動くようにする．このモデルは，熱力学で学んだ気体の三次元的な膨張の場合と似ており，ピストンの面積 A がこの場合は二次元なので長さ l で置き換わっている．膜を引っ張るときになされる微小仕事 dw は，示強変数である単位長さ当たりの力 $\gamma \equiv f/l$ と面積の微小変化 $d\sigma$ の積となる[*1]．

$$dw = \left(\frac{f}{l}\right) d\sigma = \gamma d\sigma \qquad (11·1)$$

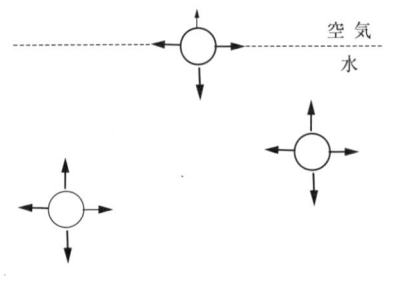

図 11·1 空気-水の境界面に存在する分子にかかる分子間引力

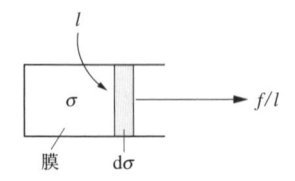

図 11·2 二次元膜の引っ張り．長さ l の縁を力 f で引っ張る．実際の液体のフィルムは2枚で，紙面の手前と向こう側にある．

　二次元モデルにおける示強変数 $\gamma = f/l$（単位長さ当たりの力）は，ピストンとシリンダーからなる三次元モデルにおける示強変数 $p = f/A$（単位面積当たりの力）に対応している．同じ面積でも，ピストンの断面積 A と液体フィルムの面積 σ を混同しないでほしい．

　張った弦の振動の物理学では，単位長さ当たりの力は**張力**[1]とよばれる．$d\sigma$ は膜の表面積の微小変化なので，示強変数 $\gamma = f/l$ は**表面張力**[2]とよばれる．

[*1] 訳注：仕事の定義である"仕事＝力×進む距離"で考えると，dx を進む距離として，$dw = f dx = f(d\sigma/l) = (f/l)d\sigma$ となる．

1) tension　2) surface tension

図11·3のような微小な装置を考えてみよう．装置は一度セッケン水に浸されたのちに引き上げられ，いま液体フィルムは面積 σ を占め，さらに長さ l の縁に上向きの力 f がかかって面積が $d\sigma$ だけ伸展したとする．表面張力 γ は，枠にできた液体膜の表と裏の表面 2枚によって発生するので，液体膜を伸展する仕事はそれぞれの膜に対する仕事の2倍で，$dw = 2\gamma d\sigma$ となる．微小の面積変化は $d\sigma = l\,dh$ である．ここで，dh は可変の縁の高さの変化である．一般に，仕事は，仕事＝力×進む距離 だから $dw = 2\gamma d\sigma = 2\gamma l\,dh$ となる．

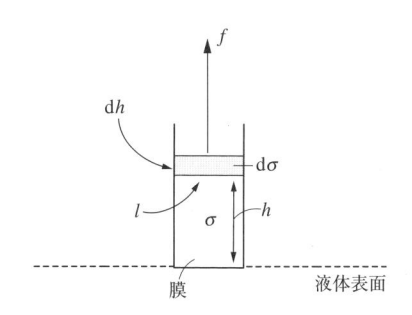

図11·3 二次元液体膜の伸展

つぎに表面張力による毛管現象（上昇）を考えてみよう．管の半径を R とすると，図11·3における可動縁の長さ l を，毛管の周囲の長さ $c = 2\pi R$ で置き換えればよい．ただしこの場合，表面は一つしかないので上の式の係数 2 はなくなり，$dw = \gamma c\,dh = \gamma(2\pi R)\,dh$ となる．

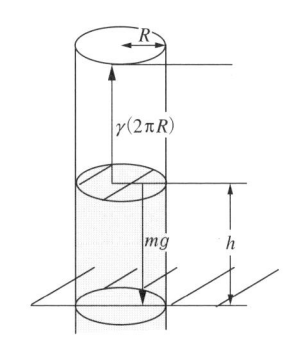

図11·4 半径 R の管中での毛管現象（上昇）．平衡時の液柱の高さは，毛管上昇力と重力が釣り合って決まる．

図11·4に示したように，毛管上昇に対抗する力は重力 mg である（m は質量）．したがって，この二つの力が釣り合うとき，つぎの式が成り立つ．

$$mg = \gamma(2\pi R) \qquad (11\cdot 2)$$

界面より上にある液体の高さは h で，その体積 V は円柱の体積であり，また密度は $\rho = m/V$ である．円柱の体積は $V = \pi R^2 h$ だから，$m = \rho V = \rho \pi R^2 h$ となるので，式 (11·2) は

$$(\rho \pi R^2 h)g = \gamma(2\pi R) \qquad (11\cdot 3)$$

となり，

$$\gamma = \frac{\rho R h g}{2} \qquad (11\cdot 4)$$

が得られ，表面張力を測定することはごく簡単なことになる．液体の密度，その液体を半径 R の管に入れたときの毛管上昇値 h を測定すれば，重力加速度 $g = 9.806\,\mathrm{m\,s^{-2}}$ を使って求めることができるわけだ．

11·2 液体と固体の熱容量

1907年にアインシュタインは多くの固体の**熱容量**が約 $25\,\mathrm{J\,K^{-1}\,mol^{-1}}$ であること（19世紀になされた Dulong と Petit による結果とよく一致）を示したが，ある温度から 0 K に向けて S 字形曲線に沿って落ち込んでいくことも明らかにした（図11·5）．彼の導出法は一般性をもっているが，彼はそれをダイヤモンドの熱容量を求めるのに使った．ダイヤモンドは，その炭素原子を中心とした四面体頂点方向への堅固な結合で知られた固体である．得られた曲線（20世紀の科学で最も有名な業績の一つ）は，当時プランクによって提唱された新しい物理学，つまり量子力学に基づいて導かれた．量子力学がなければ当時の物理学界では気がつかれずにそのままになっていたかもしれないこ

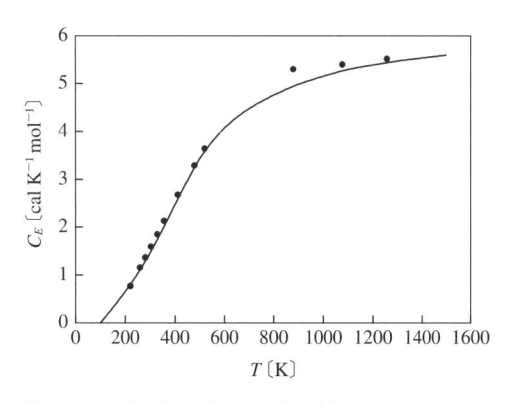

図11·5 温度の関数としての熱容量．アインシュタインはダイヤモンドの熱容量の理論的な曲線グラフを計算し（—），実験値（•）と比較した．この当時は熱を単位 cal（カロリー）で測定していた．詳細は Rogers (2005) を参照のこと．

とである．アインシュタイン理論によるグラフを原典から再録して図11・5に示した．ダイヤモンドの理論的熱容量（実線）は実験値（点）にかなりよく一致している．

一般に，液体のモル熱容量は気体のモル熱容量より大きい．液相において分子が運動しようとすると，近傍の液体構造を歪ませることになる．これは，液体を極端に非理想的である気体と思えば納得がいく．例として水銀をあげよう．その蒸気の熱容量[*2]は理想気体の場合の $\frac{3}{2}R \approx 12.5 \,\mathrm{J\,K^{-1}\,mol^{-1}}$ にほぼ等しいが，液体の場合は $C_V = 23.6 \,\mathrm{J\,K^{-1}\,mol^{-1}}$ である．この液体のときの C_V が，DulongとPetitによる固体金属の熱容量の予測値 $25 \,\mathrm{J\,K^{-1}\,mol^{-1}}$ にかなり近いことに注意しよう．液体の理論的取扱いは，いつもと同様になかなか難しい．液体は，分子や原子が完全に整列した結晶と完全にランダムな動きを示す気体の中間的な挙動を示すからである．

11・3 液体の粘度

液体の**粘度**は，分子が互いにすれ違うときの分子同士の絡み合いの度合いを反映しているといえる．潤滑油の粘度はガソリンの粘度よりも大きい．分子の平均の長さが，ガソリンの場合よりも潤滑油においては長く，1個の分子を引っ張って，他の分子の中を押し進めていくのにはより多くの仕事が必要とされるからである．

半径 R の管の中を液体が流れているとしよう．管の中心から外側へ向かってさまざまな半径のところの液体の速度を観察すると，同じではないことがわかる．一番速いのはまさに中心のところ，一番遅いのは管の内壁のところで，そこでは摩擦が最大となっている．この液体の流れを，つぎのように表現するとわかりやすい．すなわち，図11・6に示したような層状スリーブ管[*3]（厚さが $\mathrm{d}r$）が同心状に多数重なっているイメージである．ここで，r は管の中心から外側に向かう距離である．あるスリーブの流れを隣のスリーブが妨げようとする粘性抗力は，隣り合うスリーブ間の速度の差の半径の差に対する割合（微分）$\mathrm{d}v/\mathrm{d}r$ とスリーブ管の面積 A に比例するというのである．面積 A はスリーブの長さ l と円周 $2\pi r$ の積になる．したがって，つぎのようになる．

$$\text{粘性抗力} f_\text{viscous} = -\eta A \frac{\mathrm{d}v}{\mathrm{d}r} = -\eta(2\pi r)l\frac{\mathrm{d}v}{\mathrm{d}r} \tag{11・5}[*4]$$

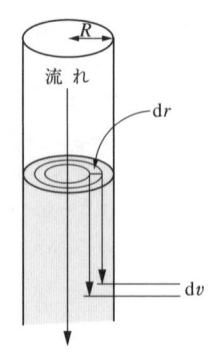

図 11・6 管の中での層流近似．層状スリーブの内と外での流速の差の半径の差に対する割合は $\mathrm{d}v/\mathrm{d}r$ で表される．

比例定数 η は**粘性係数**[1]とよばれる．圧力は単位面積当たりの力なので $p=f/S$ となり，重力によって管の中の液体を駆動する力 f_grav は $f_\text{grav}=pS$ と与えられる．ここで，S は着目しているスリーブの（その内部のすべてのスリーブも含めた）終端の面積である．イメージとしては，力 f_grav で駆動される液体の束が管の中を同心円的に流れ下ると理解すればよい．f_grav は $f_\text{grav}=pS=p\pi r^2$ と与えられる．ここで，r はスリーブの半径である．流速が一定という条件のもとでは二つの力は等しいので

$$f_\text{viscous} = f_\text{grav} \tag{11・6}$$

$$-2\eta\pi rl\frac{\mathrm{d}v}{\mathrm{d}r} = p\pi r^2 \tag{11・7}$$

$$\mathrm{d}v = -\frac{p}{2\eta l}r\,\mathrm{d}r \tag{11・8}$$

管の内壁（$r=R$）では速度 $v=0$，半径 r のところでは速度 v であるので，前者を下限，後者を上限として定積分を行うと

$$\int_0^v \mathrm{d}v = -\frac{p}{2\eta l}\int_R^r r\,\mathrm{d}r \tag{11・9}$$

[*2] 訳注：定容モル熱容量．
[*3] 訳注：剥き出しの電気配線を保護するビニール製の管．sleeve の意味は袖．
[*4] 訳注：原著では負符号（−）はついていないが，管の中心を $r=0$ とし，r は外に向かうとすると，$\mathrm{d}v/\mathrm{d}r<0$ となるので，負符号を入れた．
[1] viscosity coefficient

R は管の半径であり，そこでは $v=0$ であり，$r<R$ であることに留意すると

$$v = -\frac{p}{4\eta l}(r^2 - R^2) = \frac{p}{4\eta l}(R^2 - r^2)$$

(11・10)

を得る．さらに同様な導出を行えば[*5]，単位時間の流量 V を与えるポアズイユの式

$$V = \frac{\pi p R^4}{8\eta l} \quad (11\cdot11)$$

が得られ，また変形をすると

$$\eta = \frac{\pi p R^4}{8V l} \quad (11\cdot12)$$

が得られ，既知の半径 R の管を単位時間に流れる流体の体積から粘性係数を決定できることがわかる．

11・4 結　晶

結晶の中では，原子は縦よこ三次元的にきちんと並んでいる．この結晶に電磁波が当たると原子やイオンや分子からなる網面[1]によって，あたかも鏡が光に対するように，電磁波が反射されるというのである．鏡と違うのは，この場合には結晶内に入り込めるX線が使われるということである．結晶内に網面が存在するのは，原子やイオンや分子の規則的な配置の結果であり，規則構造を保持する力の結果でもある．

箱の中にビー玉を投げ入れていくと，箱の中に規則的な構造が形作られていくのに気がつく．層状構造が形成され，これらの間隔はビー玉の半径から計算可能である．箱を穏やかに揺すると，ビー玉は多少密な構造をとり，繰返しの単位が立方体あるいは六角柱になることに気がつくであろう．

話を簡単にするために三次元ではなく二次元で考えよう．ビー玉の直径で隔てられた2枚の透明板の間に入れられたビー玉の様子を想像するのだ．透明板に垂直な方向から見ると図11・7のようになるはずで，ビー玉は一段おきに違う2種類の横の並び（行）で構成されている．この場合の繰返し単位は長方形と見ることができるであろう．ビー玉の半径を知れば，交互の行の間隔がわかる．

ビー玉がつくる模様の中から二等辺三角形 ABC を取出してみると，三角形 ADC の高さ CD はビー玉の半径 r である．また，辺 AC の長さはビー玉の半径の2倍で，△ADC は直角三角形である．辺 AD の長さは，ピタゴラスの定理を使って

$$\begin{aligned}AD &= \sqrt{AC^2 - DC^2} = \sqrt{(2r)^2 - r^2} \\ &= \sqrt{3r^2} = 1.732r\end{aligned} \quad (11\cdot13)$$

となる．距離 AD はビー玉の中心を結ぶ水平線間の距離である．たとえば，$r=0.500$ cm とすると，AD は 0.866 cm となる．

辺 AD と AC の長さを知って逆三角関数 $\cos^{-1}x$ を使えば，∠DAC が30°であることがわかる．したがって，∠DCA は60°となる．これで，ビー玉の中心同士の距離や角度についてすべてがわかったことになり，図11・7のようなビー玉のパッキング[2]（詰まり方）についてのすべての情報を得たわけである．

この話を実際の構造におきかえるとなると，構造の中には不規則なところも出てくるであろう．実際の結晶構造にはそういう不完全な箇所があることがわかっている．不規則になっていたり，欠損している結晶構造はしばしば見られる．ここで，話を三次元に進める前にふれておきたいことがある．図11・7を原子を中心として右でも左でも 60°回転してみるとどうなるか．いまとまったく同じパターンが出てくる．さらに

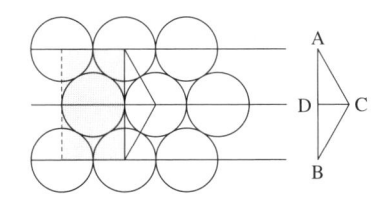

図 11・7 ビー玉の最密充填構造（パッキング）．影のついた長方形が繰返し単位である．

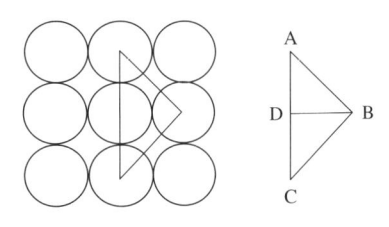

図 11・8 非効率的なパッキング．このパッキングは図11・7よりも非効率的である．同じ個数（9個）のビー玉を収納する空間が大きくなっている．その理由は，ビー玉間にある隙間が多いからである．

[*5] 訳注：式(11・10)で求められた v は半径 r の場合の流速であるから，これに面積素 $2\pi r\,dr$ を乗じたものを下限を0，上限を R として r で積分をすればよい．

1) plane　2) packing

図を回すとまた同じパターンになる位置が見つかる．このビー玉の配置は"回転対称[1]"をもっているわけである．

前に比べて少し手数がかかるが，ビー玉を規則正しいが若干非効率的な図11・8のようなパッキングで詰め込むこともできる．この場合，ビー玉の中心を結ぶ水平線間の距離は半径rの2倍，つまり$2r$となり，図11・7の最密充塡構造の場合の$1.73r$より大きくなっている．同じ個数のビー玉を置くのにより広い空間を要しているわけである．

さて，図11・8の層間距離DCを決定する実験手段をもっていると仮定すると，図11・7と図11・8のパッキングの差を述べることができるようになる．元素や化合物が結晶する際には，これまで見てきたように規則的な並び方をすると仮定すると，図11・7あるいは図11・8と似た様式で並ぶ原子からなる薄膜があるとイメージすることができる．ビー玉が三次元の箱に詰め込まれると，パッキングパターンは二次元の場合ときわめて似たものになる．ビー玉は規則正しく詰まり，すでに二次元で示したように，パッキングパターンが変われば空間の利用効率も変わってくる．実際の結晶としては，原子，分子，そしてイオンからなるさまざまなものが存在する．実験機器を使うと，これまでの問題の逆を行うことはできるだろうか．原子の層同士の間隔の実測値から，原子の半径を求められるかということである．X線結晶学の目標は，これまでビー玉としてきた原子の結合距離あるいは結合角を決めることである．X線結晶学の課題にはタンパク質結晶学のように複雑なものもあれば，いままで議論してきたことを三次元に拡張するだけの非常に簡単なものもある（金属や錯塩の場合）．

電磁波は波長が数十mのラジオ波から0.01 nm以下のγ線までであり，電場と磁場の成分をもっている．波は数学的には二つの正弦曲線として表され，一つは電場E，他方は磁場Hである．これら二つはベクトルであり，互いに直交している．波が二つあれば干渉現象が起こりうるが，**強め合い干渉**[2]は二つの場ベクトルが同じ方向を向いている場合に起こり，それ以外の場合，波は互いに弱め合う，あるいは消し合う．これを**相殺的干渉**[3]とよぶ．

図11・9で隣り合う原子網面で反射された電磁波[*6]の位相が揃う（場のベクトルである矢が同じ方向を向く）ためには，経路長の差（行路差）が波長λの整数倍でなければならない．行路差は図では太い線で描かれている．行路差が波長の整数倍のとき強め合い干渉が起こり，それ以外では相殺的干渉が起こる．結晶から出てくる電磁波の位相が揃うための条件は"行路差＝$n\lambda$，nは整数"である．

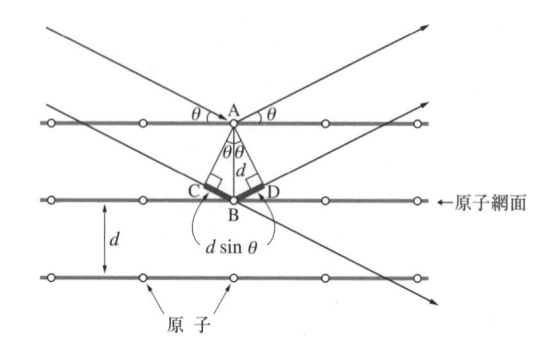

図11・9 ブラッグの法則（強め合い干渉の例）

図11・9において，行路差はCB＋BDとなる．△ACBと△ADBは合同であるから，強め合い干渉のためにはCBが$n\times\frac{\lambda}{2}$であればよいことがわかる（ただし，$n=1,2,\cdots$）．ここで，直角三角形△ACBの角θの正弦はつぎのように表せる．

$$\sin\theta = \frac{\frac{n\lambda}{2}}{d} \tag{11・14}$$

あるいは

$$d = \frac{n\lambda}{2}\left(\frac{1}{\sin\theta}\right) \tag{11・15}$$

を**ブラッグの法則**とよぶ[*7]．

11・4・1 X線回折：面間隔の決定

初期から一番よくなされてきた回折研究は，X線を使った回折研究である．X線が三次元結晶中の二つの平行な原子網面から反射されたとき，反射された二つのX線は位相が揃っているか，完全に打ち消し合うか，それらの間のいずれかである．θをブラッグの法則が成り立つ角度まで変化させていくと，急激に反射X線が強くなり，写真法あるいはカウンター法などで観測される．ブラッグの法則の式中の整数nは，"n次の反射"というように使われる．dは反射網面の間隔である．

[*6] 訳注：前にもふれたように，使用される電磁波はX線である．
[*7] 訳注：ブラッグの式は，$2d\sin\theta=n\lambda$ と書くほうが一般的である．
1) rotational symmetry　2) constructive interference　3) destructive interference

入射X線の角度をいろいろと変化させたときに反射を起こす原子網面の間隔に基づいて，結晶中での繰返しの単位が求まる．それから，三次元での結晶構造の繰返し単位，つまり**単位格子**[1]が決定できるのである．たとえば，ある等しいdの値が直交する3方向で観測されたら，単位格子は立方体になる．そして異なるdの値が観測された場合は，単位格子は菱形や四角柱，その他のものになる．このあとの説明では，議論を簡単にするために，単位格子は立方体であることにしよう．

単位格子の軸の長さa, b, cと軸間の角度α, β, γから単位格子の体積V_cellを計算できる．したがって，結晶の密度$\rho = m/V_\text{cell}$を測定すれば単位格子中の原子の総質量を求めることができる．単位格子中の原子の総質量mがわかると，その原子量（あるいは，分子量，式量）から単位格子に原子あるいは分子が何個入っているかがわかる．たとえば，図11・10のNaCl結晶の場合はNa$^+$とCl$^-$が4個ずつ入っている[*8]．NaClの**面心**[2]結晶格子は，二つの立方晶系の単位格子が入り組んでいると考えるとわかりやすいかもしれない．この結晶では，Na$^+$イオンとCl$^-$イオンが各軸上で交互に現れている．単位格子の軸の長さは564 pmだが，それはNa$^+$–Cl$^-$–Na$^+$の長さだから，Na$^+$–Cl$^-$の距離はその半分，$564/2 = 282$ pmである．電子的構造，およびNaは電子を失いClは電子を取込む傾向を考慮すると，Cl$^-$イオンはNa$^+$イオンの2倍くらいの大きさとなることが予測できる．したがって，Na$^+$のイオン半径は$r_{\text{Na}^+} = \frac{282}{3} = 94$ pmとなり，また$r_{\text{Cl}^-} = 282 - 94 = 188$ pmとなる．

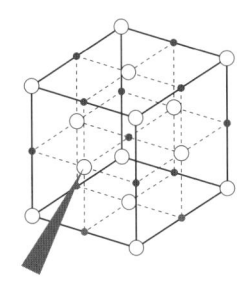

図11・10 面心立方晶系の単位格子（NaCl）．ポインターは，単位格子の手前の面の中心（面心）にあるCl$^-$イオンをさしている．

11・4・2 充填率

興味深いことの一つに，原子や分子やイオンがどのような詰まり方をすれば効率的かということがある．これは**充填率**[3]という指標で判断できる．充填率とは，単位格子の全体積に対する原子が占める体積の比率である．充填率が大きければ大きいほど原子によって占められる体積は大きくなり，隙間である"無駄な"空間は少なくなる．この充填率の計算はそれほど難しくはない．

単位格子を理解するには，机上に円板を並べることで説明するのがわかりやすい．図11・8に似た並び方を考えよう．図11・11を見てほしい．円板が並んで正方形をつくっている．このようにして多数の円板で埋め尽くした机上の様子は，正方形の単位格子が繰返されてできている．一つの単位格子が正方形であること，またその軸の長さを知ってしまえば，円板で埋め尽くされた机上の様子がすべてわかったことになる．化学者は円板で埋め尽くされた机上全体にはふつう興味はなく，単位格子の中で原子や分子やイオンがどのように入って三次元構造をつくっているかに興味をもっているわけである．単位格子の概念はX線結晶学においては中心的な役目を果たしている．

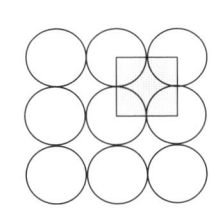

図11・11 円板のパッキングによる二次元単位格子

原子あるいは分子のパッキングからなるこの正方形の単位格子を三次元に拡張すれば，それは立方体の単位格子から構成される三次元でのパッキングになる．立方体単位格子の軸の長さを知れば，結晶全体（不純物や格子欠損のことはともかく）の形についてすべてを知ったことになる．

図11・11の三次元へ拡張したものを図11・12に示した．単位格子は立方体となる．

話を簡単にするために図11・11に戻ろう．円板の半径をrとすれば，円板の面積Aは$A = \pi r^2$であり，

[*8] 訳注：Cl$^-$（白丸）に注目してみると，角のCl$^-$は8個の単位格子で共有されているので$\frac{1}{8} \times 8 = 1$個分，面中心のCl$^-$は2個の単位格子で共有されているので$\frac{1}{2} \times 6 = 3$個分となる．合わせると$1 + 3 = 4$個分となる．Na$^+$（黒丸）の場合も，$\frac{1}{4} \times 12 + 1$(中央)$= 4$個となる．

1) unit cell 2) face-centered 3) packing fraction

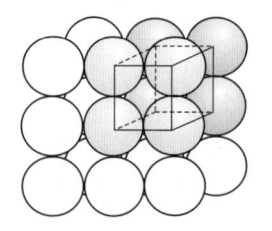

図 11・12 単純立方格子

単位格子内の円板の総面積は $4 \times \frac{4}{4} = A$ となる．四つの円板があるが，円板全体が単位格子に入っているわけではなく，その $\frac{1}{4}$ しか入っていないので，上のような計算になる．単位格子の軸の長さは $2r$ なので，単位格子の面積は $(2r)^2 = 4r^2$ である．したがって，充填率 P は

$$P = \frac{A_{disc}}{A_{cell}} = \frac{\pi r^2}{4r^2} = \frac{\pi}{4} = 0.785 \quad (11 \cdot 16)$$

となる．この構造を三次元に拡張すると，単位格子は立方体となり，真ん中の隙間の全体積に対する割合は大きく充填率は 0.524 となり，かなり非効率になる．このパッキングを単純立方充填とよぶが，実際の結晶中ではほとんど見られない．ただ一つの例外は Po（ポロニウム）の場合である．

さて，違う立体構造を考えよう．球がすぐ下の球と直接的に接するのはあまりありそうにない（Po の場合を除いて）ので，その代わりに少し左か右にずれて立方体の面の中心へ行くか，または立方体の中心へ行くかしてもっと効率的な充填の仕方をする．これらはそれぞれ面心立方充填構造および体心立方充填構造とよばれ，fcc および bcc と名づけられている[1]．"面心"が意味するところは，図 11・10 で塩素イオン Cl^- のみを見れば理解されるはずである．金属は結晶であり，原子網面が上下に重なるように詰め込まれ，一つの層を形成している原子は下あるいは上の層の隙間に入りこむようなパッキングになっている．これを最密充填とよぶ．最密充填の球の充填率は 0.740 となる．

11・5 ブラベ格子

ちょっと考えると，実際の結晶では非常に多数の，事実上無限の単位格子がありそうに思えるが，実際はそうではない．1850年[*9]に，ブラベ[*10]は単位格子がたったの7種類に分類できることを回転対称についての理論的考察に基づいて導き出した．これらの対称は X 線結晶学の研究では重要である．回折実験ではサンプル結晶は入射 X 線の中で回転させられる．単位格子，つまり結晶を 180°（π）回転したとき，回転前と幾何学的に同じだったとすると，単位格子は少なくとも 2 回転軸をもっていることになる．2 回転軸がこの軸周りのただ一つの対称であるとすれば，単位格子は一つの対称軸 C_2 をもっているということになる[*11]．ブラベは，導出した 7 個の分類（表 11・1）から 14 種類の単位格子しか存在しえないことを示した．

表 11・1 結晶系とブラベ格子[†]

晶 系	格子定数の制限	ブラベ格子
1. 立方晶系	$a = b = c$	P, I, F
2. 正方晶系	$a = b \neq c$	P, I
3. 三方（菱面体）晶系	$a = b = c$, $\alpha = \beta = \gamma \neq 90°$	R (P)
4. 単斜晶系	$\alpha \neq 90°$, $\beta, \gamma \neq 90°$	P, C
5. 六方晶系	$a = b \neq c$, $\gamma = 120°$	P
6. 三斜晶系	$\alpha, \beta, \gamma \neq 90°$	P
7. 斜方（直方）晶系	$a \neq b \neq c$	P, I, F, C

[†] 単純格子は P，体心格子は I，面心格子は F，底心格子は C，菱面体格子は R と記されることになっている．

11・5・1 共有結合半径

X 線結晶解析は共有結合を含む分子の結晶に対しても可能である．その解析結果は，他の回折実験，つまり他の結晶解析，液体や気体に対する回折実験の結果と比較することによって意義深いものになる．さらに，X 線の代わりに電子線や中性子線を使った解析も可能である．これらの研究から共有結合の長さ，たとえば CCl_4 中での $r_{C-Cl} = 177$ pm といった情報が得られる．この結果から CCl_4 における Cl 原子に対する共有結合半径といったものを求めたくなるが，C−Cl に沿って，どこまでが C の半径で，どこから Cl の半径が始まるかはわからない．

この難点を克服する方法として，同じ原子や同じ置換基二つからなる分子を検討することが考えられる．たとえば塩素分子 Cl−Cl の長さは 200 pm，エタン

[*9] 訳注: X 線が発見されたのが 1895 年だから，当然 X 線回折実験が行えない時期である．
[*10] 訳注: Auguste Bravais, フランスの物理学者（1811−1863）．
[*11] 訳注: C_2 は回転対称を表すシェーンフリース記号の一つ．
[1] fcc は face-centered cubic, bcc は body-centered cubic の略．

CH₃−CH₃ の C−C の長さは 154 pm だから $\left(\frac{200}{2}+\frac{154}{2}\right)$ = 100 + 77 = 177 pm となって，うまく r_{C-Cl} の実測値を再現できる．C を含む他の多くの分子あるいは Cl を含む多くの分子を同じようにして解析することにより，一般化学の教科書（たとえば，Ebbing & Gammon, 1999）に示されているような共有結合半径の表をつくり上げることができる．

結合距離や原子半径などの用語を使う前に，いくつかの点を確認しておかなくてはならない．一つは，X 線回折の結果と中性子回折の結果を一緒にして議論するのは少し問題がある．X 線は原子核の周りの電子雲で散乱されるのに対し，中性子は原子核によって散乱されるからである．前者は結合に関して，後者は構造に関して議論するときに特に適しているであろう．また，イオン半径と共有結合半径が当然一致するべきであると思ってはならない．結合の種類が異なるのであるから．結合距離・イオン半径・共有結合半径の表には矛盾するところがあり，近似が含まれていることに留意して使用していくのがよい．

11·6 計算で求めた構造

現在使われている分子構造−エネルギー計算のソフトウェアの多くは，研究対象の分子の構造を<u>最適化</u>するルーチンを含んでいるので，最適化された各原子はポテンシャルエネルギーの極小の位置に存在しているはずである．この構造を得れば結合距離や結合角を精度よく計算することができる．しかし，こうして得られた結果は実験データと比較すべき構造ではないと言える．他の原子核および電子の力場の中の原子を計算によって最適化したエネルギー極小の原子位置は，振動している原子の平均位置とは一般に一致しないからである．さまざまな表に掲載されている原子半径や結合距離の値はかなり一致しているが，決定方法の違いにより微妙な差が存在している．分子モデリングソフトウェア Spartan® を使って計算すると，等核分子 H₂ の結合距離は r_{H-H} = 73.6 pm，異核分子 H−F の結合距離は r_{H-F} = 90.0 pm となったが，実測値はそれぞれ 74.2 pm および 91.7 pm である．

11·7 格子エネルギー

構造だけでなく，イオン結晶がどの程度強く保持されているかも知りたい場合がある．結晶を保持しているエネルギーあるいはエンタルピーの定量的な指標は**格子エネルギー**[1]とよばれている．格子エネルギーは，結晶中のイオンを格子から引き出し，気体状態へもっていくのに必要なエネルギーである．

$$\text{NaI (結晶)} \longrightarrow \text{Na}^+(g) + \text{I}^-(g) \qquad (11·17)$$

この反応のエンタルピーは，気体状態のイオンからの結晶の生成エンタルピーに負符号をつけたものに等しい．しかし，第4章を思い返すと，これは標準生成エンタルピーではない．Na⁺(g) + I⁻(g) はナトリウムおよびヨウ素の元素の基準状態ではないからである．NaI の格子エネルギーは**ボルン−ハーバーサイクル**[2]とよばれる方法によって NaI の標準生成エンタルピー（$\Delta_f H°$）から計算することができる．この方法は図 4·2 に示した生成エンタルピー計算に似たようなものであるが，生成物が基準状態ではないので若干複雑になる点が異なっている．例題 11·1 はボルン−ハーバーサイクルの説明だけでなく，基準状態と非基準状態間の差を理解するのに役立つと思われる．

結晶の格子エネルギーには規則性がある．たとえば，アルカリ金属のヨウ化物の格子エネルギーは大体 600〜775 kJ mol⁻¹ の範囲に入り，Li 塩（イオン結合は短い）から Cs 塩（イオン結合は長い）に向かってだんだん減っていく．電荷量が 2 倍のアルカリ土類金属の格子エネルギーはアルカリ金属の格子エネルギーよりはるかに大きい．

一方，格子エネルギーは理論的なモデルからも計算が可能である．そのモデルでは，イオン結晶のエネルギーは他のイオンとの間に働く多数の静電的な力の関数であるとするのである．このモデルはかなりうまく機能するが，経験的なデータも含んでいる．静電的な引力も斥力もすべて取入れられ，異種の電荷間および同種の電荷間の距離に基づいて計算がなされる．結晶構造がわかっていれば，これらのイオン間距離 a_i は正確に計算することができ[*12]，同じ単位格子内はもちろん，隣の単位格子内のイオンとの距離も計算できる．このようにして静電気的な理論から計算された全ポテンシャルエネルギー $U(r)$ はつぎのように与えられる．

---

*12 訳注: $a_i = r_i/r$（r はイオン間最短距離）であり，相対距離である（無名数）．NaCl であれば，r = 0.282 nm（§ 11·4·1 参照）．

1) lattice energy　2) Born-Haber cycle

$$U(r) = \frac{N_A Z_+ Z_-}{r} \frac{e^2}{4\pi\varepsilon_0} \left[\frac{1}{2} \left(\sum_i \frac{Z_{i^+}}{a_{i^+}} + \sum_i \frac{Z_{i^-}}{a_{i^-}} \right) \right] + Be^{-r/\rho}$$
(11·18)[*13]

和をとる際，同種の電荷の場合は斥力となり正（＋），異種の電荷の場合は引力となり負（−）の項となる．定数 B と ρ には，本質的に経験的な方法によって適切な値が与えられる（Barrow，1996）．この式を使って求められた NaI の格子エネルギーは 682 kJ mol^{-1} であり，ボルン-ハーバーサイクルによる値 658 kJ mol^{-1} と比べると，差は 3.6 ％となる．

例題と章末問題

例題 11·1 ボルン-ハーバーサイクル

ボルン-ハーバーサイクルによって NaI の格子エネルギー（エンタルピー）を求めよ．

解法 11·1 まず，大きなエネルギーの計算においては内部エネルギーとエンタルピーの間の小さな差違はしばしば無視できることに注意しよう．計算を行うには，いくつかの情報が必要である．まず，標準状態である 1 bar での固体の金属ナトリウム（温度は 298 K とする）から気体状態への遷移の際のエンタルピー変化の値が必要である．この計算は二つのステップで行われる．まず昇華，ついでイオン化である．実際の過程では明確に分けることはできないが，気にしなくてよい．エンタルピーは状態関数であり，経路に影響は受けないからである．昇華過程のエンタルピー変化は 107.3 kJ mol^{-1} であり，イオン化過程のエンタルピー変化は 495.8 kJ mol^{-1} である（両者とも吸熱的）．これらのエンタルピー変化は図 11·13 の左側の矢印で示してある．

つぎは，$\frac{1}{2}$ モルの I_2 の解離（吸熱的，62.4 kJ mol^{-1}），ついで電子付加である（発熱的，−295.3 kJ mol^{-1}）．

$$\frac{1}{2} I_2(g) \longrightarrow I(g)$$

$$I(g) + e^- \longrightarrow I^-(g)$$

これら二つのステップは図 11·13 の一番上の真ん中に示されている．一方，NaI の生成エンタルピーは図の一番下に斜め線で表示されている[*14]．気体のイオンからの結晶 NaI の生成は，右下の破線の矢印で表される．これらのエンタルピーをすべて足すことにより，その生成エンタルピーは −658 kJ mol^{-1} であることがわかる．この破線矢印の逆が NaI から気体イオンへの昇華であるから，結晶 NaI の格子エネルギーは $\Delta_{\text{lattice}} H(\text{NaI}) = 658$ kJ mol^{-1} となる．

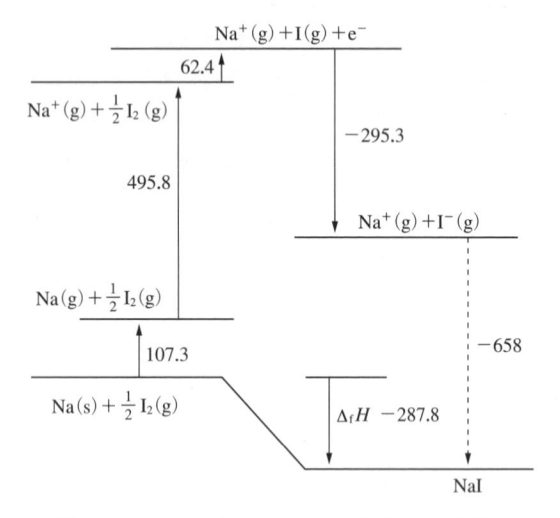

図 11·13 NaI のボルン-ハーバーサイクル．数値は kJ mol^{-1} 単位である．

章末問題

11·1 つぎのような形の液体が単位体積（つまり，1）をもっているとき，表面積を求めよ．
(a) 球
(b) 立方体
(c) どちらの表面積が大きいか．また，百分率での差も答えよ．

11·2 水の表面張力は 72.0 mN m^{-1} であり，"CRC Handbook of Chemistry and Physics, 2008-2009, 89th ed." に掲載されている他の液体に比べて約 2 倍であるという点で独特である．単位の mN の m はミリであり，後ろの m^{-1} の m はメートルである．混同しないように注意せよ．直径が 1.000 mm の管の場合の毛管上昇はどれほどか．水の 298 K における密度は $\rho = 0.9957$ g cm^{-3}，重力加速度は $g = 9.806$ m s^{-2} とする

[*13] 訳注：右辺第 1 項がクーロン相互作用によるもので，第 2 項は最近接間相互作用によるものである．通常は r^{-n} ($n = 6\sim 12$) で表現されるが，ここでは指数関数が用いられている．第 1 項の［ ］内は，結晶構造が決まれば計算可能な定数であり，マーデルンク（Madelung）定数とよばれる．$\frac{1}{2}$ は各イオン間の相互作用を二度数えないようにするためのものである．

[*14] 訳注：生成エンタルピーだから，方向は左上→右下．

こと．

11·3 ある結晶にX線を当てて回折実験を行ったところ，強い一次の反射が入射X線から37.5°のところで起こった．使用したX線の波長が$\lambda = 1.54$ Å $= 154$ pmであるとして，反射する原子網面の間隔を求めよ．

11·4 図11·14のように，机上に半径1の円板が並んでいるとしよう．左は図11·7，右は図11·8に示したものである．それぞれの単位格子を示し，充填率も求めよ．

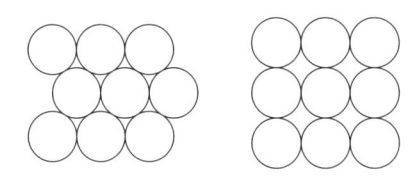

図11·14 最密充填単位格子（左）と単純正方単位格子（右）

11·5 ある原子の配位数とは，最近接原子の数である．結晶は単位格子の繰返しでできているので，すべての原子は同じ配位数をもっている．図11·15に示した体心立方格子の配位数を答えよ．

11·6 図11·15の単位格子に含まれる原子の数を答えよ．

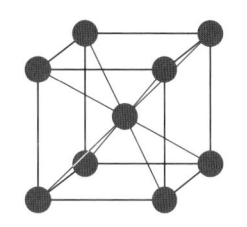

図11·15 体心単純立方格子

11·7 （a）原子の半径をrとして，図11·15の単位格子の体積を求め，$r=1$としたときの体積を答えよ．

（b）図11·15における原子が占める体積を求めよ（$r=1$としてよい）．

（c）充填率を求めよ．

11·8 NaClの格子エネルギー（エンタルピー）を求めよ．Na$^+$に関しては例題11·1で与えられている情報を使用せよ．$\frac{1}{2}$モルのCl$_2$の解離およびClのイオン化のエンタルピーはそれぞれ121.8および-351.2 kJ mol^{-1}である．また，NaClの標準生成エンタルピーは-411.2 kJ mol^{-1}である．

12

溶　　液

　理想溶液という概念は，理想気体と同じで非常に役に立つものであるが，両者には違うところがある．理想気体のように分子間相互作用がない液体のモデルは考えられない．では，どういうモデルが考えられるかというと，二つの完全に混ざり合う液体が混合されるとき分子間力に変化が起こらないというものである．このモデルでは，これら二つの液体を混ぜることは二つの理想気体を混ぜることと本質的に同じになる（§5·3·1）．どんな割合でもエンタルピー変化はゼロであり，混ざり合う過程の駆動力はエントロピー増加によるものである．

12·1　理 想 溶 液

　つぎのような理想溶液を作る過程

$$\text{A(純物質)} + \text{B(純物質)} \longrightarrow \text{AB(混合物)} \tag{12·1}$$

に際してのエンタルピー変化はゼロである．純物質AやBが混合物ABとなっていくに際して分子間力に変化はないからである．一方，二つの純物質AとBが別々に存在している系の全体としてのエントロピーは，観察者がランダムに分子を選ぶとした場合，それぞれがどちらの"ビーカー"に入っているのを知っているわけで無秩序さは少ないのに対し，混ぜ合わせた場合は1個の分子をランダムに選ぶ場合AとBどちらになるかはわからない．それゆえ無秩序さは増しているということになるので，エントロピーも増すことになる．

　ランダム選択における不確実さは混合すると高まるが，その極大は二つの濃度が等しい，つまり$A=B$のときに起こる．図12·1にエンタルピーΔH（真ん中の直線）とエントロピー項$T\Delta S$（上の線）を示した．ギブズエネルギーΔGは$\Delta G = \Delta H - T\Delta S$であり，$\Delta H = 0$なので図12·1の下の曲線で表されることがわかる．両者は，どのモル分率X_BでもΔHの水平直線に対して上下対称となる（温度Tが0Kのとき以外）．$X_A + X_B = 1$だから，$X_A = 1 - X_B$となるので，横軸を逆にとれば図12·1はX_Aについての図と見ることもできることに注意しておこう．

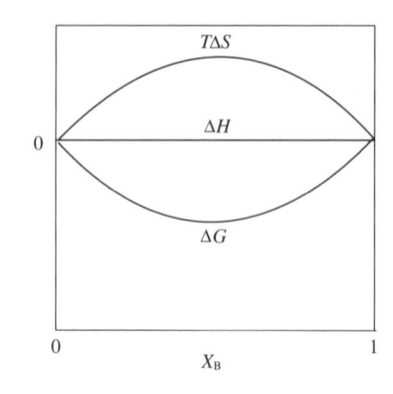

図12·1　理想的混合の際のエントロピー，エンタルピー，ギブズエネルギーの変化．X_BはBのモル分率である（$T>0$K）．

12·2　ラウールの法則

　2成分からなる理想溶液に関する法則として，ある成分の蒸気の分圧p_Aはモル分率に比例するというものがあり，つぎのような式で表される．ここで，$p_A°$は純物質の蒸気圧である．

$$p_A = X_A p_A° \tag{12·2}$$

ここで，X_Aは成分Aのモル分率である．これはラウールの法則[1]とよばれている．ラウールの法則は

---

1) Raoult's law

図 12·2 の直線 p_A を見ればすぐに理解することができる*1.

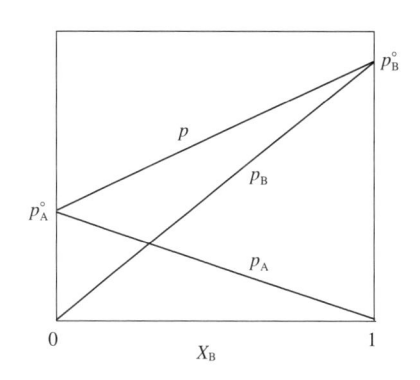

図 12·2 ラウールの法則に従う溶液の分圧 (p_A, p_B) と全圧 (p)

A について述べたことは B に対しても成り立つのでつぎのように書ける.

$$p_B = X_B p_B^\circ \quad (12\cdot3)$$

通常は，モル分率が小さいほうの成分を**溶質**[1]とよび，大きいほうの成分を**溶媒**[2]とよぶことになっている．しかし，モル分率の広い範囲で溶液を調べる場合には，このよび方はかなり曖昧になってくる．溶液のうちで，本当にラウールの法則を満たす溶液はトルエン–ベンゼン溶液くらいのものである．

全圧 p は両成分 A と B の分圧の和で与えられ，つぎのような純物質の蒸気圧の差を勾配とする一次関数になる．

$$p = p_A^\circ(1-X_B) + p_B^\circ X_B$$
$$= p_A^\circ + X_B(p_B^\circ - p_A^\circ) \quad (12\cdot4)$$

12·3 参考になる話: 濃度の単位

溶液の化学において使用される単位はシンプルであるが，ときどきかなり難解になり，不必要な混乱をひき起こす．本節以降では，すでに出てきている濃度の単位や記法について改めて述べ，また質量モル濃度[3]という単位も紹介する．質量モル濃度は水以外の溶媒中での化学の研究において大事であり，高濃度溶液や精度を要する研究においてもしばしば使用される単位である．

すでにモル分率については学んでおり（§1·5），ある着目した成分の物質量を溶液中のすべての成分の総物質量で割ったものであり，モル分率 X_i はつぎのように表される.

$$X_i = \frac{n_i}{\sum n_j} \quad (12\cdot5)$$

ここでは 2 成分からなる溶液を考えよう．そして，ある物質が溶質，もう一方の物質が溶媒とする．たとえば NaCl の希薄水溶液の場合，NaCl が溶質で，水が溶媒である．溶質の物質量を n_2 で，溶媒の物質量を n_1 で表すと，2 成分溶液のモル分率はつぎのようになる．

$$X_2 = \frac{n_2}{n_1 + n_2} \quad (12\cdot6)$$

$$X_1 = \frac{n_1}{n_1 + n_2} \quad (12\cdot7)$$

12·4 実在溶液

実在溶液の中でラウールの法則に従うものは少なく，厳密に言えば，従うものはない（完全な理想気体はないというのと同じ意味で）．そのずれは図 12·3 のようにラウールの法則で与えられる値より全域で高い圧力を与える場合もあるし，全域で低い圧力を与える場合もある．まれには，ある側ではラウールの法則で与えられる値より高く，もう一方の側では低くなり，ラウールの法則に相当する直線を横切るものもある．AB 間の引力が弱い溶液の場合は，分子が純物質のときより容易に溶液から逃れられるので，ラウールの法則からのずれは正となる．反対に，AB 間の引力が強い溶液の場合は，ずれは負となる．

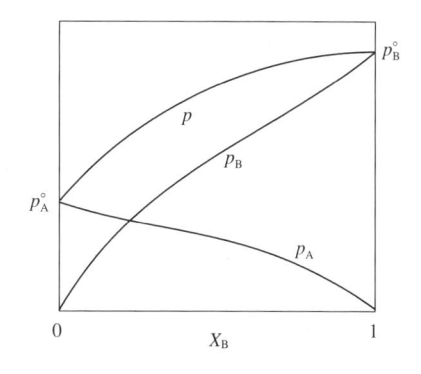

図 12·3 ラウールの法則からのずれが正となる例．この場合，分子間の引力は純 A あるいは純 B における引力より弱くなっている．B が存在することで，A が溶液から逃れて蒸気相へいくのが助長されている．

---

*1 訳注: $X_A = 1 - X_B$ だから，右下隅を原点と考えればよい．
1) solute 2) solvent 3) molality

12・5　ヘンリーの法則

図12・3のp_Bの曲線を見ると，ラウールの法則に似た別の種類のモデルが思い浮かぶ．$X_B = 0$に近いところでの曲線の接線の勾配をもった直線で近似するモデルである．これは**ヘンリーの法則**[1]とよばれるものであるが，無限に希釈された溶液（実際には非常に希釈された溶液と考える）で成立する一次関数が存在するというわけである．理想気体の場合と同様に，この法則は限定された条件の下のみで成立するものである(Rosenberg & Peticolas, 2004).

溶質Bが比較的高い濃度では，ヘンリーの法則での近似はよくないが，図12・4から明らかなように，縦棒マークのあたりの希薄溶液ではBの分圧はラウールの法則よりヘンリーの法則による値に近い．こうして両者を組合わせたモデル，つまり溶質Bの濃度が高い領域ではラウールの法則，低い領域ではヘンリーの法則を使うモデルが考えられる．

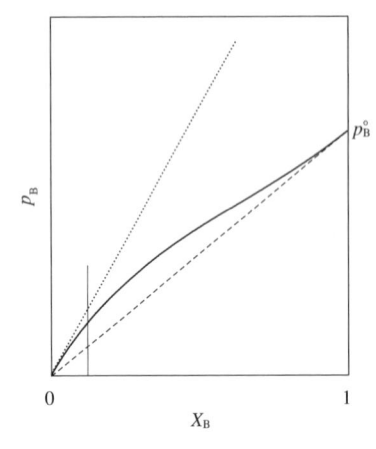

図 12・4　溶質Bの分圧に対するヘンリーの法則．点線はヘンリーの法則を表す直線で，溶質Bの希薄溶液領域での外挿直線であり，破線はラウールの法則の直線である．

12・5・1　ヘンリーの法則による活量

7章で活量や活量係数を学んだ．溶媒A中の溶質Bの活量は，X_Bが小さければ（図12・4の左のほうであれば）ヘンリーの法則を用いて表すことができ，活量係数γは実際の分圧p_Bをヘンリーの法則で決まる理想値で割ることによって得られる．図12・4から明らかなように，実際の分圧は理想値より必ず小さいので，いつも$\gamma < 1$となることがわかる．無限希釈の極限において$\gamma = 1$に近づいていく．一方，分圧が図12・4におけるラウールの法則の破線よりも低くなる場合は，活量係数はすべて1以上（$\gamma > 1$）となる．

これまで述べてきたモデルは，2成分が互いに混ざり合う溶液に対するものであった．これまで溶媒A中の溶質Bに対して述べてきたことは，AとBを入れ替えて（図12・3で右から左へ），溶媒B中の溶質Aに対しても成り立つ．したがって，両成分のヘンリーの法則による活量係数，つまりB中のAの希薄溶液の分圧からの活量係数と，A中のBの希薄溶液の分圧からの活量係数を得ることができる．

12・6　蒸　気　圧

水へのCO_2の溶解度に関するヘンリーの原論文(1803)は，閉じた容器中のCO_2の分圧p_{CO_2}は水に溶けたCO_2の量に比例するというものであった．彼の法則$p_{CO_2} = kX_{CO_2}$（ここで，X_{CO_2}はCO_2のモル分率）が，これまで議論してきた互いに混ざり合う2成分溶液に拡張されたのはずいぶん後のことであった．

さて，ヘンリーの観点に戻り，$p_{CO_2} = kX_{CO_2}$という式を考えてみよう．この式は，モル分率X_{CO_2}の溶液の場合，CO_2（成分2）がどれほどの分圧を示すかを教えてくれる．われわれは実はヘンリーと同じ問題を逆の方向からみていることに気づいてほしい．ヘンリーは溶媒（水）の中に溶けている気体の量を考えていたが，われわれはモル分率X_2をある値に調製した溶液の溶質の分圧に着目しているのである．

$$\text{成分 2 (溶液)} \rightleftarrows \text{成分 2 (気体)} \quad (12 \cdot 8)$$

§12・9で述べる束一的性質のすべてに関してキーポイントとなる条件は，二つの系，たとえば気体のCO_2と溶けているCO_2の化学ポテンシャルのバランスである．その間に平衡が成り立っている場合

$$\mu_2(\text{sol}) = \mu_2(\text{g}) \quad (12 \cdot 9)$$

が成り立つ．ここで，$\mu_2(\text{sol})$は溶液中での成分2の化学ポテンシャルである．§6・3で学んだように，定温条件下での理想気体に対しては

$$dG = V\,dp = \frac{RT}{p}\,dp \quad (12 \cdot 10)$$

となる．標準状態（圧力$p°$）から任意の状態（圧力

---

[1] Henry's law

p)へ変化する際の ΔG を求めるために，式(12·10) を積分すると

$$\Delta G = \int dG = RT \int_{p°}^{p} \frac{dp}{p} = RT \ln \frac{p}{p°}$$
(12·11)

となる．この式を化学ポテンシャルを使って成分 2 について書けば，つぎのようになる．

$$\mu_2(g) = \mu_2°(g) + RT \ln \frac{p_2}{1} = \mu_2°(g) + RT \ln p_2$$
(12·12)

ここで，$\mu_2°(g)$ は成分 2 の理想気体の標準化学ポテンシャルである．理想溶液の場合も同様な式が成り立つことが知られており，溶液中のモル分率 X_2 の溶液では

$$\mu_2(\text{sol}) = \mu_2°(\text{sol}) + RT \ln X_2$$
(12·13)

が得られる（ここでは，一つの溶媒に一つの溶質が溶けている場合を考えていこう）．

平衡状態におけるこれら二つの化学ポテンシャルは等しくなるので，つぎの式が成り立つ．

$$\mu_2(\text{sol}) = \mu_2(g) \quad (12·14)$$
$$\mu_2°(g) + RT \ln p_2 = \mu_2°(\text{sol}) + RT \ln X_2$$
(12·15)

整理すると

$$RT \ln \frac{p_2}{X_2} = \mu_2°(\text{sol}) - \mu_2°(g)$$
(12·16)

となる．右辺に定数を移項すると

$$\ln \frac{p_2}{X_2} = \frac{\mu_2°(\text{sol}) - \mu_2°(g)}{RT}$$
(12·17)

さらに変形すると

$$\frac{p_2}{X_2} = e^{\frac{\mu_2°(\text{sol}) - \mu_2°(g)}{RT}} = e^{\text{const}} = k$$
(12·18)

が得られる．これはヘンリーの法則 $p_2 = kX_2$ そのものである．ラウールの法則とヘンリーの法則の差は単に標準状態の選び方だけであることに注意してほしい．

12·7 沸点上昇

ヘンリーの法則を使うと，つぎのようなことも明らかとなる．2 成分溶液の代表的なもの，すなわち揮発性溶媒中に不揮発性の溶質が溶けている場合，たとえばスクロース（ショ糖）の水溶液を考えよう．不揮発性溶質は図 12·3 や図 12·4 の $p_B°$ がゼロだから，ラウールの法則によれば，その蒸気圧はない．全蒸気圧 p は溶媒によるものだけで，つぎのように表される

（$p_1°$ は純溶媒の蒸気圧，X_1 は溶媒のモル分率）．

$$p = X_1 p_1° \quad (12·19)$$

したがって，不揮発性の溶質を加えると，溶液の蒸気圧が下がることになる．その変化量を Δp とすれば

$$\Delta p = p_1° - p = p_1° - X_1 p_1°$$
$$= p_1°(1 - X_1) = p_1° X_2 \quad (12·20)$$

となり，溶質のモル分率 X_2 に比例することになる．この $\Delta p = p_1° X_2$ という式は希薄溶液でのみ成立するものである．

さて，不揮発性の溶質を加えると溶液の沸点は純溶媒と比べて上昇することを理解するために，図 12·5 (a) のような溶媒の p–T 図においてグラフが指数関数に似たものであることに注目しよう．沸点というのは，溶媒の蒸気圧が大気圧 1 atm（破線）に等しくなる温度である．

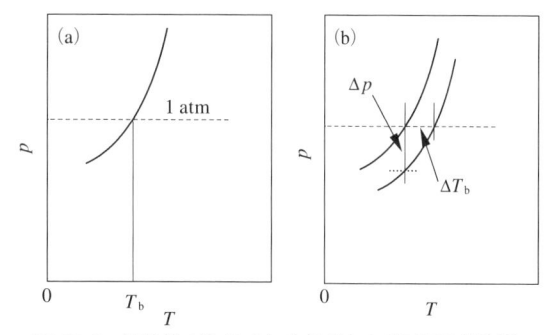

図 12·5 純溶媒の沸点 (a) と溶媒および不揮発性溶質からなる溶液 (b) の沸点．蒸気圧を 1 atm にもっていくには ΔT_b だけ温度を上げる必要がある．

不揮発性の溶質が加わっていくと，溶液の蒸気圧は Δp だけ下がる．したがって，蒸気圧を 1 atm にもっていくには温度の上昇が必要となる．図 12·5 (b) の下の曲線に沿って温度を上げていくと蒸気圧はようやく 1 atm となり，ΔT_b だけ温度が上がったところで沸騰が始まる．定量的な議論を進めるには，Δp と X_2 と ΔT_b の間の関係式が必要となる．9 章ですでに学んだクラウジウス–クラペイロンの式(9·10)がその基礎となる．式を示すとつぎのようになる．

$$\ln p = \frac{\Delta_{\text{vap}} H}{R} \left(-\frac{1}{T} \right) + \text{定数} \quad (12·21)$$

左辺を p で，右辺を T で微分すると，つぎのようになる．

$$d \ln p = \frac{dp}{p} = \frac{\Delta_{\text{vap}} H}{R} \left(\frac{1}{T^2} \right) dT \quad (12·22)$$

ここで，dp を非常に小さいが有限かつ測定可能な Δp

で置き換え，沸騰を起こすために必要な ΔT_b で dT を置き換えると式(12·22)は

$$\frac{\Delta p}{p} = \frac{\Delta_{vap}H}{R}\left(\frac{1}{T^2}\right)\Delta T_b \quad (12\cdot 23)$$

となる．すでに $\Delta p = p_1^\circ X_2$ を得ているので，$\Delta p/p = X_2 p_1^\circ /p$ である．大気圧のもとで実験をした場合は，p_1° は純溶媒の通常の沸点での蒸気圧である．圧力差 $\Delta p = p_1^\circ - p$ は**蒸気圧降下**[1]とよばれる．蒸気圧をもとの値まで上げるのに必要な温度上昇 ΔT_b を**沸点上昇**[2]とよぶ．

溶質が少量である場合，純溶媒の蒸気圧からの変化量は小さく，$p_1^\circ \approx p$ と近似でき，また T を T_b と置いて，$\Delta_{vap}H$ に溶媒の添字1を明示すると

$$\frac{X_2 p_1^\circ}{p} \approx X_2 \approx \frac{\Delta_{vap}H_1}{R}\left(\frac{1}{T_b^2}\right)\Delta T_b \quad (12\cdot 24)$$

となり

$$\Delta T_b \approx \frac{RT_b^2 X_2}{\Delta_{vap}H_1} \quad (12\cdot 25)$$

が得られる．X_2 を質量モル濃度 m と溶媒のモル質量 M_1 で書き直すと*2

$$\Delta T_b \approx \frac{RT_b^2 M_1}{\Delta_{vap}H_1 \times 1000}m = K_b m \quad (12\cdot 26)$$

となる．ここで，K_b は**沸点上昇定数**[3]とよばれている．質量モル濃度 m は溶媒 1000 g 当たりの物質量であり，M_1 は溶媒のモル質量である．溶質の量は質量モル濃度で表している．K_b の典型的な値は 0.5～5 K kg mol^{-1} であり，たとえば K_b(水) = 0.514 K kg mol^{-1}，K_b(ベンゼン) = 2.53 K kg mol^{-1} である．

上と同様の扱いで，**凝固点降下**[4] ΔT_f についても議論ができ，K_f を凝固点降下定数とすると

$$\Delta T_f \approx \frac{RT_f^2 M_1}{\Delta_{freeze}H_1 \times 1000}m = K_f m \quad (12\cdot 27)$$

となる．ここで，$\Delta_{freeze}H_1$ は 1 atm の下での純溶媒の凝固エンタルピーである．K_f の典型的な値としては K_f(水) = 1.86 K kg mol^{-1}，K_f(ベンゼン) = 5.07 K kg mol^{-1} である．ある物質の少量の質量を測定したのち希薄溶液を作り，凝固点降下の測定を行うと，ΔT_f から溶質の物質量を計算することができ，結局その物質の kg mol^{-1} 単位でのモル質量を求めることができる．

12·8 浸 透 圧

多くの膜は，小さい分子は通し，大きい分子はブロックして通さないという性質をもっており，**半透膜**[5]とよばれている．人間の腎臓には半透膜があり，血流から塩や尿素を分け排泄するが，血液中のタンパク質は通さない．図 12·6 のような U 字管に半透膜がセットされ，一方の側にタンパク質を含む溶液，他方の側には溶媒のみがおかれたとき，溶媒分子はタンパク質溶液のほうにどんどん入っていく．タンパク質溶液は，よりエントロピーが大きい希釈された状態に変化しようとする自発的な傾向があるためである．この過程が**浸透**[6]とよばれる．このため U 字管のタンパク質溶液の高さは上がり，重力のために下に向かう圧力が膜を押すこととなり，上で述べたエントロピーによって駆動され膜を通る浸透流と釣り合うようになるまで浸透は続く．この**浸透圧**[7] π はあとで導出を示すように，理想気体と同じようなつぎの式に従う．

$$\pi V = nRT \quad (12\cdot 28)$$

ここで，V はタンパク質のような高分子溶質 n モルを含む溶液の体積である．

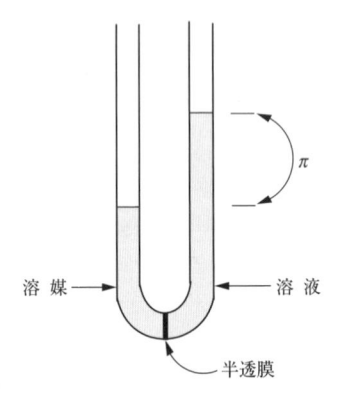

図 12·6 浸透圧 π

すでに学んだように，気体と比べて液体には強い分子間相互作用が働いている．液体の内部構造は気体とはかなり違うものでありながら，どうして溶液の性質が上のように気体の性質に似てくるのであろうか？この意外な浸透圧の式の導出を行ってみると，理想気

---

*2 訳注: $X_2 = \dfrac{n_2}{n_1 + n_2} \approx \dfrac{n_2}{n_1} = \dfrac{m}{1000/M_1} = \dfrac{M_1}{1000}m$

1) vapor pressure depression 2) boiling point elevation 3) boiling point constant, ebullioscopic constant
4) freezing point depression 5) semipermeable membrane 6) osmosis 7) osmotic pressure

体の場合とはまったく違うものであることがわかる．平衡状態においては，式(12·9)で示したように，同じ（熱力学）系のなかの巨視的に異なる部分の化学ポテンシャルはみな等しいという条件の力強さが明らかになるのである．

　この考えを実際の系に適用してみよう．図12·6の右の管の溶液にかかる浸透圧を2ステップで考えてみる．まず最初のステップでは，溶媒に大気圧と浸透圧の両方がかかったときの化学ポテンシャルを，その圧力変化に対する式を使って計算する．2番目のステップでは，溶質を少量加えたときにひき起こされる化学ポテンシャルの変化量を計算する．この二つを併せて，溶媒と溶質からなる溶液の浸透圧を求めることになる[*3]．

● ステップ 1

　まず定温条件において，大気中の純溶媒に，さらに圧力 π がかかる場合を考えよう．系の化学ポテンシャルは，大気圧下での純溶媒の化学ポテンシャル $\mu_1^\circ(p)$ に圧力が $p+\pi$ に変化したことによる増分を足したものになり，つぎのように表される．

$$\mu_1^\circ(p+\pi) = \mu_1^\circ(p) + \int_p^{p+\pi} \left(\frac{\partial \mu_1}{\partial p}\right)_T dp \quad (12\cdot 29)$$

熱力学関数 μ の完全微分は

$$d\mu = \left(\frac{\partial \mu}{\partial p}\right)_T dp + \left(\frac{\partial \mu}{\partial T}\right)_p dT \quad (12\cdot 30)$$

であるが，定温条件から右辺第2項はゼロとなる．また，右辺第1項の偏微分は溶媒のモル体積となり[*4]，つぎのように表される（Klotz & Rosenberg, 2008）．

$$\left(\frac{\partial \mu_1}{\partial p}\right)_T = V_{m,1} \quad (12\cdot 31)$$

$V_{m,1}$ が一定であれば圧力変化 $p \to p+\pi$ を受けたときの純溶媒の化学ポテンシャルはつぎのようになる．

$$\mu_1^\circ(p+\pi) = \mu_1^\circ(p) + \int_p^{p+\pi} V_{m,1} dp$$
$$= \mu_1^\circ(p) + \pi V_{m,1} \quad (12\cdot 32)$$

● ステップ 2

　2番目のステップでは，少量の溶質を加える．これにより化学ポテンシャルはつぎのように与えられる．

$$\mu_1^\circ(p+\pi, X_2) = \mu_1^\circ(p+\pi) + RT \ln X_1 \quad (12\cdot 33)$$

右辺第1項はステップ1ですでに得ているので，代入すると

$$\mu_1^\circ(p+\pi, X_2) = \mu_1^\circ(p) + \pi V_{m,1} + RT \ln X_1 \quad (12\cdot 34)$$

となり，平衡においてはつぎの式が成り立つので

$$\mu_1^\circ(p) = \mu_1^\circ(p+\pi, X_2) \quad (12\cdot 35)$$

結局

$$\mu_1^\circ(p) = \mu_1^\circ(p) + \pi V_{m,1} + RT \ln X_1 \quad (12\cdot 36)$$

となり，整理すると

$$\pi V_{m,1} + RT \ln X_1 = 0 \quad (12\cdot 37)$$

あるいは

$$\pi V_{m,1} = -RT \ln X_1 \quad (12\cdot 38)$$

となる．2成分の希薄溶液では

$$\ln X_1 \approx -X_2 \quad (12\cdot 39)$$

であるから[*5]

$$\pi V_{m,1} = RT X_2 \quad (12\cdot 40)$$

となる．ここで，$V_{m,1}$ は溶媒のモル体積であり，$V_{m,1} = V/n_1$ となるので

$$\pi V_{m,1} = \pi \frac{V}{n_1} = RT X_2 \quad (12\cdot 41)$$

が得られる．濃度が非常に小さくなるとモル分率 X_2 は n_2/n_1 に近づくので，代入すると

$$\pi \frac{V}{n_1} = RT \frac{n_2}{n_1} \quad (12\cdot 42)$$

となり，結局 $\pi V = n_2 RT$ が得られる．理想気体の場合と式の形は似ているが，内容あるいは意味はまったく違っている．この式は浸透圧に対する**ファントホッ**

[*3] 訳注：第9章と同様に，1は溶媒，2は溶質を意味する．
[*4] 訳注：式(6·12)を参照のこと．
[*5] 訳注：$X_1 + X_2 = 1$ だから，$\ln X_1 = \ln(1-X_2)$．$f(X_2) = \ln(1-X_2)$ とおき，マクローリン展開すると，
$$\ln X_1 = \ln(1-X_2) = \frac{f(0)}{0!} X_2^0 + \frac{f'(0)}{1!} X_2 + \frac{f''(0)}{2!} X_2^2 + \cdots = -X_2 - \frac{X_2^2}{2} \cdots$$
となる．X_2 が1よりはるかに小さいとすると，最右辺の第2項以降は無視できる．結局 $\ln X_1 = -X_2$ となる．

12・9 束一的性質

溶質，たとえば NaCl の式量から質量モル濃度を求め，浸透圧の式に代入してその圧力を求めようとするのは正しくない．浸透圧 π，沸点上昇 ΔT_b，凝固点降下 ΔT_f などは**束一的性質**[2]とよばれ，溶液の中にある粒子の数に基づく性質だからである．間違いの原因は二つある．まず一つ目は，溶液に溶けると溶質の粒子はイオン化するので，個数は2倍とか3倍になるからである．二つ目は，溶媒和によって自由な溶媒の濃度が減るからである．

たとえば NaCl を水に溶かしたときには，Na^+ と Cl^- との二つのイオンに分かれるので，質量モル濃度は実質的に2倍になる．この溶液の中での粒子の実質的な数は**ファントホッフの i 係数**[3]とよばれ，NaCl の場合は2，スクロースの場合は1，$ZnCl_2$ の場合は3である．しかし，このファントホッフの i 係数が整数となるのは無限希釈のときだけであることに注意しよう．

実際の溶液におけるファントホッフの i 係数は，分子やイオンへの溶媒和（水和）が強く起こるために，整数値からずれていく．溶質分子と溶媒分子の間に強い相互作用があると，溶媒分子は実質的に溶液から"取出され"，自由な溶媒分子の量は減ることになり，溶質の量は相対的に計算値よりも多くなるわけであり，束一的性質の測定値は実質的に増大することになる．

アンモニア NH_3 の水溶液の凝固点のグラフを図 12・7 に示した．ここで，NH_3 はほとんどイオン化していない．横軸に NH_3 の質量モル濃度 m，縦軸に凝固点 T_f をプロットすると，m が 4.0 くらいまでは $\Delta T_f = -1.86m$ に従って凝固点が下がっていくが，その先では理論が示す値よりもっと負になっているのがわかる（あたかも，溶液の濃度がより高くなったかのように）．実質的な溶媒の物質量は $n_1 - hn_2$ と減ることになる（Zavitsas, 2001）．ここで，n_1 は溶媒の，n_2 は溶質の物質量である．h は溶媒和数とよばれるパラメーターであり，溶質によって強く保持される溶媒分子の数である．水溶液の場合は，**水和数**[4]とよばれる．溶媒和数 h は，多くの溶質分子あるいはイオンに対して平均したものであるから，整数ではない．h の値を決定するのはそれほど難しくなく，束一的性質の実測値を理論式に適合するような経験的パラメーターとして決定される．アンモニア水溶液の場合，$h=1.8$ とすると図 12・7 の白抜きの丸のように補正がなされる．実験的に得られた凝固点に対する黒い丸との違いは，溶質が水和されたあと残っている**自由水**[5] 1 kg 当たりの溶質の物質量として再計算されているという点にある．

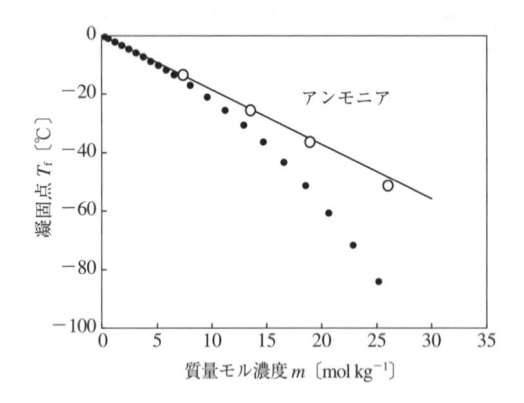

図 12・7 アンモニアによる水の凝固点降下．直線の勾配は理論的に求められた $-1.86\ K\ kg\ mol^{-1}$ である．白抜きの丸は NH_3 の水和を補正した質量モル濃度に基づく点である（CRC Handbook of Chemistry and Physics, 2008–2009, 89th ed.）．

図 12・7 の直線は $\Delta T_f = -1.86m$ で計算されたものであり，4個の白抜きの丸は Zavitsas の方法を使って水和数を 1.8 として質量モル濃度を補正したものである．白抜きの丸が直線から若干ずれているのは，K_f の導出の際の近似に原因がある（たとえば，$\ln X_1 \approx -X_2$）．近似法にはもう少し厳密なものも知られている．他の溶質に対する水和数も知られており，通常は 1.8 より大きく，理想的な束一的性質の見積もりからのずれは結構大きなものとなる．図 12・7 において，実際の測定値が理想的な値に近いのは NH_3 の濃度が小さい領域のみであることは，用語"**極限法則**[6]"の意味をグラフで明確に示している．ここで述べた現象は，どれか一つの束一的性質のみに限定されるわけでもなく，溶媒として水のみに限定されるわけでもなく，一般性があるものである．

---

1) van't Hoff equation　2) colligative property　3) van't Hoff i factor　4) hydration number　5) free water
6) limiting law

例題と章末問題

例題 12・1　分　圧

ジエチルエーテル−アセトン溶液のアセトンの分圧を実験で測定すると，アセトンのモル分率 X_2 が小さいところでは図 12・3 のような結果が得られる．その典型的なデータを表 12・1 に示した．このアセトンの分圧データを検討して，$X_2 = 0.20$ におけるアセトンの活量係数を見積もれ．

表 12・1　ジエチルエーテル中のアセトン希薄溶液のアセトンの蒸気圧

X_2	p_2 [kPa]†
0.000	0.00
0.029	2.53
0.068	5.33
0.154	9.90
0.178	10.90
0.255	14.46
0.315	16.92
0.372	19.02

† 圧力の単位は kPa（キロパスカル）である．

解法 12・1

極限法則であるヘンリーの法則の定数の見積もりは，p_2–X_2 曲線の原点の近く数個の点で決まる勾配によって決定される．この勾配は，表 12・1 の最も希薄な 2 行目のデータを使って，$2.53/0.029 = 87.2$ kPa となる．したがって，$X_2 = 0.20$ におけるアセトンの分圧は $p_2 = 0.20 \times 87.2 = 17.4$ kPa となる．

一方，表 12・1 から実際の分圧の内挿値は

$$\frac{14.5 - p_2}{14.5 - 10.9} = \frac{0.255 - 0.200}{0.255 - 0.178} = 0.71$$

$$p_2 = 14.5 - 0.71 \times 3.6 = 11.9 \text{ kPa}$$

と得られる．活量係数は，実際の分圧をヘンリーの法則による見積もりで割ったものであるから，$\gamma = \frac{11.9}{17.4} = 0.68$ となる．

例題 12・2

NaCl の 0.1000 モル濃度の溶液中の溶媒および溶質のモル分率を求めよ．

解法 12・2

$$\frac{0.1000 \times (22.99 + 35.45) \text{ g}}{1.000 \text{ dm}^3} = \frac{5.844 \text{ g}}{1.000 \text{ dm}^3}$$

だから，溶液 1.000 dm^3 の中の NaCl の質量は 5.844 g である．密度は $\rho = m/V$ と表され，固体の純 NaCl の密度は 2.17 g cm^{-3} であるから，NaCl の体積は

$$V = m/\rho = 5.844/2.17 = 2.69 \text{ cm}^3$$

となる．したがって，溶液 1.000 dm^3 のうち水は 997.3 cm^3 を占める．これで溶媒の体積がわかったので，モル分率を計算できる．水のモル質量は 18.02 g mol^{-1} だから，水の物質量は $997.3/18.02 = 55.34$ モルとなる．モル分率は

$$X_2 = \frac{n_2}{n_1 + n_2} = \frac{0.1000}{55.34 + 0.1000} = 1.804 \times 10^{-3}$$

$$X_1 = \frac{n_1}{n_1 + n_2} = \frac{55.34}{55.34 + 0.1000} = 0.9982$$

と得られる．

［補足］　最初に，二つのモル分率の和は厳密に 1 となることに注意しよう（2 成分溶液なので当たり前のことであるが）．2 番目に，われわれはすでにかなりの近似と仮定を行っていることにも留意すべきであり，NaCl の固体のときの体積が溶液中でも同じと仮定する根拠は本当はないのである．また，温度を指定していないので，水の密度を厳密に 1.000 kg dm^{-3} としたり，溶液の体積を厳密に 1.000 dm^3 とするのは正しくはなく，あとでこのような近似をもう少し厳密に取扱うことにする．

精密な溶液化学においては，<u>質量モル濃度</u>を使うことが多い．つまり，<u>1000 g の溶媒当たりの溶質の物質量</u>である．普通使われる（容積）モル濃度[1]，つまり溶液 1 dm^3 中の溶質の物質量で表される単位とは異なる．0.1000 質量モル濃度の溶液は，$1000/18.02 = 55.49$ モルの水を含んでいるが，0.2000 質量モル濃度の溶液の場合も同じ量の水を含んでいる．溶媒の体積から溶質の体積が差し引かれることはないからである．これは質量モル濃度の有利な点の一つである．さらに，質量モル濃度で指定された溶液の質量が温度の影響を受けないことも有利な点である．通常のモル濃度の場合，温度によって溶液の体積が変化をしてしまう．0.1000 質量モル濃度の溶液の場合のモル分率は

---

1) molarity

それぞれ

$$X_2 = \frac{n_2}{n_1 + n_2} = \frac{0.1000}{55.494 + 0.1000} = 1.800 \times 10^{-3}$$

$$X_1 = \frac{n_1}{n_1 + n_2} = \frac{55.494}{55.494 + 0.1000} = 0.9982$$

となる．両者の和は，以前と同様に1となる．

　こうして同じような結果となるのに，なぜ新たな濃度単位を使うのであろうか．それは，この後の演習問題でも学ぶように，厳密に言えば差があるし，場合によっては相当違ってくるからである．希薄溶液の場合は，両者の差は無視できる．それが，通常の実験室では質量モル濃度ではなく，モル濃度を使う理由である．医学や臨床の世界では，もっとほかの濃度単位が使われているが，簡単に基本の単位に変換が可能である．

例題 12・3　(a) 1.000 モル濃度のスクロース溶液の溶質および溶媒のモル分率を計算せよ．

(b) 1.000 質量モル濃度のスクロース溶液の溶質および溶媒のモル分率を計算せよ．

解法 12・3　(a) スクロース $C_{12}H_{22}O_{11}$ の分子量は 342.3 であり，1.000 dm³ に含まれる溶質の質量は 342.3 g である．固体の純スクロースの密度 $\rho = m/V$ は 1.580 g cm⁻³ であるから，スクロースの体積は $V = m/\rho = 342.3/1.580 = 216.6$ cm³ となり，溶液の体積 1.000 dm³ のうち 783.4 cm³ が水の体積となる．したがって，水の物質量は 783.4/18.02 = 43.474 となるので，モル分率は

$$X_2 = \frac{n_2}{n_1 + n_2} = \frac{1.000}{43.474 + 1.000} = 0.02249$$

$$X_1 = \frac{n_1}{n_1 + n_2} = \frac{43.474}{43.474 + 1.000} = 0.9775$$

となる．両者の和は 1.000 である．

[補足]　こうして得られたモル分率は，水の中のスクロース分子は結晶のときと同じ体積を占めるという仮定に基づいている．この仮定はあまり成立しそうもなく，このようにして計算したモル分率はおそらく正しいものではないであろう．

(b) 1.000 質量モル濃度溶液のモル分率は

$$X_2 = \frac{n_2}{n_1 + n_2} = \frac{1.000}{55.494 + 1.000} = 0.01770$$

$$X_1 = \frac{n_1}{n_1 + n_2} = \frac{55.494}{55.494 + 1.000} = 0.9823$$

となる．前と同様に両者の和は 1.000 である．以上のように，濃度が 1.000 になると，質量モル濃度とモル濃度の場合ではずいぶん違うことがわかる．

[補足①]　質量モル濃度の場合，スクロース溶液の体積に関する仮定はなされておらず，こちらのほうが正しいものであるといえよう．

[補足②]　スクロース（どんな溶質でも）は水分子を水和（溶媒和），つまり繋ぎ止める働きをしており，溶液の蒸気圧のような粒子の数で決まる物理現象において水を働けないようにしてしまう．他の束一的性質（§12・9）も溶媒和によって同じように影響を受けることになる．

例題 12・4　ベンゼンの凝固点は 5.49 ℃ で，凝固点降下定数は $K_f = 5.07$ K kg mol⁻¹ である．未知の結晶サンプルがあり，その 18.7 mg をベンゼン 1.000 g に溶かした．その溶液の凝固点を測定したところ，4.76 ℃ であることがわかった．未知化合物のモル質量を求めよ．

解法 12・4　凝固点降下はつぎのように求まり

$$\Delta_f T = 5.49 - 4.76 = 0.73 \text{ K} = K_f m$$

質量モル濃度は

$$m = \frac{0.73}{5.07} = 0.144 \text{ mol kg}^{-1}$$

となる．未知化合物がベンゼン 1.000 g に 0.0187 g 入っているので，質量モル濃度 18.7 g kg⁻¹ ということになる．未知化合物のモル質量を M とすれば，つぎの式が成り立ち

$$\frac{18.7 \text{ g kg}^{-1}}{M} = 0.144 \text{ mol kg}^{-1}$$

$$M = 130 \text{ g mol}^{-1}$$

ここで，M はモル質量の測定値である．未知化合物はおそらくナフタレン $C_{10}H_8$ と思われる．

章末問題

12・1　10.00 g の NaCl を水に溶かして 100.0 g の溶液とした．

(a) この溶液濃度を質量％で答えよ．
(b) NaCl は何モル入っているか．
(c) 溶液の質量モル濃度を答えよ．
(d) 溶液のモル濃度を答えよ．
(e) 20 ℃ でのこの溶液の密度が 1.071 g cm⁻³ であ

るとして（CRC Handbook of Chemistry and Physics, 2008-2009, 89th ed.），溶液の体積を求めよ．

(f) この情報に基づいて，この溶液のモル濃度を求めよ．

12・2 アセトンとクロロホルムは完全に混ざり合う．アセトンとの溶液中のクロロホルムのモル分率 X_2 と分圧 p_2 が下表のように与えられたとする．

X_2	p_2 [kPa]
0.00	0.00
0.20	35
0.40	82
0.60	142
0.80	219
1.00	293

クロロホルムの分率 0.40 における，ラウールの法則に基づいた活量係数とヘンリーの法則に基づいた活量係数を答えよ．

12・3 §12・7 を参考にして，凝固点降下の式を化学ポテンシャルを用いて導出せよ．

12・4 水の融解エンタルピーを 6.01 kJ mol^{-1} として凝固点降下定数の値を求めよ．

12・5 つぎの式を導出せよ．

$$X_2 = \frac{M_1}{1000} m$$

ここで，X_2 は溶けている溶質のモル分率，M_1 は溶媒のモル質量，m は溶質の質量モル濃度である．つまり，結局は希薄溶液の場合に成立するつぎの式を導出することにつながる．

$$\Delta T_b \approx \frac{RT_b^2}{\Delta_{vap}H} \frac{M_1}{1000} m = K_b m$$

12・6 "CRC Handbook of Chemistry and Physics, 2008-2009, 89th ed." には，溶質の質量を溶液の全質量で割った質量百分率（％）に対して凝固点降下が表として与えられている．純水にアンモニアが吹き込まれて，100.0 g の溶液に 10.00 g の NH$_3$ が溶け込んだ．

(a) この溶液濃度を質量百分率（％）で答えよ．

(b) この 100 g の溶液には NH$_3$ は何モル入っているか．

(c) 溶液の質量モル濃度を答えよ．

(d) 溶液のモル濃度を答えよ．

(e) この溶液の密度が 0.9575 g cm^{-3} であるとして（CRC Handbook of Chemistry and Physics, 2008-2009, 89th ed.），溶液の体積を求めよ．

(f) この情報に基づいて，この溶液のモル濃度を求めよ．

(g) 水は何モル入っているか．

(h) 1 個の NH$_3$ に 1.8 個の水が水和しているとすると，自由な水は何モルあるか．

(i) この水の質量を求めよ．

(j) 水和されたアンモニア溶液の質量モル濃度を答えよ．

12・7 溶液 1 dm^3 中に物質 A 10.0 g を含む水溶液の浸透圧が 300 K において 0.500 bar だとして，A のモル質量を求めよ．

12・8 ある溶質 1.428 g を水 1 dm^3 に溶かして溶液を調製した．半透膜（図 12・6）を通して溶媒によってかかる浸透圧は 298 K において 0.224 bar であったという．溶質のモル質量を求めよ．

12・9 §12・8 の浸透圧の式の導出の際，希薄溶液では

$$\ln X_1 \approx -X_2$$

という近似式を利用した．なぜ希薄溶液の場合に成り立つかを示せ．　ヒント　微積分の教科書を見て，無限級数による展開式を利用すること．

13

電量分析と伝導率

物質の水溶液には電気をよく通すものとあまり通さないものがあることはよく知られている．すべての水溶液は電流 I に対して**抵抗**を示すのである．**良導体**（**導体**）の抵抗は小さく，**絶縁体**の抵抗は大きい．以下の議論では，オームの法則 $V=IR$ が成り立つとしよう．V は電位差，その間の抵抗が R である．

13・1 電 位

図 13・1 のような回路で，電池（正式には化学電池[1]とよばれる）によって二つの極板の間にかかる**電位**[2]差 $\Delta\phi$ はつぎのように表される．

$$\Delta\phi = \phi(0) - \phi(l) \qquad (13\cdot1)$$

l は左の極板から右方向への距離を表している．電位差 $V=\Delta\phi$ は**電圧**[3]とか**電圧降下**[4]ともよばれる．このあと化学溶液，特に塩溶液に2枚の極板を浸し，それらの間の電位差について考えることにしよう．電気を通す塩の水溶液を**電解質**[5]溶液とよぶ．他の導体と同様，電解質溶液も電流に対し抵抗を示す．

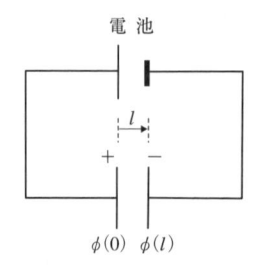

図 13・1 極板間の電圧降下．$V = \phi(0) - \phi(l)$ となる．下の2枚の電極を含む装置をセルとよぼう．

13・1・1 膜 電 位

哺乳類の細胞では，さまざまなメカニズムで電位差がつくられる．ある生体膜を，ある電荷をもつイオンは透過し，反対の電荷をもつイオンは透過できないという場合は，膜の両側には電位差ができている．これまで，化学ポテンシャルは他のポテンシャルと関係なく使われてきたが，本節では新しいポテンシャル，電位 ϕ も考えに入れて議論することにしよう．これら二つのポテンシャル（化学および電気）は，つぎのように加算が可能である．

$$\mu' = \mu + F\phi \qquad (13\cdot2)$$

ここで，F は比例定数である（後で説明する）．

さて，KCl の希薄溶液を例にとって，生体膜は K^+ イオンを選択的に通し，Cl^- イオンをブロックすると仮定しよう．電位は，膜に対して K^+ が多数ある側が＋となり，Cl^- がある側が－となる．このあたりの状況は，§12・8 で学んだ浸透圧に抗する低分子の選択的な流れに似ているといえる．ただ，この場合は膜を通しての流れに抗するのは電位である．浸透圧の場合と同様に，移動を駆動する化学ポテンシャルと電気ポテンシャルが，符号が反対で絶対値が同じになったときに流れは止まり，平衡が達成されるわけである．こ

図 13・2 イオン透過膜（模式図）[*1]

[*1] 訳注: K^+ は細胞内に多く，Cl^- は外側に多く存在する．
1) electrochemical cell 2) electrical potential 3) voltage 4) voltage drop 5) electrolyte

れは，ある条件下で哺乳類の細胞の内側と外側の間で起こる選択的イオン流の典型例の一つである．

細胞の内側（図 13・2 に幅広の点線で示した膜の左側）をα，外側（右側）をβとし，今は K$^+$（カリウム）イオンのみを考えよう．平衡に達すると，両側での化学ポテンシャルと電位の和は等しくなり，つぎのようになる．

$$\mu_{+\alpha} + F\phi_\alpha = \mu_{+\beta} + F\phi_\beta \qquad (13 \cdot 3)$$

一般に $\mu = \mu^\circ + RT \ln a$ であるので〔式(7・51)〕，式(13・3) はつぎのようになる．

$$\mu^\circ_{+\alpha} + F\phi_\alpha + RT \ln a_{+\alpha} = \mu^\circ_{+\beta} + F\phi_\beta + RT \ln a_{+\beta} \qquad (13 \cdot 4)$$

ここで，いまは同じイオン K$^+$ を考えているので膜の両側で $\mu^\circ_{+\alpha} = \mu^\circ_{+\beta}$ となる．両辺からそれらを消すと，膜電位（$\phi_\alpha - \phi_\beta$）は，活量 a を使ってつぎのように与えられることになる．

$$F\phi_\alpha + RT \ln a_{+\alpha} = F\phi_\beta + RT \ln a_{+\beta} \qquad (13 \cdot 5)$$

$$\phi_\alpha - \phi_\beta = \frac{RT}{F} \ln \frac{a_{+\beta}}{a_{+\alpha}} \qquad (13 \cdot 6)$$

F はファラデー定数とよばれ，クーロン（C）単位の電荷をモルに変換するための因子である．F は電子 1 モル分の電荷であり[*2]，$F = 96485$ C mol^{-1} である．

濃度が小さいという条件下では，活量係数 γ はほとんど 1 に近く，活量を質量モル濃度（またはモル濃度）で置き換えることができる[*3]ので，膜電位は

$$\phi_\alpha - \phi_\beta = \frac{RT}{F} \ln \frac{m_{+\beta}}{m_{+\alpha}} \qquad (13 \cdot 7)$$

となる．神経細胞の細胞壁は半透膜であり，約 70 mV という平衡膜電位をもっており，これで説明することができる．この平衡膜電位は隣の細胞からの電気パルスによって乱され（摂動を受け），今度は自分がパルスを起こし，反対側隣の細胞を乱していく．これが神経線維に沿った情報伝達のメカニズムを担っているのである．

13・2 抵抗率，伝導率，コンダクタンス

流体中に浮遊する電荷が電位差 $\Delta\phi$ にさらされると，電位差に沿って移動する．移動する電荷は電流 I であり，$I = dQ/dt$ と表される．ここで，Q は C 単位での電荷であり，t は時間である．一般には移動する電荷は抵抗にあう[*4]．抵抗は，抵抗器の長さ l に比例し，その断面積 A に反比例するので，つぎのように表される．

$$R = \rho \frac{l}{A} \qquad (13 \cdot 8)$$

比例定数 ρ は抵抗器の材料固有の値であり，**抵抗率**[1] とよばれている．

さらに，抵抗の逆数 $L \equiv 1/R$ を定義し，**コンダクタンス**[2] とよぶ．また，抵抗率の逆数 $\kappa \equiv 1/\rho$ も定義し，**伝導率**[3] とよぶと，つぎのような関係式が得られる．

$$L \equiv \frac{1}{R} = \frac{A}{\rho l} = \frac{\kappa A}{l} \qquad (13 \cdot 9)$$

電解質溶液中で，面積が A の 2 枚の極板が平行に距離 l だけ隔てられて置かれた伝導率セルに電圧 V がかけられたとき，電流 I はオームの法則と式(13・8)より

$$I = \frac{\kappa A}{l} V = jA \qquad (13 \cdot 10)$$

となる．ここで，j は単位断面積を通る電荷 Q の流束，つまり電流密度 dQ/dt である．式(13・9)と式(13・10)から，電流は $I = jA = LV$ と表され，これはオームの法則 $V = IR$ の別の表現である．

さて，これらの式を使うと抵抗値の測定と溶液の伝導率の値から l/A を決定できることがわかる．この分野の研究に必要とされる高精度の κ の値を測定することはなかなか困難であるが，KCl 溶液に対してはいくつかの濃度および温度に対して求められており，その結果はハンドブック（CRC Handbook of Chemistry and Physics, 2008–2009, 89th ed.）に記載されている．抜粋すると，298 K で 1.00×10^{-2} M KCl の場合，$\kappa_\text{KCl} = 0.1408$ Ω^{-1} m^{-1} である．

図 13・1 のようなセルを使って，1.00×10^{-2} M の KCl 溶液を満たし抵抗値を測定して $R = 650$ Ω を得たとすると式(13・9)から

$$\kappa_\text{KCl} = 0.1408 = L\left(\frac{l}{A}\right) = \frac{1}{650}\left(\frac{l}{A}\right) \qquad (13 \cdot 11)$$

[*2] 訳注: 電子は負電荷だから，その絶対値．
[*3] 訳注: 式(7・24)参照．
[*4] 超伝導については，ここでは考慮しないことにする．
1) resistivity 2) conductance 3) conductivity

$$\frac{l}{A} = 650 \times 0.1408 = 91.5 \text{ m}^{-1} \quad (13 \cdot 12)$$

こうして，l や A の測定を実際にしなくても l/A の値を知ることができる．

13・3 モル伝導率

溶液の濃度はいろいろ変わるので，さらなる定義が必要になる．電解質溶液の**モル伝導率**[1] Λ はつぎのように定義される．

$$\Lambda \equiv \frac{\kappa}{c} \quad (13 \cdot 13)$$

ここで，c は溶液のモル濃度（単位は mol dm^{-3}）である．

これ以降では，話を主として水溶液に限ることにしよう．100年以上の昔，コールラウシュ[*5] は，水溶液中の電解質の伝導率に関する一連の研究結果を発表した．それら研究の結論は，今では**コールラウシュの法則**とよばれており，モル伝導率 Λ と電解質の濃度の平方根 $\sqrt{c}$ が，つぎのように線形の関係にあるというものである．

$$\Lambda = \Lambda^\circ - \tilde{K}\sqrt{c} \quad (13 \cdot 14)$$

ここで，$\tilde{K}$ は経験的な定数である．式(13・14)をグラフにすると，パラメーター Λ° が作図から求められることがわかる．Λ° は電解質のみの性質から決まり，溶液中の他のイオンからの影響を受けないものであ

る．図 13・3 に酢酸ナトリウム（NaOAc）と HCl のコールラウシュ曲線を示した．破線が外挿した直線である．この外挿直線の縦軸との切片が Λ° を与える．Λ° は無限希釈溶液における**モル伝導率**とよばれる．一方，図 13・3 の酢酸（HOAc）の曲線を見ると，同じやり方で Λ° を求めるのは困難に思える．$\sqrt{c}=0$ 近くでは勾配が急すぎて，精度よく決められないからである．

電解質は大まかに二つに分けることができる．一つは**強電解質**[2] であり，きれいに外挿直線から Λ° が求まるもの，もう一つは**弱電解質**[3] であり，そうはできないものである．強電解質のモル伝導率 Λ° を調べてみると大体 $100 \sim 425 \, \Omega^{-1}\text{cm}^2\text{mol}^{-1}$ であり，強酸や強塩基の場合には大きな値をとるという以外にはこれといった規則性はみられない．しかし，コールラウシュはつぎの式(13・15)に示すように Λ° の差が等しいことに気がついた．たとえば

$$\Lambda^\circ_{\text{KCl}} - \Lambda^\circ_{\text{NaCl}} = \Lambda^\circ_{\text{KNO}_3} - \Lambda^\circ_{\text{NaNO}_3}$$
$$= \Lambda^\circ_{\text{KOH}} - \Lambda^\circ_{\text{NaOH}} \quad (13 \cdot 15)$$

となる．そこで，彼はつぎのように考えた．強電解質が溶けたとき，生み出されたイオンのそれぞれの寄与の和が Λ° となるのであれば，確かに式(13・15)は成り立つであろうと．たとえば

$$\text{NaCl(s)} \longrightarrow \text{Na}^+(\text{aq}) + \text{Cl}^-(\text{aq}) \quad (13 \cdot 16)$$

を考えよう．(s)は固体状態，(aq)は水溶液中のイオン状態であることを示している．Λ° における規則性は，つぎのように考えると説明ができると彼は主張した．

$$\Lambda^\circ_{\text{KCl}} = \lambda^\circ_{\text{K}^+} + \lambda^\circ_{\text{Cl}^-} \quad (13 \cdot 17)$$
$$\Lambda^\circ_{\text{NaCl}} = \lambda^\circ_{\text{Na}^+} + \lambda^\circ_{\text{Cl}^-} \quad (13 \cdot 18)$$
$$\vdots$$

こうであれば，式(13・15)の左側の等式

$$\Lambda^\circ_{\text{KCl}} - \Lambda^\circ_{\text{NaCl}} = \Lambda^\circ_{\text{KNO}_3} - \Lambda^\circ_{\text{NaNO}_3} \quad (13 \cdot 19)$$

の左辺は

$$\Lambda^\circ_{\text{KCl}} - \Lambda^\circ_{\text{NaCl}} = (\lambda^\circ_{\text{K}^+} + \lambda^\circ_{\text{Cl}^-}) - (\lambda^\circ_{\text{Na}^+} + \lambda^\circ_{\text{Cl}^-})$$
$$= \lambda^\circ_{\text{K}^+} - \lambda^\circ_{\text{Na}^+} \quad (13 \cdot 20)$$

となり，式(13・19)の右辺も同じ式になることがわか

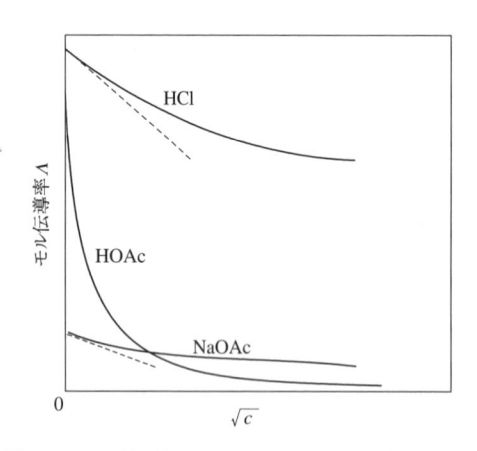

図 13・3 強電解質 HCl や NaOAc，弱電解質 HOAc のモル伝導率に対するコールラウシュプロット．Λ° は，破線の縦軸との切片から求められる．

[*5] 訳注: Friedrich W. G. Kohlrausch，ドイツの実験物理学者（1840–1910）．
1) molar conductivity　2) strong electrolyte　3) weak electrolyte

る．アニオン Cl^-，NO_3^-，OH^- の寄与は相殺されるので，式(13·15)のすべての式は $\lambda_{K^+}^\circ - \lambda_{Na^+}^\circ$ となり，等しくなるわけだ．同じことが共通のアニオンを含む電解質の組に対しても成り立つ．今度はカチオンの寄与が相殺されるのである．この計算には，イオンの電荷数（整数値）を考慮に入れなければならず，コールラウシュの**イオン独立移動の法則**[1]とよばれる式はつぎのように表される．

$$\Lambda^\circ = \nu_+ \lambda_+ + \nu_- \lambda_- \quad (13·21)$$

ここで，ν はイオンの電荷数であり，上で示した例では $\nu = 1$ であった．

13·4 部分的な電離，弱電解質

これまでは主として強電解質をみてきた．つまり，水溶液で完全に電離する電解質を取扱ってきた．しかし，いつもそうとは限らない．弱電解質の電離は部分的である．弱電解質の例としてしばしば取上げられるのは酢酸 HOAc であり，通常の濃度では電離の度合いは非常に小さい．そのモル伝導率が変化する様子は図 13·3 に示されており，完全に電離する HCl のコールラウシュ曲線に比べてかなり様子が異なることがわかる．しかし，希釈されるにつれて HOAc の電離は急激に進んでいき，無限希釈ではコールラウシュのイオン独立移動の法則が成立する．無限希釈では弱電解質 HOAc は完全に解離するので，濃度 c での Λ を Λ° と比較することにより**電離度**[2] α の近似値を決定することができる．次式のように比をとればよい．

$$\alpha = \frac{\Lambda}{\Lambda^\circ} \quad (13·22)$$

α は 0（電離はなし）から始まり，多くの濃度においては小さな値をとり，完全電離では $\alpha = 1$ となる．

だが，一つ問題があることが図 13·3 から明らかである．まず，非常に濃度が低いところで正確なデータを得るのが難しい．得られたとしても，縦軸と外挿直線はほぼ平行であり，その切片である Λ° を決めるのはなかなか難しいわけだ．これを解決できるのはコールラウシュのイオン独立移動の法則である．Λ_{HOAc}° の正確な値を直接的に求めるのは難しいが，図 13·3 を見ると Λ_{HCl}° や Λ_{NaOAc}° の正確な値は求まることがわか

る．それらと Λ_{NaCl}° を組み合わせると

$$\begin{aligned}
\Lambda_{HCl}^\circ &+ \Lambda_{NaOAc}^\circ - \Lambda_{NaCl}^\circ \\
&= \lambda_{H^+}^\circ + \lambda_{Cl^-}^\circ + \lambda_{Na^+}^\circ + \lambda_{OAc^-}^\circ - (\lambda_{Na^+}^\circ + \lambda_{Cl^-}^\circ) \\
&= \lambda_{H^+}^\circ + \lambda_{OAc^-}^\circ = \Lambda_{HOAc}^\circ
\end{aligned} \quad (13·23)$$

と，Λ_{HOAc}° を得ることができる．この情報を使えば，式(13·22)を使って酢酸の電離度 α を計算することができる．電離の反応式はつぎのようになり

$$\underset{(1-\alpha)c}{HOAc} \rightleftharpoons \underset{\alpha c}{H^+} + \underset{\alpha c}{OAc^-} \quad (13·24)$$

最初の濃度を c とすると，各イオンの濃度は α によって変化する．電離が起こった後の電離していない HOAc の濃度は $(1-\alpha)c$ となる．典型的な値として α を 0.17 とすると，電離したのが 17%，電離していないのが 83% ということになる．この酸の電離の平衡定数 K_a はつぎのようになる．

$$K_a = \frac{[H^+][OAc^-]}{[HOAc]} = \frac{(\alpha c)(\alpha c)}{(1-\alpha)c}$$

$$= \frac{0.17 \times 0.17}{0.83} c = 0.035\,c \quad (13·25)$$

この電離データが 5.0×10^{-4} M の酢酸溶液で得られたとすると，$K_a(HOAc)$ は約 1.8×10^{-5} ということになる．ハンドブック（CRC Handbook of Chemistry and Physics, 2008−2009, 89th ed.）による正確な値は 1.754×10^{-5} である．これは一般化学でもお馴染みの**酸の解離定数**[3]とよばれる定数である．

最後に，電離反応の各成分の気体状態の自由エネルギーを求める，あるいは近似する量子力学的計算方法は存在することを付記しておきたい．

13·5 イオン移動度

本節では，イオンが電場の中でどのくらい速く移動するかについて学ぼう．これは電荷の**流束**[4] dQ/dt に関連し，**輸率**[5] t_+，t_- にも関係してくる．輸率は，電流が数種のイオンによって輸送される場合の，あるイオンによって運ばれる電流の全電流に対する比率である．輸率すべての和が 1 となることは理解できよう．他のイオンより電荷を多く運ぶイオンの輸率は 0.5 より大きくなり，反対の場合は 0.5 より小さくなる．

---

1) Kohlrausch's law of independent ion migration 2) degree of electrolytic dissociation 3) acid dissociation constant
4) flux 5) transport number

さて，カチオンの移動度[1]を測定する方法の一つは，図13・4に示すように毛細管に移動度を測りたいイオン（H^+）を含む溶液を詰め，その溶液の下に重いイオン（Li^+）を含む溶液を置く．重い溶液のカチオンは追随イオン[2]とよばれる．毛細管に電場がかけられたとき，上の溶液と同じ速度で追随して移動するからである．追随するのは，二つの溶液の間の電荷ギャップが広がらないような作用が働くからである．

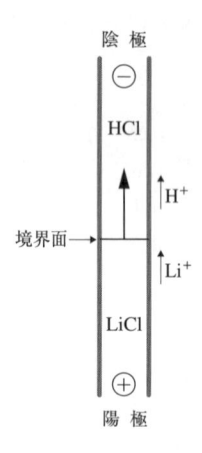

図13・4 動境界面法によるH^+の移動度の決定．Li^+イオンは追随イオンである．

図13・4には，毛細管中で追随イオンLi^+を含むLiCl溶液の上にHCl溶液が充填されている様子が示されている．毛細管の上を陰極（−），下を陽極（＋）として電圧をかけるとH^+は陰極へ向かい，Li^+もそれに続く．両イオンの移動速度は同じで，二つのイオンの速いほうによって決まり，HClとLiClの境界面は維持され，二つの溶液の屈折率は異なるので目視で境界面の観測が可能となる．イオンの移動度をuとし，極板間の距離をx，移動に要する時間をt，電場の強さをEとすると

$$u = \frac{x}{tE} \text{ m s}^{-1} \text{ (V m}^{-1})^{-1}$$

$$= \frac{x}{tE} \text{ m}^2 \text{ V}^{-1} \text{ s}^{-1} \quad (13 \cdot 26)$$

となる．単位はちょっとわかりにくいが，"抵抗媒質の単位距離当たりの電圧"当たりの"速度"と読める．式(13・26)の右辺にある変数はすべて測定可能なので，移動度の計算が可能となる．

13・6　ファラデーの法則

19世紀の前半に，ファラデー[*6]はつぎのような法則を提出した．

1) 電極で生成あるいは析出する物質の質量は，溶液を通してその電極を通過した電気量に比例する．
2) 電極で生成あるいは析出する物質1当量は96485 Cの電気量を必要とする．

ここで，現代での96485 C（クーロン）という値でファラデーのオリジナルの値を置き換えている．96485 Cという量を電子1個がもつ電荷量（約100年後に発見された）で割ると，アボガドロ数が得られる．これが意味するところは，イオンは整数個の電子を余計にもつか（負電荷の場合），整数個の電子を失っているか（正電荷の場合）ということである．物理化学の天才に敬意を表して，この96485 Cという電荷量はFで記すことになっており，発音は"ファラデー"である[*7]．

13・7　移動度とコンダクタンス

輸率，移動度，イオンのコンダクタンスを考慮に入れると，速く移動するイオンは遅く移動するイオンより全電流の多くの部分を運んでいることは明らかだ．また，輸率は全移動電荷のうちの，あるイオンによって運ばれる電荷の比率だから，輸率tのすべての和は1となる．イオン価1の塩の水溶液では，$t_+ + t_- = 1$で，かつイオンのモル伝導率の和は$\Lambda° = \lambda_+° + \lambda_-°$となる．あるイオンによって運ばれる電流の全電流に対する比率が輸率であり，全モル伝導率$\Lambda°$（無限希釈における）に対するイオン伝導率$\lambda°$の比率で与えられるので，つぎの式が成り立つ．

$$t_+ = \frac{\lambda_+°}{\Lambda°} \qquad t_- = \frac{\lambda_-°}{\Lambda°} \quad (13 \cdot 27)$$

速いイオンと遅いイオンからなる電解液においては，速いイオンは，遅いイオンより電流の多くの部分を担い，その量はイオンの速さに比例する．したがって，輸率の比はイオンの移動度の比と同じになり，つぎの式が成り立つことがわかる．

$$\frac{t_+}{t_-} = \frac{u_+}{u_-} \quad (13 \cdot 28)$$

[*6] 訳注: Michael Faraday，英国の化学者・物理学者（1791-1867）．
[*7] 訳注: §13・1・1で出てきたファラデー定数は単位にmol^{-1}が加わっている．

1) mobility　2) follower ion

13・8 ヒットルフセル

輸率は，図13・5に模式図を示した**ヒットルフセル**[1]とよばれる装置で起こる濃度変化によって直接的に決定することができる．ヒットルフセルは内部で三つの区画に分かれており，それぞれは陽極区画・陰極区画・中央区画（前二者の間にある）とよばれている．セルの中の溶液に電圧がかけられると，溶液中のカチオン，たとえばAg^+イオンは陰極に析出（メッキ）する．ここで，つぎのような二つの極端な場合を考えてみよう．

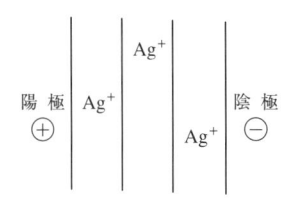

図 13・5 三つの区画からなるヒットルフセル

1) 中央区画から陰極区画へAg^+が移動せず，それによる電荷の移動がない場合：セル中を1 F（ファラデー）の電荷が流れたときには，陰極区画のAg^+は1当量だけ減ることになる．
2) Ag^+がヒットルフセルに流れる電荷すべてを運ぶ場合：陰極区画で失われたAg^+イオンは，中央区画から陰極区画へ移動してきたAg^+イオンによって全部補充されるので，Ag^+イオンの濃度は変化しないことになる．

実際には，陰極区画の濃度は変化する．1当量も減ることはないが，減少量はゼロではない．そうすると，セルを流れる1 Fに対する陰極区画へ移動した当量数の比率はAg^+の輸率であるといえる．塩の二つのイオン，たとえばAg^+とNO_3^-の両方の輸率はこうして決めることができ[*8]，併せて移動度もシンプルな実験（ただし，正確な分析技術を要する）から求めることができる．

溶液の伝導率κは，単位電場の強さ（単位は$V\ m^{-1}$）において，溶液中を流れるC単位での電流密度である[*9]．溶液を電流が通るのは電解質のイオンによるものであり，各イオンがもつ電荷は電気素量の整数倍であるというファラデーの証明から，鍵となる因子はイオンの溶媒（この場合では水）の中での動きやすさである．実際，無限希釈におけるイオンのモル伝導率λ°とイオンの移動度uはつぎのような比例関係があり

$$\lambda_+^\circ = Fu_+^\circ \tag{13・29}$$

および

$$\lambda_-^\circ = Fu_-^\circ \tag{13・30}$$

である．例題13・3の$Ag^+(aq)$と$NO_3^-(aq)$の結果を使うと

$$u_+^\circ = \frac{\lambda_+^\circ}{F} = \frac{6.3 \times 10^{-3}}{96485}$$
$$= 6.5 \times 10^{-8}\ m^2\ V^{-1}\ s^{-1} \tag{13・31}$$

および

$$u_-^\circ = \frac{\lambda_-^\circ}{F} = \frac{7.1 \times 10^{-3}}{96485}$$
$$= 7.4 \times 10^{-8}\ m^2\ V^{-1}\ s^{-1} \tag{13・32}$$

となる．ここで，移動度の単位について考えてみよう．この移動度の単位をつぎのように二つに分解し

$$m^2\ V^{-1}\ s^{-1} = m\ V^{-1}(m\ s^{-1}) \tag{13・33}$$

さらに変形すると

$$(m\ s^{-1})m\ V^{-1} = m\ s^{-1} \frac{1}{(V\ m^{-1})} \tag{13・34}$$

となる．言い換えると，セル中の電極間でのMKS単位[*10]で表した電場の強さ当たりの速度である．

13・9 イオンの活量

7章や12章で分子の濃度として活量や活量係数を使ったように，イオンの濃度に対して使用する活量や活量係数を知りたいと思うのは当然であろう．しかし，残念ながらこれはできない．なぜかというと，電気的に中性であるためには他の対イオンの存在が是非とも必要であり，単独でのイオンは測定観察されえな

[*8] 訳注：NO_3^-の輸率は陽極区画の濃度変化より求まる．
[*9] 訳注：式(13・10)より$j = \frac{I}{A} = \kappa \frac{V}{l} = \kappa E$となることに注意．
[*10] 訳注：現在使われているSI単位の以前の単位．m, kg, sの頭文字をとってMKS単位とよんだ．SI単位とほぼ同じと考えてよい．

1) Hittorf cell

いからである．この困難を克服するために，＋と－のイオンの活量は同じ，つまり $a_+ = a_-$ と近似を行うことが考えられるが，明らかに正しくない．しかし，そうせざるをえないときもある．もっと良いのは平均活量というものを考え，それを幾何平均 $a_\pm \equiv \sqrt{a_+ a_-}$ で与えることである．別の定義では，$a_\pm = \gamma_\pm m$，$\gamma_\pm \equiv \sqrt{\gamma_+ \gamma_-}$ となる．こうすると，つぎのようになることがわかる．

$$\gamma_\pm \equiv \sqrt{\frac{a_+}{m} \frac{a_-}{m}} = \frac{a_\pm}{m} \quad (13 \cdot 35)$$

デバイとヒュッケルは他のイオンに囲まれたイオンにかかる静電力について詳細に研究した結果，つぎに示す**デバイ－ヒュッケルの極限法則**[1]) を導き出した[*11]．

$$\ln \gamma_\pm = -1.172 |Z_+ Z_-| \sqrt{\tilde{\mu}} \quad (13 \cdot 36)$$

ここで，$|Z_+ Z_-|$ はイオンの電荷数の積の絶対値で（いま考えている例では1），$\sqrt{\tilde{\mu}}$ はイオン強度であり，着目するイオンを囲む全電解質に対して和をとった濃度項であり，定義はつぎのとおりである．記号 μ はイオン強度にも化学ポテンシャルにも使われるので，混乱を避けるためにここでは $\tilde{\mu}$ と記すことにした．

$$\tilde{\mu} = \frac{1}{2} \sum_i m_i Z_i^2 \quad (13 \cdot 37)$$

デバイ－ヒュッケルの極限法則は，非常に希薄な溶液でのみ成立する式である[*12]．"極限"とはそういう意味である．

弱電解質，たとえば酢酸の K_a の求め方についてはすでに§13・4で学んだが，よく見るとHOAcの濃度によって変化してしまうことがわかった．これはイオン間の干渉の影響であると考えられる．この非理想性はイオンの活量として表すことができ，つぎのようになる．

$$K_a = \frac{a_{H^+} a_{OAc^-}}{a_{HOAc}} = \frac{\gamma_\pm m_{H^+} \gamma_\pm m_{OAc^-}}{\gamma_{HOAc} m_{HOAc}} \quad (13 \cdot 38)$$

このモデルでは，非理想性は電荷の相互作用によってひき起こされると考えているが，HOAcは電荷をもっていないので，理想的溶質と考え $\gamma_{HOAc} = 1$ とする．一方，イオンは電荷をもっており理想的とは考えられないので，$\gamma_\pm \ne 1$ とし

$$K_a = \gamma_\pm^2 \frac{m_{H^+}^2}{m_{HOAc}} = \gamma_\pm^2 K \quad (13 \cdot 39)$$

が得られる．ここで，$m_{OAc^-} = m_{H^+}$ という関係を使っている．解離反応

$$HOAc \rightleftarrows H^+ + OAc^- \quad (13 \cdot 40)$$

で H^+ と OAc^- は同じ数だけ生成されるからである．式(13・39)の両辺の自然対数をとると

$$\ln K_a = 2 \ln \gamma_\pm + \ln K \quad (13 \cdot 41)$$

となる．ここで，K は酸の解離定数の実測（非理想的）値であり，K_a は理想的値である．**無限希釈**において $\gamma_\pm = 1$ だから $\ln \gamma_\pm = 0$ となり，つぎのように表せる．

$$\underset{m \to 0}{\ln K} = \ln K_a \quad (13 \cdot 42)$$

純水の中で希釈された酸では，各イオンの濃度は αm となる．ここで，α は電離度で，m は酸の質量モル濃度である（§13・4参照）．イオン強度は溶液中のイオン濃度によって決まるのであり，酸の濃度で決まるわけではない．多くの酸，たとえば酢酸HOAcは限られた電離しかしない．デバイ－ヒュッケルの極限法則によれば

$$\ln \gamma_\pm = -1.172 \sqrt{\alpha m} \quad (13 \cdot 43)$$

となり，酸の解離定数は

$$\ln K_a = 2 \ln \gamma_\pm + \ln K \quad (13 \cdot 44)$$

$$\ln K_a = 2 \times (-1.172 \sqrt{\alpha m}) + \ln K$$
$$= -2.34 \sqrt{\alpha m} + \ln K \quad (13 \cdot 45)$$

あるいは

$$\ln K = 2.34 \sqrt{\alpha m} + \ln K_a \quad (13 \cdot 46)$$

を得る．縦軸に $\ln K$，横軸に $\sqrt{\alpha m}$ をとってプロットすると，切片として $\ln K_a$ が，$\alpha \to 1$ のときの極限勾配として 2.34 が得られるはずである．m が小さくなるにつれ，式(13・46)の右辺第1項は小さくなっていき，測定値 K は K_a に近づいていくわけだ．

[*11] 訳注：この場合の対数は自然対数で，右辺の係数は−1.172であるが，常用対数の場合は−0.509となる．
[*12] 訳注：イオン強度が大体 0.01 mol kg^{-1} までの溶液で成り立つ．
1) Debye-Hückel limiting law

例題と章末問題

例題 13・1 実験装置が完備されている電気化学の研究室を利用できると仮定しよう．1ファラデー（F）の値を知りたいとき，どうすれば有効数字4桁で求めることができるか考えよ．

解法 13・1 何もないところからこの問題に取組むのはなかなか難しい．ファラデーは天才であった．さまざまな溶液を電気分解（電解）すると，銀を含めてさまざまな金属電極は，たとえば硝酸銀溶液のような溶液を流れる電流によりメッキされることに気がつく．1 A（アンペア）の電流は1 s（秒）間に1 C（クーロン）の電気を運ぶ．したがって，考え方はつぎのようになる．電流 I（単位：A）に時間 t (s) をかけたものが電荷量 Q(C) となり，それが電解槽を流れて電極を銀 Ag でメッキすることになる．それゆえ，$I \times t/$(Ag の物質量) が $1F$ を単位 C で表したものに等しくなる．しかし，やってみるとうまくいかないであろう．$1F$ はかなり大きな数であるから，有効数字4桁の精度を出すに十分な量の Ag の析出をさせるには，思ったより以上の電気が必要となる．

電気化学の研究室にはさまざまな定電位電解装置（電位差が一定）と定電流電解装置（電流が一定）が備えられているはずである．この場合は後者のほうが適している．I-t 曲線の下の面積を求める積分を行わなくてはならないが，電流が一定だと時間を掛けるだけとなり簡単になるからである．I と t の測定は高精度で可能であり，また銀メッキは100 % の効率でなされることは長年知られてきたことである．したがって，電流と時間をデジタル的に得ることができれば，すぐに電解槽を流れた電気量を知ることができる．一方，電極の質量を計ることにより，どのくらいの銀が電極に析出しているかを求めることができる．

実際に計算をしよう．±0.01 mg まで量れる微量天秤があるとして，銀は大体 0.2 g 得られ，電流は 50 mA であったという．これで電解時間以外のデータは揃った．電解時間が1 h（= 3600 s）とすると，大まかな F の値は，有効数字を気にしないで書けば

$$1F = \frac{I \times t}{\text{Ag の物質量}} = \frac{0.050 \times 3600}{\frac{0.2}{107.9}} = \frac{180}{0.00185}$$
$$= 97110$$

と得られる．

さて，精密に1時間の実験を行ってみると，実際の電流は 49.883 mA であることがわかり，カソード極に析出し（よく乾燥させ）た銀の質量は 0.20101 g であったという．そうすると

$$1F = \frac{\text{クーロン数}}{\text{物質量}} = \frac{0.049883 \times 3600.0}{\frac{0.20101}{107.868}}$$
$$= 96367$$

となり，誤差は 0.1 % をわずかに超える値となる．

例題 13・2 ありそうにはないつぎのような要請を考えよう．$1F$ を有効数字9桁で必要としている．基本物理定数から F の値を求めよ．

解法 13・2 ファラデーの時代にはもちろん知られていなかったことだが，電気素量は $1.602176487 \times 10^{-19}$ C で，アボガドロ定数は $6.02214179 \times 10^{23}$ mol^{-1} である．$1F$ は電気素量が1モル分集まったものだから

$$1F = (1.602176487 \times 10^{-19}\,\text{C}) \times$$
$$(6.02214179 \times 10^{23}\,\text{mol}^{-1})$$
$$= 96485.3398\,\text{C mol}^{-1}$$

となる．これらのデータはハンドブックからとったものだが，最後の2桁に関しては議論の余地があろう．

例題 13・3 (a) ヒットルフセルがあり，三つの区画すべてに 0.1000 モルの AgNO$_3$(aq) が入っている．セル中を $0.0100F$ の電荷が流れた．還元反応による Ag(s) の析出は陰極でつぎのように起こる．

$$\text{Ag}^+(\text{aq}) + \text{e}^- \longrightarrow \text{Ag(s)}$$

実験後の陰極区画の分析の結果，Ag$^+$(aq) は 0.0947 モル残っていたという．Ag$^+$(aq) と NO$_3^-$(aq) の輸率を求めよ．

(b) $\Lambda^\circ_{\text{AgNO}_3} = 133.3 \times 10^{-4}\,\Omega^{-1}\,\text{m}^2\,\text{mol}^{-1}$ として，Ag$^+$(aq) と NO$_3^-$(aq) のモルイオン伝導率を求めよ．

解法 13・3 (a) もし Ag$^+$(aq) が陰極区画へ動かないのであれば，陰極区画の銀イオンの量は電気分解の後は 0.0900 モルになるはずである．Ag$^+$(aq) は電解析出で 0.0100 モル減るからだ．そうではなくて陰極区画に 0.0947 モルあるということは，中央区画から Ag$^+$(aq) が 0.0047 モルだけ移動してきたということになる．輸率 t_+ は，両イオンによって移動した全電荷量に対する Ag$^+$(aq) によって移動した電荷量の比率だから，つぎのように求まる．

$$t_+ = \frac{0.0047}{0.0100} = 0.47$$

残りの輸率 t_- は NO_3^-(aq) によるものだから，つぎのように得られる．

$$t_- = 1.00 - 0.47 = 0.53$$

(b) 輸率は，イオン伝導率とつぎのような関係がある．

$$t_+ = \frac{\lambda_+^\circ}{\Lambda^\circ} \qquad t_- = \frac{\lambda_-^\circ}{\Lambda^\circ}$$

対イオンより多くの電荷を運ぶイオンのイオン伝導率は大きくなる．$\Lambda_{AgNO_3}^\circ = 133.3 \times 10^{-4}\, \Omega^{-1}\, m^2\, mol^{-1}$ であるから

$$\lambda_+^\circ = t_+ \Lambda_{AgNO_3}^\circ = 0.47 \times (133.3 \times 10^{-4})$$
$$= 6.3 \times 10^{-3}\, \Omega^{-1}\, m^2\, mol^{-1}$$

で，また

$$\lambda_-^\circ = t_- \Lambda_{AgNO_3}^\circ = 0.53 \times (133.3 \times 10^{-4})$$
$$= 7.1 \times 10^{-3}\, \Omega^{-1}\, m^2\, mol^{-1}$$

章末問題

13・1 ある熱量計を使って，1.155×10^{-2} モルの HCl を含む溶液を NaOH 溶液で中和したら，温度が 0.553 K だけ上がった．一方，58.7 Ω の抵抗をもつ電気加熱器は 15.0 分間（min）で 0.487 K だけ温度上昇を与えた．このとき電圧は 6.03 V に保たれたとする．この場合のモル中和エンタルピーを求めよ．

13・2 298 K の水溶液において，Ag^+ が Cl^- および AgCl(s) と平衡に達している．AgCl の溶解度積定数は $K_{sp} = 1.77 \times 10^{-10}$ である．$1.000\, dm^3$ に含まれる Ag^+ の電荷総量を求めよ．

13・3 L-ドーパ[1] はパーキンソン病の薬である．L-ドーパを電解槽で定量的にかつ完全に還元するのに 1 分子につき 2 個の電子を必要とする．モル質量は $M = 0.1972\, kg\, mol^{-1}$ である．あるサンプルを完全に還元するのに要した電荷は 57.5 μC であったとすると，サンプル中の L-ドーパの質量を求めよ．

13・4 銅の 298 K における抵抗率は $\rho = 1.71 \times 10^{-8}\, \Omega\, m$ である．直径 1.00 mm で長さ 1.00 m の銅線に 1.00 mV の電圧をかけた．電流を求めよ．

13・5 (a) 銅の 298 K における抵抗率は $\rho = 1.71 \times 10^{-8}\, \Omega\, m$ である．銅の伝導率を求めよ．また直径 1.00 mm で長さ 1.00 m の銅線のコンダクタンスも求めよ．

(b) 直径 2.00 mm で長さ 0.500 m の銅線のコンダクタンスを求めよ．

13・6 ある伝導度測定用セルは，二つの白金電極からできている．それぞれは正確に一辺が 2 cm の正方形で，それらの間隔は 1 cm である．濃度 0.1000 mol dm^{-3} の HCl 溶液がセルに注がれ，測定された抵抗値は 6.3882 Ω であったという．この濃度の HCl のモル伝導率を求めよ．計算の各段階で単位に注意することが大事である．

13・7 水の電離は，つぎのように表されるとする．

$$H_2O \longrightarrow H^+ + OH^-$$

水の伝導率を $\kappa = 5.50 \times 10^{-6}\, \Omega^{-1}\, m^{-1}$ として，つぎの問いに答えよ．

(a) 純水のモル濃度（単位：$mol\, dm^{-3}$）を求めよ．ただし，298 K における水の密度は 0.99705 $kg\, dm^{-3}$ とする．水の分子量を 18.02 とする．

(b) 電離度 α を求めよ．ただし，イオンの極限モル伝導率は $\lambda_{H^+}^\circ = 0.03498$, $\lambda_{OH^-}^\circ = 0.01986\, \Omega^{-1}\, m^2\, mol^{-1}$ とする．

(c) 純水の解離に対するイオン積 K_w を求めよ．

(d) 純水における H^+ イオンの濃度を求めよ．

13・8 NaCl のモル伝導率はハンドブックに下表のように記載されている．これらのデータを使って，コールラウシュプロットを描き，それを使って Λ_{NaCl}° および外挿直線の勾配を求めよ．

[$mol\, dm^{-3}$]	モル伝導率
5.0000×10^{-4}	124.4400
1.0000×10^{-3}	123.6800
5.0000×10^{-3}	120.5900
0.0100	118.4500
0.0200	115.7000
0.0500	111.0100
0.1000	106.6900

13・9 NH_4Cl, NaOH, NaCl のモル伝導率 Λ° はそれぞれ 149.6×10^{-4}, 247.7×10^{-4}, $126.4 \times 10^{-4}\, \Omega^{-1}\, m^2\, mol^{-1}$ である．$\Lambda_{NH_4OH}^\circ$ を求めよ．

13・10 伝導率 κ の単位が $\Omega^{-1}\, m^{-1}$ となることを示せ．

13・11 つぎの自発的反応

$$H_2(g) + \frac{1}{2} O_2(g) \longrightarrow H_2O(l)$$

のギブズエネルギー変化 ΔG は $-237\, kJ\, mol^{-1}$ である．電荷 Q を電位差 V に逆らって動かすのに必要な仕事が $w = Q \times V$ であることに基づき，逆反応である水の電気分解に必要な電位差の最小値を求めよ．

---

1) L-ドーパ（L-DOPA）：L-(dihydroxyphenyl) alanine

14

化 学 電 池

　電気化学の進展は熱力学の進展よりも少なくとも一世代[*1]は早かったといえる．あのファラデーによる多くの発見の前にも，ボルタ[*2]による静電気や電流に関する実験が主として18世紀になされており，最初の真のバッテリー"ボルタ電池"が注目を集めていた．ボルタのバッテリーは"電堆（でんたい）"とよばれた．電堆が多数積み重ねられていたからである．ボルタの研究は庶民の興味をひき起こし，その約10年前に行われたガルバニの実験，つまり死んだカエルの足に電気を通して神経反応を活性化できることを彼が再現し，これは電気に基づくものであり，カエルの足自身の性質によるものではないことを明らかにしたときに絶頂に達した．死んだ動物を活性化したことは，"いつか科学は生命を創り出すことができるのだろうか"という疑問が投げかけられるようになる元となった[*3]．ボルタによる実験のニュースは当時のある種の流行をひき起こした．Mary Shelleyによる小説"フランケンシュタイン"はおそらくこれがきっかけとなって生み出されたのであろう．

14·1 ダニエル電池

　硫酸亜鉛 $ZnSO_4$ の水溶液に亜鉛棒を浸すと，それだけで亜鉛棒 $Zn(s)$ と水溶液中のイオン $Zn^{2+}(aq)$ の間には化学ポテンシャルの差が生じる．そこで反応が始まり，亜鉛棒から Zn が溶け出して溶液に出ていき電子を2個置き去りにするか，濃度によっては反対に溶液中の $Zn^{2+}(aq)$ が金属から電子を2個受け取って亜鉛棒に付着する．反応式はつぎのどちらかとなる．

$$Zn(s) \longrightarrow Zn^{2+}(aq) + 2\,e^- \qquad (14·1)$$

$$Zn^{2+}(aq) + 2\,e^- \longrightarrow Zn(s) \qquad (14·2)$$

どちらにしても，電位差が電極と溶液の間に生まれ，一方の化学ポテンシャルと電気ポテンシャルの和，つまり電気化学ポテンシャルが他方の電気化学ポテンシャルと釣り合ったとき，平衡状態になる．

　もし，同じことが銅棒と $CuSO_4$ 溶液を使ってなされても，同じようなことが起こる．しかし，Cu電極の電位は Zn 電極と同じではない．固体の $Cu(s)$ の化学ポテンシャルは $Zn(s)$ の化学ポテンシャルとは同じでないからだ．$Zn(s)$ は $Cu(s)$ よりもイオンを含む希薄溶液に溶けやすく，$Cu(s)$ よりもより"活動的"であると言われる．電位 ϕ にある $Zn|Zn^{2+}$ 電極を，系の外部でデジタル電圧計を通して $Cu|Cu^{2+}$ 電極につなぎ，系の内部では**塩橋**[*4]でつなぐと，電位の差，つまり電圧[1]を測定することができる．この場合は，両電極区画における $ZnSO_4$ および $CuSO_4$ の濃度にもよるが，大体 1.1 V であることがわかる．この電池は**ダニエル電池**[*5]とよばれている．

　デジタル電圧計の代わりに抵抗器あるいは小さなモーターをつなぐと，熱や仕事を得ることができる．これが**電池**[2]の利用の原理である．歴史的には，大砲との類推（たとえば，二連大砲など）から電池を複

---

*1 訳注：一世代とは，一般に約30年と言われている．
*2 訳注：Alessandro Volta，イタリアの物理学者（1745–1827）．
*3 D.G. Gibson et al., *Science*, **329**, 52–56 (2010) を参照のこと．
*4 訳注：化学電池や電気分解の実験において，二つの溶液を混合させないで電気的に連絡するために用いる装置．
*5 1837年に発明された．オリジナルのダニエル電池は，$CuSO_4$ 溶液が入った銅製カップに Zn 棒と $ZnSO_4$ 溶液が入った多孔性のカップが浮かんだものであった．この塩溶液に浸かった多孔性のカップが塩橋の役目をしている．ダニエル電池は実用性に優れており，初期の電気化学の発展において重要な役目を果たした．

1) voltage　2) cell

数つないだものを**バッテリー**とよぶ．しかし，1.5 V の単3バッテリーといっても実は1個の電池である．

14·2 半 電 池

さまざまな電池が実用に供せられている．ダニエル電池の $Cu|Cu^{2+}$ 電極や $Zn|Zn^{2+}$ 電極は他の金属を使った電極で置き換えることが可能である．したがって，金属−金属イオンという電極は多数存在することになる．これらの $M|M^{z+}$ 電極（z は電極反応にかかわる電子の数）は"**半電池**[1]"とよばれる．半電池を二つ組合わせれば電池ができるからである．縦線（|）は電子の交換の可能性を表し，しばしば（必ずというわけではないが）$Zn|Zn^{2+}$ における固体|溶液のような物理的境界面を表している．電気化学において標準となる半電池は図14·1に示した水素半電池である．1 atm（あるいは 1 bar）の水素ガスで半電池を通気するので，白金 Pt でできた電極は $H_2(g)$ ガスと $H^+(aq)$ イオンを含む酸溶液を交互に浴びているようなものと考えられる．$H_2(g)$ は Pt（11章で学んだ金属結晶）の表面に吸着しているので，$H^+(aq)$ イオンが"見る"ものは $H_2(g)$ からなる壁みたいなものである．この場合の電極反応は，金属とイオンの反応とほぼ同じであるが，水素分子−水素イオンという反応である点で少し異なっており，反応はつぎのようになる．

$$H_2(g) \longrightarrow 2 H^+(aq) + 2 e^- \quad (14·3)$$

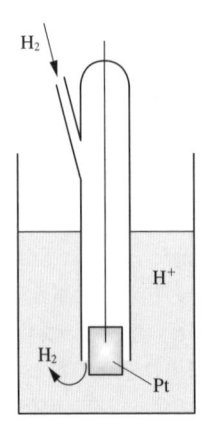

図14·1 水素半電池

水素半電池は他の半電池と組合わせることができ，電圧は以前と同様にして測定することができる．

半電池の電位は §14·1 で示したような通常の方法では測定できない．そこで，水素半電池が標準として選ばれ，電位 0 V と定められた．そして，さまざまな半電池と組合わされ，電池全体での電圧が測定される．こうすると，$H_2(g)|H^+(aq)$ からの寄与は定義によりゼロだから，全体の電圧がもう一方の半電池の電位となる．このようにして一連の半電池の電位が求まり，表14·1に示したように，$Zn|Zn^{2+}$ のような活動的な金属から $Cu|Cu^{2+}$ へと並んでいく．$Cu|Cu^{2+}$ は $H_2(g)|H^+(aq)$ より正の電位であり，一方 $Zn|Zn^{2+}$ は -0.763 V と負の電位になっている．これら二つの半電池の電位差は $0.337-(-0.763)=1.100$ V となり，ダニエル電池の測定値 1.1 V と一致している．もちろん，これら電位には注目するイオンの濃度の定義を含める必要がある．また，標準水素半電池の電位は水素イオンの活量が1のときの電位として定義される．

14·3 半電池の電位

多くの半電池は，電気化学の長い歴史のなかで研究されてきた．それら電位は，慣例により，**還元電位**として示されるのが普通である（表14·1）．$K^+(aq)+e^- \longrightarrow K(s)$ の場合は電子が1個加わり，$Cu^{2+}(aq)+2e^- \longrightarrow Cu(s)$ の場合は電子が2個加わっている．

表14·1 還元電位

半電池	電池反応	$E°$ [V]
$K^+|K(s)$	$K^+ + e^- \longrightarrow K(s)$	-2.925
$Zn^{2+}|Zn(s)$	$Zn^{2+} + 2e^- \longrightarrow Zn(s)$	-0.763
$Cd^{2+}|Cd(s)$	$Cd^{2+} + 2e^- \longrightarrow Cd(s)$	-0.403
$H^+|H_2(g)$	$2H^+ + 2e^- \longrightarrow H_2(g)$	0.000
$Cl^-|AgCl(s)|Ag$	$AgCl(s) + e^- \longrightarrow Ag(s) + Cl^-$	0.222
$Cu^{2+}|Cu(s)$	$Cu^{2+} + 2e^- \longrightarrow Cu(s)$	0.337
$Fe^{3+}|Fe^{2+}|Pt$	$Fe^{3+} + e^- \longrightarrow Fe^{2+}$	0.771
$Ag^+|Ag(s)$	$Ag^+ + e^- \longrightarrow Ag(s)$	0.799

14·4 電 池 図

ある規約に従って化学電池の記述をするとわかりやすくなる．その規約による**電池図**[2]においては，表14·1で上のほうにある半電池を左に，下のほうにある半電池を右におくことになっている．§14·1で学んだダニエル電池の電池図を書くと，つぎのようになる．

---

1) half cell 2) cell diagram

$$\text{Zn(s)} | \text{Zn}^{2+}(\text{aq}) \,\|\, \text{Cu}^{2+}(\text{aq}) | \text{Cu(s)} \qquad (14 \cdot 4)$$

ここで，縦二重破線 ‖ は塩橋を意味している．**電池反応**は，左側の半電池反応式を逆（酸化反応）にしたものを右側の半電池反応式に辺々足したものであり，つぎのようになる．

$$\begin{array}{c}\text{Zn(s)} \longrightarrow \text{Zn}^{2+}(\text{aq}) + 2\,\text{e}^{-} \\ \underline{\text{Cu}^{2+}(\text{aq}) + 2\,\text{e}^{-} \longrightarrow \text{Cu(s)}} \\ \text{Zn(s)} + \text{Cu}^{2+}(\text{aq}) \longrightarrow \text{Cu(s)} + \text{Zn}^{2+}(\text{aq})\end{array} \qquad (14 \cdot 5)$$

2個の電子 e^{-} は和を求める際に相殺される．還元が起こる電極（表14・1で半電池の電位は還元電位として表示されていることに注意）は**正極(+)** であり，もう一方の電極が**負極(−)** となる[*6]．

電池全体としての電圧 E° は，二つの半電池の電位の差としてつぎのように求まる（ダニエル電池の場合）．

$$\begin{aligned} E^\circ &= E^\circ_{\frac{1}{2}\text{R}} - E^\circ_{\frac{1}{2}\text{L}} \\ &= 0.337 - (-0.763) = 1.100 \text{ V} \end{aligned} \qquad (14 \cdot 6)$$

これは，熱力学的ポテンシャルの取扱いに対応しているといえる．たとえば，つぎの反応

$$\text{A} \longrightarrow \text{B} \qquad (14 \cdot 7)$$

に対して，ギブズエネルギー変化はつぎのように求まる．

$$\Delta G^\circ = G^\circ(\text{B}) - G^\circ(\text{A}) \qquad (14 \cdot 8)$$

電池反応では，一方の電極で還元が，他方では酸化が起こっており，**酸化還元反応**[1]，または単に**レドックス反応**[2] とよばれている．上で述べた規約に従って電池図が書かれた場合，そのレドックス反応は自発的に起こる．

14・5 電気的仕事

単位 $\text{J} = \text{V} \times \text{C}$ であるから，電圧1Vで働いている化学電池は，それが生み出す電気1Cごとに1Jの仕事をすることになる．電荷量は，ある電流 I がある時間 t 流れたとき，$I \times t$ と与えられる．したがって電荷量（単位C）は，電池反応によって抵抗器あるいはモーターを通して運ばれる電子の数に比例する．電池反応で1個の電子がやり取りされる場合，1モルの反応物が消費されるならば，1モルの電子がやり取りされ，$1\,F$ の電荷が生み出される．このとき仕事は 96485 J となる．一般に n 個の電子が関与し，電圧が E V の場合，仕事 w は

$$w = nFE = -\Delta G \qquad (14 \cdot 9)$$

と表される．消費される反応物のモル当たりになされる仕事の量は，ギブズエネルギーの減少量に等しく，式(14・9)の右側の等式が成り立つ．これから，熱力学と電気化学を結びつける大事なつぎの式が得られる．

$$\Delta G = -nFE \qquad (14 \cdot 10)$$

14・6 ネルンストの式

理想溶液ではつぎの式が成り立つことをすでに学んだ〔式(7・54)〕．

$$\Delta G = \Delta G^\circ + RT \ln Q \qquad (14 \cdot 11)$$

ここで，Q は反応商であり，電荷量ではない．したがって式(14・10)を代入すると

$$nFE = nFE^\circ - RT \ln Q \qquad (14 \cdot 12)$$

あるいは

$$E = E^\circ - \frac{RT}{nF} \ln Q \qquad (14 \cdot 13)$$

これは**ネルンストの式**とよばれている．R と F に値を代入すると，298 K では

$$E = E^\circ - \frac{0.0257}{n} \ln Q \qquad (14 \cdot 14)$$

となる．

ΔG と ΔG° の意味をよく考えると E と E° をよく理解することができる．ΔG は，ある任意の条件下の反応商 Q のときのギブズエネルギーであるから，E はこの条件下での電池から得られる電位である．一方，

[*6] 訳注：英語 anode と cathode の日本語訳については，注意が必要である．英語では，前者は酸化が起こる電極，後者は還元が起こる電極と明確であるが，わが国においては電池の場合と電解槽の場合で，つぎのように異なる訳語をつける習慣がある．
 anode 酸化反応：（電池）負極；（電解槽）陽極
 cathode 還元反応：（電池）正極；（電解槽）陰極

1) reduction-oxidation reaction 2) redox reaction

反応物と生成物が標準状態にある場合は，ギブズエネルギーの差は $\Delta G°$ となり，$E°$ はレドックス反応における反応物と生成物が標準状態にあり，単位活量をもっているときの電池の電位である．これは，表14·1に示したような標準半電池電位の表から求められる値である．

電池の活量が1でない各成分の濃度を知れば，まず $E°$ を表から求め，ついでネルンストの式を使って実際の電池の電位を計算することができる．たとえば，電極反応における濃度が

$$Cu(s) + 2\,Ag^+(aq, 0.01\,m) \longrightarrow Cu^{2+}(aq, 0.1\,m) + Ag(s) \quad (14·15)$$

であるとすると，$Q=[Cu^{2+}(aq, 0.1\,m)]/[Ag^+(aq, 0.01\,m)]^2 = 0.1/0.01^2 = 1000$ となる．標準電池電位は $E° = 0.799 - 0.337 = 0.462\,V$ となり，電子の個数は2個だから $n=2$ としてネルンストの式を書くと

$$\begin{aligned} E &= E° - \frac{0.0257}{n}\ln Q \\ &= 0.462 - 0.0128 \times 6.908 \\ &= 0.373\,V \end{aligned} \quad (14·16)$$

となる．古い書籍の多くは，ネルンストの式において自然対数の代わりに常用対数を使っているので，底の変換により常用対数の前に 2.303 という数が掛けられることになる．

$$\begin{aligned} E &= E° - \frac{0.0257}{n}\ln Q \\ &= E° - \frac{2.303 \times 0.0257}{n}\log Q \\ &= 0.462 - 0.0592 \times \frac{3}{2} = 0.373\,V \end{aligned} \quad (14·17)$$

これまではすべて，$a=m$ とするなど，理想的な挙動を仮定して議論してきた．しかし，注意が必要である．これについては後でふれる．

14·7 濃淡電池

ネルンストの式を見ると，同一の半電池同士でも電極区画中の濃度が違えば化学電池として使えることがわかる．水溶液の濃度の差が測定可能な電位差を与えるのである．このような電池は**濃淡電池**[1]とよばれる．

どんな金属|金属イオン半電池でも可能である．たとえば，一方が $Ag|Ag^+(aq, 0.010\,m)$ であり，他方は $Ag|Ag^+(aq, 0.10\,m)$ であると，電池図は

$$Ag|Ag^+(aq, 0.010\,m) \,\|\, Ag|Ag^+(aq, 0.10\,m) \quad (14·18)$$

となる．電池反応は，負極および正極における半電池の反応からつぎのように求まる．

$$Ag^+(0.10\,m) \longrightarrow Ag^+(0.010\,m) \quad (14·19)$$

つまり，自発的変化の方向は，濃厚から希薄なほうへということになる．（溶液は決して自然に濃度が高まることはない．）$Q = 0.010/0.10 = 0.10$ だから，ネルンストの式はつぎのようになる．

$$E = 0 - 0.0257\ln 0.10 = 0.059\,V = 59\,mV \quad (14·20)$$

ところで，一方の半電池のイオンの濃度が既知で，他方の濃度は未知の場合，その未知濃度は電位を測定することによって決められることがわかる．これは，電気化学が最も役立っている機器の一つ，pH計（pHメーター）の原理である．pH計においては，電位が測定され，その値はネルンストの式によって半電池中の水素イオン濃度の対数の一次関数になることがわかる[*7]．一般化学で学んだように，水素イオン濃度の常用対数に負符号をつけたものは pH 値（pH $= -\log[H^+]$）である．pH計は，H^+ イオンに敏感なガラス電極と一定の電圧を与えるカロメル電極から構成されており，電子回路によって両半電池の電圧の和を測定し表示する機能をもっている．pH計はあらかじめ校正しておけば，水素イオン濃度を pH 単位で直接的に表示することができ，広く使われている．

14·8 $E°$ の決定

銀 Ag の電極を HCl 溶液に浸すと，すぐに AgCl(s) によって覆われてしまうという．この半電池を標準水素電極と組合わせると，つぎのような電池が出来上がる．

$$Pt(s)|H_2(g)|HCl(aq)|AgCl(s)|Ag(s) \quad (14·21)$$

この電池の場合は塩橋を必要としない．一方の電極は H^+ に敏感で，もう一つの電極は Cl^- に敏感で，両濃度は正確に等しい．電池反応はつぎのようになる．

[*7] 訳注：導出は略すが，電位 E は $E = (2.303RT/F)\mathrm{pH} + 定数$ となる．

[1] concentration cell

$$AgCl(s) + \frac{1}{2}H_2(g) \rightleftharpoons H^+(aq) + Cl^-(aq) + Ag(s) \quad (14\cdot 22)$$

この電池に対するネルンストの式は

$$E = E° - \frac{RT}{F}\ln\frac{a_{Ag}\,a_{H^+}\,a_{Cl^-}}{a_{AgCl}(a_{H_2})^{1/2}} \quad (14\cdot 23)$$

となる．右辺に現れている五つの活量のうち三つの活量は1である．AgCl(s) と Ag(s) は固体であり，水素の圧力は1 atm（あるいは1 bar）で $a_{H_2}=1$ であるからだ．残る活量の積は $a_{H^+}\,a_{Cl^-}=\gamma_\pm\,m_{H^+}\,\gamma_\pm\,m_{Cl^-}=\gamma_\pm^2\,m_{HCl}^2$ となる．HClは完全に電離し，他に H^+ や Cl^- の供給がないからである．すると，ネルンストの式は

$$E = E° - \frac{RT}{F}\ln\gamma_\pm^2\,m_{HCl}^2$$

$$= E° - \frac{2RT}{F}\ln\gamma_\pm - \frac{2RT}{F}\ln m_{HCl} \quad (14\cdot 24)$$

となり，移項すると

$$E + \frac{2RT}{F}\ln m_{HCl} = E° - \frac{2RT}{F}\ln\gamma_\pm \quad (14\cdot 25)$$

が得られる．この式の右辺は，$m \to 0$ のとき $\gamma_\pm \to 1$ となるので，値は $E°$ に近づく．そこで，左辺の $E+(2RT/F)\ln m_{HCl}$ を m に対してプロットし，$m=0$ で外挿して $E°$ を求めるという方法が考えられるが，実はこれは正しくない．§13・9で学んだデバイ-ヒュッケルの極限法則によれば $\ln\gamma_\pm=-1.172\,|Z_+Z_-|\,\tilde{\mu}^{1/2}$ であり，この場合は無限希釈で $\tilde{\mu}=m$ である．そこで，式(14・25)の左辺を E' とおくと

$$E' = E + \frac{2RT}{F}\ln m_{HCl} \quad (14\cdot 26)$$

となり

$$E' = E° + \frac{2RT\times 1.172}{F}m^{1/2} \quad (14\cdot 27)$$

が得られる．これで，縦軸に E'，横軸に $m^{1/2}$ をとってプロットすれば，切片として $E°$ が求まる（図14・2）．プロットは勾配 $(2RT\times 1.172)/F$ の直線を与えるが，それは無限希釈においてのみである．この外挿法はかなりの精度で行える．この塩化銀-水素電池では0.2223 Vという結果が得られた．標準水素電極は定義によって半電池電位がゼロなので，この値は銀-塩化銀半電池の電位であり，表14・1に示されている値と一致する．

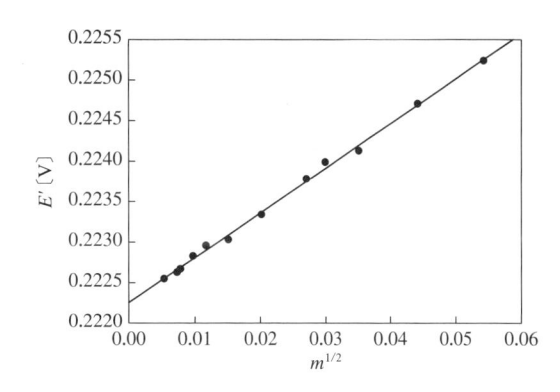

図 14・2 標準水素-銀-塩化銀電池に対する外挿値 $E°=0.2223$ V．Kotz, Rosenberg (2008) による標準値は0.22239 Vである．濃度が高くなると測定値は直線からずれる．

14・9 溶解度積と安定度定数

一般化学を学んだことがあれば，塩化銀の溶解度積定数[1]が大体 $K_{sp}=[Ag^+][Cl^-]=10^{-10}$ 程度であることを記憶しているかもしれない．これから，AgCl水溶液における銀イオンの濃度は $[Ag^+]=10^{-5}$ 程度であることがわかる．さて，このような薄い濃度0.00001 M（あるいは m）のイオン濃度をどうやって精密に測定することができるだろうか．リン酸銅に至っては $K_{sp}=10^{-37}$ であり，気が遠くなるほどだ．

考えてみれば，ネルンストの式は電池の電圧と濃度の対数を関係づけるものであることに気がつく．したがって，難溶性の塩や安定な錯体の飽和溶液中の非常に低い金属イオン濃度を測定することが可能となる．たとえば，銀-銀イオン半電池と，前に出てきた銀-塩化銀半電池と類似の銀-ヨウ化銀半電池からなる電池を考えてみよう．電池図と電池反応はつぎのようになる．

$$Ag(s)|AgI(s)|I^-(aq) \,\|\, Ag^+(aq)|Ag(s) \quad (14\cdot 28)$$

$$Ag^+(aq) + I^-(aq) \rightleftharpoons AgI(s) \quad (14\cdot 29)$$

電池反応の平衡定数は

$$K_{eq} = \frac{a_{AgI}}{a_{Ag^+}\,a_{I^-}} = \frac{1}{K_{sp}} \quad (14\cdot 30)$$

ここで，沈殿固体の a_{AgI} は1で，AgI の溶解度積は K_{sp} で置き換えている．この電池の電圧は 0.950 V である[*8]から，ネルンストの式を解くと，$\log K_{sp}=$

---

*8 $AgI(s) + e^- \longrightarrow Ag(s) + I^-(aq)$ の標準還元電位は $E°=-0.151$ V である．
1) solubility product constant

$-0.950/0.0592 = -16.0$ となり，結局 $K_{sp} \approx 10^{-16}$ が得られる．0.0592 が出てくるのは常用対数を使っているためである〔式(14·17)〕．錯体の安定度定数[1]も AgI で示したのと似たやり方で測定することができる．金属イオンは EDTA のような配位子によって錯体にすることにより，非常に低いレベルに抑えられるのである．

14·10 平均イオン活量係数[2]

§14·8 で出てきた手順を逆にすると，$\gamma_\pm$ が求まる．式(14·24)から，$T = 298$ K として

$$E = E° - \frac{2RT}{F}\ln\gamma_\pm - \frac{2RT}{F}\ln m_{HCl} \quad (14·31)$$

$$E = E° - 0.1183 \log \gamma_\pm - 0.1183 \log m_{HCl} \quad (14·32)$$

が得られる．さらに変形すると

$$0.1183 \log \gamma_\pm = -E + E° - 0.1183 \log m_{HCl} \quad (14·33)$$

$$\log \gamma_\pm = \frac{-E + E° - 0.1183 \log m_{HCl}}{0.1183} \quad (14·34)$$

となる．ある質量モル濃度において E を測定すれば，$E°$ は既知であるので式(14·34) の右辺に現れている量はすべてわかったことになり，$\gamma_\pm$ は決定できる．

14·11 カロメル電極

標準水素半電池は，定義によりその電位は 0 という良さをもっているが，かなり嵩ばり，しかも水素ガスを使うので危険が伴う．それゆえ，欠点をもたない半電池がいくつか参照電極[*9]として使われている．一番よく使われるのはカロメル電極（正確には半電池）である．この電極の取扱いは容易であり，一定の温度では一定の電位を与える良さをもっている．カロメル半電池は，液体の水銀，それに糊状の Hg_2Cl_2 と KCl が接触している．外部の回路との繋ぎは白金 (Pt) 線によって水銀を通してなされる．他の半電池との組合わせはさまざまあるが，飽和 KCl 溶液を使った塩橋で接続される．電流は小さいので，飽和 KCl 溶液はあまり変化を与えず，出力電圧はほぼ一定で，298 K では 0.2444 V となる．この電極は**飽和カロメル電極**[3]の英語を略して SCE とよばれることがある．**カロメル**は塩化水銀(I) Hg_2Cl_2 を意味し，昔は下剤として使われていた．さて，つぎのような電池を考えてみよう．

$$Pt\,|\,H_2(g, 1.0\ atm)\,|\,H^+(aq)\,\vdots\vdots\,Hg_2Cl_2(s), KCl(aq, 飽和)\,|\,Hg(l)\,|\,Pt$$

ネルンストの式はつぎのようになる．

$$E_{cell} = E_{calomel} - 0.0257 \ln H^+(aq) \quad (14·35)$$

$H^+(aq)$ 以外の活量はすべて 1 とみることができるか，$E_{calomel}$ の中に含めることができるからである[*10]．さらに式を変形すると

$$-\ln H^+(aq) = \frac{E_{cell} - E_{calomel}}{0.0257} \quad (14·36)$$

pH の定義式を代入し，常用対数に変換すると

$$pH \equiv -\log H^+(aq) = \frac{E_{cell} - E_{calomel}}{0.0592} \quad (14·37)$$

を得る．実在溶液では活量係数は 1 ではないので，この結果は正確ではなく，有効数字を多くとることはできない．電池電位は有効数字 4 桁程度で測定することはできるが，pH 値は注意して扱ったほうがよい．反対に，予測した値からの pH 値のずれは，活量係数の値を見積もるのに使える．

14·12 ガラス電極

手軽に pH を測れるようにするためには，かなり嵩ばり爆発の危険がある水素電極をどうするかという問題があった．これを解決するために今では水素電極の代わりにガラス電極というものが使われている．ある範囲内であれば，薄いガラス膜[*11]の両側の液相間の電位は両液相中の水素イオンの濃度比の対数に比例するので，pH 値を測定するのに使える．しかし，水素イオンに対する感度については厳密にわかっておらず，水素イオンあるいは Na^+ イオンを膜の内外どちらに入れるかによっても違いがある．そこで，pH 測定は相対的に行う．すなわち，pH 値が既知の標準緩

[*9] 基準に用いる電極．

[*10] 訳注：電池反応式は $\frac{1}{2}Hg_2Cl_2(s) + \frac{1}{2}H_2(g, 1.0\ atm) \longrightarrow Hg(l) + Cl^-(aq) + H^+(aq)$ である．固体・液体・標準状態の $H_2(g)$ の活量は 1，Cl^- イオンの濃度はカロメル電極の組成に依存し，水素電極の組成によらないので一定とみることができる．

[*11] 訳注：H^+ 感応性ガラス膜の厚みは 0.1 mm 内外．電気抵抗は $10^8\ \Omega$ 程度である．

1) stability constant　2) mean ionic activity coefficient　3) saturated calomel electrode

衝溶液に対する電位によってpHを決めることになる．ガラス電極は非常に小さいものが作られるようになり，携帯用のpH計が普通に実験室や屋外で使われている．水素イオン $H^+(aq)$ 以外のイオン（たとえば，$Ca^+(aq)$）に敏感なガラス電極なども，さまざまなものが開発され，使用されている．

例題と章末問題

例題 14·1 水素半電池のpH

ガラス電極を使ったpH計だけがpHを決める唯一の方法ではない．たとえば，§14·8で示した方法を逆に考えよう．$Ag|AgCl$ 半電池をつぎの電池図のように使い

$$Pt(s)|H_2(g, 1atm)|HCl(aq,?)|AgCl(s)|Ag(s)$$

HClの濃度を決めることができる．電池の電圧が493 mVであるとき，電極が入っているHCl溶液のpHを求めよ．

解法 14·1 電池反応式はつぎのようになる．

$$AgCl(s) + \frac{1}{2}H_2(g) \rightleftharpoons H^+(aq) + Cl^-(aq) + Ag(s)$$

$Ag(s)$ と $AgCl(s)$ は固体で活量1，また $p_{H_2}=1$ atm で活量1だから，ネルンストの式は

$$E = E° - \frac{0.0592}{1} \log m_{H^+} m_{Cl^-} = 0.493 \text{ V}$$

となる．$E°$ は表14·1から0.222 Vであり，HClは H^+ と Cl^- を一つずつ生成するので $m_{H^+}=m_{Cl^-}$ となる．m を二つのイオン濃度の幾何平均として求めるので，$m_{H^+} m_{Cl^-} = m_{H^+}^2$ となり*12

$$0.493 = 0.222 - 0.0592 \log m_{H^+}^2$$
$$0.493 - 0.222 = 2 \times 0.0592 \times (-\log m_{H^+})$$
$$0.271 = 0.1184 \times (-\log m_{H^+}) = 0.1184 \text{ pH}$$
$$\text{pH} = \frac{0.271}{0.1184} = 2.29$$

ここで得られたpHは，図14·2のように有効数字5桁まで求めることはできない．いくつかの近似が行われているからである．一つ目は解離したイオン間の相互作用が考慮されていないこと，二つ目はAgClの溶解が H^+ と Cl^- の数のバランスを崩すことである．

例題 14·2 平均イオン活量係数

塩化銀–水素電池で $m_{HCl}=0.1000$ としたとき，電池電圧は $E=0.353$ V であるという．この濃度における H^+ の平均活量係数を求めよ．

解法 14·2 $E = E° - 0.0592 \log \gamma_{\pm}^2 m_{HCl}^2$ であるから

$$\log \gamma_{\pm} = \frac{-E + E° - 0.1184 \log m_{HCl}}{0.1184}$$

となり，つぎのようになる．

$$\log \gamma_{\pm} = \frac{-E + E° + 0.1184}{0.1184}$$
$$= \frac{-0.353 + 0.2224 + 0.1184}{0.1184} = -0.103$$
$$\gamma_{\pm} = 0.789$$

m のいくつかの値に対して E を測定し，図14·3のように $\gamma_{\pm}-m^{1/2}$ プロットを行うことができる．$\gamma_{\pm}$ の値はデバイ–ヒュッケル理論から予測されるように1以下である．グラフは直線ではなく，低濃度においてのみ直線近似ができる．

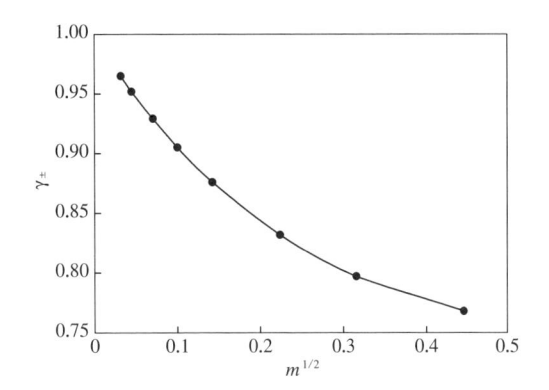

図 14·3 $m^{1/2}$ の関数としてのHClの平均活量係数．例題14·2で求めた平均活量係数 $\gamma_{\pm}=0.789$ は右から2番目の点である．標準値は $\gamma_{\pm}=0.797$ である．

章末問題

14·1 ダニエル電池を考えよう（§14·1）．ただし，$Zn^{2+}(aq)$ は $Cd^{2+}(aq)$ で，$Zn(s)$ は $Cd(s)$ で置き換える．

(a) 正極（+）は $Cu(s)$ か $Cd(s)$ か．

(b) 電池電圧の近似値を求めよ．（$Cu(aq)$ と $Cd(aq)$ の濃度が指定されていないので，近似値となる．）

---

*12 訳注: §13·9を参照のこと．

14・2 電気化学は数多くの化学分析に応用されている．Zn|Zn²⁺電極を使った濃淡電池を考えよう．一方の半電池区画における Zn^{2+} の濃度は 0.0100 m であるが，もう一方の区画における濃度は未知である．全体の電池電圧は測定でき，32.4 mV である．　ヒント　電池反応式は，$Zn^{2+}(0.0100\ m) \rightarrow Zn^{2+}(?\ m)$ と考える．

　(a) 計算をしないで，未知の濃度が 0.0100 m より濃いか薄いかを答えよ．

　(b) 未知の濃度を計算せよ．

　(c) (b) の解答と (a) の解答は一致したか．

14・3 Ag|AgBr 電極の半電池（還元）電位は 0.071 V である．この情報と §14・3 で与えられた情報を使って水の中における AgBr の溶解度積定数 K_{sp} を求めよ．

14・4 溶解度の決定に電気化学を応用できることは，さまざまな平衡定数の決定，さらには電気化学反応に際してのギブズ自由エネルギー，エンタルピー，エントロピー変化の決定ができることを意味する．$\Delta_r G°$，$\Delta_r H°$，$\Delta_r S°$ を決定するための式を導出し，やり方も答えよ．

14・5 Fe^{2+} と Fe^{3+} を含む水溶液からすべての Fe^{3+} イオンを，細かく粉砕した Zn(s) で濾すことにより還元することは可能であろうか．

14・6 前問の反応式から標準ギブズ自由エネルギー変化を求め，平衡定数を計算せよ．そして，その値は前問の答と一致しているか．

14・7 水素半電池が飽和カロメル電極と組合わされており，電池の電圧は 573 mV であるという．水素半電池の水溶液の pH を求めよ．また，水素電極が標準水素電極（SHE[1]）の場合の電圧を求めよ．

14・8 つぎの電池

$$Pt(s)|H_2(g, 1\ atm)|HCl(aq)|AgCl(s)|Ag(s)$$

を使って，HCl(aq) の濃度を低い領域で変化させ電圧を測定し，つぎのような電圧の結果を得た．

c [mol dm⁻³]	E_{cell} [V]
0.00321	0.5205
0.00562	0.4926
0.00914	0.4686
0.0134	0.4497
0.0256	0.4182

Ag(s)|AgCl(s) 半電池の標準電池電位を求めよ．

14・9 つぎのような反応で，鉄 Fe(III) の酸化還元滴定においてセリウム Ce(III) を還元剤として使うことが提案されているとしよう．

$$Ce^{3+}(aq) + Fe^{3+}(aq) \longrightarrow Ce^{4+}(aq) + Fe^{2+}(aq)$$

還元反応として書かれた半電池の電位はつぎに示すとおりであるが，強酸のため少し修正されている．

$Ce^{4+}(aq), Ce^{3+}(aq)|Pt\quad -1.44\ V\quad 1\ M\ H_2SO_4$

$Fe^{3+}(aq), Fe^{2+}(aq)|Pt\quad\ \ \ 0.68\ V\quad 1\ M\ H_2SO_4$

この滴定法は実行可能であろうか．

---

1) SHE: standard hydrogen electrode

15

前期量子論から量子力学へ

　20世紀の最初の四半世紀は，発見と驚きが複雑に入り交じった時代であった．当時の物理学者たちは，1900年にプランク[*1]によって提唱されたよく理解できない"エネルギーの量子化[1)]"という概念から始まり，1925年にハイゼンベルク[*2]によって提唱され避けられえないものとされた"不確定性原理[2)]"へと進まざるをえなかった．ここでは，説明を簡潔にするために，**前期量子論**[*3]の研究を二つ紹介しよう〔Barrow(1996)，Laidler & Meiser(1999)，Atkins(1998)〕．

1) ド・ブロイ[*4]の業績："小さな粒子，特に電子は波動の性質をもっている"
2) シュレーディンガー[*5]の業績："波動方程式を解けば，水素原子スペクトルは導き出すことができる"

の二つである．

15・1 水素原子スペクトル

　物質のなかには，エネルギーを受けて励起されたとき電磁波の可視光領域の光を発するものがある．たとえば，ナトリウムはオレンジ色に光る．NaCl溶液を炎に噴霧すればすぐにわかる．一般に，原子にはエネルギー準位が多数あり，そのため多くの波長の電磁波が発せられることになる．これは**電子スペクトル**[3)]とよばれる．異なる色の，もっと正確に言えば異なる波長の光が電子によって放出あるいは吸収される．このとき，別のエネルギー準位へ移ることによって振動数 ν のエネルギーを放出あるいは吸収するのである．異なる波長の光からなる発光は分光され，**線スペクトル**[4)]として記録される．このエネルギー交換の結果としての線スペクトルは一般にとても複雑で理解不能であるが，そのなかで唯一，水素原子のスペクトルはいくつかのグループに分かれて出てくるのでわかりやすく，注目を集め，ついには理論的に説明がつくようになった．水素原子スペクトルの三つのグループ（系列）を図15・1に示した．

ライマン系列　バルマー系列　パッシェン系列
波長 λ ⟶

図15・1　水素原子発光スペクトル．横軸の波長の目盛りは厳密なものではない．スペクトル線の波長 λ は，水素原子におけるエネルギー準位間の差 ΔE に対応している．それらの間の関係は $\Delta E = h\nu = hc/\lambda$ である．ここで，c は光の速さ，h はプランク定数，ν は振動数である（プランク，1901）．

　この線スペクトルの存在はシュレーディンガーの時代より半世紀も前から知られていたことで，ボーア[*6]によって1913年に部分的には解明された．彼は，水素原子の軌道電子の角運動量に量子数というものによる制限を課し，原子がもつ定常状態に対応するエネルギー準位を求めることに成功した．あるエネルギー準位から別の準位への遷移は水素原子スペクトルの線に正確に対応していることが明らかとなった（図15・

[*1] 訳注：Max Planck, ドイツの理論物理学者（1858-1947）．
[*2] 訳注：Werner Heisenberg, ドイツの理論物理学者（1901-1976）．
[*3] 訳注：1900～1925年の放射・原子・固体に関する過渡的な量子論．
[*4] 訳注：Louis de Broglie, フランスの理論物理学者（1892-1987）．
[*5] 訳注：Erwin Schrödinger, オーストリアの理論物理学者（1887-1961）．
[*6] 訳注：Niels Bohr, デンマークの理論物理学者（1885-1962）．
1) quantization of energy　2) uncertainty principle　3) electronic spectrum　4) line spectrum

2）．しかし，量子数というものの由来が明らかでなかったし，ボーアの理論をもっと複雑な原子や分子に拡張することは不可能であることがわかった．

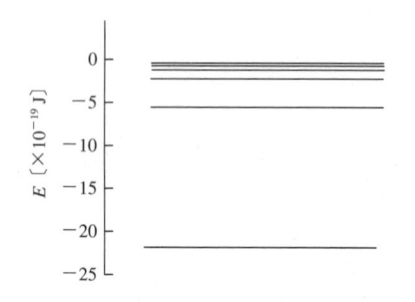

図15・2 ボーア（1913）が計算した水素原子エネルギーの最初の六つの解．電子は陽子の束縛下にありエネルギーは負である[*7]．

15・2 前期量子論

前期量子論は，水素原子スペクトルのみならず，いくつかの重要な問題が，プランクの式 $E=h\nu$ で粒子のエネルギー E と関連づけられる振動数 ν を考慮に入れると，解けることを示した（h はプランク定数）．しかし，いかにうまく処理できようとも，この方法は理論的基盤を欠いており，応用・修正・改良への論理的な道筋がなかったと言える．ド・ブロイ（1924, 1926）は，上のプランクの式の左辺の動く粒子のエネルギー E は運動量 p を，右辺の ν は波長 λ を暗示していると考えた．そうして，プランクの式が成立するならば（確かに成立することは確認された），運動量と波長の間には何らかの関係が存在するべきであるとして，彼は $p=h/\lambda$ という式を提案した．原子レベルで考えるとき，粒子は波動という性質ももつとされた．反対に，波動も粒子としての性質をもつという．これはすぐに実験的に証明された．粒子と波動の間の関係を数学的に言えば，"波動-粒子の二重性[1]" ということになる．

シュレーディンガー（1925, 1926）は，もし電子が波長というものをもつならば，電子は波動方程式を満足しなければならないはずだと考えた．彼は，**波動関数**[2] Ψ を使って水素原子における電子に関する方程式を書き，ボーアが導出したのと同じスペクトルを導

き出すのに成功した．ただし，ボーア理論に付きまとっていた根拠のはっきりしない仮定をせずに成し遂げたのである．シュレーディンガー方程式はそれ自身仮説であり，量子論はそれら仮説の上に基づいている．しかし，シュレーディンガー理論のもつ意味は非常に広く，それから得られる結果は，以前からあるほかのいかなる理論から得られるものより広範囲にわたるものであった．今日では，量子力学は分子生物学から弦の理論に至るまで科学のほとんどすべての分野に応用されている．

シュレーディンガー方程式は，一見わかりにくいいくつかの記法で示されるが，すべて同じことを表している．**状態ベクトル** $|\Psi\rangle$ [*8] あるいは状態関数 Ψ は，原子や分子といった力学系についてわれわれが知りうるすべての情報を含んでいるのである．

つぎに示す**ハミルトン関数** H は古典力学のころから知られているものである．

$$E = H = T + V \quad (15\cdot 1)$$

ここで，T は運動エネルギーであり，三次元直交座標で速度ベクトルを v で表すと，$T = \frac{1}{2}m(v_x^2+v_y^2+v_z^2)$ となり，一方 $V(x, y, z)$ はポテンシャルエネルギーである（速度 v を振動数 ν と混同しないようにしよう）．

演算子[3] というのは数学的記号で，何かの操作をすることを示している．たとえば，V は（スカラーである）ポテンシャルエネルギーを掛けることを意味し，$(\partial^2/\partial x^2)$ は x について偏微分を 2 回行うことを意味している．演算子は，ここではわれわれが関心をもっている Ψ に対して何らかの操作をすることを意味する．もし水素原子の系に対する**ハミルトン演算子** $\hat{H}$ が，古典力学の場合のハミルトン関数〔式(15・1)〕と同様に数学的演算子 $\hat{T}$ と $\hat{V}$ の和で書けるとすれば，つぎのような演算子式が得られる．

$$\hat{H} = \hat{T} + \hat{V} \quad (15\cdot 2)$$

シュレーディンガー方程式は，この式の特別な場合と言うことができ，演算子 $\hat{T}$ は電子の**運動エネルギー**に対応するつぎのような演算子である（m_e は電

[*7] 訳注：電子が陽子から無限遠にあり静止しているときのエネルギーをゼロとしているので．
[*8] 訳注：行ベクトル $\langle\Psi|$ はブラ(bra)，列ベクトル $|\Psi\rangle$ はケット (ket) とよばれる．括弧を意味する英語 bracket が語源である．積分 $\int f^*(x)\,g(x)\,dx$ は両ベクトルを使って $\langle f|g\rangle$ と記される．英国の物理学者ディラック(Paul Dirac)が考え出した記法で，ディラック記法，あるいはブラケット記法とよばれる．§16・4 を参照のこと．

1) wave-particle duality 2) wave function 3) operator

子の質量).

$$\hat{T} = \frac{-\hbar^2}{2m_e}\left(\frac{\partial^2}{\partial x^2} + \frac{\partial^2}{\partial y^2} + \frac{\partial^2}{\partial z^2}\right) \quad (15\cdot3)$$

ここで，$\hbar = h/2\pi$ である（$\hbar$ の発音はエッチバー）. そして，$\hat{V}(x, y, z)$ は陽子，つまり原子核と電子の間のクーロン引力を記述するポテンシャルエネルギー演算子である〔$\hat{V}(x, y, z)$ は演算子としての働きは明らかなので，通常は単に $V(x, y, z)$ と書かれることが多い〕.

基底状態にある原子は**保存系**[1] である. 保存系とは力学的エネルギー保存則が成立する（減衰しない）系である. 太陽系は保存系であるが，一方，時計は保存系ではない. つぎの式

$$\hat{H}\Psi = E\Psi \quad (15\cdot4)$$

は，保存系に対する時間を含まないシュレーディンガー方程式である. ここで，$\Psi = \Psi(x, y, z)$ は波動関数あるいは状態関数とよばれ，E は系の全エネルギーである. ここでは，原子や分子の基底状態の構造とエネルギーに関心があり，それらはすぐに変化するわけではないので，時間を含まないシュレーディンガー方程式を考えることにする. この方程式は電子1個とは限らず，多数の電子を含む原子や分子に原理的には適用可能である.

シュレーディンガーとは独立に，ハイゼンベルクは量子論への考察を重ね，ついに有名な"不確定性原理"にたどり着いた. ハイゼンベルクの式とシュレーディンガーの方程式は数学的には同等であることが示され，二人はともにノーベル物理学賞を受賞した.

シュレーディンガーおよびハイゼンベルクの量子論に関する最初の論文が発表されたすぐ後，ボルン[*9]ら（1926）は，波動関数の2乗に微小体積素 $d\tau$ を掛けたもの $|\Psi|^2 \times d\tau$ は微小体積空間 $d\tau$ において粒子を見いだす確率を表すということを明らかにした. 多くの場合，この波動関数の2乗を使って，電子が空間領域のどこにありそうか，電子の最確位置を探していくことになる.

15·3　分子量子化学

分子構造に関する理論の発展により，化学結合というものは，2個の原子核間の比較的高い電子密度と関連があることが当時明らかになっていた. ハイトラーとロンドン（1927）は，分子 H_2 の一つの水素原子に対してシュレーディンガー方程式の一番エネルギーの低い解を，そしてもう一方の原子に対しても同じ解を採用することとした. そうすると，水素分子の化学結合に対する波動方程式はつぎのように近似することができよう.

$$\psi = c_1\Psi_1 \pm c_2\Psi_2 \quad (15\cdot5)$$

この新しい波動関数は，それぞれの原子核の位置を中心とした原子波動関数 Ψ_1 および Ψ_2 の線形結合[2] とよばれる. 係数 c_1 と c_2 の値を決めることにより（結局，両者は等しいことが後でわかる），結合性波動関数に対しては，エネルギーの極小点が求まる. これまでの式の中では，原子波動関数 Ψ は厳密に求められたものであったが，H_2 分子波動関数 ψ は近似的なものになってしまうことに留意しておこう.

古典力学や熱力学の学習から，エネルギーの極小点が安定な状態であることは理解できる. H_2 分子における原子オービタル[3]（軌道）の線形結合に対するハイトラーとロンドンによるエネルギー極小化も同じ考えの下で行われた. その結果，和の線形結合 $\psi = c_1\Psi_1 + c_2\Psi_2$ は H–H の距離が実験値（74 pm）に近い安定状態を与えることがわかった. これは，ルイスが考えた電子対による化学結合の形成を量子力学を使って確かめた初めての例である. オービタルの重なりが分子の安定さをひき起こすことを明らかにした最初の例でもある. 空間における粒子の位置を示すために点ではなく確率関数を使うことにしたことに伴い，軌道は古典的な言葉オービット[4] から**オービタル**に変更されることになったわけである.

差の線形結合 $\psi = c_1\Psi_1 - c_2\Psi_2$ は，**反結合**の最初の例を与えた. 反結合の確率関数は，両原子核の間の領域から電子がはねつけられる様子を示し，ルイスが考えた結合の正反対のものになる. 反結合性軌道は結合性軌道よりエネルギーが高くなる. 入射光によって分子に注入されたエネルギーが電子を結合性軌道から反結合性軌道へ励起する場合もある. ある特定の波長の光のみが吸収され，吸収波長が可視光領域にあれば，選択的な吸収の後に残った波長の光を色として見るわ

[*9] 訳注: Max Born, ドイツ生まれの英国の理論物理学者（1882–1970）.
1) conservative system　2) linear combination　3) orbital　4) orbit（天文学などで使われる）

波動方程式を確立したシュレーディンガーも，不確定性原理を発展させたハイゼンベルク[*10]ももともと物理学者であり，化学結合を念頭において研究していたわけではない．したがって，"二人とも，問題設定をする前に正解を知っていたのでは？"と議論をふっかけるわけにはいかない．つまり，水素分子のH–H結合の形成は，物質の**量子的性質**からくる結果であったのだ．この見方はポーリング[*11] (1935) によって**原子価論**[1] として発展され，その後約40年，理論化学の領域では原子価論[*12] が支配的となった．

§4·8にも登場したハートリー[*13] (1928) は，つぎのような主張をした研究者として知られている．"多くの電子を含む原子では，個々の電子は原子核と他の電子によってつくられる平均電場の中を動くというシンプルな問題の集まりとして取扱うことができる"[*14] という考えである．原子核と電子の間の静電引力は，化学結合のエネルギーに比べてはるかに大きい．それゆえ，ハートリーが考えたように，1電子波動関数は水素原子の場合のシュレーディンガー方程式の解と似ているであろうと考えることは合理的である．角度因子はまったく同じで，動径因子，つまり原子核からの距離に依存する関数が若干異なるのである．(§16·7参照)．これは**中心力場近似**[2] とよばれる[*15]．

フォック[*16] (1930) とスレーター[*17] (1930) は以前から明らかとなっていた**スピン**という概念 (Uhlenbeck & Goudsmit, 1925) を使って，電子のスピンは2通りの方向に向くことを認識した．電子の軌道運動によってできる磁場の方向を向くか，その反対方向を向くかである．したがって，電子スピンは二つの値をとり，スピン量子数 $m_s = \pm \frac{1}{2}$ をもつことになる．これら二つの値は，二つの波動関数に対応し，軌道に関する部分はまったく同じでも，スピンに関する部分は異なるわけだ．これら二つの波動関数は電子の交換に対して反対称[3] でなければならない[*18]．たとえてみれば，人間の右手と左手は大きさや形は同じだが，鏡像関係にあり重ねることはできないのと似ている．二つの波動関数の軌道部分をそれぞれ試行関数[4] $\phi(1)$ と $\phi(2)$ で，二つの異なるスピンを α および β で表記すれば，波動関数はつぎの四つの式で表され，これらのうち最後のもの〔式(15·9)〕だけが反対称であることは理解できるであろう[*19]．

$$\psi = \phi\alpha(1)\phi\beta(2) \qquad (15\cdot 6)$$
$$\psi = \phi\alpha(2)\phi\beta(1) \qquad (15\cdot 7)$$
$$\psi = \phi\alpha(1)\phi\beta(2) + \phi\alpha(2)\phi\beta(1) \qquad (15\cdot 8)$$
$$\psi = \phi\alpha(1)\phi\beta(2) - \phi\alpha(2)\phi\beta(1) \qquad (15\cdot 9)$$

その反対称である波動関数は，つぎのように2行2列の行列式で表すことができる[*20]．

$$\begin{vmatrix} \phi\alpha(1) & \phi\beta(1) \\ \phi\alpha(2) & \phi\beta(2) \end{vmatrix} = \phi\alpha(1)\phi\beta(2) - \phi\alpha(2)\phi\beta(1) \qquad (15\cdot 10)$$

2個の電子を含む波動関数に反対称の条件を課すためには，1電子波動関数の線形結合は，つぎの二電子行列式波動関数[*21] で置き換えられねばならない（例：ヘリウム原子）．

$$\psi(1,2) = \begin{vmatrix} \phi\alpha(1) & \phi\beta(1) \\ \phi\alpha(2) & \phi\beta(2) \end{vmatrix}$$
$$= \phi\alpha(1)\phi\beta(2) - \phi\alpha(2)\phi\beta(1) \quad (15\cdot 11)$$

電子が3個以上ある場合に拡張していくと，波動関数は複雑な行列式になっていく．波動関数を**反対称軌道**とすることによりハートリー–フォック計算法へと発展していった．この計算法は原子にはもちろん，H_2 より大きな分子にも適用が可能である．

---

*10 訳注：彼の研究はマトリックス力学とよばれている．
*11 訳注：Linus Pauling, 米国の物理化学者 (1901–1994)．
*12 訳注：原子価を原子の電子構造に基づいて説明しようとする理論．
*13 訳注：Douglas R. Hartree, 英国の物理学者 (1897–1958)．
*14 ハートリーはボーアを信奉していた．
*15 訳注：質点Pに作用する力が，定点OとPを結ぶ直線に沿って働き，その大きさが距離OPで決まるとき，その力を中心力という．
*16 訳注：Vladimir A. Fock, ソ連の理論物理学者 (1898–1974)．
*17 訳注：John C. Slater, 米国の理論物理学者 (1900–1976)．
*18 訳注：反対称の場合，1と2を入れ替えると，関数の絶対値は不変だが，符号が変わる．
*19 訳注：括弧内の数字は，電子1と2のすべての座標 (x, y, z, σ) を表していると考えるとわかりやすい．σ はスピン変数．
*20 訳注：厳密にいえば，式(17·58)のように右辺の先頭に規格化因子が入らなければならない．
*21 訳注：スレーター行列式とよばれる．行列式の性質により，行 i と行 j を入れ替えれば符号は変わる．

1) valence bond theory　2) central field approximation　3) antisymmetric　4) trial function

15·4 ハートリー独立電子法

多電子原子の中の1個の電子を，原子番号Zの原子核，つまりZ個の正電荷の影響下で他の電子とは独立に動くものと考えることもできる．こうすると，水素類似原子の，主量子数$n=Z/2$をもつ軌道にまで電子が入ることになる．各軌道には2個の電子が入るからである．しかし，電子は実際には独立ではないので原子エネルギーは正しくないものになる．

粗いモデルとして，Zより小さい有効核電荷[1] Z_{eff}というものを考えると状況は相当改善できると思われる．なぜかというと，電子の確率分布がどうであれ，原子核と注目する電子の間には負電荷をもつ他の電子があるので，注目する電子への原子核からの影響は減じられるはずだと直感からわかるからである．注目する電子は他の電子によって原子核から遮蔽される[2]のである．有効核電荷として$Z_{eff}<Z$なる値を代入してみると，系のエネルギーの計算値と実測値との一致は改善されることがわかった．ヘリウム（$Z=2$）の場合は，$Z_{eff}=1.6$とするとかなりよい結果が得られる．ただ，このような単なる数値で置き換えても理論的にはあまり意味がなく，それよりも動径方向の電子の存在確率分布を計算して，理論的にエネルギーを求め，かつ他の電子の分布から，ある電子に対するZ_{eff}を求めることができるほうがよいであろう．

ヘリウムを取扱う場合，独立に動くとされる二つの電子はともに水素類似原子の場合と同様な一電子波動関数から始めるのが妥当と思われる．したがって，波動関数はそれらの積

$$\Psi \approx \psi_1 \psi_2 \quad (15 \cdot 12)$$

と表せ，シュレーディンガー方程式はつぎのようになる．

$$\hat{H}\Psi = E\Psi \quad (15 \cdot 13)$$

そして

$$\hat{h}\psi_i = \varepsilon_i \psi_i \quad (15 \cdot 14)$$

を解けばよいことになる．このハミルトン演算子は小文字で書かれているが，これは近似が入っており，厳密な演算子ではないことを意味している．2個の電子をもったヘリウムの場合で考えると，近似を繰返して，つまり手順を反復的に繰返してψとεを改良していくわけである．第一の電子がどこに存在するのか知っていると仮定して，残りの第二の電子に対するその電子の遮蔽効果を計算する．そこで，シュレーディンガー方程式を解いて，第一の電子から遮蔽効果を受けている第二の電子の確率密度関数を求め，位置を求める．つぎは，こうして得られた情報を使って最初に仮定した第一の電子の位置を改善していく．第二の電子の確からしい位置は求められているのでこれは可能である．このような過程を，エネルギーの計算値が下がらなくなるまで繰返していく．最後には，電子の分布およびエネルギーの最確値が得られるというわけである．

ハミルトン演算子$\hat{h}_i$は，各電子iの運動エネルギー演算子と，原子核によって電子に及ぼされる引力ポテンシャルエネルギー演算子を含んでいる．

$$\hat{h}_i = \hat{T}_i - \frac{e^2}{4\pi\varepsilon_0 r_i} \quad (i=1, 2) \quad (15 \cdot 15)$$

ある電子（電子1とよぼう）のポテンシャルエネルギーは残る電子（電子2）によって影響を受ける．電気素量eとそれらの間の距離r_{12}が関係してくる．不確定性原理によって電子2がどこにあるかはっきりとは言えないが，微小体積$d\tau_2$における存在確率密度$|\psi_2(r_2)|^2$は得られる．電荷の分布関数は$e|\psi_2(r_2)|^2$となる．電子2によって遮蔽された原子核からの電子1のポテンシャルエネルギーV_1は，つぎのようになる．

$$V_1 = e\int \frac{e|\psi_2(r_2)|^2}{4\pi\varepsilon_0 r_{12}} d\tau_2 = e^2 \int \frac{|\psi_2(r_2)|^2}{4\pi\varepsilon_0 r_{12}} d\tau_2 \quad (15 \cdot 16)$$

積分は電子2が存在する空間全体に対して行われる．点電荷として電子の位置を決めることはできないからである．

一方，電子1によって遮蔽された原子核からの電子2のポテンシャルエネルギーV_2は同様につぎのように与えられる．

$$V_2 = e^2 \int \frac{|\psi_1(r_1)|^2}{4\pi\varepsilon_0 r_{12}} d\tau_1 \quad (15 \cdot 17)$$

演算子$\hat{h}_i (i=1, 2)$は，電子1あるいは2に対するつぎのような運動エネルギー演算子

$$\frac{-\hbar^2}{2m_e}\nabla_i^2 = \frac{-\hbar^2}{2m_e}\left(\frac{\partial^2}{\partial x^2} + \frac{\partial^2}{\partial y^2} + \frac{\partial^2}{\partial z^2}\right) \quad (15 \cdot 18)$$

に，原子核と電子間の（負の）ポテンシャルエネルギーである$-Ze^2/4\pi\varepsilon_0 r_i$を加えた

---

[1] effective nuclear charge [2] shielded

$$\hat{h}_i = \frac{-\hbar^2}{2m_e}\nabla_i^2 - \frac{Ze^2}{4\pi\varepsilon_0 r_i} \quad (15\cdot 19)$$

で与えられる*22．これらのポテンシャルエネルギーと運動エネルギーを使って，シュレーディンガー方程式はつぎのように書ける．

$$[\hat{T}_1 + \hat{V}_1(r_2)]\psi_1(1) = \hat{h}_1\psi_1(1) = \varepsilon_1\psi_1(1) \quad (15\cdot 20)$$

$$[\hat{T}_2 + \hat{V}_2(r_1)]\psi_2(2) = \hat{h}_2\psi_2(2) = \varepsilon_2\psi_2(2) \quad (15\cdot 21)$$

これらの近似ハミルトン演算子を使って，ヘリウム原子の二つの電子のエネルギー $\varepsilon_i (i=1,2)$ を含むシュレーディンガー方程式を得た．

$$\hat{h}\psi_i = \varepsilon_i\psi_i \quad (i=1,2) \quad (15\cdot 22)$$

これら二つの方程式は"積分微分方程式"である．積分の $V(r)$ 部分と 2 階微分の ∇^2 を含んでいるからである．見ればわかるように，一方の方程式は他方の解にポテンシャルエネルギーを通して依存しているので，二つは関連している．最初の方程式では $V_1(r_2)$ は電子 2 の電子密度を含んでおり，2 番目の方程式では $V_2(r_1)$ は電子 1 の電子密度を含んでいるからだ．波動関数を一つ仮定したときは，これらの方程式の関連はなくなる．関連がなくなれば解くことが可能だが，得られるエネルギー ε_i はおそらく正しいものにはならない．仮定された $\psi(r)$ は単なる推測であるからだ．ハートリーが推測したのは ψ_1, ψ_2 ともに水素類似原子[1]の軌道であり，合理的なものであった．

Z を有効核電荷 Z_{eff} に近づけたら，ハートリー方程式が得られることになる．これは量子論において輝かしいステップであった．こうすることにより V_1 および V_2 のより良い近似を得て，より良い Z_{eff} を与え，より良い ψ_1 と ψ_2 を与え，さらにより良い V_1 および V_2 を与えていくことになる．この繰返し過程は何度も反復的に行われ，エネルギーがもう下がらなくなるまで行われる．こうなった状態では，V_1 および V_2 から計算されるエネルギーは"つじつまが合っている[2]"とよばれる．ハートリー方程式は固有値[3]方程式であるので，得られるエネルギーは離散的なものとなり，二つの 1 電子シュレーディンガー方程式に対しては，エネルギー ε_1 と ε_2 が得られる．厳密にいうと，それらの値は正確なものではないが，水素類似原子の軌道を仮定したハートリー法による最善の結果であった．

つじつまの合う場[4]（SCF，**自己無撞着場**）に関する数学は，量子力学が誕生する前にすでに天文学において惑星の軌道の計算に使用されていた．その計算法は**変分法**[5]とよばれていたのである（17 章参照）．

15・5　参考になる話：原子単位

距離を測るときは，さまざまな単位を使用する．たとえば，メートル（m），ミリメートル（mm），ハロン（furlong）*23 などがある．そこで，原子の世界では，水素原子の基底状態の軌道の半径，つまり**ボーア半径** a_0 を距離の単位として使う場合もある．メートル（m）との関係は

$$1\, a_0 \equiv 5.292 \times 10^{-11}\, \text{m} \quad (15\cdot 23)$$

である．同じように，質量・電荷・角運動量の原子単位[6]はつぎのようになる*24．

$$1\, m_e \equiv 9.109 \times 10^{-31}\, \text{kg} \quad (15\cdot 24)$$

$$1\, e \equiv 1.602 \times 10^{-19}\, \text{C} \quad (15\cdot 25)$$

$$1\, \hbar \equiv 1.055 \times 10^{-34}\, \text{J s} \quad (15\cdot 26)$$

このような（左辺の）原子単位を使うと量子化学で使う式がかなり簡単になる（例題や問題を参照のこと）．

例題と章末問題

例題15・1　He 原子に対するハートリーーフォック法による解

ヘリウム原子に対するハートリーーフォック法の最

---

* 22　訳注：∇^2 は Δ とも書き，これはラプラシアン（ラプラス演算子）とよばれる．
　　∇ はナブラとよばれる演算記号で，$\nabla = \left(\frac{\partial}{\partial x}, \frac{\partial}{\partial y}, \frac{\partial}{\partial z}\right)$ ベクトルをさすとすれば，∇^2 は内積とみることができ，$\nabla^2 = \frac{\partial^2}{\partial x^2} + \frac{\partial^2}{\partial y^2} + \frac{\partial^2}{\partial z^2}$ となる．
* 23　訳注：$\frac{1}{8}$ マイル．競馬で距離の単位．
* 24　訳注：理論化学で，電子の状態を計算するときには，質量や電気量を表すのに，電子の質量や電子の電荷の何倍かという形を用いるのが便利である．この目的のためにつくられたのが原子単位である（正式な計量単位としては認められていない）．エネルギーの原子単位は E_h（ハートリー）である．SI 単位で記した式において，m_e，e，$\hbar$，$4\pi\varepsilon_0$ を 1 とすればよい．

1) hydrogen-like orbital　2) self-consistent　3) eigenvalue　4) self-consistent field　5) variational method　6) atomic unit

も良いエネルギー解は$-2.862E_h$（ハートリー）であるという．ここで，E_hはエネルギーの原子単位であり，水素の基底状態にある電子のエネルギーの絶対値の2倍と定義されるものである．$E_h \equiv 627.5 \text{ kcal mol}^{-1} = 2625 \text{ kJ mol}^{-1}$である．遮蔽効果を考慮しない場合の粗いヘリウムイオン化エネルギーは，$Z^2 E_h = 2^2 E_h = 4E_h$である．試行錯誤の結果$Z_{\text{eff}} = 1.6$と得られているので，これを使うと$(1.6)^2 E_h = 2.56 E_h$となる．実測値は$2.903 E_h$である．

Gaussianプログラムで制限ハートリー–フォック法（RHF）を使うと，つぎのような結果が得られる[*25]．

```
SCF Done: E(RHF) =  -2.80778395662
                 A.U. after     1 cycles
```

G3という名前のプログラム（後述）で4サイクル実行した後の値はつぎのようになる．

```
SCF Done: E(RHF) =  -2.85516042616
                 A.U. after     4 cycles
```

ハートリー–フォックTriple-zeta法（3個の可変Zパラメーターを含む線形結合）を使うと，つぎのような結果が得られる．

```
SCF Done: E(RHF) =  -2.85989537425
                 A.U. after     3 cycles
```

ここで得られたエネルギー$-2.860 E_h$は実測値と1.5%以内の誤差で一致している．

例題15・2 水素原子の基底状態に対するハミルトン演算子は，極座標（§16・7参照）に変換するとつぎのように与えられることが知られている．

$$\hat{H} = -\frac{\hbar^2}{2m_e}\nabla^2 - \frac{e^2}{4\pi\varepsilon_0 r}$$
$$= -\frac{\hbar^2}{2m_e r^2}\frac{d}{dr}\left(r^2\frac{d}{dr}\right) - \frac{e^2}{4\pi\varepsilon_0 r}$$

ここで，基底状態では角運動量はゼロだから角度θやϕを含む項は含まれないこと，また変数は1個になるので常微分で書けることに注意しよう．

この演算子を試行関数$\phi(r) = e^{-\alpha r}$に適用すると，シュレーディンガー方程式はつぎのようになる．

$$\left[-\frac{\hbar^2}{2m_e r^2}\frac{d}{dr}\left(r^2\frac{d}{dr}\right) - \frac{e^2}{4\pi\varepsilon_0 r}\right]\phi(r) = E\phi(r)$$

章末問題15・7の結果も使って変形すると

$$\frac{d^2 e^{-\alpha r}}{dr^2} + \frac{2}{r}\frac{d e^{-\alpha r}}{dr} + \frac{2m_e}{\hbar^2}\left(E + \frac{e^2}{4\pi\varepsilon_0 r}\right)e^{-\alpha r} = 0$$

となる．微分を実行し，両辺を$e^{-\alpha r}$で割るとつぎのようになる．

$$\alpha^2 - \frac{2}{r}\alpha + \frac{2m_e}{\hbar^2}\left(E + \frac{e^2}{4\pi\varepsilon_0 r}\right) = 0$$

$$\alpha^2 - \frac{2}{r}\alpha + \frac{2m_e E}{\hbar^2} + \frac{2m_e}{\hbar^2}\frac{e^2}{4\pi\varepsilon_0 r} = 0$$

rを含む項（第2項と第4項）を右辺に，含まない項（第1項と第3項）を左辺にまとめると，つぎの式が得られる．

$$\alpha^2 + \frac{2m_e E}{\hbar^2} = \frac{2}{r}\alpha - \frac{2m_e}{\hbar^2}\frac{e^2}{4\pi\varepsilon_0 r} \quad (1)$$

rが大きくなると右辺はゼロに近づくが，左辺は定数の集まりである．あるrのときに右辺がゼロとなるということは，常に左辺はゼロであるということになる．したがって

$$\alpha^2 + \frac{2m_e E}{\hbar^2} = 0 \quad (2)$$

式(2)から得られるつぎの式は重要である．

$$\alpha^2 = -\frac{2m_e E}{\hbar^2}$$

$$E = -\frac{\hbar^2}{2m_e}\alpha^2$$

また，式(1)の右辺はゼロだから

$$\frac{2}{r}\alpha - \frac{2m_e}{\hbar^2}\frac{e^2}{4\pi\varepsilon_0 r} = 0$$

$$\frac{2}{r}\alpha = \frac{2m_e}{\hbar^2}\frac{e^2}{4\pi\varepsilon_0}\frac{1}{r}$$

となり，結局$\alpha = m_e e^2 / 4\pi\varepsilon_0 \hbar^2$となるので

$$E = -\frac{\hbar^2}{2m_e}\left(\frac{m_e e^2}{4\pi\varepsilon_0 \hbar^2}\right)^2 = -\frac{m_e e^4}{2(4\pi\varepsilon_0)^2 \hbar^2}$$
$$= -\frac{1}{2}\frac{m_e e^4}{(4\pi\varepsilon_0)^2 \hbar^2} = -\frac{1}{2}E_h$$

となる[*26]．

章末問題

15・1 水素原子の発光スペクトルの中で目立つもの

[*25] 訳注: A.U.は原子単位の略．つまり，E_hである．
[*26] 訳注: 導出は省くが，ボーアの理論から$E_h = m_e e^4/(4\pi\varepsilon_0)^2\hbar^2$と求まる．

は波長 656.1 nm の赤色線である．単位 Hz(ヘルツ) は振動数の単位であり，振動数 ν は，ある地点を 1 秒間にいくつの波動（周期）が通り過ぎるかを表すものである．電磁波の速さを $c = 2.998 \times 10^8 \, \mathrm{m \, s^{-1}}$，波長を λ とすると，$c = \nu\lambda$ となる．赤色線の振動数を単位 Hz で答えよ．プランクの式を使ってエネルギーも求めよ．波数 $\bar{\nu}$ という量もしばしば使われ，$\bar{\nu} = \nu/c$ という関係にある．赤色線の波数を求めよ．

15・2 アインシュタインの有名な式に $E = mc^2$ という式があり，またプランクの式は $E = h\nu$ である．これらの式からド・ブロイの式を導き出せ．

15・3 （古典力学）質量 m の弾丸が上に向かって速度 v_0 で発砲された．どの高さまで上がるか．風や空気抵抗は無視してよい．

15・4 下記の (a) と (b) について行列式を展開して，値を求めよ．
　　(c) 行列式の値をソフトウェア，たとえば Mathcad® を用いて値を求めよ．(b)の行列式と見くらべて，暗算で求めることができるか考えてみよう．

(a) $\begin{vmatrix} 2 & 3 \\ 5 & 6 \end{vmatrix}$　(b) $\begin{vmatrix} 1 & 2 & 3 \\ 4 & 5 & 6 \\ 7 & 8 & 9 \end{vmatrix}$　(c) $\begin{vmatrix} 1 & 2 & 3 \\ 4 & 5 & 6 \\ 7 & 8 & 9.1 \end{vmatrix}$

15・5 科学計算用ソフトウェアには，今後の章で役に立つ "行列に対する演算操作" を行うのに便利な機能が含まれている．Mathcad® あるいは同類のソフトウェアを用いて，問題 15・4(c) の行列を使ってそれらの和，積，2 乗，逆行列，元の行列と逆行列の積を求めてみよ．

15・6 電磁波に関するアインシュタインの理論によれば，水素原子から発せられる波長 656.1 nm の光[*27] は粒子（後に "光子[1]" とよばれるようになる）と見るべきであるという．この粒子のエネルギー，振動数，波数，運動量を求めよ．計算の最後には必ず単位を明記すること．

15・7 極座標での演算子 $\nabla^2 = \dfrac{1}{r^2} \dfrac{\mathrm{d}}{\mathrm{d}r}\left(r^2 \dfrac{\mathrm{d}}{\mathrm{d}r}\right)$ は，

$$\nabla^2 = \frac{\mathrm{d}^2}{\mathrm{d}r^2} + \frac{2}{r}\frac{\mathrm{d}}{\mathrm{d}r}$$

と書くことができることを示せ．（これは，水素原子の基底状態に対するシュレーディンガー方程式から動径因子の解を導出する過程の一部である．）

15・8 前問の演算子 ∇^2 を使って，シュレーディンガー方程式を書け．動径因子の解を R，エネルギーを E と記すこと．

15・9 演算子 $\nabla^2 = \dfrac{\mathrm{d}^2}{\mathrm{d}r^2} + \dfrac{2}{r}\dfrac{\mathrm{d}}{\mathrm{d}r}$ を，極座標 (r, θ, ϕ) における関数 $R(r) = \mathrm{e}^{-r}$ に対して作用させて，$\nabla^2 R(r)$ を求めよ．また，$\dfrac{\mathrm{d}R(r)}{\mathrm{d}\theta}$ と $\dfrac{\mathrm{d}R(r)}{\mathrm{d}\phi}$ も求めよ．

[*27] 訳注：主量子数 $n = 3 \rightarrow 2$ の遷移の際に放出される光．
[1] photon

16

簡単な系の波動力学

　15章でも述べたように，電子は波動の性質をもっているので，原子構造や分子構造を解明していくには**波動方程式**を解く必要がある．電子は1個の原子核（原子の場合）あるいは複数の原子核（分子の場合）の正電荷から静電引力を受けている．つまり，電子は**束縛**を受けているのである．したがって，波動方程式に課せられた数学的な**境界条件**[1] を考えていくことになる.

16・1 波　　動

　ギターの弦を数学的に記述する場合，弦の両端は固定されていることを考慮に入れなければならない．これは波の形にかなり厳しい制約を課すことになり，自由波とはずいぶん異なるものになる．自由波はどんな波長もとれるが，ギターの弦のような**束縛波**の場合は，両端で振幅がゼロになる波に限られる．図16・1に示されている三つの**波**はこの条件を満足しているが，それらの波長の間に存在する波長をもつ数多くの波は条件を満たしていないことがわかる．波長の一番長い波は**基本波**[2]（正弦波の半分が両端間に存在する）とよばれ，それ以外は**高調波**[3] とよばれる．基本波と高調波は正弦関数でうまく表現可能である．

　最初の高調波の波長は基本波の半分であり，$\lambda=\frac{1}{2}\lambda_{\text{funda}}$，つぎの高調波の波長は $\lambda=\frac{1}{3}\lambda_{\text{funda}}$ となり，一般に高調波の波長は $\lambda=\frac{1}{n}\lambda_{\text{funda}}$ と表せる．こうして束縛波に対して**整数** n が現れることになり，粒子（特に，この場合は電子）が波動の性質をもつというド・ブロイの考えが，原子スペクトルの解釈（ボーアの原子論）あるいは波動関数と原子構造の間の関係（シュレーディンガー方程式）に**量子数** n が現れることに繋がったのである．ボルンの"波動関数は電子の存在確率密度（これは化学結合の形成を促進するか阻害するかに関与する）を決める"という洞察は，**量子化学**の基礎である分子構造・エネルギー・反応性と波動関数をつなぐ働きをした．

16・2 波動方程式

　正弦関数 $\sin x$ は横軸 $x=0\sim l$ からグラフがどのくらい逸脱しているかを示している（図16・1）．どんな高調波においても，x/λ という量によって正弦関数のどの辺であるかがわかる．$x=\lambda$ であれば正弦関数1周期の終わりであるし，$x=\lambda/2$ であればちょうど半分のところである．波を完全に記述するには正弦関数ということと波長以外にもう一つの情報が必要であ

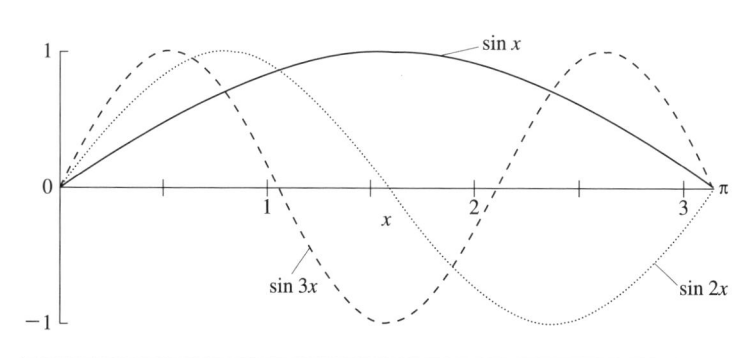

図16・1 $\sin x$, $\sin 2x$, $\sin 3x$ のグラフ．区間 $[0,\pi]$ を示した．この区間には，振動弦の基本波（——）は正弦波の半分が，最初の高調波（……）は完全な正弦波が一つ，2番目の高調波（- -）は正弦波の $\frac{3}{2}$ が入っている．

---

1) boundary condition　2) fundamental　3) overtone（音楽や音響工学では"倍音"とよぶ.）

る．それは**振幅**[1]であり，波の高さを意味する．大きい波は大きな振幅をもち，小さい波の振幅は小さい．波の完全な記述は $\phi(x) = A \sin(2\pi x/\lambda)$ となる．

$\phi(x) = A \sin(2\pi x/\lambda)$ の x に関する 2 階微分はつぎのようになる．

$$\frac{d^2\phi(x)}{dx^2} = -A\frac{4\pi^2}{\lambda^2}\sin\frac{2\pi x}{\lambda} = -\frac{4\pi^2}{\lambda^2}A\sin\frac{2\pi x}{\lambda}$$

$$= -\frac{4\pi^2}{\lambda^2}\phi(x) \qquad (16\cdot 1)$$

これは，つぎのシュレーディンガー波動方程式の一つであると見ることができる．

$$\frac{d^2\phi(x)}{dx^2} = k\phi(x) \qquad (16\cdot 2)$$

また，つぎのような**固有方程式**の一つと見ることもできる．

$$\hat{O}\phi(x) = k\phi(x) \qquad (16\cdot 3)$$

ここで，演算子 $\hat{O}$ は**固有関数** $\phi(x)$ に操作すると，同じ関数の**固有値**(k)倍したものを与えるという演算子である．この場合，演算子は d^2/dx^2 であり，固有値は $k = -4\pi^2/\lambda^2$ である．

固有関数は，つぎのように列（固有）ベクトルとして表すことも可能である．

$$\phi(x) = \begin{pmatrix} \xi_1(x) \\ \xi_2(x) \end{pmatrix} \qquad (16\cdot 4)$$

この場合，演算子の働きは，**固有ベクトル**を固有値に等しい量だけ伸ばしたり縮めたり，あるいはベクトルの方向を変えたりするものである．

振動板による波は二次元(x, y)での波となり，つぎのような式で表される．

$$\frac{\partial^2\phi(x,y)}{\partial x^2} + \frac{\partial^2\phi(x,y)}{\partial y^2} = -\frac{4\pi^2}{\lambda^2}\phi(x,y) \qquad (16\cdot 5)$$

三次元の場合は，つぎのようになる．

$$\frac{\partial^2\phi(x,y,z)}{\partial x^2} + \frac{\partial^2\phi(x,y,z)}{\partial y^2} + \frac{\partial^2\phi(x,y,z)}{\partial z^2}$$

$$= -\frac{4\pi^2}{\lambda^2}\phi(x,y,z) \qquad (16\cdot 6)$$

16·3 シュレーディンガー方程式

ド・ブロイの式 $\lambda = h/p$ から，$\lambda^2 = h^2/p^2$ となる．

これを式(16·6)に代入すると

$$\frac{\partial^2\phi(x,y,z)}{\partial x^2} + \frac{\partial^2\phi(x,y,z)}{\partial y^2} + \frac{\partial^2\phi(x,y,z)}{\partial z^2}$$

$$= -\frac{4\pi^2 p^2}{h^2}\phi(x,y,z) \qquad (16\cdot 7)$$

となる．動く粒子の運動量は，質量×速度で与えられるので $p = mv$ となり，これより，$p^2 = m^2v^2 = 2m\left(\frac{1}{2}\right)mv^2 = 2mT$ となる．ここで，T は古典的な意味での運動エネルギーである．これを使って，記法を少し変えると

$$\frac{\partial^2\Psi}{\partial x^2} + \frac{\partial^2\Psi}{\partial y^2} + \frac{\partial^2\Psi}{\partial z^2} = \left(\frac{\partial^2}{\partial x^2} + \frac{\partial^2}{\partial y^2} + \frac{\partial^2}{\partial z^2}\right)\Psi$$

$$= -\frac{8\pi^2 mT}{h^2}\Psi \qquad (16\cdot 8)$$

を得る．括弧で囲まれた演算子 $(\partial^2/\partial x^2 + \partial^2/\partial y^2 + \partial^2/\partial z^2)$ が波動関数 $\Psi(x,y,z)$ に左から掛かっている．この演算子は簡単に ∇^2 と略記されることが多い．その固有値は運動エネルギーに定数を掛けたものであるから，∇^2 は**運動エネルギー演算子**とよばれる[*1]．古典力学において，系の全エネルギー E は運動エネルギー T とポテンシャルエネルギー V の和であるから $E = T + V$ となり，運動エネルギーは $T = E - V$ となるので，式(16·8)からつぎのような式が得られる．

$$\nabla^2\Psi = -\frac{8\pi^2 m}{h^2}(E-V)\Psi \qquad (16\cdot 9)$$

これは有名なシュレーディンガー方程式の一つの表現である．

$\hbar \equiv h/2\pi$ の定義を用いると，表記が簡潔になり

$$\nabla^2\Psi = -\frac{2m}{\hbar^2}(E-V)\Psi \qquad (16\cdot 10)$$

したがって

$$-\frac{\hbar^2}{2m}\nabla^2\Psi + V\Psi = E\Psi \qquad (16\cdot 11)$$

となる．

左辺の運動エネルギー演算子にポテンシャルエネルギー演算子を加えたものは，古典力学におけるハミルトン関数 $H = T + V$ との類推から，**ハミルトン演算子** $\hat{H}$ と定義されている（§15·2）．運動エネルギー演算子およびポテンシャルエネルギー演算子はそれぞれ $\hat{T}$ および $\hat{V}$ と記されるので，$\hat{H} = \hat{T} + \hat{V}$ となる（$\hat{V}$ は演算子であるが，しばしば単に V と記されることが多

[*1] 訳注：正確には，$-\dfrac{\hbar^2}{2m}\nabla^2$ が運動エネルギー演算子である．

1) amplitude

い). 以上をまとめると, シュレーディンガー方程式はより簡潔なものとなり, つぎのようになる.

$$\hat{H}\Psi = E\Psi \quad (16\cdot12)$$

ここで, 全エネルギー E は固有値であり<u>スカラー</u>である. エネルギーは演算子とは違って, 複雑な記法で表されることはない. 明らかにエネルギーは, 大きさだけの, 方向はもたない値であり, スカラーである.

16・4 量子力学の系

系とは, 物理法則によって支配される実体の集まりであり, 系の"状態"を知れば, 系がもっているすべての物理特性を知ることになる. ビックリするかもしれないがこれは真実であり, 少数の基本的な変数(自由度の個数だけある)を指定し, 少数の仮定を行えば, すべての情報は得られるのである.

波動関数はベクトルの性質をもっているので, 波動関数を列ベクトル $|\Psi\rangle$ あるいは行ベクトル $\langle\Psi|$ と記すことができる. 今後は, 状況に合わせてベクトルとして $|\Psi\rangle$, あるいは関数として Ψ と記すことにする. 自由度としての変数を明示することが必要な場合は, $|\Psi(x_1, x_2, \cdots)\rangle$ あるいは $\Psi(x_1, x_2, \cdots)$ とするが, 通常は単に $|\Psi\rangle$ あるいは Ψ と記すことが多いであろう.

量子力学の重要な仮定の一つはつぎのように表される.

> 系が, ある物理量 A に対応する演算子 $\hat{A}$ の固有ベクトル $|\Psi\rangle$ によって記述される状態にある場合(あるいは, Ψ が $\hat{A}$ の固有関数である場合), 対応するオブザーバブル a はつぎの方程式の固有値である[*2].
> $$\hat{A}|\Psi\rangle = a|\Psi\rangle \quad (16\cdot13)$$
> あるいは
> $$\hat{A}\Psi = a\Psi \quad (16\cdot14)$$
> と書ける. 状態 $|\Psi\rangle$ において A を測定すると, いつもオブザーバブル a が得られる.

われわれが関心をもっている原子や分子の系では, 演算子 $\hat{A}$ はハミルトン演算子 $\hat{H}$ であり, オブザーバブル a は状態 $|\Psi\rangle$ のエネルギー準位 E である. 通常は数多くのエネルギー準位 E_i に対応する数多くの状態が存在し, E_i の集合 $\{E_i\}$ は<u>スペクトル</u>を表し, つぎのように, 一つの固有ベクトルに対して一つのエネルギー準位が対応する.

$$\hat{H}|\Psi_i\rangle = E_i|\Psi_i\rangle \quad (16\cdot15)$$

列ベクトルに演算子が作用すると, 別の列ベクトルが生成される. $|\Psi\rangle$ に対して演算子 $\hat{H}$ が作用すると列ベクトル $|\hat{H}|\Psi\rangle$ ができる. この $|\hat{H}|\Psi\rangle$ に左から行ベクトル $\langle\Psi|$ を作用させると, つぎのようになる[*3].

$$\langle\Psi|\hat{H}|\Psi\rangle = \langle\Psi|E|\Psi\rangle = E\langle\Psi|\Psi\rangle \quad (16\cdot16)$$

E はスカラーであるから, 式(16・16)の右辺において, 固有値 E が括弧の外に出せるのである. 一方, 演算子 $\hat{H}$ は外には出せない. 式(16・16)を変形して, E を与える式を求めるとつぎのようになる.

$$E = \frac{\langle\Psi|\hat{H}|\Psi\rangle}{\langle\Psi|\Psi\rangle} \quad (16\cdot17)$$

ボルンの確率に関する公理を取込むと, もっと簡潔になる. 内積[*4] $\langle\Psi|\Psi\rangle$ は波動関数の 2 乗 Ψ^2 (波動関数が複素数の場合, 積 $\Psi^*\Psi$)をすべての空間にわたって積分することに相当する. 電子を全空間において見出す確率の和は 1 になるので, 内積は $\langle\Psi|\Psi\rangle = 1$ となり, 固有状態のエネルギー E_i はつぎのように与えられる.

$$E_i = \langle\Psi_i|\hat{H}|\Psi_i\rangle \quad (16\cdot18)$$

16・5 一次元の箱の中の粒子

これまで考えてきた量子力学におけるエネルギーの問題は, 複雑なものではなく簡単な問題を設定するとわかりやすくなる. 通常は<u>一次元の箱の中の粒子</u>を考えることからスタートする. 箱の長さを l としよう.

```
|_____•粒子_____|
x=0            x=l
```

この場合, 一次元しかないので, 波動関数は $\Psi(x)$ となり, シュレーディンガー方程式はつぎのようになる. (m は粒子の質量)

[*2] 訳注: オブザーバブル (observable) とは, 量子力学系において, 原理的に観測可能と考えられる物理量.
[*3] 訳注: 積分で表せば $\int \Psi^* \hat{H} \Psi \, d\tau$ となる.
[*4] 訳注: 行ベクトルと列ベクトルの積は内積になることは理解できるであろう.

$$-\frac{\hbar^2}{2m}\nabla^2 \Psi(x) + V\Psi(x) = E\Psi(x) \tag{16.19}$$

ここで,箱の中ではポテンシャルエネルギーはゼロ($V=0$)で,外では無限大とすると,粒子は結局,箱の外には出られないことになる[*5].一次元での演算子は$\nabla^2 = d^2/dx^2$であるから,波動方程式はつぎのようになり

$$-\frac{\hbar^2}{2m}\frac{d^2\Psi(x)}{dx^2} = E\Psi(x) \tag{16.20}$$

したがって

$$\frac{d^2\Psi(x)}{dx^2} = -\frac{2mE}{\hbar^2}\Psi(x) \tag{16.21}$$

となる.すでに§16.2で学んだように,$\Psi(x) = A\sin(2\pi x/\lambda)$という関数は式(16.21)を満足する.$\Psi(x)$の2階微分は

$$\frac{d^2\Psi(x)}{dx^2} = -A\frac{4\pi^2}{\lambda^2}\sin\frac{2\pi x}{\lambda} = -\frac{4\pi^2}{\lambda^2}\Psi(x) \tag{16.22}$$

これを式(16.21)に代入すると

$$\frac{4\pi^2}{\lambda^2} = \frac{2mE}{\hbar^2} \tag{16.23}$$

が得られる.

一方,束縛波は,図16.1から明らかなように箱の長さの中に半波長($\lambda/2$)の整数個(n個)入らねばならない.したがって,$n(\lambda/2)=l$となり,結局$\lambda = 2l/n$となるので,これを式(16.23)に代入すると

$$\frac{4\pi^2 n^2}{(2l)^2} = \frac{2mE}{\hbar^2} \tag{16.24}$$

となり,エネルギーEはつぎのように得られる(図16.2).

$$E = \frac{\pi^2\hbar^2 n^2}{2ml^2} = \frac{n^2 h^2}{8ml^2} \tag{16.25}$$

一番低いエネルギー準位以外はすべて$\Psi(x)=0$となる場所,つまり節[1)]をもっている.ボルンの存在確率密度$|\Psi(x)|^2$はその節においてはゼロになる.両端をカウントしないとすると,内部の節の数は

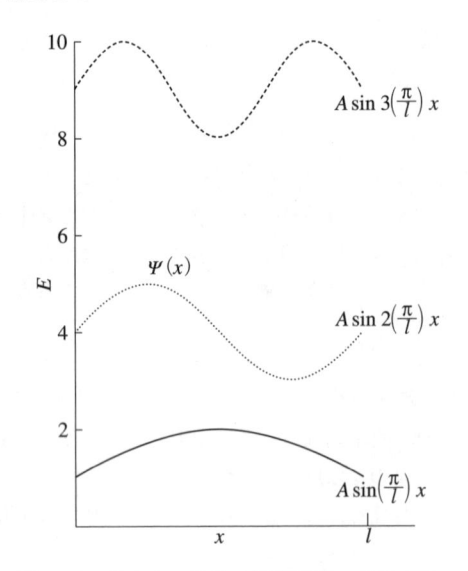

図16.2 箱の中の粒子の波動関数.最初の三つ($n=1,2,3$)を表示している.エネルギー準位は$n^2 = 1,4,9$に比例する.縦軸の単位は$h^2/8ml^2$である.

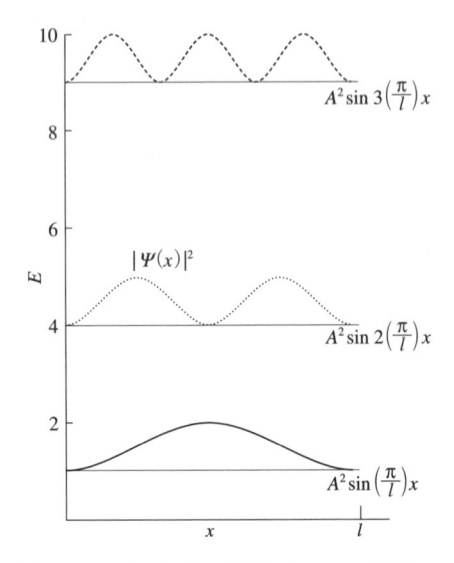

図16.3 一次元の箱に粒子が入っている場合の存在確率密度.ソフトMathcad®を用いて,最初の三つのエネルギー準位について描いた.一番下の波動関数は(両端は除いて)内部に節をもたず,2番目は1個の節,3番目は2個の節をもっている.縦軸の一単位は$h^2/8ml^2$である.

[*5] 訳注:ポテンシャルエネルギーVの定義は$F=-dV/dx$であり,Fは粒子にかかる力である.箱の右端($x=l$)でVが無限大になっているということは勾配も無限大になっており,上式の右辺は正の無限大となり,出ようとする粒子に負方向の力が働き阻止する.もう一方の端($x=0$)では,勾配は負の無限大と考えればよい.箱の中では勾配はゼロ,すなわち粒子には力はかからず,粒子は自由に動ける.

1) node

0, 1, 2, …と増えていく．図 16·3 に存在確率密度を示した．$(n-1)$ 個の内部の節が存在する．

一次元の箱の中の粒子に対するこの方法を発展させることにより，二次元での正方形板における粒子に関する問題も，三次元での立方体における粒子に関する問題も解くことができる．円，長方形，平行六面体，円筒などのような場合に対しても適用が可能である．各問題に取組むことによって洞察が得られるので，興味がある読者は取組んでほしい．

16·6 立方体中の粒子

立方体の内部に置かれた粒子の場合，三次元の波動方程式はつぎのようになる．

$$-\frac{\hbar^2}{2m}\nabla^2 \Psi(x,y,z) + V\Psi(x,y,z) = E\Psi(x,y,z) \quad (16\cdot 26)$$

$V=0$ として左辺の第 2 項を省略し，∇^2 を展開するとつぎのようになる．

$$-\frac{\hbar^2}{2m}\frac{\partial^2 \Psi(x,y,z)}{\partial x^2} - \frac{\hbar^2}{2m}\frac{\partial^2 \Psi(x,y,z)}{\partial y^2}$$
$$-\frac{\hbar^2}{2m}\frac{\partial^2 \Psi(x,y,z)}{\partial z^2} = E\Psi(x,y,z) \quad (16\cdot 27)$$

この式の左辺は複雑に見える．しかし，立方体の箱の中で，ある方向に沿った運動が他の方向に沿った運動より起こりやすいということは考えられないので，粒子の運動 Ψ_x によって与えられる運動エネルギー E_x は，Ψ_y による運動エネルギー E_y および Ψ_z による運動エネルギー E_z と等しいといえる．したがって，方程式 (16·27) はつぎの三つの方程式に分けることができる．

$$-\frac{\hbar^2}{2m}\frac{d^2\Psi(x)}{dx^2} = E_x\Psi(x) \quad (16\cdot 28)$$

$$-\frac{\hbar^2}{2m}\frac{d^2\Psi(y)}{dy^2} = E_y\Psi(y) \quad (16\cdot 29)$$

$$-\frac{\hbar^2}{2m}\frac{d^2\Psi(z)}{dz^2} = E_z\Psi(z) \quad (16\cdot 30)$$

これらの方程式の解はすでに §16·5 で得られており，つぎのようになる．

$$\Psi(x) = A\sin\frac{2\pi x}{\lambda} \quad (16\cdot 31)$$

$$\Psi(y) = A\sin\frac{2\pi y}{\lambda} \quad (16\cdot 32)$$

$$\Psi(z) = A\sin\frac{2\pi z}{\lambda} \quad (16\cdot 33)$$

そしてエネルギーもつぎのように与えられる．

$$E_x = \frac{n_x^2 h^2}{8ml^2} \quad (16\cdot 34)$$

$$E_y = \frac{n_y^2 h^2}{8ml^2} \quad (16\cdot 35)$$

$$E_z = \frac{n_z^2 h^2}{8ml^2} \quad (16\cdot 36)$$

エネルギーの式の分母には立方体の稜の長さ l が入っている．箱の形が立方体でない場合，たとえば直方体だとすれば複数の長さ a, b, c がここに入ってくるはずである．こうすると解を得るのは少し難しくなるが，得られる結果は上の場合と大きく異なるものにはならないことがわかっている．

16·6·1 軌　　道

基底状態における粒子の存在確率密度は 3 方向から見たときの立方体の中心で最大となることがわかる（図 16·4)[*6]．その中心からすべての方向に対称的に（球対称的に）存在確率密度はだんだんと減っていくわけである[*7]．**s 原子軌道**はまさにそうなっている．

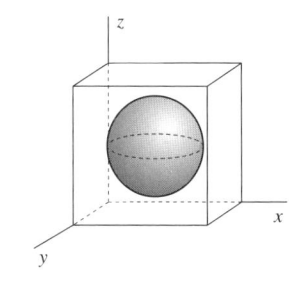

図 16·4　立方体の箱の中の粒子の基底状態での存在確率密度分布

16·6·2 縮　退　度

粒子が x 方向で $n_x=2$ に励起されて，y 方向と z 方向の量子数はそのまま 1 であったとすると（$n_y=1, n_z$

[*6] 訳注：$n_x = n_y = n_z = 1$ である．
[*7] 訳注：厳密に言うと正しくない．境界条件が球ではなく，立方体なので，存在確率分布も球対称とはならない．

=1），軌道は x 方向に内部の節をもち，他の方向には節はもたないことになる（図 16・5）．これは p 軌道に相当するものであり，方向を明記すれば p$_x$ である．

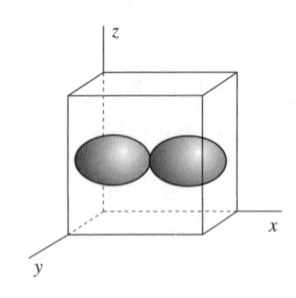

図 16・5　立方体の箱の中の粒子の最初の励起状態

x 方向に対してこれまで述べたことは，y 方向と z 方向に対しても成り立ち，結局 3 個のエネルギーが等しい軌道をもつことになる[*8]．異なる軌道が等しいエネルギーをもっていることを"縮退している[1]"という（縮退がある例として，水素原子のエネルギー準位を図 16・6 に示した）．一般化学を学んだときに，水素の p 軌道の縮退度は 3 であると教えられたことを思い出そう．

16・6・3　規　格　化

さて，$\Psi(x) = A\sin(2\pi x/\lambda)$ における定数 A は波動関数を**規格化**[2]することによって求めることができる．つまり，ボルンの公理（§16・4 参照）に従って，粒子の存在確率密度 Ψ^2 を全空間にわたって積分したとき 1 となるようにすることが規格化である．この場合，規格化によって $A=\sqrt{2/l}$ と得られる（章末問題 16・5 参照．l は一次元の箱の長さ）．規格化定数はしばしば複雑な因子になり，それが波動関数の前に置かれることになる．

これまで示してきた計算手法を発展させると，調和振動子や剛体回転子に対する解も得ることができる〔Levin（2000）や Barrow（1996）らの教科書を参照のこ

と〕．これらの系は，箱の中の粒子の場合と同様にエネルギー準位を与えることがわかる．ただし，調和振動子のエネルギー間隔は等しく，剛体回転子の場合にはそうはならないことが知られている．

16・7　水　素　原　子

陽子（H$^+$）の近くを動く電子に対する運動エネルギー演算子は，一次元の箱の中の粒子の場合と同じであり，つぎのようになる．

$$\hat{T} = -\frac{\hbar^2}{2m_e}\nabla^2 \qquad (16\cdot37)$$

多くの教科書では，電子の質量 m_e の代わりに，電子と陽子の換算質量[3] μ で置き換えているが，この場合の補正の効果は大変小さいので，このままで議論を進めよう．ほぼ質量が近い原子同士が結合した分子の回転を扱う場合になった時点で換算質量を採用することにしたい．

さて，この場合はポテンシャルエネルギーはゼロではなく，陽子（原子核）と電子の間には静電引力が働くので，つぎのように与えられる．

$$V = -\frac{e^2}{4\pi\varepsilon_0 r} \qquad (16\cdot38)$$

波動方程式はつぎのようになる〔式(16・10)参照〕．

$$\nabla^2\Psi(r,\theta,\phi) = -\frac{2m_e}{\hbar^2}[E - V(r,\theta,\phi)]\Psi(r,\theta,\phi) \qquad (16\cdot39)$$

ここで，$\Psi(r,\theta,\phi)$ は極座標 (r,θ,ϕ) で表した波動関数である．原子は球対称をもっているので，極座標を使うと扱いが簡単になり，わかりやすくなる．直交座標から極座標への変換に関する数学的な扱いについては Barrante（1998）などを参照してほしい．

この方程式を完全に書こうとすると，他の教科書を見ればわかるように相当複雑なものになる．ところが，幸いなことに極座標 r, θ, ϕ で表したときは，ちょうど立方体の箱の粒子を考えた場合のように各変数ご

図 16・6　水素原子の縮退したエネルギー準位．縮退度は n とともに 1, 4, 9, …と増えていく．各線分はエネルギー準位を表している．

[*8]　訳注：$E = E_x + E_y + E_z = (n_x^2 + n_y^2 + n_z^2)\frac{h^2}{8ml^2}$ となるので．

1) degenerate　　2) normalizing, normalization　　3) reduced mass

とに式が分離されて簡単になるのである．それらの方程式を書くと

$$\frac{\partial}{\partial r}\left(r^2 \frac{\partial R(r)}{\partial r}\right) + \frac{2m_e r^2}{\hbar^2}\left(\frac{e^2}{4\pi\varepsilon_0 r} + E\right) R(r) = R(r)\beta \tag{16·40}$$

$$\frac{1}{\sin\theta}\frac{\partial}{\partial\theta}\left(\sin\theta\frac{\partial\Theta(\theta)}{\partial\theta}\right) - \frac{m_e^2}{\sin^2\theta}\Theta(\theta) = -\beta\,\Theta(\theta) \tag{16·41}$$

$$\Phi(\phi) = \frac{1}{\sqrt{2\pi}}e^{im\phi} \tag{16·42}$$

となることが知られている*9．各方程式には変数としてそれぞれ r, θ, ϕ しか入っていない．式(16·40)に含まれる $R(r)$ は**動径関数***10 とよばれ，一方 $\Theta(\theta)$ と $\Phi(\phi)$ は一緒に扱われることが多く，$Y(\theta, \phi) = \Theta(\theta)\Phi(\phi)$ は**球面調和関数**とよばれる*11．この名前はまさに適切である．この関数は，波は球面上のどこにも不連続点をもたないという境界条件のもと，球面上に起こる振動を記述しているからである．

水素原子の基底状態にある電子の波動関数（軌道）は $\Psi(r) = -e^{-\alpha r}$ と書ける*12．ここで，r は動径とよばれるもので，陽子と電子の間の距離であり，α は定数をいくつか含んでいる．ある方法によって α の値は決まり，結局エネルギー E はつぎのように与えられる*13．

$$E = -\frac{1}{2}\frac{m_e e^4}{(4\pi\varepsilon_0)^2 \hbar^2} = -\frac{m_e e^4}{32\pi^2 \varepsilon_0^2 \hbar^2} \tag{16·43}$$

この量子力学だけを使って得た結果は，ボーアによる水素原子の基底状態に関する半古典的な結果*14 と一致した．高いエネルギー状態を考える際には，ボーアの結果と同様に主量子数以外の量子数も必要になってくる．

主量子数 n に加えて，球面調和関数 $Y(\theta,\phi) = \Theta(\theta)\Phi(\phi)$ の一般解は，$\Theta(\theta)$ に対して量子数 l と m を，$\Phi(\phi)$ に対して量子数 m を必要とする．波動関数の解においては，これら量子数の間に制約が存在する．たとえば，$n \geq l+1$ でなければならない．$n=1$ のとき，$l=0$ となる．

16·8 縮退度の解消

水素原子には電子が1個しかないので，2sと2pの軌道は縮退しており*15，3s，3p，3d軌道の場合はもっと複雑になるが，縮退はしたままである．しかし，電子が複数個ある場合"構成原理[1]"（§17·8 参照）を使って電子を軌道に入れていくときには，これらの縮退は解消されていく．たとえば，2p軌道の確率密度関数は原子核付近では小さいが，s軌道はこれと反対に原子核付近で極大の確率密度をもつ．したがって，原子核から遠くにあるp軌道中で動く電子のポテンシャルエネルギー（負の値）は，原子核に強く引かれているs電子よりも，絶対値が小さい．これにより，水素原子の場合にあったsとpの縮退は，ベリリウム・ホウ素・炭素・それ以上の原子においては解消されるわけである．ベリリウムにおいては，2sのエネルギー準位は2pの準位より低くなる．p軌道では，原子核からの電子の動径の平均値が大きくなることと，s電子による原子核の電荷の遮蔽効果が影響を与える*16．

周期表で H → He → Li → Be → B と見てみよう．HからHeまでは電子は1s軌道に収容される．しかし，Liになると，1s軌道は2個の電子で一杯になっているので*17，電子が1個余る．これは2sか2pに入るわけだが，エネルギーが低い2sに入ることになる．この傾向はベリリウムになるともっと顕著になる．Beの原子価電子は，すでに2sに1個電子が入っているとすれば，同じ負電荷を避けるために2p軌道へ行ってもよさそうなのだが，そうはならないで同じエネルギーの低い2s軌道に入る．イオン化ポテンシャルの値から，Beの電子は2s軌道からイオン化し

- *9 訳注：l と m は量子数であり，$\beta = l(l+1)$ である．m_e と m を混同しないこと．
- *10 訳注：$R(r)$ を動径因子，$Y(\theta,\phi)$ を角度因子とよぶことも多い．
- *11 訳注：求める波動関数は $\Psi(r,\theta,\phi) = R(r)Y(\theta,\phi)$ で与えられる．
- *12 訳注：正確に言えば，規格化因子が前につく．
- *13 訳注：括弧の中は例題 15·1 に出てきた E_h に等しい．
- *14 訳注：ボーアの仮説には，古典的なものと量子論的なものが混在していた．
- *15 訳注：2s や 3p という原子軌道のよび方の最初の数字は主量子数 n であり，後の英小文字は方位量子数 l を意味している．$l = 0, 1, 2, 3\cdots$ に s, p, d, f$\cdots$ が対応する．
- *16 訳注：ポテンシャルエネルギー項は $-Ze^2/(4\pi\varepsilon_0 r)$．
- *17 訳注：一つの軌道には異なるスピンをもつ電子が2個しか入れないという制約は，パウリの排他原理（Pauli exclusion principle）とよばれている．

1) Aufbau principle

ており，2p からではないことが知られている．Be は Li ほど金属的ではないが典型金属であり，ホウ素のように非金属ではない．縮退が減少している多電子原子のエネルギー準位を図16・7に示した．

16・8・1　水素原子の厳密な解

水素（類似）原子の最初の六つの固有関数を表16・1に示した．パラメーター $a_0 = 52.9 \text{ pm} = 5.29 \times 10^{-11}$ m は§16・7で出てきた α の逆数，つまり $a_0 = 1/\alpha$ であり，ボーアの原子理論での最小の軌道半径（ボーア半径）である．Z は原子番号であり，水素の場合は 1，水素類似原子では 2, 3, …という整数値をとる．この表16・1には二つの軌道，s と p しか現れていないが，もっと複雑な軌道 d, f, g, …も存在する．"関数"と"軌道"は同義語として使われていることに注意してほしい．s 波動関数としては 1s, 2s, 3s が存在する．表16・1を見ればわかるように，s 波動関数には θ や ϕ を含む sin 関数や cos 関数は含まれていないので，この軌道は球対称である．

表16・2には，簡単化した波動関数を示した．関数の形を認識しやすくするために，関数の前にくる定数や指数関数の r にかかる定数をすべて取除いている．最初の 1s 軌道は指数関数で，その引数は負の値をとる．この関数は単調に r 軸（横軸）に漸近的に減少するだけで根をもたない，つまり r 軸を横切らない．しかし，下の二つに含まれる多項式，つまり $(2-r)$ と $(27-18r+2r^2)$ はそれぞれ 1 個と 2 個の根をもつ．Mathcad® ソフトを使って 3s の簡単化された動径関数を描くと図16・8のようになり，多項式部分は 2 個の節を生み出し，r が大きいところでは r 軸に漸近的に近づいていくのがわかる．

表16・1　水素類似原子の最初の六つの波動関数

$$\psi_{1s} = \frac{1}{\pi^{1/2}} \left(\frac{Z}{a_0}\right)^{3/2} e^{-Zr/a_0}$$

$$\psi_{2s} = \frac{1}{4 \times (2\pi)^{1/2}} \left(\frac{Z}{a_0}\right)^{3/2} \left(2 - \frac{Zr}{a_0}\right) e^{-Zr/2a_0}$$

$$\psi_{2p_z} = \frac{1}{4 \times (2\pi)^{1/2}} \left(\frac{Z}{a_0}\right)^{3/2} \left(\frac{Z}{a_0}\right) r \, e^{-Zr/2a_0} \cos\theta$$

$$\psi_{2p_x} = \frac{1}{4 \times (2\pi)^{1/2}} \left(\frac{Z}{a_0}\right)^{3/2} \left(\frac{Z}{a_0}\right) r \, e^{-Zr/2a_0} \sin\theta \cos\phi$$

$$\psi_{2p_y} = \frac{1}{4 \times (2\pi)^{1/2}} \left(\frac{Z}{a_0}\right)^{3/2} \left(\frac{Z}{a_0}\right) r \, e^{-Zr/2a_0} \sin\theta \sin\phi$$

$$\psi_{3s} = \frac{1}{81 \times (3\pi)^{1/2}} \left(\frac{Z}{a_0}\right)^{3/2} \left(27 - 18\frac{Zr}{a_0} + 2\frac{Z^2 r^2}{a_0^2}\right) e^{-Zr/3a_0}$$

表16・2　水素原子の最初の三つの s 簡単化波動関数

1s $= e^{-r}$
2s $= (2-r)e^{-r} = 2e^{-r} - re^{-r}$
3s $= (27-18r+2r^2)e^{-r} = 27e^{-r} - 18re^{-r} + 2r^2 e^{-r}$

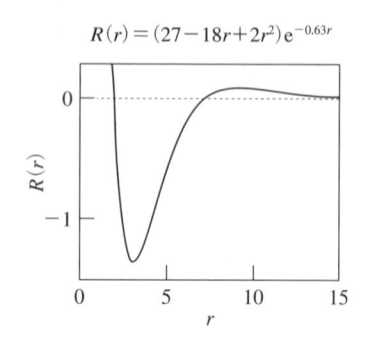

図16・8　水素原子の 3s 波動関数の概略図．横軸は，原子核から電子までの距離 r（単位はボーア半径 a_0）である．関数は二つの r（約 1.9 と 7.1）でゼロとなり，節をつくり，r が大きくなると横軸に漸近していく．

軌道に対する確率密度関数を得るには，波動関数を 2 乗すればよい．節のところでは，電子を見いだす確率密度はゼロとなる．そして節の中間には**波腹**[1]とよばれる極大がみられる．3s 軌道の場合，図16・9のようになる．波腹はおよそ $r = 0.5, 2, 7$ に存在することがわかる．確率密度の極大を与える動径は，前期量子理論における"殻[2]"に対応する．

16・9　直交性と重なり

p_z 軌道と p_x 軌道の積の確率密度がゼロであること

---

1) antinode　　2) shell

$$a = 0.529$$
$$R(r) = \frac{1}{81\sqrt{3\pi}\, a^{3/2}} \left[27 - 18\frac{r}{a} + 2\left(\frac{r}{a}\right)^2 \right] e^{-r/3a}$$
$$S(r) = r^2 R(r)^2$$

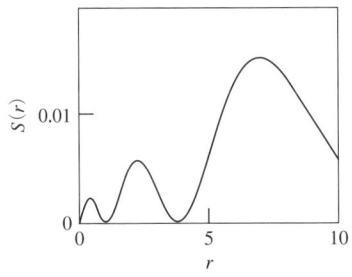

図 16・9 水素原子の 3s 軌道における電子の動径方向の確率分布．横軸の単位はボーア半径 a_0 である[*18]．上の式において，ボーア半径は a と記してある．

を示すのはそれほど難しくない．それらの<u>重なり</u>はゼロなのである．s 軌道がどこでも正（＋）であるのと違って，2p 軌道は節面[1)]をもっている．したがって，図 16・10 に示すように，動径ベクトルが角度[*19] 0 あるいは π を通るたびに－から＋へ，または＋から－へ変わっていく．p 軌道は，その<u>対称要素</u>[2)] の一つに<u>鏡面</u>をもっている．p 軌道は正の<u>ローブ</u>（丸い突出部）と負のローブをもっている．p 軌道と s 軌道が重なり合って化学結合となる場合，図 16・11(a) のよう

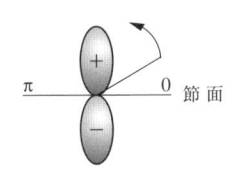

図 16・10 2p 原子軌道の節面

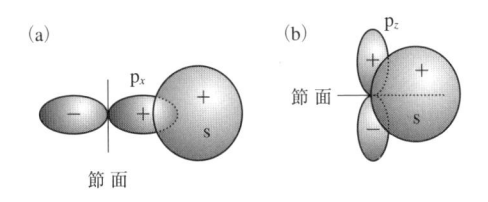

図 16・11 軌道の重なり sp_x と sp_z．軌道の対称のため，(a) の sp_x は化学結合を生成し，(b) の sp_z の場合，軌道の重なりは打ち消しあいゼロとなる．

であれば原子間の電子の確率分布は高まることになる．s の正の軌道と p_x の正の軌道の重なりは正となる．一方，図 16・11(b) のように，$2p_z$ 軌道の一つのローブと 1s 軌道の間での重なり＋＋は，もう一つのローブでの重なり＋－で帳消しになってしまう．図 16・11 を考えるときに，"どちらの p 軌道が，より都合のよい重なりをなして化学結合をつくるか" と問う．答は p_x の場合が正解であり，p_z の場合は不正解である．するとまた，もっともな質問が出るであろう．"なんで p_x だけなの？ p_z を $\frac{1}{4}$ 回転させれば p_x のところにくるのに？" という質問である．

この質問に対する答は，"別に p_x だけ特別なわけではない．確かに p_z を回転させれば化学結合に好都合な位置にもってくることができる．しかし，そうするとき同時に p_x を重なりのよい位置から回してしまっているわけで，状況は少しも変わっていないのだ" である．p 軌道のうちの一つが重なりがよく，残る二つの軌道はそうではないということになる．軌道にどのような名前をつけようとも，それは構わないのである．

16・10 多電子原子の系

多電子原子において，各電子が原子核のポテンシャル場および電子の<u>平均静電力</u>の下で動くという条件以外には，他の電子に対して自由に動くとした場合，全波動関数を 1 電子軌道の積としてつぎのように近似できる．これを**ハートリー積**とよぶ．

$$\psi_{\text{Hartree}} = \psi_1(r_1)\psi_2(r_2)\cdots\psi_N(r_N) = \prod_{i=1}^{N}\psi_i(r_i) \quad (16\cdot44)$$

この積から，つぎの N 個の微積分方程式を解くことになる．

$$\hat{h}_i \psi_i(r_i) = \varepsilon_i \psi_i(r_i) \qquad i = 1, 2, \cdots, N \quad (16\cdot45)$$

ここで演算子 $\hat{h}_i$ は，運動エネルギーと原子核との引力ポテンシャルエネルギー，および電子間斥力ポテンシャルエネルギーを含んだ V_i を足したつぎのようなものである[*20]．

[*18] 訳注：グラフの上に示された $S(r)$ の定義式に r^2 が含まれているのは，存在確率密度を表す $R(r)^2$ に殻（オレンジの皮のようなもの）の体積 $4\pi r^2 \times dr$ を掛けているからだ．ここでは，定数 4π は省いて示してある．殻中で電子を見出す確率を dP とすると，$dP = R(r)^2 \times r^2 dr$，したがって $dP/dr = r^2 R(r)^2$ となる．電子の分布が球対称なので，このようにできるわけだ．
[*19] 訳注：$2p_z$ の場合であれば，角度は極座標の θ．
[*20] 訳注：原子単位で考えている．つまり，$\hbar \to 1$，$m_e \to 1$，$e \to 1$，$4\pi\varepsilon_0 \to 1$ としている．
1) nodal plane　2) symmetry element

$$\hat{h}_i = \left[-\frac{1}{2}\nabla_i^2 - \frac{Z}{r_i}\right] + V_i(\psi_i(r_i)) \qquad j \neq i \tag{16·46}$$

演算子 $\hat{h}_i$ は近似的なものである．個々の電子 j の位置は不確定だからである．電子間斥力のポテンシャルエネルギー V_i は，つぎのように $j(\neq i)$ の電子に対するボルンの確率密度を積分したものを加えることによる平均として与えられる．

$$V_i(\psi_i(r_i)) = \sum_{j \neq i} \int \frac{|\psi_j(r_j)|^2}{r_{ij}}\,d\tau \tag{16·47}$$

近似の $\psi_1, \psi_2, \cdots, \psi_N$ を使って N 個の方程式を解き，それらを代入して繰返し解いていく．原子の系に対する解 ε_i のおのおのは 1s, 2s, 2p…軌道のエネルギーである．各エネルギーはつじつまの合う 1 電子波動関数 $\psi_1, \psi_2, \cdots, \psi_N$ のそれぞれに対応する．動径関数は原子核からの特定の距離に 1 番目，2 番目，…と極値を与え，それらは 1s, 2s, 2p, …に対応し，一般化学でおなじみの電子密度の"殻"に対応する．

章末問題

16·1 つぎの積分

$$\int_{-\infty}^{\infty} x e^{-x^2}\,dx$$

は，上限も下限も無限大を含んでいるので"特異積分[1]"とよばれる．この積分の値を求めよ．つまり，つぎの y の値を求めよ．

$$y = \int_{-\infty}^{\infty} x e^{-x^2}\,dx$$

さらに，Mathcad® のような数値積分ソフトを使って答を検算せよ．

16·2 x 方向の長さ 1 の一次元の箱の中における粒子の最初の二つの軌道は直交している．つまり，つぎの式が成り立つことを示せ．

$$\int_0^1 \psi_1 \psi_2\,d\tau = 0$$

ここで，二つの軌道はつぎのように与えられるとする．

$$\psi_1 = \sqrt{2}\sin \pi x, \quad \psi_2 = \sqrt{2}\sin 2\pi x$$

16·3 演算子 $\hat{A} = d^2/dx^2$ であるとして，つぎの方程式を満足する固有関数 $\phi(x)$ と固有値 a を求めよ．

$$\hat{A}\phi(x) = a\phi(x)$$

16·4 ボーアの原子理論 (1913) によれば，電子 (質量 m) が安定な古典的 (円) 軌道を動いている (速さ v) 場合，原子核 (陽子) から離れようとする遠心力 mv^2/r は，負電荷をもった電子と正電荷をもった陽子の間に働く静電力 $e^2/(4\pi\varepsilon_0 r^2)$ と釣り合わなければならない．

(a) 電子の速さを与える式を導け．

(b) 値を代入し，電子の速さを求めよ．r はボーア半径とし，答は SI 単位で答えること．ただし，$4\pi\varepsilon_0 = 1.113 \times 10^{-10}\,C^2\,s^2\,kg^{-1}\,m^{-3}$ で，ε_0 は真空の誘電率である．

(c) (b) の答の SI 単位を過程を明記して示せ．

(d) (b) の解答の際に，最後の段階で平方根を開くことを忘れて，$v = 4.784 \times 10^{12}\,m\,s^{-1}$ と得たとする．この解答が正しくないことはすぐにわかるはずだ．その理由を答えよ．

16·5 長さ a の一次元の箱の中にある粒子に対する波動関数 $\Psi(x) = A\sin(2\pi x/\lambda)$ を規格化せよ．

16·6 存在する位置によって確率関数が規則的に変化する古典力学的 (巨視的) な系を一つあげよ．そして，確率関数はどのようになるか答えよ．

16·7 つぎの式から

$$-\frac{4\pi^2}{\left(\frac{2}{n}l\right)^2} = -\frac{2mE}{\hbar^2}$$

つぎの式を導出せよ．

$$E = \frac{n^2 h^2}{8ml^2}$$

16·8 水素原子のボーア半径以内で電子を見いだす確率 P を求めよ．積分を実行する際に Mathcad® などの科学計算用ソフトウェアを利用してもよい．

16·9 単位長さの一次元の箱の中にある粒子に対する規格化波動関数の式は

$$\Psi(x) = \sqrt{2}\sin \pi x$$

で与えられる．ここで，x は一次元空間における粒子の座標である．$x = 0 \sim 0.25$ に粒子が存在する確率を求めよ．

---

[1] improper integral

17

変分法：原子の場合

水素原子に対して得られた厳密な軌道の解は，水素以外の原子や分子に対しては，それが大きなものでなくても，同じようにして解を得ることはできないことが知られている．しかし，大きな系を数学的に取扱う際には，その水素の解は大変役に立つのである．原子核の引力エネルギーは，化学を支配している結合エネルギーよりもはるかに大きいものであるから，化学結合を原子核による引力に対する摂動[*1]としてとらえることができよう．したがって，水素原子に対して得られた軌道は，イオンや原子あるいは原子の集合である分子からなる大きな系への土台となるのである．

17·1 変分法の基本

近似の波動関数に対して**変分法**[1)]の式はつぎのように与えられる．

$$\langle E_0 \rangle = \frac{\int_{-\infty}^{\infty} \phi_0^*(\tau)\,\hat{H}\,\phi_0(\tau)\,d\tau}{\int_{-\infty}^{\infty} \phi_0^*(\tau)\,\phi_0(\tau)\,d\tau} \qquad (17\cdot 1)$$

ここで，添字 0 は基底状態のエネルギーあるいは波動関数をさし，$\langle E_0 \rangle$ のような括弧は期待値[*2]を意味する．また，* 印は関数の共役複素数を，$d\tau$ は積分がなされる空間での微小体積をさしている．

この式を，今後はつぎのように簡単に記すことにしよう[*3]．

$$E = \frac{\int_{-\infty}^{\infty} \phi\hat{H}\phi\,d\tau}{\int_{-\infty}^{\infty} \phi\phi\,d\tau} \qquad (17\cdot 2)$$

このエネルギーを求めるには，試行関数 ϕ を知らなければならない．一方，ハミルトン演算子は系によって定まる．

17·2 永年行列式

多くの場合，波動関数は単一の関数で表されるのではなく，つぎのような関数の和となる（c_1, c_2 は係数）．

$$\phi = c_1 u_1 + c_2 u_2 \qquad (17\cdot 3)$$

近似的な波動関数として関数の和を使うと，式(17·2)は，積分の上限・下限を省略して記すと

$$E = \frac{\int \phi\hat{H}\phi\,d\tau}{\int \phi\phi\,d\tau} = \frac{\int (c_1 u_1 + c_2 u_2)\hat{H}(c_1 u_1 + c_2 u_2)\,d\tau}{\int (c_1 u_1 + c_2 u_2)(c_1 u_1 + c_2 u_2)\,d\tau}$$

$$= \frac{c_1^2 \int u_1 \hat{H} u_1\,d\tau + c_1 c_2 \int u_1 \hat{H} u_2\,d\tau + c_1 c_2 \int u_2 \hat{H} u_1\,d\tau + c_2^2 \int u_2 \hat{H} u_2\,d\tau}{c_1^2 \int u_1^2\,d\tau + 2 c_1 c_2 \int u_1 u_2\,d\tau + c_2^2 \int u_2^2\,d\tau}$$

$$(17\cdot 4)$$

となり，積分は，より小さな積分に分けられることになる．これら小さな積分を，分子のほうは H_{ij}，分母のほうは S_{ij} と記すと

$$E = \frac{c_1^2 H_{11} + 2 c_1 c_2 H_{12} + c_2^2 H_{22}}{c_1^2 S_{11} + 2 c_1 c_2 S_{12} + c_2^2 S_{22}} \qquad (17\cdot 5)$$

と表せる．ここで，分子のほうにおいてはつぎの仮定をしている．

$$\int u_1 \hat{H} u_2\,d\tau = \int u_2 \hat{H} u_1\,d\tau \qquad (17\cdot 6)$$

[*1] 訳注：主要な力の作用による運動が，副次的な力の影響で乱されること．
[*2] 訳注：数学的用語では，離散的確率変数のとる値に，対応する確率をそれぞれ掛けて加えた値．
[*3] 訳注：ϕ が実関数であれば，こう記すことができる．以後は，* 印は省略して記している．
1) variation method

これが成り立つ演算子 $\hat{H}$ は**エルミート演算子**とよばれている．分母においても S_{21} を S_{12} と等しいとしている[*4]．

式(17・5)を変形すると，つぎのようになる．

$$(c_1{}^2 S_{11} + 2c_1 c_2 S_{12} + c_2{}^2 S_{22})E$$
$$= c_1{}^2 H_{11} + 2c_1 c_2 H_{12} + c_2{}^2 H_{22} \quad (17 \cdot 7)$$

ここで，目標はエネルギー E を極小にすることである．そのためには，パラメーター c_1 および c_2 で E を偏微分して，$(\partial E/\partial c_1)$ と $(\partial E/\partial c_2)$ を 0 (ゼロ) とすればよい．まず，式(17・7)の両辺を c_1 で偏微分すると

$$(2c_1 S_{11} + 2c_2 S_{12})E + \frac{\partial E}{\partial c_1}(c_1{}^2 S_{11} + 2c_1 c_2 S_{12} + c_2{}^2 S_{22})$$
$$= 2c_1 H_{11} + 2c_2 H_{12} \quad (17 \cdot 8)$$

となり，一方，c_2 で偏微分すると

$$(2c_1 S_{12} + 2c_2 S_{22})E + \frac{\partial E}{\partial c_2}(c_1{}^2 S_{11} + 2c_1 c_2 S_{12} + c_2{}^2 S_{22})$$
$$= 2c_1 H_{12} + 2c_2 H_{22} \quad (17 \cdot 9)$$

となる．そして，E を極小とするための式はつぎのようになる．

$$\frac{\partial E}{\partial c_1} = \frac{\partial E}{\partial c_2} = 0 \quad (17 \cdot 10)$$

これより，つぎの式はともに 0 となり

$$\frac{\partial E}{\partial c_1}(c_1{}^2 S_{11} + 2c_1 c_2 S_{12} + c_2{}^2 S_{22})$$
$$= \frac{\partial E}{\partial c_2}(c_1{}^2 S_{11} + 2c_1 c_2 S_{12} + c_2{}^2 S_{22})$$
$$= 0 \quad (17 \cdot 11)$$

式(17・8)と式(17・9)に代入すると，つぎの二つの式が得られる．

$$(2c_1 S_{11} + 2c_2 S_{12})E = 2c_1 H_{11} + 2c_2 H_{12} \quad (17 \cdot 12)$$
$$(2c_1 S_{12} + 2c_2 S_{22})E = 2c_1 H_{12} + 2c_2 H_{22} \quad (17 \cdot 13)$$

これらの式は，2で割り移項したつぎのような式のほうが収まりがよい．

$$(H_{11} - ES_{11})c_1 + (H_{12} - ES_{12})c_2 = 0 \quad (17 \cdot 14)$$
$$(H_{12} - ES_{12})c_1 + (H_{22} - ES_{22})c_2 = 0 \quad (17 \cdot 15)$$

$(H_{11} - ES_{11})$ などはスカラーであるので，結局つぎのような，高校数学に出てくる連立方程式と同じになる．

$$ax + by = p \quad (17 \cdot 16)$$
$$cx + dy = q \quad (17 \cdot 17)$$

ただ少し違うのは，普通の連立方程式では p も q もゼロであることはないが，この場合はまさに両方ともゼロなのである．積分 H や S を計算して，c_1 と c_2 を求めようというのである．

ところが $p = q = 0$ であるので，c_1 と c_2 の特定の値を求めることはできず，ほかに追加情報がなければ，それらの比の値を求めることしかできない．しかし，別の言葉で言えば，求めたい情報のほとんどは得ているわけである．もし，2番目の式が1番目の式の定数倍であれば，求めようとしている比を求めることができる．定数倍の関係にある二つの方程式の場合，一方の式の両辺に定数 k を掛ければもう一方が得られるはずである．この場合で言えば，$kc = a$ かつ $kd = b$ であるとして，係数の行列式を考えてみると，つぎのようにゼロとなり[*5]，c_1 と c_2 の比が求まることがわかる．

$$\begin{vmatrix} a & b \\ c & d \end{vmatrix} = \begin{vmatrix} kc & kd \\ c & d \end{vmatrix} = kcd - kcd = 0 \quad (17 \cdot 18)$$

いま考えている連立方程式は，つぎのようなものであるから

$$(H_{11} - ES_{11})c_1 + (H_{12} - ES_{12})c_2 = 0 \quad (17 \cdot 19)$$
$$(H_{12} - ES_{12})c_1 + (H_{22} - ES_{22})c_2 = 0 \quad (17 \cdot 20)$$

両者が定数倍の関係にある場合は，係数の行列式はつぎのようになる．

$$\begin{vmatrix} H_{11} - ES_{11} & H_{12} - ES_{12} \\ H_{12} - ES_{12} & H_{22} - ES_{22} \end{vmatrix} = 0 \quad (17 \cdot 21)$$

この行列式は**永年行列式**[1]とよばれている．これを

[*4] 訳注: 結局，$H_{ij} = H_{ji}$, $S_{ij} = S_{ji}$ となる．
[*5] 訳注: 係数からなる行列式が0でないと，解は一意的（ただ一通り）になるので，自明な解 $x = y = 0$ になってしまう．自明な解以外の解をもつには行列式が0である必要がある．

1) secular determinant

展開すると二次方程式になり，二つの解 E_1 と E_2 が求まり，エネルギーを見積もれることになる．このとき，規格化条件を課すと，これは追加情報を与えることになり，完全な解が得られ，二つの解の低いほうを系の基底状態のエネルギーとすることができる．

波動関数が N 個の項を含む場合，一般の永年行列式はつぎのようになり，0 とすると

$$\begin{vmatrix} H_{11} - ES_{11} & H_{12} - ES_{12} & \cdots & H_{1N} - ES_{1N} \\ H_{21} - ES_{21} & H_{22} - ES_{22} & \cdots & H_{2N} - ES_{2N} \\ \vdots & \vdots & \vdots & \vdots \\ H_{N1} - ES_{N1} & H_{N2} - ES_{N2} & \cdots & H_{NN} - ES_{NN} \end{vmatrix} = 0 \quad (17\cdot22)$$

となる．これと似た数学的取扱いには，ヒュッケルの分子軌道理論のところで出会った読者もいることだろう．

17・3 水素原子に対する変分法

動径ハミルトン演算子（例題 15・2 参照）

$$\hat{H} = -\frac{\hbar^2}{2m_e r^2}\frac{d}{dr}\left(r^2\frac{d}{dr}\right) - \frac{e^2}{(4\pi\varepsilon_0)r} \quad (17\cdot23)$$

からスタートして，試行関数 $\phi(r) = e^{-\alpha r}$ を使うと変分法によりエネルギー E は

$$E = \frac{\hbar^2\alpha^2}{2m_e} - \frac{\alpha e^2}{4\pi\varepsilon_0} \quad (17\cdot24)$$

と得られる[*6]．ここで，m_e は電子の質量である（McQuarrie, 1983）．この結果は，ポテンシャル項 $-\alpha e^2/(4\pi\varepsilon_0)$ が余分にある点を除けば，立方体の箱の中の粒子の解と似たところがある．ということは，両者の間に類似点があることが期待される．一つは，一連のエネルギー準位があり，それぞれは量子数に対応していること，もう一つは，一番下の準位の量子数が 1 であって，ゼロではないので，エネルギーがゼロの準位はないことである．

エネルギーの極小を得たいので，E を α で微分し，ゼロとする．導関数がゼロとなるのは，極小・極大・変曲点のどれかであるが，試行関数がそう悪くなければ[*7]，極小が得られるはずである（複雑な系では，極大あるいは変曲点となる場合もある）．

導関数は

$$\frac{dE}{d\alpha} = \frac{\hbar^2\alpha}{m_e} - \frac{e^2}{4\pi\varepsilon_0} = 0 \quad (17\cdot25)$$

となり，結局 α はつぎのようになる．

$$\alpha = \frac{m_e e^2}{4\pi\varepsilon_0 \hbar^2} \quad (17\cdot26)$$

したがって，一番低いエネルギーはつぎのような値をとる．

$$E = -\frac{1}{2}\frac{m_e e^4}{(4\pi\varepsilon_0)^2 \hbar^2} = -2.180 \times 10^{-18}\,\text{J} \quad (17\cdot27)$$

これは，ボーアによって初めて導き出された水素原子の基底状態のエネルギーである（図 15・2）．許容されるエネルギー準位は，量子数 n に対してつぎのように与えられることが知られている．

$$\varepsilon_H = -\frac{1}{2}\left(\frac{m_e e^4}{(4\pi\varepsilon_0)^2 \hbar^2}\right)\left(\frac{1}{n^2}\right) \quad n = 1, 2, 3, \cdots \quad (17\cdot28)$$

エネルギーは負であり，安定な系となる．これらのエネルギー準位の差を使って水素原子のスペクトル線を計算してみると図 15・1 とよく一致することがわかる．

ここで，15 章でも少しふれたが，エネルギーの原子単位である**ハートリー** E_h を定義することにしよう．$E_h = m_e e^4/[(4\pi\varepsilon_0)^2 \hbar^2]$ であり，水素原子の基底状態のエネルギーの絶対値の 2 倍に等しい（H 原子のエネルギー準位を意味する ε_H と単位 E_h を混同しないように注意すること）．

$$\begin{aligned} E_h &\equiv 2|\varepsilon_H| = 2 \times (2.180 \times 10^{-18}\,\text{J}) \\ &= 4.360 \times 10^{-18}\,\text{J} = 2625\,\text{kJ mol}^{-1} \\ &= 627.5\,\text{kcal mol}^{-1} \end{aligned} \quad (17\cdot29)$$

上で示したエネルギーの極小値を探し求めるこの過程は，**極小化**とともに"**最適化**"ともよばれる．軌道関数がきちんとはわかっていない場合，このようにして軌道表現におけるパラメーターおよびエネルギーの最適な値が求まるからである．これらパラメーターは，定数と区別して**最適化パラメーター**とよばれることもある．パラメーターは，さまざまな最適化手順に

[*6] 訳注：式 (17・1) を使う．詳細は，"マッカーリ・サイモン 物理化学（上）"（東京化学同人），p.266 の例題 7・1 を参照のこと．
[*7] 約 100 年間の経験から，どんな関数が原子・分子波動関数として適切であるかどうかは大体わかっている．負の引数をもつ指数関数は水素原子の波動関数としては適切である．

17·3·1 ガウス関数を使った最適化

さて，厳密な波動関数ではないが，それに似ている関数を使って最適化を行ってみよう．変分法の計算を，近似的な**ガウス関数** $\phi = e^{-\alpha r^2}$ を使って行うのである．水素原子の基底状態の軌道と似ているが，指数部の r に代わって r^2 が入っている点が異なる．この関数は数学的に最適化することもできるが，ここでは Gaussian ソフトを使ってみよう．実際に最適化するために，gen キーワードを使って $\alpha = 0.28$ として計算した場合，つぎのような結果が得られた．

$$E_\psi = -0.4244\, E_h \quad (17\cdot30)$$

この値は負なので，理論的に得られた値 $-\frac{1}{2}E_h$ より高いエネルギーということになる．15 %ほど高くなっている．

17·3·2　Gaussian による HF 計算[*8]

Gaussian において gen キーワードを使うと，ユーザーが α の値を入力することができる．ファイル 17·1 の最後から 2 行目では 0.280000 を入力している．この例では $\alpha = 0.18$，$\alpha = 0.28$，$\alpha = 0.38$ の場合について計算をした．ファイル 17·2 に出力結果を示した．

```
# gen
hatom gen
0 2
h
1 0
S      1 1.0
0.280000 1.0
****
```

ファイル 17·1　水素原子に対する Gaussian への入力ファイル

```
0.180000     HF=-0.4070275
0.280000     HF=-0.4244132
0.380000     HF=-0.4136982
```

ファイル 17·2　水素原子に対する Gaussian の計算出力ファイルから抜粋したエネルギー

この出力結果の抜粋から二つのことが明らかになる．三つの α のうち，$\alpha = 0.28$ の場合が一番低いエネルギーを与えているが，他の二つよりはるかに良いわけではない．三つともそれほど悪い値ではないので，エネルギーの底の部分はかなり浅いものになっていることは明らかである．α を 0.28 から 0.38 へ変化させたとき，エネルギーは $0.0107 E_h$ しか上がっていない．反対方向に 0.10 だけ α を変化させた場合は，もう少し大きな変化が見られる．この $0.0107 E_h$ という変化量は非常に小さいと勘違いをひき起こすおそれがある．しかし，E_h という単位はかなり大きい単位である．上で示したように，E_h から kJ mol^{-1} への変換因子は 2625 kJ mol^{-1} であり，変化量は $0.0107 E_h (2625)$ = 28.1 kJ mol^{-1} と大きいものとなる．

17·4　ヘリウム原子

ヘリウム原子は水素原子に似ているが，決定的な違いはヘリウム原子には電子が 2 個あることであり，原子核の影響下で動き回っている．原子核の電荷数は +2 であり，ヘリウム原子のハミルトン演算子は原子単位で書くと，つぎの通りである．

$$\hat{H} = -\frac{1}{2}\nabla_1^2 - \frac{1}{2}\nabla_2^2 - \frac{2}{r_1} - \frac{2}{r_2} + \frac{1}{r_{12}}$$
$$(17\cdot31)$$

グループ分けすると

$$\hat{H} = \left(-\frac{1}{2}\nabla_1^2 - \frac{2}{r_1}\right) + \left(-\frac{1}{2}\nabla_2^2 - \frac{2}{r_2}\right) + \frac{1}{r_{12}}$$
$$(17\cdot32)$$

となる．右辺の最初の 2 項はそれぞれ水素原子の場合とほぼ同様で，ただ原子核の電荷数が異なる．第 3 項の $1/r_{12}$ は，距離 r_{12} で影響を及ぼし合う 2 個の電子の斥力による項である．この項は水素のハミルトン演算子にはないものだ．結局，つぎのように原子核が関与する 2 個のハミルトン演算子および 1 個の斥力によるハミルトン演算子の和となる．

$$\hat{H}_{He} = \hat{H}_1 + \hat{H}_2 + \frac{1}{r_{12}} \quad (17\cdot33)$$

もし，規格化された厳密な波動関数がヘリウム原子に対して得られるのであれば，系のエネルギーはつぎの式で得られる[*9]．

[*8]　訳注：HF は Hartree-Fock の頭文字（例題 15·1 参照）．
[*9]　訳注：r_1 と r_2 は 2 個の電子の原子核からの動径である．

$$E_{\text{He}} = \int_0^\infty \Psi(r_1, r_2) \hat{H}_{\text{He}} \Psi(r_1, r_2) \, d\tau \quad (17 \cdot 34)$$

しかし，ヘリウム原子は三つの粒子からなる系であり，厳密な解は得ることができないことが知られている．それゆえ，軌道関数とエネルギーは近似で求めなければならないわけである．

素朴な近似（**ゼロ次近似**）としては，単に"$1/r_{12}$項"を無視するというのが考えられる．こうして簡略化されたハミルトン演算子を水素類似原子の 1s 軌道関数に適用すると，エネルギーは

$$E_{\text{He}} = -\frac{2^2}{2} E_{\text{h}} - \frac{2^2}{2} E_{\text{h}} = -4 E_{\text{h}} \quad (17 \cdot 35)$$

となり[*10]，水素原子の厳密なエネルギー $-\frac{1}{2} E_{\text{h}}$ の 8 倍になる．式 (17·35) の分子の 2 はヘリウム原子の電荷数（原子番号）$Z = 2$ から来ている．一般に，水素類似原子（イオン）のエネルギーは電子当たり $-\frac{Z^2}{2} E_{\text{h}}$ となることが知られている[*11]．

こうして得られた結果を，つぎに示す過程におけるヘリウムの第一および第二**イオン化ポテンシャル**(IP)[*12]と比較することができる．

$$\text{He} \rightarrow \text{He}^+ + \text{e}^- \text{（第一）} \quad \text{He}^+ \rightarrow \text{He}^{2+} + \text{e}^- \text{（第二）} \quad (17 \cdot 36)$$

これらのエネルギーは実験においてかなりの精度で測定することができる．このエネルギーは，ヘリウム原子から電子を取去るのに要するエネルギーであるから，電子のエネルギーに負符号をつけたものに等しい．したがって，つぎの二つの電子の指標が存在する．(a) He$^+$ に引きつけられている第一の"外側"の電子，(b) He^{2+} に引きつけられている第二の"内側"の電子．この 2 番目のイオン化ポテンシャル IP_2 は厳密に計算が可能である．He$^+$ は 1 電子（2 粒子）系であるからだ．厳密な IP_2 の計算値は $2 E_{\text{h}}$ となる．

ここで，式 (17·35) で計算した全イオン化ポテンシャル $IP = 4 E_{\text{h}}$ と実験値 $IP = 2.903 E_{\text{h}}$ を比較すると，一致は相当悪いことがわかる．IP_2 は厳密な計算値として求まるので，IP_1 の値を求めてみると計算値との不一致は明らかになる．

$$IP_1 = IP - IP_2 = 2.904 E_{\text{h}} - 2.000 E_{\text{h}} = 0.904 E_{\text{h}} \quad (17 \cdot 37)$$

いま考えている近似では，IP_1（計算値）$= 2.000 E_{\text{h}}$ であり[*13]，誤差は 100 % を超えるものとなる．明らかに，電子間斥力を無視できないことがわかる．

17·4·1 ヘリウムの SCF 変分法によるイオン化ポテンシャル

$1/r_{12}$ 項の問題を解決する一つのやり方は § 15·4 で紹介した SCF 近似である．まず，ハートリー近似からスタートしよう．ヘリウムの軌道は，二つの 1 電子軌道の積 $\Phi(1, 2) = \phi_1(1) \phi_2(2)$ で表されるという近似である．$\phi_1(1)$ と $\phi_2(2)$ の出発点の軌道として，運動エネルギーの演算子には水素原子のものを使い，ポテンシャルエネルギーの演算子としては，原子核の陽子数が 2 であるから $-2/r$ を使おう．原子単位で

$$\hat{H} = -\frac{1}{2r^2} \frac{d}{dr} \left(r^2 \frac{d}{dr} \right) - \frac{2}{r} \quad (17 \cdot 38)$$

と書ける．これから 1 電子軌道である ϕ_1 と ϕ_2 を求めるわけだが，この前にやった失敗を繰返したくない．今回は，ポテンシャルエネルギー項（V_1 と記す）を考慮に入れよう．V_1 は任意の電子 1 の負電荷と電子 2 の負電荷の間にかかる斥力によるポテンシャルエネルギーである．

電子 2 はどこに存在するかわからないので，V_1 を求めるには，つぎのようにすべての空間にわたって積分をしなければならない．

$$V_1 = \int_0^\infty \phi_2 \frac{1}{r_{12}} \phi_2 \, d\tau \quad (17 \cdot 39)$$

したがって，電子 1 に対する全ハミルトン演算子はつぎのようになる．

$$\hat{H}_1 = -\frac{1}{2r_1^2} \frac{d}{dr_1} \left(r_1^2 \frac{d}{dr_1} \right) - \frac{2}{r_1} + \int_0^\infty \phi_2 \frac{1}{r_{12}} \phi_2 \, d\tau \quad (17 \cdot 40)$$

電子 2 に対しても同様に

[*10] 訳注：原子番号 Z の水素類似原子では，式 (17·28) の右辺の分子に Z^2 が入る．例題 15·1 も参照のこと．
[*11] 訳注："バーロー 物理化学 第 6 版（下）"，(東京化学同人)，§ 12·6 参照．
[*12] 訳注：イオン化エネルギー (energy of ionization) ともよぶ．
[*13] 訳注：式 (17·35) を使って IP_1（計算値）$= |E_{\text{te}}| - IP_2 = 4 E_{\text{h}} - 2 E_{\text{h}} = 2 E_{\text{h}}$.

$$\hat{H}_2 = -\frac{1}{2r_2^2}\frac{d}{dr_2}\left(r_2^2\frac{d}{dr_2}\right) - \frac{2}{r_2} + \int_0^\infty \phi_1 \frac{1}{r_{12}} \phi_1 d\tau \tag{17.41}$$

が得られる.

両電子の軌道は不明なので，水素原子の基底状態の1s軌道に似てはいるが，まったく同じではない次のような関数を仮定するのは理にかなっていると言えよう．

$$\phi_1 = \sqrt{\frac{a^3}{\pi}} e^{-ar_1} \tag{17.42}$$

$$\phi_2 = \sqrt{\frac{b^3}{\pi}} e^{-br_2} \tag{17.43}$$

さて，式(17.39)の積分V_1はr_1にある電子1と軌道ϕ_2のどこかに存在する電子2との間のクーロン相互作用に対応しているものであるが，これは§17.10で述べるスレーター型軌道に対して（Rioux, 1987; McQuarrie, 1983）計算すると，つぎのように求まる.

$$V_1 = \int_0^\infty \phi_2 \frac{1}{r_{12}} \phi_2 d\tau = \frac{1}{r_1}[1 - (1+br_1)e^{-2br_1}] \tag{17.44}$$

結局，電子1に対するハミルトン演算子は

$$\hat{H}_1 = -\frac{1}{2r_1^2}\frac{d}{dr_1}\left(r_1^2\frac{d}{dr_1}\right) - \frac{2}{r_1}$$
$$+ \frac{1}{r_1}[1-(1+br_1)e^{-2br_1}] \tag{17.45}$$

となる. $\hat{H}_2$ も同様に導くことができるが，この場合はスレーター型軌道において br_1 が ar_2 で置き換わることになる．軌道は規格化されているとすれば，電子1のエネルギーはつぎの式で求められる．

$$E_1 = \int_0^\infty \phi_1 \hat{H}_1 \phi_1 d\tau \tag{17.46}$$

E_2も同様な式で求められる．

E_1を計算するには，つぎの三つの積分を求める必要がある（原子番号2をZに戻す）．

$$E_1 = \int_0^\infty \phi_1\left(-\frac{1}{2}\nabla_1^2\right)\phi_1 d\tau - \int_0^\infty \phi_1\left(-\frac{Z}{r_1}\right)\phi_1 d\tau$$
$$+ \int_0^\infty \phi_1 V_1 \phi_1 d\tau \tag{17.47}$$

軌道ϕ_1の電子エネルギーを与える三つの項はつぎのように与えられることが知られている（Rioux, 1987）．

$$E_1 = \frac{a^2}{2} - Za + \frac{ab(a^2 + 3ab + b^2)}{(a+b)^3} \tag{17.48}$$

E_2 も同様な式で求められるが，この場合は右辺の最初の二つの項において a は b で置き換わり，つぎのようになる．

$$E_2 = \frac{b^2}{2} - Zb + \frac{ab(a^2 + 3ab + b^2)}{(a+b)^3} \tag{17.49}$$

電子1と電子2に対するスレーター型軌道に含まれる a および b は極小化のためのパラメーターであり，他の電子が部分的に遮蔽した結果として各電子が感じる有効な原子核電荷を表しているといえる．SCFの戦略は，まず任意の b の値[*14]からスタートして，E_1の極小における a の値を求める[*15]．この a の値を使って E_2 の極小を見つけ，そこでの b の値を求める．この値でスタートの b の値を置き換えれば，また新しい極小化サイクルが始まり，新しい a と b の値が得られ，つぎつぎと繰返していくといつか E_1 などが変化しなくなるときがくる．こうして電子が感じる電場はつじつまが合う状態に落ち着くことになるので，この手法をSCFとよぶのである．

いま考えているヘリウムの場合は，計算は完全に対称的である．a に対して言えることは b に対しても言うことができる．したがって，$a=b$ であり，繰返し過程のどの点においても a を b で置き換えることができる．一方に対するつじつまを合わせれば，他方に対してもつじつまが合うことなるわけである．

一つの繰返しが終わった段階では原子の全エネルギーを計算するのが合理的であろう．$E_{He}=E_1+E_2$である．ただ，そうすると，電子間斥力の項 $ab(a^2+3ab+b^2)/(a+b)^3$ を2回加えてしまうことになる．1回は r_{12} 斥力項として，もう1回は r_{21} 斥力項としてである．そこで，重複を避けるために r_{21} 斥力項は含めないとすると，ヘリウムのエネルギーは

$$E_{He} = E_1 + E_2 = E_1 + \frac{b^2}{2} - Zb \tag{17.50}$$

となることがわかる．

ハートリーの方法でつじつまが合い，電子の存在確率密度に関して定性的なイメージを得ることができるようになるが，イオン化エネルギーはまだかなりの誤差を含んでいることがわかった（3回の繰返しの後で

[*14] 訳注：$b=Z$とするのが普通である．この場合は，$b=2$とする．
[*15] 訳注：E_1をaで微分した微分係数を0としてaを求める．

も，ずれは 0.015 E_h≈39 kJ mol^{-1}，例題 17·1 参照）．まだ何かが足りないのである．ハートリー積を考えるとき，つぎのように一つの原子軌道を他の軌道と入れ替えると，問題が生じる．

$$\phi_i(r_i)\phi_j(r_j) \longrightarrow \phi_j(r_j)\phi_i(r_i) \quad (17\cdot51)$$

こうしても，ハートリー積は入れ替え前と同じである．これは，$\phi_i(r_i)$ と $\phi_j(r_j)$ はすべての点で同じであると言っていることと等しい．しかし，一般化学では，二つの電子は決して同じ波動関数をもつことはなく，各電子がもつ四つの量子数 n, l, m, m_s は決して全部が同じになることはないということを学んだ．三次元直交座標空間においては，水素原子の波動方程式の解に三つの量子数 n, l, m が入ってくることは自然である（各次元に対して一つの量子数が対応すると考えれば）．しかし，4個の量子数ということは三次元での解を超えた何かがあると考えなければならない．

ヘリウムが励起状態にある場合，電子は空間的に異なる軌道に入るが，基底状態では二つの電子は同じ 1s 軌道に入ることになる．そこで，スピン磁気量子数とよばれる4番目の量子数 $m_s = \pm\frac{1}{2}$ が導入されて，同じ 1s 軌道にある二つの異なる電子の状態をさすようにするのである．一つは 1sα，もう一方は 1sβ と名づけられる．

17·5 スピン

ヘリウムをイオン化しようとしたとき，最初に出てくる（外側の）電子がスピン α をもち，2番目に出てくる（内側の）電子がスピン β をもつとすると，原子軌道 Ψ_{1s} はつぎのように表せる．

$$\Psi_{1s} = 1s(1)\alpha + 1s(2)\beta \quad (17\cdot52)$$

一方，最初に出てくる電子がスピン β の場合はつぎのようになる．

$$\Psi_{1s} = 1s(1)\beta + 1s(2)\alpha \quad (17\cdot53)$$

これら二つの結果は厳密に等しい確率をもつということになり，ハートリーの仮説，つまり"それぞれの電子は独立な軌道に入る"という仮説とのジレンマに陥る．ある電子が α 軌道に入るのか，それとも β 軌道に入るのかを言うことはできず，等しく重みづけした空間-スピン基底関数の線形結合である軌道に存在するとしか言えない．基底となる関数はつぎの二つである．

$$1s(1)\alpha\, 1s(2)\beta \qquad 1s(1)\beta\, 1s(2)\alpha \quad (17\cdot54)$$

これらを結合すると

$$1s(1)\alpha\, 1s(2)\beta + 1s(1)\beta\, 1s(2)\alpha \quad (17\cdot55)$$

あるいは

$$1s(1)\alpha\, 1s(2)\beta - 1s(1)\beta\, 1s(2)\alpha \quad (17\cdot56)$$

となる．このうちの後者の反対称線形結合のみがヘリウムの 1s 電子に対して受け入れられることが後でわかる．

17·6 ボース粒子とフェルミ粒子

宇宙に存在する素粒子は二つに大別できるという．**ボース粒子**と**フェルミ粒子**である．ボース粒子は交換に際して対称的であり，フェルミ粒子は反対称的である．電子はフェルミ粒子に属することが知られている．1s 軌道にある二つの電子が同じスピンをもっている場合，式(17·56)のような反対称結合をつくってみると，それは積分されるとゼロになり，電子を見いだす確率はゼロとなってしまう．これが，同じ空間軌道に入った電子は互いに反対のスピンをもつ理由である．

17·7 スレーター行列式

ヘリウムの基底状態に対する線形結合，つまり式(17·56)はつぎの2×2の行列式を展開したものと見ることができ，§15·3 で示した**スレーター行列式**の一番簡単なものである．

$$1s(1)\alpha\, 1s(2)\beta - 1s(1)\beta\, 1s(2)\alpha = \begin{vmatrix} 1s(1)\alpha & 1s(1)\beta \\ 1s(2)\alpha & 1s(2)\beta \end{vmatrix} \quad (17\cdot57)$$

もっと大きいつぎのようなスレーター行列式がフェルミ粒子の線形結合に対応することがわかる．一般の場合，標記を少し簡略化するとスレーター行列式は

$$\psi(1, 2, \cdots, 2n)$$
$$= \frac{1}{\sqrt{2n!}} \begin{vmatrix} \phi_1\alpha_1 & \phi_1\beta_1 & \cdots & \phi_n\alpha_1 & \phi_n\beta_1 \\ \phi_1\alpha_2 & \phi_1\beta_2 & \cdots & & \\ \cdots & \cdots & & & \\ \phi_1\alpha_{2n} & \phi_1\beta_{2n} & \cdots & \phi_n\alpha_{2n} & \phi_n\beta_{2n} \end{vmatrix}$$
$$(17\cdot58)$$

となる．ここで，$1/\sqrt{(2n)!}$ は規格化因子である．正規[*16]直交[1)]基底関数 ϕ_i からなる多電子波動関数は，さらに簡略化して，つぎのように記されることもある (Pople, 1998 年ノーベル化学賞受賞講演, 1999)．

$$\psi = (2n!)^{-1/2}\det[(\phi_1\alpha)(\phi_1\beta)(\phi_2\alpha)\cdots] \quad (17\cdot59)$$

スレーター行列式は，1電子軌道の線形結合を生成する．その際，n 個の軌道それぞれにおいて反対のスピンの電子に等しい重みを与えることによって，電子の不可弁性（区別が不可能なこと）を考慮している．スレーター行列分子軌道とスレーター行列のみが量子化学の二つの偉大な一般原理，つまりハイゼンベルクの不確定性原理（これによって，たとえば He のイオン化に際して出てくる電子が α をとるか β をとるか言うことができない），およびフェルミ－ディラックによる反対称的フェルミ粒子交換原理を満たすのである．

行列による波動関数の研究に加えて，スレーターは SCF データを数値的に関数に適合させる研究を行い，解析的な形で軌道を得た．このスレーター型軌道 (STO[2)]) は水素原子の波動関数に似てはいるが，水素原子と多電子水素類似原子の間の場の差を調節するパラメーターをもっている．いくつかの STO を示すと以下のようになる[*17]．

$$\psi_{1s} = N_{1s}e^{-\alpha r} \quad (17\cdot60)$$
$$\psi_{2s} = N_{2s}re^{-\alpha r/2} \quad (17\cdot61)$$
$$\psi_{3s} = N_{3s}r^2e^{-\alpha r/3} \quad (17\cdot62)$$
$$\cdots$$

規格化因子は，$N_{1s} = (\alpha^3/\pi)^{1/2}$, $N_{2s} = (\alpha^3/96\pi)^{1/2}$ などとなる．明らかに，波動関数は，経験的な適合用パラメーター α に依存することがわかる．α はつぎのように書くことができる．

$$\alpha = Z - s \quad (17\cdot63)$$

ここで，Z は原子番号（原子核の陽子数）であり s は**遮蔽定数**である．遮蔽定数は，原子核の正電荷が内側の電子によって遮蔽されることによって外側の電子が感じる原子核の正電荷の減少量を表す．

この計算法は，困難はあるものの，ヘリウムより大きい原子あるいは小さな分子のいくつかにも拡張することができる．メタンのような簡単な分子の場合でも，スレーター行列式の大きさは 16×16 となり，分子に対して手計算をしようとする人を怯ませるものであることは明らかで，適用が可能となるのはデジタル計算機が実用化されるのを待たなければならなかった．スレーター型軌道とハートリー－フォック（HF）の式は原子軌道・分子軌道の本質を含んでおり，それらから非常に重要な構造的あるいは熱化学的な情報を得ることができる（Hehre, 2006）．

17·8　構　成　原　理

周期表の最初の3行にある元素について，その軌道がわかれば，かなりの確度をもって，その元素の化学的性質を予測することができる．水素はイオン化して H^+ イオン（水溶液中では水和されて）となり，場合によっては電子1個を受け取って H^- イオンとなることもある．しかし，ヘリウムではそういうことはない．その 1s 軌道は満員になっているからである．ヘリウムの電子配置は $(1s)^2$ である．

周期表の2行目の周期はリチウム Li で始まる．Li は水素に似ていて（2s 軌道から電子を失い），その化学的性質を特徴づけている．2s 軌道の存在確率密度の波腹は 1s 軌道の波腹より原子核から遠く，Li からの電子の喪失は H の場合に比べてより容易になっている．ベリリウム Be は 2s 軌道に2個の電子を含んでいる．Be からの電子の喪失は容易に起こるが，Li ほど容易ではない．Be の原子核の陽子の数は Li より一つ多いからである．Be は金属であるが，Li ほどは金属らしさはない．ここで，"金属らしさ"とはその元素の "電子の失いやすさ" によって定義される．残りの6個の元素は B, C, N, O, F, Ne であり，$2p_x$, $2p_y$, $2p_z$ 軌道それぞれに電子が2個ずつ入っていくことになる．3s と 3p 軌道も，これとほぼ同様に電子で占められていき，第3周期が完成する．

原子のエネルギー準位は互いにあまり大きく離れてはいない．したがって，周期表における規則性を過度に期待してはならない．小さなエネルギー摂動がエネルギー準位を微妙にずらしてしまうのだ．それゆえ，電子が軌道を占める順，s, p, d, …, は，軌道間相互作

[*16] 訳注：規格化されているという意味．
[*17] 訳注：r の単位はボーア半径（a_0）．§17·10 を参照のこと．

[1)] orthonormal　[2)] Slater-type orbital

用，配位子，溶媒，外部磁場などの影響によって順序が入れ替わることがある．

17・9　第2周期の原子やイオンのSCFエネルギー

SCFパラメーターaのもっともらしい値からスタートしてbの値を計算し（§17・4・1），その値をさらにMathcad®ソフトのトップでパラメーターとして置き換え，SCFの計算を繰返すことができる（小さな虚数根は無視して）．この過程は，通常3～4回の繰返しで十分である．

1価のカチオンに対して同様な計算を行うと，その計算結果と原子の場合の結果の差は1個の電子を取去るのに必要なエネルギー，つまり第一イオン化ポテンシャルIP_1に等しい．このように計算したIP_1を図17・1に示した．注目すべきは，Li($Z=3$)，B($Z=5$)，O($Z=8$)における急激な減少である．Liにおける減少は，1sに比べて2sの電子の存在確率密度の波腹が原子核から遠いところにあることに起因している．Bにおける減少は$2p_x$軌道が$(1s)^2$電子によって遮蔽されていることに，Oにおける減少はN($Z=7$)の電子配置$(2p_x)(2p_y)(2p_z)$に比べて$(2p_x)^2(2p_y)(2p_z)$となって遮蔽が増していることに起因している．

17・10　スレーター型軌道（STO）

周期表で水素以外の原子に対してはシュレーディンガー方程式の厳密な解が得られないので，スレーターは近似的な波動関数（STO）を書き下す経験的な規則を考え出した．表17・1にそれを示した．STOはつぎのように表される．

$$\phi(r) = Nr^{n-1}e^{-(Z-s)r/na_0} \quad (17\cdot64)$$

Nは規格化因子，rは動径，a_0はボーア半径である．nは主量子数であり，HとHeに対しては1，周期表の第2周期に対しては2，第3周期に対しては3である（第4周期以上ではnは整数ではなくなることに注意[*18]）．Zは原子番号である．スレーターは周期表の最初の2周期に対しては動径因子のみを含む近似的な波動関数を書いて，球面調和関数は無視している．調節可能なパラメーターsは遮蔽定数，$Z_{eff}=Z-s$は**有効核電荷**[1]とよばれる．注目されるのは遮蔽定数であるが，これは実測データに適合させることによって決められた．

表17・1　スレーターの規則

---

1. 軌道を1s/2s, 2p/3s, 3p/3d/…と並べる．スラッシュで囲まれるものを軌道群とよぶ．
2. 注目している電子を含む軌道群とそれより内側の軌道群のみを考える[*19]．
3. 同じ軌道群の電子からの寄与は0.35．ただし，1sの場合だけは0.30とする．
4. 内側の軌道群に入っている電子は遮蔽定数0.85をもつ[*20]．

電子は軌道$\phi(r) = Nr^{n-1}e^{-(Z-s)r/na_0}$に存在する．たとえば，$r$をボーア半径単位で考えると，ヘリウムの電子の軌道は遮蔽の結果$\phi_{He}(r) = e^{-(Z-s)r/n} = e^{-(2-0.30)r/(1)} = e^{-1.70r}$となる．

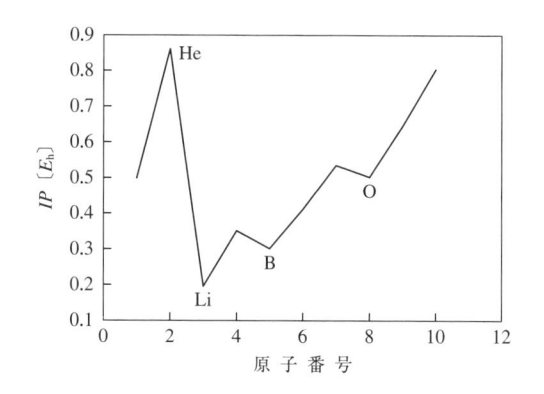

図17・1　原子番号1～10の元素に対する第一イオン化ポテンシャルIP_1の計算値．実測値もこのようなパターンを呈する．しかし，厳密に同じではない．一般化学の教科書にはもう少し詳細なグラフが掲載されている．

スレーター型軌道（STO）に関する"スレーターの規則"は第1～第3周期に対してはシンプルであるが，第4周期より下になると複雑になり，信頼性に欠けてくる．ヘリウム原子，つまり1sの電子の遮蔽定数は0.3とするが，もっと原子番号の大きい原子の場合は電子の遮蔽定数を0.35と修正している．2s電子がp電子を遮蔽する場合，ヘリウムの場合の遮蔽より効果的である．2p電子の存在確率密度のローブは

[*18] 訳注：多くの書物では，nの代わりにn^*を使う．$n=1, 2, 3, 4, 5, 6$に対応して，$n^*=1, 2, 3, 3.7, 4.0, 4.2$となる．式(17・64)において$n$が$n^*$で置き換わる．

[*19] 訳注：それより外側の軌道群は考えなくてよい．

[*20] 訳注：さらに内側の電子からの寄与は1.00とする．

[1] effective nuclear charge

1s 軌道よりはるかに外に存在しているからだ．スレーターは内側の軌道群の電子による遮蔽定数を 0.85 としている．スレーターの規則に関して詳しくは Levine（2000）の章末問題 15・79 を参照のこと．

17・11　スピン–軌道カップリング

直線運動をする物体はその運動量 p を維持し，そのまま直線上を進み続ける．回転する車輪はその**角運動量** L を維持し，そのまま回転し続ける傾向がある．電子は，環状軌道で（正確に）記述できるわけではないが，確かに**軌道角運動量** L をもっており，またすでに見てきたように，電子はこまの回転に似たスピンとよばれる性質をもっている．したがって，図 17・2 に示したような**スピン角運動量** S を予想することができよう．これら運動量はともにベクトルで表される．

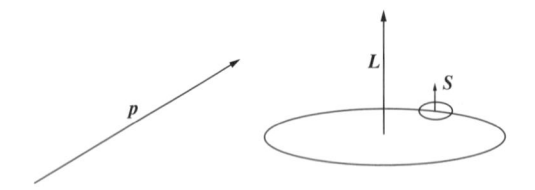

図 17・2　運動量ベクトルと角運動量ベクトル

原子は，電子の軌道角運動量とスピン角運動量の和である全角運動量をもつことになる．軌道角運動量とスピン角運動量は，それらベクトルの方向が互いに平行あるいは逆平行であるかによって，ベクトルの加算あるいは減算によって結びつけられる．この効果は，スペクトルにちょっと変わった現象となって現れる．ナトリウムの D 線は 1 本に出るはずだが，**スピン–軌道カップリング**の結果により 2 本に分かれるのである．このスペクトルの分裂は水素原子の場合にも見られる．たとえば，H 原子の 656.2 nm（6562 Å）のスペクトル線はよく見ると 1 本ではなく，656.272 nm と 656.285 nm の 2 本からなることがわかる．

多電子原子においては，ベクトル結合が数多くあり，L と S のベクトル結合は複雑になる結果，スペクトルの分裂も非常に複雑なものになる．そのためスペクトルのパターンの解析は難しくなる．ただ，原子番号の小さい元素に対してはラッセル–ソンダースカップリング（LS カップリング）とよばれる方式により部分的な説明が可能となり，スペクトル分裂の解釈も可能となる．

例題と章末問題

例題 17・1　Mathcad® ソフトによる SCF 計算

ヘリウム原子に対する SCF 計算の最初の 3 サイクルの結果はファイル 17・3 [21] のようになった．

$$Z := 2.000 \quad a := 2.000 \quad b := 2.000$$

$$\varepsilon(a, b) := \left[\frac{a^2}{2} - Z \cdot a + \frac{a \cdot b(a^2 + 3 \cdot a \cdot b + b^2)}{(a+b)^3} \right]$$

$$a := \text{root}\left(\frac{d}{da}\varepsilon(a,b), a\right) \text{[22]}$$

$$a = 1.601 \quad \varepsilon(a, b) = -0.812$$

$$b := 1.601$$

$$a := \text{root}\left(\frac{d}{da}\varepsilon(a,b), a\right)$$

$$a = 1.712 \quad \varepsilon(a, b) = -0.925$$

$$b := 1.712$$

$$a := \text{root}\left(\frac{d}{da}\varepsilon(a,b), a\right)$$

$$a = 1.681 \quad \varepsilon(a, b) = -0.889$$

ファイル 17・3　ヘリウムのイオン化ポテンシャルの Mathcad® 計算．スレーターの規則を使い遮蔽定数の近似値を 0.3 とすると，$a = Z - s \approx 1.7$ が得られる．

最初のサイクルでは，第一イオン化ポテンシャルは $IP_1(\text{calc}) = -\varepsilon(a, b) = -(-0.812)E_h = 0.812 E_h$ となった．これは実測値（$0.904 E_h$，§17・4 を参照のこと）より 10.2 % も小さい．あまり良い結果とはいえないが，$1/r_{12}$ 項を無視した場合の誤差は 100 % 以上あったことを考えれば，長足の進歩といえるだろう．さらに計算を続け，b に同じ値を代入し極小化を行うと，IP_1 の新しい値 $IP_1(\text{calc}) = 0.925$ を得て誤差は 2.4 %，さらに計算を続けると $IP_1(\text{calc}) = 0.889$ を得て誤差は 1.5 % となり，だんだんと実測値に近づいていくのがわかる．2 回目のサイクルでは，$IP_1(\text{calc})$ は実測値より大きくなっていることに注意．繰返し手順では，漸近的に近づいていく場合もあるが，振動的に近づいていく場合もある．

---

[21] 訳注：:= は定義演算子とよばれ，代入を可能とする．
[22] 訳注：root は方程式を求める関数．方程式 $\frac{d}{da}\varepsilon(a,b) = 0$ を解いている．

例題 17・2　酸素原子のスレーター型軌道

酸素原子のスレーター型軌道を求めよ．規格化因子は考えなくてよい．

解法 17・1　まず，原子番号 $Z=8$ であることを確認しておこう．価電子に対する遮蔽定数 s のうちの $(1s)^2$ による寄与は $2 \times 0.85 = 1.70$ となり，$(2s)^2$ と $(2p)^3$ からなる殻による部分は $5 \times 0.35 = 1.75$ となる．内側の殻にある電子の遮蔽効果は大（0.85）で，2 番目の殻を共有する電子の遮蔽効果は小（0.35）である．価電子は，自分自身を遮蔽することはできないので，カウントには入れないことになっている．したがって，遮蔽に寄与する電子の数は中性原子の場合は原子番号より 1 だけ少なくなる．この場合は，$2+2+3=7$ である．結局，遮蔽定数は $s = 1.70 + 1.75 = 3.45$ となる．したがって，酸素原子の STO はつぎのように与えられる．

$$\frac{Z-s}{2} = \frac{8-3.45}{2} = 2.28$$

$$\phi(r) = r\,e^{-(Z-s)r/na_0} = r\,e^{-2.28r/a_0}$$

章末問題

17・1　つぎの行列式の値を求めよ．

(a) $\begin{vmatrix} 1 & 2 \\ 3 & 4 \end{vmatrix}$, (b) $\begin{vmatrix} 1 & 0 \\ 0 & 1 \end{vmatrix}$, (c) $\begin{vmatrix} x & 1 \\ 1 & x \end{vmatrix}$,

(d) $\begin{vmatrix} 1 & 2 & 3 \\ 4 & 5 & 6 \\ 7 & 8 & 9 \end{vmatrix}$, (e) $\begin{vmatrix} \sin\theta & \cos\theta \\ -\cos\theta & \sin\theta \end{vmatrix}$

17・2　稜の長さ l の立方体の中に入っている質量 m の粒子を考えよう．基底状態（$n_x = n_y = n_z = 1$）から量子数の一つ，たとえば n_z が 2 になったときのエネルギーの増加量を求めよ．また，縮退度はどうなるかについても答えよ．

17・3　1,3-ペンタジエンは 45000 cm^{-1} に強い吸収を示す（Ege, 1994）．この電磁波の波長を，(a) cm 単位，(b) m 単位，(c) nm 単位，(d) pm 単位，(e) Å 単位で答えよ．また，(f) 振動数を Hz 単位で，(g) エネルギーを J 単位で答えよ．

17・4　問題 17・2 に実際の値を入れて，$n_z = 1 \to 2$ と励起させたときの計算をしよう．粒子は電子，立方体の稜の長さは 1.5 Å として，エネルギーを J 単位で答えよ．また，どれほどの長さの波長の光が基底状態から縮退したエネルギー準位の一つへの励起を促進するかも答えよ．波長は nm 単位で答えること．

17・5　科学計算ソフトウェア MM3 によれば，エタン分子の長さは約 153 pm であるという．モデルとして一次元の箱の中の粒子を考えたとき，電子を最高被占軌道（HOMO[1]）から最低空軌道（LUMO[2]）へ励起するのに必要な電磁波は何か（X 線，紫外線，可視光，赤外線など）．**ヒント** HOMO は量子数 $n=1$，LUMO は $n=2$ とすればよい．

17・6　窒素原子のスレーター型軌道（STO）を求めよ．規格化因子は考えなくてよい．

17・7　基底状態にあるヘリウム（He）原子に対するスレーター行列式を書け．規格化因子は考えなくてよい．行列式を展開して規格化因子を求めよ．

17・8　つぎのような差の線形結合が，ヘリウム原子のスレーター行列式波動関数であることを学んだ．

$$\psi_{\text{He}}(1,2) = \frac{1}{\sqrt{2}}[1s(1)\alpha(1)\,1s(2)\beta(2)$$
$$- 1s(2)\alpha(2)\,1s(1)\beta(1)]$$

$$\equiv \frac{1}{\sqrt{2}}\begin{vmatrix} 1s(1)\alpha(1) & 1s(1)\beta(1) \\ 1s(2)\alpha(2) & 1s(2)\beta(2) \end{vmatrix}$$

では，つぎの和の線形結合はなぜ不適当なのであろうか．理由を述べよ．

$$\psi_{\text{He}}(1,2) = \frac{1}{\sqrt{2}}[1s(1)\alpha(1)\,1s(2)\beta(2)$$
$$+ 1s(2)\alpha(2)\,1s(1)\beta(1)]$$

ヒント 電子を入れ替えてみよ．$\psi_{\text{He}}(1,2) \to \psi_{\text{He}}(2,1)$

17・9　ヘリウム原子に対して変分法を適用すると，つぎのような式が得られたという．

$$E_{\text{He}} = -\left[-2Z_{\text{eff}}^2 + \frac{5}{4}Z_{\text{eff}} + 4Z_{\text{eff}}(Z_{\text{eff}} - 2)\right]E_{\text{H}}$$

$E_{\text{H}} = -13.6$ eV として，E_{He} を eV 単位で求めよ．実測値は $E_{\text{He}} = -79.0$ eV である．この変分法による値の誤差はどれほどか．

---

[1] highest occupied molecular orbital　　[2] lowest unoccupied molecular orbital

18

分子構造の決定

　原子説[1]の始まりは約2500年前に遡り[*1]，必然的に"atom（原子）とはどんなものであろうか"という疑問が生じた．われわれの周りの世界を構成するもの，たとえば空気・大地・火・水といったものは原子の性質というよりは，分子というものの物理的・化学的な性質に支配されていると言えよう．その分子説は原子説よりはるかに遅く19世紀になって初めて生まれ，原子説と同様に"分子とはどんなものであるか"という疑問を生んだ．分子の存在およびその物理的な形に関する実験的根拠は，サンプル試料とその環境との相互作用から得られる．多くの場合，γ線やX線から低エネルギーのラジオ波までに至る電磁波によるエネルギー転換によって，それは明らかにされるのである．

18・1 調和振動子

　図 18・1 のように，天井の梁に設置されたバネに吊り下がった物体をさらに引き下げ，手を放してみよう．

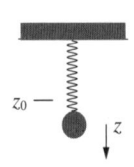

図 18・1 古典的な調和振動子．垂直方向の平衡位置の座標を z_0 としている．

　バネはふつうフックの法則に従い，近似的にはつぎの式が成り立つ[*2]．

$$f = -k_f z(t) \qquad (18 \cdot 1)$$

ここで，f は物体（質量 m）にバネからかかる力である．平衡状態の物体の位置を z_0 とし，そこからの物体までの垂直方向の距離を z としよう．比例定数 k_f は**力の定数**[2]とよばれている．z は時間 t の関数である．負符号（−）がついているのは，z_0 からのずれに対して逆方向に物体を戻そうという力が働くからである．

　ニュートンの運動の第二法則は $f=ma$ と表される．ここで，a は加速度 $d^2z(t)/dt^2$ である．これを式(18・1)に代入すると

$$m \frac{d^2 z(t)}{dt^2} = -k_f z(t) \qquad (18 \cdot 2)$$

となり，変形すると

$$\frac{d^2 z(t)}{dt^2} = -\frac{k_f}{m} z(t) \qquad (18 \cdot 3)$$

となる．16章の場合と同様に考えると，つぎのような関数 $z(t)$ は式(18・3)を満足していることがわかる（δ は任意の位相）．

$$z(t) = A \sin\left(\sqrt{\frac{k_f}{m}} t + \delta\right) \qquad (18 \cdot 4)$$

この正弦関数の周期 T はつぎの式を満たすので

$$\sqrt{\frac{k_f}{m}} T = 2\pi \qquad (18 \cdot 5)$$

T はつぎのように得られる．

$$T = 2\pi \sqrt{\frac{m}{k_f}} \qquad (18 \cdot 6)$$

振動数 ν は周期の逆数だから[*3]，つぎのように求まる．

$$\nu = \frac{1}{2\pi} \sqrt{\frac{k_f}{m}} \qquad (18 \cdot 7)$$

電磁波の速さは $c=2.998\times 10^8 \mathrm{\,m\,s^{-1}}$ であり，それは 1 秒間にある点を通る波の数（振動数 ν）と波の長

[*1] 訳注: イオニアのミレトス学派．紀元前6世紀．
[*2] 訳注: フックの法則に従う振動系を "調和振動子" とよぶ．
[*3] 訳注: 振動数は，ある点を単位時間に何個の波が通り過ぎるかを考えればよいので．

1) atomic theory　　2) force constant

さ（波長λ）の積 $c=\nu\lambda$ である．さまざまな振動数の電磁波が量子的調和振動子に当たったとき，ほとんどの電磁波は通り抜けるが，ある特定の振動数をもつ電磁波は吸収され，ある振動状態の調和振動子を上の振動状態へ励起することになる．分光光度計はどこの実験室にもある装置だが，これを使えば，吸収される電磁波の振動数（**共鳴振動数**）を測定することができる．実際の測定では，振動数ではなく**波数** $\bar{\nu}$ で与えられるのが普通である．$\bar{\nu}$ は波長の逆数であり，振動数 ν を c で割ることによって得られる．実験装置での測定を行えば，力の定数は求めることができる．波数は結局つぎのように与えられる．

$$\bar{\nu} = \frac{1}{\lambda} = \frac{\nu}{c} = \frac{1}{2\pi c}\sqrt{\frac{k_f}{m}} \quad (18\cdot 8)$$

式(18・7)から，力の定数 k_f はつぎのように表されるので

$$k_f = 4\pi^2 m \nu^2 \quad (18\cdot 9)$$

力の定数の SI 単位は $\mathrm{kg\,s^{-2}}$ となることがわかる．一方，式(18・1)から k_f の単位を求めると，$\mathrm{N\,m^{-1}}$ であり，$\mathrm{N\,m^{-1}} = (\mathrm{kg\,m\,s^{-2}})\mathrm{m^{-1}} = \mathrm{kg\,s^{-2}}$ となり，単位が一致することを確認できる．

18・2 フックの法則とポテンシャル井戸

調和振動子の場合，ポテンシャルエネルギーは物体になされる仕事によって増えていく．いまバネによって物体にかかる力 f に抗して，つまり $-f$ という力で $\mathrm{d}z$ だけ進んだとしよう．この微小な仕事は $\mathrm{d}w = -f\mathrm{d}z$ となり，これが**ポテンシャルエネルギー** V としてバネに蓄えられていく．式で表すと

$$\mathrm{d}V = \mathrm{d}w = -f\mathrm{d}z = k_f z\,\mathrm{d}z \quad (18\cdot 10)$$

となる．平衡位置 z_0 をゼロとして，そのときのポテンシャルエネルギーを $V_0 = 0$ とし，式(18・10)の両端の式をそれぞれ積分すると

$$\int_{V_0}^{V}\mathrm{d}V = k_f\int_0^z z\,\mathrm{d}z = \frac{k_f z^2}{2} \quad (18\cdot 11)$$

となる（図 18・1 参照）．式(18・11)の最左辺は $\int_{V_0}^{V}\mathrm{d}V = V - V_0 = V$ となるので，結局

$$V = \frac{k_f z^2}{2} \quad (18\cdot 12)$$

となる．振動する物体はバネによって引き戻され，$z=0$ を通り過ぎると今度は反対側に入り振動を続けることになる．このように定義されたポテンシャルエネルギー V はいつも正であることがわかる．図 18・2 に示すように，フックの法則に従うバネの平衡位置に関してポテンシャルエネルギーは左右対称である．硬いバネ（k_f が大）の場合はグラフ（放物線）は急であり，軟らかいバネ（k_f が小）の場合は放物線は開き気味になる．z_0 からのずれ z は正にも負にもなるが，V は z の 2 乗に比例するからいつも正になる．

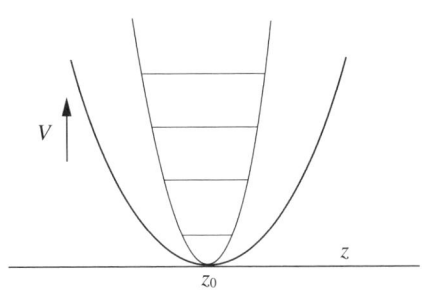

図 18・2 調和振動子のポテンシャル井戸を表す放物線．細長い放物線は力の定数が大きいことを意味する．エネルギー準位は細長いほうの放物線に対してだけ描いてある．

この系に対するシュレーディンガー方程式を解くと，調和振動子のエネルギー準位の間隔は等しく，かつ一番下には間隔の半分の**零点エネルギー**[1]をもっていることがわかった．遷移のスタートをどこの準位にしても一つ上の準位とのエネルギー差は同じなので[*4]，調和振動子の吸収スペクトルは一つであり，$\Delta E = h\nu$ だから，その振動数は $\nu = \Delta E/h$ となる．

調和振動子は，水素原子が炭素のように重い原子と結合している場合にはかなり良いモデルであるといえる．C-H の共鳴波数[*5]は大体 2900～3000 $\mathrm{cm^{-1}}$ であるから，その結合の力の定数は約 500 $\mathrm{N\,m^{-1}}$ と求まる．さまざまな分子における力の定数は，実験値から大体 100～800 $\mathrm{N\,m^{-1}}$ の範囲に入ることが知られている．

赤外（IR）スペクトルを実際に測定したことがある読者は，IR スペクトルの複雑さと，フックの法則から予測される単一線との間に違和感をもつはずである．この違いにはさまざまな要因があり，フックの法則からの逸脱，化学結合間のエネルギーカップリング，実際の分子中で可能なさまざまな運動（変角運動，ねじれ角運動など）が関係している．それにもか

[*4] 訳注：正確に言えば，遷移の選択律が $\Delta v = 1$ であるから．
[*5] 訳注：このような場合，分光学者は波数を単に振動数とよんでしまうことがしばしばある．
[1] zero point energy

かわらず，C–H の伸縮振動のスペクトルが 2900～3000 cm^{-1} に強いピークとして現れるのは，分子の中に C–H 結合が存在していることの指標となる．ほかの特徴的な振動数*6 は，IR による"指紋分析"として使われる．

18・3 二原子分子

化学結合で結ばれた二原子分子は，イメージとしては 1 個の物体の調和振動とよく似ている．二つの原子は，それらの質量と（その原子を電子的に結びつけている）バネの強さによって決まる振動数で互いに調和振動していると見ることができるのである．ただ，図 18・1 に示した物体の質量 m の代わりに二原子分子の**換算質量** $\mu = m_1 m_2 / (m_1 + m_2)$ とよばれるものが使われる．ここで，m_1 と m_2 は原子の質量である．こうして，互いに相対的に振動している二つの物体の問題を，ある点を中心として振動する仮想的な質量 μ をもつ単一の物体の問題へと置き換えることができる．

18・4 量子的剛体回転子

つぎは回転を考えよう．平面内で環状の軌道を回る小さな物体は量子的現象を示す．そのエネルギー準位は，箱の中の粒子のエネルギー準位と似たパターンを示す（16 章の章末問題 16・7 の最後の式を参照）．ただ，量子数 n が回転の量子数 J で，分母の ml^2 が回転する物体の慣性モーメント $I = mr^2$（r は回転半径）で置き換えられる，などの対応関係があり，回転エネルギーはつぎのように表される．

$$E = \frac{J^2 \hbar^2}{2I} \quad (18 \cdot 13)$$

物体はどちらの回転方向も可能なので（$J = 0$ では止まっている），量子数は $J = 0, \pm 1, \pm 2, \cdots$ が可能である．

上では固定した平面内での回転を考えたが，つぎは三次元で考えよう．重心を中心として回転する二原子分子を考えたとき，その分子は，ある固定した平面内で回転するわけではなく，回転面は $0 \sim \pi$ のさまざまな角度の傾きをもつ．この自由度の増加によりエネルギー準位の値はつぎの式のように修正される*7．

$$E = J(J+1) \frac{\hbar^2}{2I} \quad (18 \cdot 14)$$

エネルギー準位の間隔は，$J = 0, 1, 2, \cdots$ となるにしたがって，しだいに開いていく．$J(J+1) = 0, 2, 6, 12, \cdots$ となるからだ．ここで，二つの原子からなる分子の振動のときと同様に換算質量 μ が使える．今度は，慣性モーメントを求めるのに $I = \mu r^2$ とするのである．共鳴振動数の吸収が起こるには，回転状態が $J \to J+1$ と一つ上のエネルギー準位に上がらなければならない（**選択律**）．それらのエネルギー差は

$$E_{J+1} - E_J = 2(J+1) \frac{\hbar^2}{2I} \quad (18 \cdot 15)$$

となり，隣り合う共鳴振動数はエネルギーで $2(\hbar^2/2I)$ だけ離れることがわかる（図 18・3）．$B = \hbar^2/2I$ と定義して，B を**回転定数**[1]とよぶ．$\bar{\nu}$ を測定すれば I が求まり，$I = \mu r^2$ から結合距離 r が求まる．

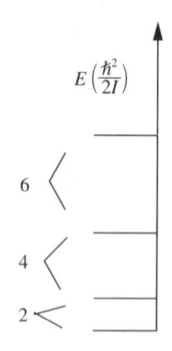

図 18・3 剛体回転子のエネルギー準位

振動状態と回転状態の遷移は同時に起こるので，スペクトルは複雑なものとなる．反対に，起こりそうな遷移が選択律によって観測されたスペクトルから消えていることもある．これまで述べてきた単純なモデルと合わない点もあるが，マイクロ波領域に現れる回転スペクトルからは結合距離に関する多くの貴重な情報が得られる．たとえば，一酸化炭素 CO の回転スペクトルの間隔は $\bar{\nu}$ で 3.9 cm^{-1}（遠赤外領域）であり，計算の結果，結合距離は 113 pm と求まる（例題 18・1 参照）．

家庭で使われている電子レンジ[2]は食品中の H_2O 分子の振動を活性化する働きをもつ．それによって，たとえばモーニングコーヒーにエネルギー（熱）を与えることになるのだ．

---

*6 訳注：1500～400 cm^{-1} の領域であり，"指紋領域"とよばれている．
*7 訳注：式 (18・14) の分子の平方根をとって回転角運動量は $\sqrt{J(J+1)}\hbar$ となることがわかるが，このように J^2 に比例するのではなく $J(J+1)$ に比例する理由は，角運動量ベクトルに関する不確定性原理が関係している．

1) rotational constant 2) microwave oven

18・5 マイクロ波分光学: 結合の強さと結合距離

二原子分子の振動回転スペクトルにおける基本振動周波数 ν および式(18・15)で示した線間隔 $2(\hbar^2/2I)$ が与えられれば,フックの法則での結合の強さの表現,つまり力の定数 k_f,および結合距離を計算できることがわかる.

18・6 電子スペクトル

電子状態の遷移を起こすには,振動や回転状態の遷移より大きなエネルギーを必要とする.スペクトルは多くの場合,紫外線(UV)あるいは可視光領域の電磁波となる.エタンの $\pi \to \pi^*$ 遷移は,最高被占軌道(HOMO)から最低空軌道(LUMO)への電子の遷移である.このような電子遷移のシンプルなモデルとして,§16・5で学んだ一次元箱の中に閉じ込められた自由電子モデルが使える.不飽和分子の π 電子系の大きさを箱の長さとするのだ.MM 計算(19章)によれば,エタンと1,3-ブタジエンの両端の C 原子の間の距離はそれぞれ 134 pm と 359 pm であるという.エタンの2電子は低いエネルギー準位 $E = h^2/(8m_e l^2)$ にあるとし,$\pi \to \pi^*$ 遷移で二つのうちのどちらかが一つ上のエネルギー準位 $E^* = 4h^2/(8m_e l^2)$ へ上がると考える.そうすると,エネルギー差は

$$\Delta E = \frac{3h^2}{8m_e l^2} = \frac{3h^2}{8m_e \times (134)^2}$$
$$= 5.57 \times 10^{-5} \, \text{pm}^{-2} \times \left(\frac{3h^2}{8m_e}\right) \quad (18 \cdot 16)$$

となる.一方,1,3-ブタジエンは図 18・4 に示すように二つの π 結合に4個の電子をもっている.したがって,エネルギーが低い下の二つの軌道は埋まっており,遷移は $n=2$ から $n=3$ へとなる.この場合のエネルギー差は

$$\Delta E = \frac{9h^2}{8m_e l^2} - \frac{4h^2}{8m_e l^2} = \frac{5h^2}{8m_e l^2} = \frac{5h^2}{8m_e \times (359)^2}$$
$$= 1.29 \times 10^{-5} \, \text{pm}^{-2} \times \left(\frac{3h^2}{8m_e}\right) \quad (18 \cdot 17)$$

となる.後者の場合,量子数の2乗の差が大きい(5対3)にもかかわらず,1,3-ブタジエンの遷移での ΔE の方が小さいことがわかる.分母に入る長さが大きいからだ.1,3-ブタジエンにおける π 電子系は広がるので,エネルギーは下がり,共鳴振動数も小さくなる.振動数と波長には反比例の関係があるので,波長は長くなる.実験的にもこの予測は確かめられている.

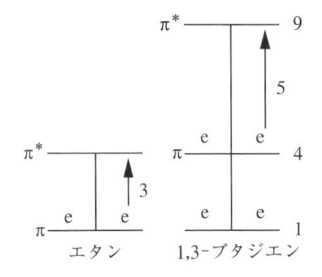

図 18・4 不飽和炭化水素の電子励起.縦軸のエネルギースケールは両者では異なる.

一般に,共役二重結合系が空間的に広がっていくと,より長い波長,つまり近紫外領域から可視光領域の電磁波を吸収することになる.これは,ニンジンに含まれるカロテンのオレンジ色,トマトの主要色素リコペンの赤色に見られる.これら両分子とも長い共役 π 電子鎖をもっており,自由電子モデルによって予測される定性的な傾向に従っている(図 18・5).

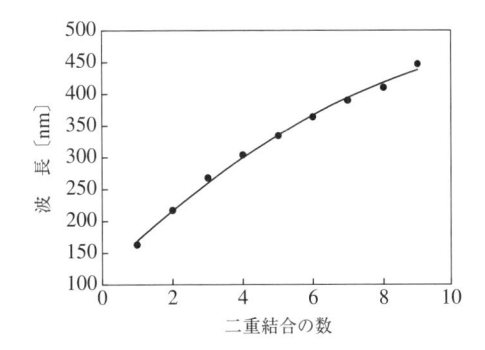

図 18・5 共役ポリエンの吸収波長.波長は,遠紫外領域から可視光領域までにわたる(Streitwieser, 1961).

18・7 双極子モーメント

図 18・6 のような平行極板の間を真空とし,両極に電位差 V を掛けたら電荷 Q(正極に $+Q$,負極に $-Q$)が蓄積されたとすると,このコンデンサー[1]の**静電容量**[2]はつぎの式で与えられる C_0 となる.

$$C_0 = \frac{Q}{V} \quad (18 \cdot 18)$$

C_0 は容器の収容能力に似たものであり,単位電位差当たりコンデンサーがどれほどの電荷を蓄積できるかを示すものである.

---

1) capacitor 2) capacitance

第18章 分子構造の決定

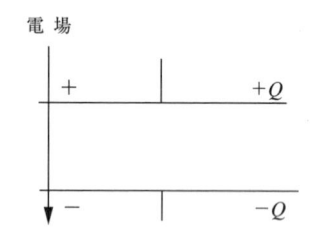

図 18・6 平行に置かれた電極板からなるコンデンサー

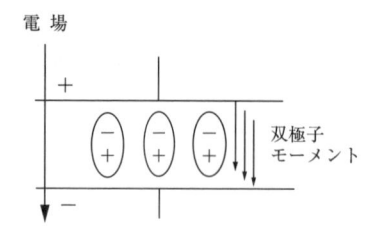

図 18・7 誘電体を入れたコンデンサー

コンデンサーの静電容量を増やすにはつぎの二つの方法がある．

1) 電極板を大きくする．
2) 電極板の間を**誘電体**とよばれる物質で埋める（図 18・7）．

すべての物質は，電場の中に置かれたとき，極性をもつ．つまり，図 18・7 に示すように正と負の二つの極をもつことになる．これらを一つにまとめて**双極子**[*8, 1)]とよぶが，双極子は電場に平行に並び，電場を弱める働きをする．電極間の電位差は減るので，元の電位差を維持しようとさらに多くの電荷が電極板に取込まれることになる．コンデンサーはより多くの電荷をもつので，誘電体 x を入れた場合の静電容量を C_x とすれば，C_x は必ず C_0 よりも大きくなるわけである．

物質 x の**誘電率** ε_x はつぎのような比で定義される[*9]．

$$\varepsilon_x = \frac{C_x}{C_0} \quad (18 \cdot 19)$$

ε_x はいつも 1 以上である．誘電率は分子によって大きく異なり，298 K で $H_2(g)$ の場合は 1.000272，ベンゼンは 2.283，水は 78.5 である．ベンゼンは**無極性**溶媒であり，水は**極性**溶媒である．

物質の 1 モル当たりの分極[*10]（モル分極）P は誘電率によってつぎのように表せることが知られている．

$$P = \frac{\varepsilon - 1}{\varepsilon + 2} \frac{M}{\rho} \quad (18 \cdot 20)$$

ここで，M は物質のモル質量，ρ は物質の密度である．P はしばしば**全モル分極**[2)] P_T ともよばれ，二つの寄与，つまり**変形分極**[3)] P_d と**配向分極**[4)] P_o の和として $P_T = P_d + P_o$ と表される．

変形分極はすべての物質に存在する．ε が必ず 1 より大きくなる理由である．ネオンやアルゴンのような単原子気体を考えてみよう．各原子の中の電子電荷の分布は，電場がなければ球対称である．しかし，電場がかかると図 18・7 に示すように楕円体のように歪められ，双極子が誘起されるわけである．

配向分極は，分子中の非対称な電荷分布によってひき起こされる永久双極子に起因するものである．その例としては，HCl があげられる．H^+ が正端（電荷），Cl^- が負端（電荷）となる．

P_d と P_o はつぎのような式で与えられる．まず変形分極は温度の関数ではない（α は分極率．これについてはこの後で述べる）．

$$P_d = \frac{N_A \alpha}{3\varepsilon_0} \quad (18 \cdot 21)$$

一方，配向分極は温度 T に反比例する．上で述べた永久双極子モーメントを μ とすると

$$P_o = \frac{N_A}{9\varepsilon_0 k_B T} \mu^2 \quad (18 \cdot 22)$$

となる．ここで，N_A はアボガドロ定数，ε_0 は真空の誘電率，k_B はボルツマン定数である．式(18・21) と式(18・22) の和である P_T が $1/T$ の線形関数であることを強調して書くとつぎのようになる．

$$P_T = \frac{N_A}{9\varepsilon_0 k_B T}\mu^2 + \frac{N_A \alpha}{3\varepsilon_0} = \frac{N_A}{3\varepsilon_0}\left[\left(\frac{\mu^2}{3k_B}\right)\frac{1}{T} + \alpha\right]$$
$$(18 \cdot 23)$$

式(18・20) を使って誘電率 ε から求まる P_T を $1/T$ に対してプロットすると直線となるはずで，その勾配は $(N_A/3\varepsilon_0) \times (\mu^2/3k_B)$ となる．これから μ が求まり，ある温度における式(18・23) の右辺から温度依存の項を差し引いて $N_A \alpha / 3\varepsilon_0$ を得て，分極率 α を求めるこ

[*8] 訳注：双極子モーメント μ とは，距離 r だけ離れた電荷 $+q$ と $-q$ をもつ粒子による電場の中での双極子（ねじり）モーメントであり，$\mu = qr$ のように表される．q の単位は C，r の単位は m である．
[*9] 訳注：これは，正確には比誘電率とよばれる．
[*10] 訳注：電場の中で絶縁体の構成粒子（原子，イオン，分子）に電気双極子モーメントが誘起され，電場方向に並ぼうとすること．

1) dipole   2) total molar polarization   3) distortion polarization   4) orientation polarization

とができる（μ を §18·3 の換算質量と混同しないように）.

μ はベクトルであり，電場の中での**ねじりモーメント**と見ることができ，モーメントは分子の回転中心からの電荷への位置ベクトルに電荷量を掛けたものの和であり，$\sum_i q_i r_i$ で与えられる. 二原子分子の簡単な例で考えると，＋と－の電荷は絶対値が等しく，つぎのように 電荷量×結合距離 となることがわかる（負電荷から正電荷へのベクトルを r として）[*11].

$$\mu = qr_1 - qr_2 = q(r_1 - r_2) = qr \qquad (18\cdot 24)$$

分極率[1] α は比例定数であり，電場の中にある分子が置かれたとき，どのくらいの双極子モーメントが誘導されるかを決める働きをする. 分極率は原子核が電子を引きつけている強さに反比例し，有機化学の分野では電子が反応サイトに向かう度合いまたは逃げる度合を予測するのに使われる.

18·7·1 結合モーメント

分子の双極子モーメントは，各結合からの寄与に分解するのが便利であろう. 分子の双極子モーメントは，かなり良い近似で，結合の双極子モーメントのベクトル和であるといえる. CH_3Cl の場合，塩素原子は電子を引きつける傾向があり，負（－）端となる. 図 18·8 に示したように cis-1,2-ジクロロエテンは永久双極子モーメントをもつのに対し，トランス体はもたないことがわかる. 図 18·8 の二つの異性体の構造式の下に，実験によって測定された μ の値を示した.

双極子モーメントの定義から，μ の単位を考えよう. それを使って H–Cl のような結合の分極の度合を決めることができる. $\mu = qr$ で，電子の電荷量は $q = 4.80 \times 10^{-10}$ esu である[*12]から，典型的な結合距離（1 Å）[*13]をもつ化学結合の双極子モーメントは

$$\mu = qr = (4.80 \times 10^{-10}) \times (1.00 \times 10^{-8})$$
$$= 4.80 \times 10^{-18} \text{ esu cm} \qquad (18\cdot 25)$$

となる. この 10^{-18} esu cm がデバイ（D）[*14]とよばれる単位であり，SI 単位で表すと，1 D = 3.338×10⁻³⁰ C cm となる.

これまで，負の電荷は分子の一方の端にあり，正の

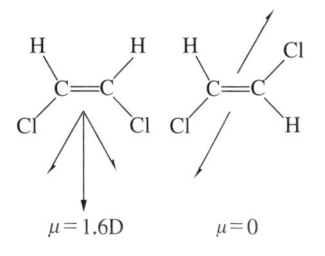

図 18·8 ジクロロエテンの異性体二つの双極子モーメント

電荷はもう一方の端にあるとした. つまり，結合は完全にイオン結合だと仮定したわけだ. しかし，分子は完全にイオン結合しているのではなく，共有結合性ももっている. この中間的な分子は**極性分子**[2]とよばれる. 電荷の分離はなされるが，完全にイオン化しているのではない. 実際に測った双極子モーメントの値を，完全なイオン結合とみて計算した双極子モーメントの値で割って，イオン化の程度を表すパラメーターを求めることができる. このパラメーター（％）は分子のイオン性を表すことになる.

18·8　核磁気共鳴（NMR）

水素原子 H を含めて，核スピンをもつ原子がいくつかある. 核スピンは小さな磁場をつくると考えてよい. 外部磁場がない状態では，核のスピン磁場はランダムな方向を向いているが，磁場がかかると核スピン磁場は外部磁場の方向を向くか反対方向を向くことが知られている. プロトン（H）の場合だと，スピン量子数は $\pm\frac{1}{2}$ の値をとる. 一つの方位はエネルギー的に不安定であり，もう一つの方位は安定である. 図示するとつぎのようになる.

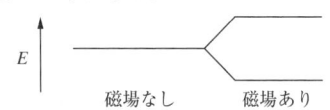

前にも学んだように下のエネルギー準位のほうが占有率は大きいが，スピン磁場と外部磁場の間の相互作用は弱く，エネルギー分裂は大変小さい（モル当たり数千分の1カロリー）. ボルツマン分布を考えれば，下の準位の占有数は数十万個の核につき数個だけ上の準位よりも多いといえる.

[*11] 訳注: 回転中心から正電荷へのベクトルを r_1, 負電荷へのベクトルを r_2 とすると，$r_2 + r = r_1$ だから，$r = r_1 - r_2$ となる.
[*12] 訳注: esu は electrostatic unit の略で，静電単位とよばれる電荷量の古い単位. SI 単位では $q = 1.60 \times 10^{-19}$ C. 電気素量である.
[*13] 訳注: たとえば，C–H の結合距離は約 1 Å である.
[*14] 訳注: Peter J. W. Debye, オランダ生まれの化学者・物理学者（1884–1966）.

1) polarizability　2) polar molecule

原理的には，**核磁気共鳴（NMR）**[1] も他の分光法と同じである．ただ，技術的な違いはいくつか存在する．吸収分光法では，系を下の量子状態から上の量子状態へ励起するのに必要なエネルギー差に（共鳴振動数）×（プランク定数）が一致するように入射電磁波を変化させる．一方，発光分光法はある種の目的の場合には適しており，これは上と逆の過程をたどり，上の状態から下の状態へ粒子が落ちるときに電磁波が放出される．上と下のエネルギー状態ともにかなりの占有数がある場合は，電磁波が関係するエネルギー吸収・放出どちらも起こることになる．

NMRでは，磁場を変化させて，エネルギー間隔が入力振動数に見合うようにして共鳴を起こさせる．共鳴振動数において，プロトン（H）は電磁波を吸収するとともに電磁波を放出している．NMR装置は，強力な磁石と電磁波発生器に加えて，サンプルからの共鳴放出振動数の電磁波を検出し記録する受信機を備えている．分子中のさまざまな共鳴（普通は複数個）を記録したものがNMRスペクトルである．

NMRを使って分子構造を決めることは，**化学シフト**というものによって可能となる．あるプロトンにかかる磁場は第一義的には外部磁場であるが，それを囲む環境によって若干**遮蔽**を受ける．H（あるいは ^{13}C のような核でもよい）の周りの電子密度は，その化学的環境，特に近くの原子の電気陰性度に左右される．したがって，CH_2 基のHは，CH_3 基のHとは異なる磁場の強さ（化学シフト）で電磁波を吸収・放出を行う．通常，化学シフトはある基準となる実験データに対する相対的なものとして記録されることになっている．テトラメチルシラン（TMS）が基準として使われるのが普通で，サンプル中のHとTMS中のHによってひき起こされる共鳴振動数の間の差をTMSの共鳴振動数で割ったものをppm単位[*15]で表すことになっている．化学シフトはδ（ppm）と表記されることが多い．さまざまな置換基の化学シフトの表はさまざまな書籍で与えられており，利用可能である．

メチル基のHの化学シフトは大体 1 ppm であり，CH_2 の場合は約 2 ppm，COOHのHは約 10 ppm である．IR スペクトルと同様に，NMR スペクトルも化合物の"指紋"として使える．未知の純物質のNMRスペクトルが，すでに構造がわかっているサンプルのスペクトルと同一であれば，二つの化合物は同一であるといえる．しかし，NMRは定性分析に使うにはあまりにも高価な装置である．NMRスペクトルは分子の構造を解析するのに使用されるべきである．

エタノール CH_3CH_2OH は，あまり分解能が高くない[*16]スペクトルでは，3本のピークを与える．CH_3，CH_2，OH という3種類のプロトンが存在するからである．ピークの中にさらに何本かのピークが等間隔に並んでいるのが観測される場合もあるが，各ピークの面積はプロトンの数に比例しており，3:2:1の比であることがわかる．

18・8・1　スピン-スピンカップリング

スピン-スピンカップリングとは，あるプロトンとその近傍のプロトンのスピン磁場間の相互作用のことを言う．通常，あるプロトンが1個の隣接プロトンをもつ場合，隣接プロトンはスピン↑あるいは↓の2通りの配向をとり，相互作用（カップリング）をする[*17]．2個の隣接プロトンをもつ場合，隣接プロトンはスピン（↑↑），（↑↓と↓↑），（↓↓）の3通りで相互作用をする．3個の隣接プロトンをもつ場合は4通りで相互作用する．以上より，n個の隣接プロトンをもつ場合は $(n+1)$ 通りで相互作用するという結論に達する．強度に関しては，分裂したピークの強度は 1:1，1:2:1，1:3:3:1，…となることが理解できよう（図18・9）．

これまで述べてきた簡単な例を複雑な分子に拡張することにより，NMRによる分子構造の研究が可能と

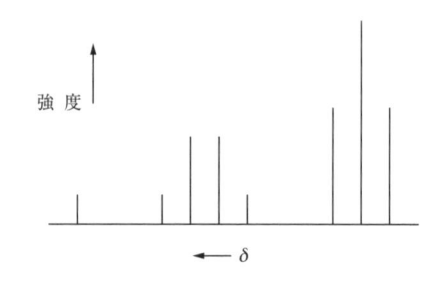

図 18・9　エタノール CH_3CH_2OH の NMR スペクトルの概略図．右側が CH_3 のピークで，3本に分裂している．近傍に $-CH_2-$ の2個のプロトンが存在しているからである．中央が CH_2 由来，左側が OH 由来である．

---

*15　訳注: parts per million. 10^{-6} である．
*16　訳注: 外部磁場が強くないとき．
*17　エタノールの場合は特別で，OHのプロトン交換は速いので，1個のピークしか与えない．
1) nuclear magnetic resonance

なる．NMRを使って，電磁波を"パルス"として核に照射して励起し，平衡状態から緩和されるのに要する時間（緩和時間）に関する情報を合わせることにより，医療現場で診断に活用する**MRI**[1] とよばれる非常に有効な診断法が開発されている．

18·9 電子スピン共鳴（ESR）

一方，電子もスピンをもっており，フリーラジカルのようにスピンが対になっていない場合は，**電子スピン共鳴（ESR）**[2] スペクトルを与えることになる．ESRはNMRと似た点を多数もっている．ESRは，フリーラジカルの研究，反応中間体としてのラジカルの検出，ラジカルの中での電子の存在確率密度分布などの研究に利用されている．フリーラジカルは，発がんや老化に関係していると言われているが，一方，有害な分子種が体内で健康を害する前に，そのスウィーパー（掃除人）として働いているという説もある．

例題と章末問題

例題 18·1 一酸化炭素 CO の結合距離と結合の強さ

$^{12}C^{16}O$ の赤外スペクトルは，図18·10のように低分解能の実験ではピークの中心は 2142 cm^{-1} に観測され，高分解能の実験を行うとピークは分かれることがわかり，その間隔は 3.860 cm^{-1} であるという．結合距離と力の定数を求めよ．肩付数字はCとOの最も多い同位元素の質量数であり，それに対応するピークであることを意味している．質量数であるから整数

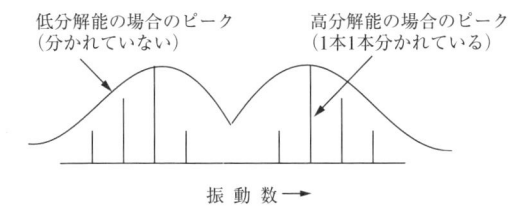

図中: 低分解能の場合のピーク（分かれていない）／高分解能の場合のピーク（1本1本分かれている）／振動数→

図18·10 振動回転スペクトルの概略図．低分解能の振動バンドには多数の回転スペクトル線が入っているが，識別できない．高分解能の場合は分かれて観測される．回転スペクトル線の間隔は $2B$ で与えられる．

で示してある．

解法18·1 まず，換算質量を求めよう．$^{12}C^{16}O$ の場合[*18]

$$\mu = \frac{12.00 \times 16.00}{12.00 + 16.00} \times (1.661 \times 10^{-27} \text{ kg})$$
$$= 1.139 \times 10^{-26} \text{ kg}$$

力の定数は，調和振動に対するつぎの古典的な式の中に含まれている．

$$\nu = \frac{1}{2\pi}\sqrt{\frac{k_f}{\mu}}$$

波数の測定値は，$\bar{\nu} = 2142$ cm$^{-1} = 2.142 \times 10^5$ m^{-1} であるから，振動数は

$$\nu = c\bar{\nu} = (2.998 \times 10^8 \text{ m s}^{-1}) \times (2.142 \times 10^5 \text{ m}^{-1})$$
$$= 6.422 \times 10^{13} \text{ s}^{-1}$$

上の ν を求める式を変形すると

$$\frac{k_f}{\mu} = 4\pi^2 \nu^2 = 1.628 \times 10^{29} \text{ s}^{-2}$$

となり，μ に $^{12}C^{16}O$ の換算質量を代入すると，k_f はつぎのように求まる．

$$k_f = \mu \times (4\pi^2 \nu^2)$$
$$= (1.139 \times 10^{-26} \text{ kg}) \times (1.628 \times 10^{29} \text{ s}^{-2})$$
$$= 1854 \text{ N m}^{-1}$$

つぎに結合距離を求めよう．剛体回転子としてモデル化した分子の慣性モーメントから求めることができる．図18·10に示したように回転スペクトル線の間隔 $2B$ は

$$2B = \frac{2\hbar^2}{2I} = \frac{h^2}{4\pi^2 I}$$

となる．スペクトル線の間隔は波数で与えられているので，それを $2\bar{B}$ と表記すると，

$$2\bar{B} = 3.860 \text{ cm}^{-1} = 386.0 \text{ m}^{-1}$$

で，$\bar{B} = 193.0$ m^{-1} となる．$B = hc\bar{B}$ が成り立つので[*19]，I と r を求めると，つぎのようになる．

$$I = \frac{h^2}{4\pi^2 \times (2B)} = \frac{h}{4\pi^2 \times (2\bar{B}c)}$$
$$= \frac{2.799 \times 10^{-44}}{\bar{B}} = \frac{2.799 \times 10^{-44}}{193.0}$$
$$= 1.450 \times 10^{-46} \text{ kg m}^2$$

[*18] 訳注：μ を求める式に現れている 1.661×10^{-27} は，原子質量単位 $u = 1.6605 \times 10^{-27}$ kg からきている．原子などの質量を表す単位の一つで，質量数12の炭素の同位元素 ^{12}C の原子の質量の $\frac{1}{12}$ に相当する．

[*19] 訳注：$E = h\nu = hc/\lambda = hc\bar{\nu}$ だから，$B = hc\bar{B}$ となる．

1) magnetic resonance imaging 2) electron spin resonance

例題 18・2　二酸化硫黄の双極子モーメント

二酸化硫黄 SO_2 のモル分極 P_T は 298 K において 68.2 cm³ mol⁻¹ であり、398 K においては 56.0 cm³ mol⁻¹ であるという。SO_2 の双極子モーメントを求めよ。

解法 18・2　低いほうの温度の逆数は 0.00336 K⁻¹、高いほうの温度の逆数は 0.00251 K⁻¹ である。モル分極は、それぞれ 68.2 cm³ mol⁻¹、56.0 cm³ mol⁻¹ である。横軸を $1/T$、縦軸をモル分極としたときの勾配は

$$勾配 = \frac{68.2 - 56.0}{0.00336 - 0.00251} = 1.4 \times 10^4 \text{ cm}^3 \text{ K mol}^{-1}$$

となる。式 (18・23) より勾配を与える式はつぎのように与えられるので、上の値と等しいとして、単位も明記して書くとつぎのようになる。

$$勾配 = \frac{N_A}{9\varepsilon_0 k_B}\mu^2 = 1.4 \times 10^4 \text{ cm}^3 \text{ mol}^{-1} \text{ K}$$

$$= 0.014 \text{ m}^3 \text{ mol}^{-1} \text{ K}$$

したがって、μ^2 はつぎのように求まり

$$\mu^2 = \frac{9\varepsilon_0 k_B}{N_A} \times 0.014 \text{ m}^3 \text{ mol}^{-1} \text{ K}$$

$$= \frac{9 \times (8.854 \times 10^{-12} \text{ C}^2\text{N}^{-1}\text{m}^{-2}) \times (1.381 \times 10^{-23} \text{ J K}^{-1}) \times 0.014 \text{ m}^3 \text{ mol}^{-1} \text{ K}}{6.022 \times 10^{23} \text{ mol}^{-1}}$$

$$= 2.6 \times 10^{-59} \text{ C}^2 \text{ m}^2$$

結局、μ はつぎのように得られる。

$$\mu = \sqrt{2.6 \times 10^{-59} \text{ C}^2 \text{m}^2} = 5.1 \times 10^{-30} \text{ C m} = 1.5 \text{ D}$$

章末問題

18・1　$^1\text{H}^{35}\text{Cl}$ 分子は波長 $\lambda = 2.991 \times 10^{-4}$ cm $= 2.991 \times 10^{-6}$ m の電磁波を吸収する。この分子を調和振動子と見なした場合、エネルギー準位の間隔を求めよ。(肩付き文字は同位元素の質量数を意味するので、整数となっている。)

18・2　二原子分子 $^1\text{H}^{35}\text{Cl}$ 分子の力の定数を求めよ。$^1\text{H}^{35}\text{Cl}$ は波長 $\lambda = 2.991 \times 10^{-4}$ cm $= 2.991 \times 10^{-6}$ m の電磁波を吸収するという。分子は調和振動子であるとしてよい。

18・3　バネの伸縮の度合いを決める力の定数 k_f は、単位変位（平衡位置からどれほどずれたか）当たりの復元力を表しており、その SI 単位は N m⁻¹ であるという。式 (18・8) を使ってこれを証明せよ。

18・4　初期の HCl 分子の分光学的研究では、スペクトルの回転部分の線間隔は $2\bar{B} = 20.794$ cm⁻¹ と観測されたという。H−Cl 結合の長さを求めよ。

18・5　一酸化炭素 CO のマイクロ波スペクトルを模式的に図 18・11 に示した。実際のスペクトルには非調和性に基づく歪みがみられる。振動周波数を求めよ。また、CO 結合の力の定数も求めよ。

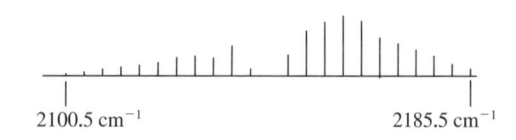

図 18・11　CO の振動回転スペクトル。一つの振動吸収スペクトルとそれに伴う回転吸収スペクトルを示した。

［補足］スペクトルは cm⁻¹ 単位で与えられているのに注意。また、力の定数は N m⁻¹ 単位で答えよ。したがって、換算質量は kg 単位で求めるとよい。

18・6　問題 18・5 で与えられた情報を使って、CO 結合の長さを求めよ。

18・7　ある温度 T における回転分配関数[20] q_{rot} はつぎのように与えられる。

$$q_{rot} = \sum_0^\infty (2J+1) e^{-\varepsilon_{rot}/k_BT}$$

また、回転エネルギーはつぎのように表される。

$$\varepsilon_{rot} = J(J+1)\frac{\hbar^2}{2I}$$

上の級数を積分に置き換えて求め、回転温度とよばれる $\Theta_{rot} \equiv h^2/8\pi^2 I k_B$ を使うと $q_{rot} = T/\Theta_{rot}$ と表されることを示せ。

18・8　ある回転状態にある分子の割合は、回転分配関数 q_{rot} に対するその状態の寄与 q_J の比で与えられるが、前問で明らかにされたように $q_{rot} = T/\Theta_{rot}$ だから、つぎのようになる[21]。

---

[20] 訳注: 第8章で学んだように、統計力学において使われる関数で、状態和ともよばれる。ある系の物理量の統計集団的平均を計算する際に用いられる規格化定数である。

[21] 訳注: $\varepsilon_{rot} = J(J+1)\frac{\hbar^2}{2I} = J(J+1)B = hc\bar{B}J(J+1)$ および $\Theta_{rot} = \frac{\hbar^2}{2Ik_B} = \frac{hc\bar{B}}{k_B}$ だから、q_J の指定関数部は $e^{-\varepsilon_{rot}/k_BT} = e^{-hc\bar{B}J(J+1)/k_BT} = e^{-\Theta_{rot}J(J+1)/T}$ となる。

$$\frac{q_J}{q_{rot}} = \frac{(2J+1)e^{-\Theta_{rot}J(J+1)/T}}{T/\Theta_{rot}}$$
$$= \frac{(2J+1)\Theta_{rot}e^{-\Theta_{rot}J(J+1)/T}}{T}$$

298 K における NO に対しては $\Theta_{rot} = 2.34$ が得られているという．縦軸に q_J/q_{rot}，横軸に J をとってプロットせよ[*22]．

18・9 結合 Br−F の長さは 176 pm で，結合が完全にイオン結合だとして，分子 Br−F の双極子モーメントを D 単位で求めよ．

18・10 問題 18・9 と関連して問う．分子 Br−F の双極子モーメントを実測したら 1.42 D であったとすると，この結合のイオン性を%で答えよ．傾向として，イオン結合といえるか，それとも共有結合といえるかについても答えよ．

18・11 ブロモエタン C_2H_5Br のモル分極を五つの温度で測定したところ，次表のような結果が得られた．

T〔K〕	205	225	245	265	285
P_T〔cm³ mol⁻¹〕	104.2	99.1	94.5	90.5	80.8

ブロモエタンの双極子モーメントと分極率を求めよ．

18・12 ポリエン（…C=C−C=C−C=C−C…）のなかには，トマトのリコペンのように呈色するものがある．電子が一次元の箱の中に存在するものとして，可視光色を呈するには分子の長さがどのくらいの範囲であるべきか答えよ．　**ヒント**　図 18・5 を参考にせよ．

18・13 反応生成物は酢酸メチルかギ酸エチルのどちらかと予想された．NMR スペクトルはつぎのように得られた．生成物はどちらか．

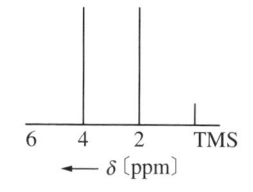

[*22] 訳注：プロットして得られる図は，図 18・11 の右側のバンド（スペクトル）を再現するものとなるはずである．

19

古典的分子モデリング

　化学結合は，電子と原子核の量子力学的相互作用の結果であるが，原子そのものは古典力学的に扱うのに十分に大きいといえる．それで，分子の化学的性質を理解したり予測する一つの方法としては，分子を古典的な結合によって結びつけられ，互いに古典的に相互作用を及ぼし合う原子の集合体ととらえるやり方が考えられる．このような方法を**分子力学法（MM）**[1)]とよぶ．

19・1　エンタルピーを求める加成的方法

　§4・6でも述べたように，アルカン鎖をつぎのようにメチレン（CH_2）基1個伸ばすごとに，$\Delta_f H^{298}$ は約 5 kcal mol^{-1} = 21 kJ mol^{-1} ずつ下がっていく*1（図19・1）．

$$CH_3(CH_2)_nCH_3 \xrightarrow{+CH_2} CH_3(CH_2)_{n+1}CH_3 \quad (19\cdot1)$$

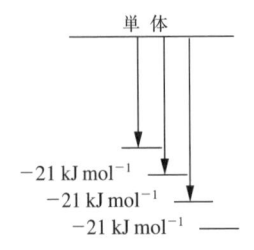

図19・1　n-アルカン系列の生成エンタルピー

　たとえば，$\Delta_f H^{298}$（エタン）= -84 kJ mol^{-1} から 21 kJ mol^{-1} を引くことで $\Delta_f H^{298}$（プロパン）= -105 kJ mol^{-1} を正しく得ることができる．それでこの -21 kJ mol^{-1} を，エタンからプロパンへ伸長する際の CH_2 の**置換基エンタルピー**とよぶ．あるアルカンから CH_2 基1個長いアルカンへ伸長するとき，"この置換基エンタルピーがエンタルピー変化に転換可能である"というわけである．

　CH_2 基でうまくいくならば，他のアルキル基でもうまくいくのではないだろうか．CH_3 基のエンタルピーは，エタン分子 CH_3-CH_3 の生成エンタルピー $\Delta_f H^{298}$（エタン）= -84 kJ mol^{-1} の半分と考えてもよいであろう．したがって，CH_3 基の置換基エンタルピーは -42 kJ mol^{-1} となる．もし，これらのエンタルピーが転換可能であるとすると，n-ペンタン $CH_3(CH_2)_3-CH_3$ の生成エンタルピーは $2\times(-42)+3\times(-21)=-147$ kJ mol^{-1} となるが，実測値

$$\Delta_f H^{298}(n\text{-ペンタン})=-146.4 \text{ kJ mol}^{-1} \quad (19\cdot2)$$

と比較して，ほぼ 1 kJ mol^{-1} の誤差範囲で一致していることがわかった．計算値と実測値の一致はいつもこのように良いわけではないが，この方法はかなり有望であるといえよう．

　では，もっとほかのアルキル基の場合はどうだろうか．この置換基ごとに加算するという戦略は分岐のあるアルカン，たとえば2-メチルブタン（イソペンタン）や 2,2-ジメチルプロパン（ネオペンタン）における CH 基や C 原子を含めてうまく機能するのであろうか．答えは"イエス"であり，酸素・窒素・ハロゲン原子が入る有機化合物を含めてうまく見積もれることが明らかとなっている（Cohen and Benson, 1993）．

19・2　結合エンタルピー

　分子のエンタルピーを小分けするやり方は，ほかにもある．よく使われるのは，エンタルピーを分子中の結合に振り分けるやり方である．たとえば直鎖アルカ

---

*1 訳注: 分子力学法（MM）では，エネルギーの単位として非SI単位の kcal を使う習慣がある．
1) molecular mechanics

ンに CH₂ 基を挿入させていくことは，つぎのように アルカン分子の主鎖中の C-C 結合を切った後，2 個 の C-C 結合をつくり，分子中の C-H 結合を 2 個増 やすことに相当する．

$$\text{R-CH}_2\text{-CH}_2\text{-R} \xrightarrow{+\text{CH}_2} \text{R-CH}_2\text{-CH}_2\text{-CH}_2\text{-R} \tag{19·3}$$

この過程で，C-C 結合を差し引き 1 個，C-H 結合 を 2 個得たことになる．孤立した原子 C および H (図 19·2 の一番上) に比較して C-C 結合に −348 kJ mol⁻¹，C-H 結合に −413 kJ mol⁻¹ を割り振れば，この挿入は全結合エンタルピーにつぎのような変化をもたらす．

$$\text{C-C} + 2(\text{C-H}) = -348 + 2 \times (-413)$$
$$= -1174 \text{ kJ mol}^{-1} \tag{19·4}$$

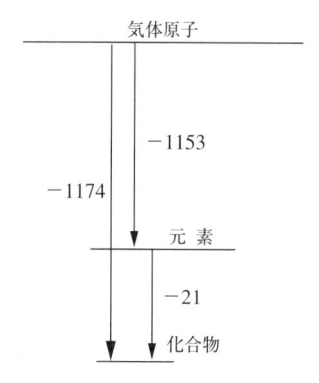

図 19·2 CH₂ 基の結合エンタルピー (計算値)．気体状態の原子の孤立状態からのものと，基準状態における元素〔H₂(g) と C (グラファイト)〕からのものを示している．

なぜこんなに大きい値になるのか．それは孤立状態が，298 K で最も安定な元素に対するものとする熱力学的基準状態とは大きく異なっているからだ．孤立 (原子化) 状態から基準状態へ変換するには，そのエンタルピー差を知らなくてはならない．その差の測定は困難はあるものの可能であり，**原子化**[1] に際しては，$\Delta_{\text{atomiz}}H^{298}(\text{H}_2) = 436$ kJ mol⁻¹，$\Delta_{\text{atomiz}}H^{298}$ (グラファイト) $= 717$ kJ mol⁻¹ と求められた．上で求めた大きな値の結合エンタルピーは，この二つの和だけ差し引かれなくてはならない．つまり，$-1174 - [-(436+717)] = -21$ kJ mol⁻¹ となる (図 19·2)．

新しい基準状態を使って得たこの結果は，§19·1 でうまく計算ができたのと同じものと言える．この少し変わった基準状態を使う理由は次章で明らかとなる．また，つぎの点も重要であるので記憶に留めておこう．つまり，実際には歪みをもつ分子もあるが，それに対する補正を行わずに，これまでのように単に結合エンタルピーを足したり，置換基エンタルピーを足したりする場合は，<u>歪みのない</u>分子のエンタルピーを計算しているということである．

19·3 構 造

メタン CH₄ の 4 個の水素原子は互いに斥け合うので，三次元空間での間隔が最大になるように正四面体の中心に C 原子，各頂点に H 原子がくる立体構造をとる．

このような構造の対称性および適切な結合距離 (模型だったら竹ひごの長さ) を仮定すればメタンの棒-球モデル[2] を作ることができる．他の有機分子のモデルも同様に作ることができるが (図 19·3)，C 原子の周りの四面体対称のために，アルカンの鎖が長くなるとモデルは無数の**コンホメーション**(**立体配座**) が可能であることに気がつくであろう．

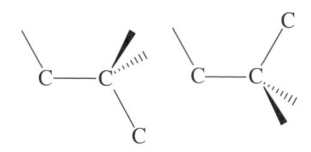

図 19·3 四面体対称をもつ炭素原子の構造的に異なるアルカンのコンホーマー (配座異性体)

C-H 結合の力の定数 k_f は分光学的研究から得られることをすでに学んでいる (§18·1 および §18·2)．この力の定数を使って，CH₄ の C-H 結合距離 r をありそうな値にセットして CH₄ のエネルギー E を計算することができる．得られた結果はかなり高い値を示すかもしれない．そこで，系統的に r を少しずつ変化させて過程を何度も繰返すと，極小のエネルギーが見つかる．その最適化された結合距離で，各 H 原子はフック則ポテンシャル井戸の底*² (極小値) に存在することになる．このとき E を最適化すると同時

---

*² 訳注: 図 18·2 参照．
1) atomization 2) ball-and-stick model

に r を最適化しているわけである．この r は，選んだフック則の力の定数 k_f から得られるメタンのベストな C–H 結合距離の値となる．

では，どのような力の定数を選べばよいのであろうか．分光学によって得られていれば問題はないが，分光学による定数がなかったらどうすればよいか．経験に照らしていえば，MM のためのベストな力パラメーターとは，結合距離および伸縮エネルギーを分光学・熱力学・X 線結晶学・古くからの"化学的直感"[*3] に適合させることによって得られたすべての情報を総合するものなのである．MM パラメーターは，分光学から得られた力の定数から進化してきたものであり，力パラメーターは力の定数と同じではない．MM パラメーターは提案され，新しい実験結果の光の中で改訂されていく．一方，分光学的力の定数は実験によって決定され，近年，ますます精度は増している．しかし，大きく変化することはないのである．

さて，メタン CH_4 の結合距離と結合角が得られたので，メタン分子を直交座標に置いてすべての原子の座標を得ることができる．メタン分子の構造について必要な情報はこれ以上ない．

MM によるモデリングの方法はよくできており，分子中のすべての力パラメーターが与えられれば，どんな分子の MM 構造も決定することができる．

困難も少しはある．CH_4 より大きい分子においてはかなり多数の微妙な力がかかるからだ．複雑な分子の MM 構造を決めたいと思う研究者は，分子中でかかるすべての力を探し出し，伸縮・変角・ねじれ変形・ファンデルワールス・その他の相互作用に関する力パラメーターを決定しなくてはならないということになるが，実際にはこんな気の遠くなるような仕事をする必要はない．幸いにも，N. L. Allinger (Nevins et al., 1996a, 1996b) ら，および別の研究グループが独自に約 40 年もかけてこの研究に取組み，MM のプログラムを開発しており，その後も年々進化を遂げている．Allinger らの一連のプログラムには MM1, MM2, MM3, MM4 と名前がつけられており，それらの間に若干修正を行ったバージョンも存在する．

19・4 構造とエンタルピー：分子力学法

C–H 結合と C–C 結合に対して，適切な力パラメーターとフック則ポテンシャル井戸の極小位置がわかっているとしよう（図 18・2 参照）．すると，エタンやもっと鎖の長いアルカンのモデルを構築でき，k_f の値を満足する構造とエネルギーを得ることができそうである．

しかし，実際にやってみるとそうとは限らない．たとえて言えば，大家族の構成員のように，分子を作り上げる化学結合と原子はすべて折り合っているわけではないのだ．分子の最終的な構造は，理想的な距離の結合にぴったりというのもないが，理想的な距離からかけ離れた結合というのもないという妥協の産物であると言える．理想的結合距離 r_0 と実際の結合距離 r がフック則 $F = -k_f (r - r_0)$ に従うとすると，復元力 F はつぎの式で与えられるような放物線のポテンシャルエネルギー井戸をもたらし，極小において $V = 0$ となる．

$$V(r - r_0) = \frac{1}{2} k_f (r - r_0)^2 \quad (19\cdot5)$$

大家族の場合と同様に，最終的な構造には何らかの**歪み**[1] が存在している．実際の分子のポテンシャルエネルギーは，歪みのない理想的な分子よりも，妥協の結果の位置に存在する各構成原子が受けている歪みエネルギーの和だけ高くなっていることは想像できよう．現実の分子のポテンシャルエネルギーはつぎのように表せる．

$$E = E_{\text{strain-free}} + \sum_{\text{all bonds}} V(r - r_0) \quad (19\cdot6)$$

しかし，結合の**伸縮**[2] エネルギーだけが右辺第 2 項の和に入るわけではない．二つの化学結合によってできる結合角 θ も変化を受ける．したがって，その変化である**曲がり**[3] に対してもポテンシャルエネルギーが考えられる．分子が結合角を含んでいる場合には，つぎのように和の項を追加する必要がある．

$$\begin{aligned} E = E_{\text{strain-free}} &+ \sum_{\text{all bonds}} V_{\text{stretch}}(r - r_0) \\ &+ \sum_{\text{all simple angles}} V_{\text{bend}}(\theta - \theta_0) \quad (19\cdot7) \end{aligned}$$

さらに，分子内相互作用はファンデルワールス力を，分子内の内部回転[4] は**ねじれ力**[5] を与え，その結果それぞれポテンシャルエネルギー V_{vdW}, V_{tor} をもたらす．すべてを含めると，（少し簡略化した表記で）E

[*3] この"化学的直感"をバカにしてはいけない．聖書の言葉のように，長年にわたって積み重ねられてきた実験や経験の集大成なのだから．

1) strain 2) stretching 3) bending 4) dihedral angle 5) torsion force

はつぎのように表される.

$$E = E_{\text{strain-free}} + \sum V_{\text{stretch}} + \sum V_{\text{bend}} + \sum V_{\text{vdW}} + \sum V_{\text{tors}} \quad (19\cdot 8)$$

分子内相互作用は互いに独立ではない.たとえば,結合が伸縮したときの結合角は,平衡結合長 r_0 での結合角とは同じではない.反対に,結合角が変わった状態での結合の伸縮は,$\theta = \theta_0$ に固定された結合の伸縮と同じではない.それゆえ,**交差項**[1) とよばれる $V_{\text{s-b}}$ が追加される.他の項としては,既知の実験データに,よりよく合うように静電相互作用項も加わる.これらの項とそれらを生み出すパラメーターを合わせて"**力場**[2)"とよぶ.MM 力場は,新しい実験的根拠が加わるたびに大きなものになっていく.Allinger ら(1996, 2010)は式(19・8)の右辺に 11 個の項を含めて,プログラム MM3 と MM4 へとバージョンを改訂した.

19・5 分子モデリング

"分子モデル"という言葉は,見えない分子の世界を考えるときの補助として使う棒−球[*4] からなる物理的なモデルという意味も含んでいるが,現代においては数学的なモデルを意味し,原子の位置を表す 3 個の直交座標を使ってコンピューター画面上に表示するものをいうことがほとんどである.

分子モデルから得られる基本的な情報は,それを構成する原子の配置である.入力された原子配置を最適化することにより,より改善された原子配置となる.原子配置の最適化の一例は章末例題 19・1 で示される.

19・6 GUI

複雑な分子のための入力ファイルは,マウスを使ったインターフェース GUI[3) によって構築されることが多い[*5].その例としては PCModel® があげられる.数学的にモデルの最適化がなされれば,座標を使って二次元あるいは三次元の図をコンピューター画面上に表示でき(視覚化),化学者にとってわかりやすい画像での考察が可能となる(図 19・4).これは,お馴染みの棒−球モデルと同じくらいわかりやすく,精度がより高いので好都合である.

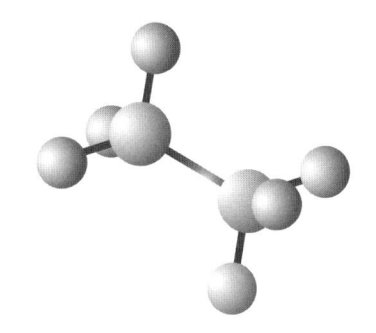

図 19・4 エタン分子に対する計算結果の視覚化(PCModel 8.0®)

19・7 熱力学的性質を求める

最適化された原子配置をもった分子に対する力パラメーターがすべて得られているとしよう.さらに,結合エンタルピーのデータも取得しており,生成エンタルピーが(a) 歪みなし分子パラメーターセットからの結合エンタルピー(SBE)[4) の和として,あるいは(b) 通常分子パラメーターセットからの結合エンタルピー(NBE)[5) の和として求められるとする.プログラム MM4 を使ってエタンに対して計算したときの出力をファイル 19・1 に示した.SBE と HATOM(§19・2 で示した原子化状態から基準状態の元素へもっていくのに要するエンタルピー)の間の差 HFS は,つぎのように求められる[*6].

$$\begin{aligned}\text{HFS} &= \Delta_f H^{298}(\text{strainless}) = \text{SBE} - \text{HATOM} \\ &= -675.77 - (-655.94) \\ &= -19.83 \text{ kcal mol}^{-1} \quad (19\cdot 9)\end{aligned}$$

一方,通常の分子の結合エンタルピーの和 HFN は,つぎのように少し異なる結果を与える[*7].

$$\begin{aligned}\text{HFN} &= \text{NBE} + \text{MH} + \text{PFC} - \text{HATOM} \\ &= \Delta_f H^{298}(\text{normal}) + \text{MH} + \text{PFC} \\ &= -67.81 + 48.63 + 0.00 \\ &= -19.18 \text{ kcal mol}^{-1} \quad (19\cdot 10)\end{aligned}$$

[*4] 訳注:昔は,球は木製,棒は竹籤(ひご)を使った.
[*5] 訳注:グラフィック画面を使ってユーザーが MM4 ソフトを対話的に実行できるという意味.GUI は"グイ"と発音.これの反対語は CUI(character user interface).
[*6] 訳注:HF は heat of formation, S はひずみなし strainless, N は normal の頭文字.
[*7] 訳注:$\Delta_f H^{298}(\text{normal}) = \text{NBE} - \text{HATOM} = -723.75 - (-655.94) = -67.81$

1) cross term 2) force field 3) graphical user interface 4) strainless bond enthalpy 5) normal bond enthalpy

```
HEAT OF FORMATION AND STRAIN ENERGY CALCULATIONS
                    (UNIT = KCAL/MOLE)
                    (  #  = TRIPLE BOND)
         NORMAL (BE) AND STRAINLESS (SBE) ENTHALPY OF INCREMENTS
                 (CONSTANTS AND SUMS OF INCREMENTS)

       BOND OR STRUCTURE    NO      ----NORMAL----        --STRAINLESS--
       C-C SP3-SP3           1     -89.2005  -89.2005    -84.0718  -84.0718
       C-H ALIPHATIC         6    -105.7262 -634.3572    -98.4375 -590.6250
       C-METHYL (ALKANE)     2      -0.0964   -0.1928     -0.5379   -1.0758
       -----------------------------------------------------------------
                                    NBE =   -723.7505       SBE =  -675.7726

       HEAT OF FORMATION OF ELEMENTS (HATOM) =        -655.9401 KCAL/MOLE
       IN STANDARD STATE FROM ATOMS

       MOLAR HEAT CONTENT OF COMPOUND (MH)   =          48.6328 KCAL/MOLE
       (STERIC + ZPE + THERMAL ENERGIES)


       PARTITION FUNCTION CONTRIBUTION (PFC)
           CONFORMATIONAL POPULATION INCREMENT (POP)     0.00 (ASSUMED VALUE)
           TORSIONAL CONTRIBUTION (TOR)                  0.00 (ASSUMED VALUE)
                                                       ----------------
                                           PFC =        0.00 (ASSUMED VALUE)

       HEAT OF FORMATION (HFN) AT  298.2 K   =         -19.18 KCAL/MOLE
       (HFN = MH + NBE + PFC - HATOM)

       STRAINLESS HEAT OF FORMATION FOR SIGMA SYSTEM (HFS) =   -19.83
       (HFS = SBE - HATOM)

       INHERENT SIGMA STRAIN (SI) = HFN - HFS                   0.65

       SIGMA STRAIN ENERGY (S) = POP + TOR + SI                 0.65
```

ファイル 19・1 プログラム MM4 によるエタンのエンタルピー計算の出力（一部）．単位は kcal mol^{-1} である．

新しい項 MH（モル熱含量[*8, 1)]）は，NBE の定義とは少し異なるところから起因し，現実の分子のポテンシャルエネルギーの極小へもっていく矢印のようなもので，正のエンタルピーであり，主として振動のゼロ点エネルギー（§18・2）と立体障害からの寄与，そして小さな統計因子を加えたものである．この場合は 48.63 kcal mol^{-1} となった．式 (19・10) の HFN と式 (19・9) の HFS の差は累積されたひずみエネルギー (SI) であり，つぎのように求まる．

$$\text{SI} = \text{HFN} - \text{HFS} = 0.65 \text{ kcal mol}^{-1} \tag{19・11}$$

より詳細な出力を見たいのであれば，Nevins et al. (1966b, p.703-707) を参照のこと．

19・8 他の手法との比較

どのような分子モデリングにおいても，モデルから予測される物理的性質と実験で得られる測定値を比較することは欠かせない．わかりやすい例の一つに結合距離があり，これは X 線結晶解析の結果と比較される．一般に一致度はよいが，完全ではないと言える．たとえ，モデルから問題点をすべて取り去るという困難なことをやり遂げたとしても，X 線結晶学者と分子力学（MM）研究者は同じものを見ているわけではないことに留意しておきたい．

つまり，これまで考えてきた分子モデルは気相中で孤立した分子であるのに対し，結晶中の分子は結晶状態をつくる分子間力によって繋ぎ留められているのである．

不思議なことに，この種の力は結合距離にはあまり影響を与えないことがわかっている．X 線解析による結合距離とプログラム MM4 によって得られる結合距離は，通常 0.002 Å 以内で一致する．一方，結合距

[*8] 訳注：熱含量はエンタルピーの古い呼び方である．
1) molar heat content

離より影響を受けやすい結合角は数度ずれ，もっと影響を受けやすいねじれ角[1]（内部回転角）はもっとずれる．X線は電子によって散乱されるので，結晶解析の結果としての構造は電子密度の中心，つまり原子核の位置を表すものとなるはずだが，ある種の結合においては電子の偏りが見られる．たとえば，X線回折と中性子回折（原子核によって散乱される）で決定されたC-H結合の距離は，場合によっては0.1 Å以上もずれることが知られている（Allinger, 2010）．さまざまな方法で決定された結合距離などをまぜこぜにして議論してはならない．結晶格子中で分子が全体として動く運動は<u>剛体運動</u>とよばれる．その運動は球対称には起こらず，原子の位置は楕円体を描くので，結合距離に微妙に違いが出てくる．

分子分光学から得られた力の定数は分子力学（MM）に渡され，反対にMMは計算した振動周波数を分光学へ戻すことになる．力パラメーターは力の定数とまったく同じではないので，結合の伸縮振動周波数のMM値は既知の実験値とは同じにはならないが，一般的には±25 cm^{-1}の誤差範囲で一致する．構造と原子質量から角運動量，スペクトルの強度，熱容量，エントロピー，ギブズエネルギー，熱力学関数の温度依存性なども求めることが可能となる．

19・9 遷 移 状 態

少し複雑な分子においては，ポテンシャルエネルギーの極小点がいくつも存在し，そのポテンシャル表面はちょうど山岳地形のようなものとなる．山頂もあれば谷もあり，峠も存在する．峠は，ある極小点から別の極小点への経路に存在する．これらの経路は進行可能な反応座標を表すものと理解できる．あるポテンシャルエネルギーの極小点から別の極小点に移動する際には極大点を通ることになるが，この点は<u>遷移状態</u>とよばれる．二つの極小点に比べれば遷移状態は確かに高いポテンシャルエネルギーをもつが，山岳地形図を思い浮かべればすぐわかるように，ポテンシャルエネルギーにおける最もエネルギーの低い<u>経路</u>であることがわかる．数学的には，極小においては2階微分係数は正であるが，反応の遷移状態，つまりポテン

シャルエネルギー曲面の鞍点では，分子の多数ある振動周波数[9]のうちほとんどが実数となるが，一つだけが虚数[10]となる．

一つ例をあげよう．つぎのようなシクロヘキサンの椅子型からボート型への変換である．

この変化が起こるには，椅子型およびボート型どちらよりもポテンシャルエネルギーが高い平面構造を通過しなければならない．遷移状態のエネルギーを求める一つのやり方は，この平面構造を計算プログラムへ入力データとして与えて，椅子型およびボート型とともにポテンシャルエネルギーを求めればよい．

プログラムMM4を使って椅子型とボート型のポテンシャルエネルギーの差を求めると，226 Kで，5.7 kcal mol^{-1} = 23.8 kJ mol^{-1}が得られる．実測値は5.5 kcal mol^{-1} = 23.0 kJ mol^{-1}である．実際の椅子型からボート型への遷移エンタルピーはこの値の2倍弱であり，途中でツイストボート型のような少し複雑な立体配座をとっていることが予想される（Allinger et al., 1996, p.650ff）．

例題と章末問題

例題 19・1 水分子の構造最適化

水分子の構造最適化のためのMM4への入力ファイルを作成せよ．

解法 19・1 ファイル19・2に示すように，第1行目で取扱う分子の名前をつけ，それを構成する原子の数を入力する．MM4では，分子名は1行目の1-60桁目に入れることになっている．本例題の場合は，1-5桁目にwaterと入力することにしよう．そして，65桁目には原子数3を入力する．2行目には，5桁目に0，つまりconnected atoms[11]が0であることを指定している．30桁目の2はattached atomsの数を指定しており，2個の水素原子が（骨格原子に）結合していることを意味している．3行目はattached atomsの指定で，原子2（酸素）は原子1（水素原子の一つ）

---

[9] 訳注：この振動周波数のモードは遷移ベクトルとよばれ，反応が進行する際に分子の各原子が遷移状態を越える方向と大きさを表している．
[10] 虚数（imaginary）といっても，別に何か問題があるわけではない．虚数は数学的用語であり，2乗すれば単に負の値を与える数であると考えればよい．
[11] 訳注：分子の骨格を構成する原子間結合の数．
1) torsion angle

```
           water                                              3
      0   0                            2    0  0  0  0  0    0
           2    1    2    3
          -0.50000     0.50000     0.00000    21
           0.00000     0.00000     0.00000     6
          -0.50000    -0.50000     0.00000    21
```

ファイル 19・2 水の場合の入力ファイル．構造は，かなり粗い座標として与えられている．2 行目の後半の 0 は，もっと複雑なファイルの場合に，何桁目であるかが容易にわかるようにあえて目印として示している．

と，また原子 2 は原子 3（もう一つの水素原子）とも結合していることを表している．

つぎの行からは，分子中のすべての原子の直交座標を与えて，構造を入力する．この例では，原点に酸素原子が置かれ，分子の大まかな構造が＞の形になるよう座標が与えられている[*12]．つまり，直交座標空間での 2 個の水素原子の座標は $(-0.5, 0.5, 0.0)$ と $(-0.5, -0.5, 0.0)$ である[*13]．入力された構造は，z 成分が 0 にセットされており，x-y 平面に限られている．座標は，左から右へ x, y, z を指定することになっている．MM4 の規約により酸素 O 原子は識別番号は 6[*14]，H 原子には 21[*15] が与えられる．識別番号はさまざまな種類の原子に異なる番号が割り当てられる．同じ C 原子でも，sp, sp^2, sp^3 で異なる番号が振られる．以上のように，入力ファイルの行は二つに大分することができ，制御データ（1〜3 行目）と座標データからなる．この入力ファイルに h20.mm4 という名前（他の名前でもよいが，拡張子名は必ず mm4）をつけてディスクに保存すること．この場合の入力ファイルはほかにも多数考えることができ，ファイル 19・2 に示したのはその一例である．

例題 19・2 典型的な実行例

ファイル 19・2 に示した MM4 入力ファイルを実行せよ．実行は，コマンド行に mm4 とタイプし，空白を入れた後に入力ファイル名 h20.mm4 と指定すればよい．

解法 19・2 実行がうまくいくと，立体エネルギー[*16,1)] は小さくなり，1 kcal mol^{-1} 以下となる．MM4 を終了させると，計算結果はファイル TAPE4.MM4 と TAPE9.MM4 に保存される．後者のファイルを（UNIX なら cat コマンドで）表示すると，ファイル 19・3 のような出力結果が表示されるはずである．入力ファイルで指定した H$_2$O の構造が最適化されているのがわかる．出力ファイルは入力ファイルとまったく同じ書式で書かれているが，65 桁目以降に追加の情報が示されていることに注意しよう（当面は関係がない情報である）．それ以外にも違いはあり，座標が変化している．最適化の間に，構造が＞の形であったものがひっくり返って V の形になり，酸素原子の y 座標が 0 から -0.06580 Å へと変化した．ピタゴラスの定理を使うと，O–H の結合距離は 0.967 Å と求まる．最適化計算の中でも，この距離がつぎのように計

```
           water                                      0   3 0 0 0 0 10.0
      0       0.0000000                  2    0   0  0  0  0  0   1    0
           2    1    2    3
          -0.76769     0.52221     0.00000  H  21(    1)
           0.00000    -0.06580     0.00000  O   6(    2)
           0.76769     0.52221     0.00000  H  21(    3)
```

ファイル 19・3 水に対する MM4 による最適化の計算結果．出力ファイル TAPE9.MM4 の内容である．

[*12] 訳注：x 軸が横軸で，y 軸が縦軸としたとき．
[*13] 訳注：単位は Å である．
[*14] 訳注：OH やエステルの O 原子（sp^3）の場合．カルボニル基の O 原子の識別番号は 7 である．
[*15] 訳注：OH の H 原子の場合．C–H の場合の識別番号は 5．
[*16] 訳注：式(19・7) の E．
1) steric energy

算されて，ファイル TAPE4.MM4 の中に示されていることがわかる．

```
H(   1)- O(    2)       0.9670
O(   2)- H(    3)       0.9670
```

出力ファイル TAPE4.MM4 の最後のほうに，つぎのような双極子モーメント（§ 18・7 参照）の計算値が表示されている．

$$\text{DIPOLE MOMENT} = 1.9732 \text{ D}$$

実測値は 1.85 D である．

例題 19・3 メタンの構造と $\Delta_f H^{298}$ の MM4 による計算

H_2O 用入力ファイルをメタン用に修正して，プログラム MM4 を実行せよ．原子の識別番号は，中心の C 原子（sp³）は 1，アルカン H 原子は 5 とする．2 行目の 65 桁目を 1 として，$\Delta_f H^{298}$ を求めることを指定せよ．

解法 19・3 メタンの構造を相当デフォルメして，ファイル 19・4 に示すように，中心の C 原子を原点に，四つの H 原子をそれから二つの座標で 1 Å ずつ離して配置しよう．二つの C−H 結合を x–y 平面に，残りの二つの C−H 結合を x–z 平面に入るようにする．出力ファイル TAPE4.MM4（ファイル 19・5）を調べると，手計算だと面倒な三角関数計算をしなくとも，C(1)−H(2) 結合距離が 1.107 Å と得られることがわかる[*17]．実測値は 109.3 pm = 1.093 Å である．四面体角∠H(2)−C(1)−H(3) は 109.47° と得られる．実測値は 109.5° である．入力ファイルで計算することを要求した標準生成エンタルピー $\Delta_f H^{298}$ の値は，TAPE4.MM4 の中でつぎのように得られている．

```
HEAT OF FORMATION (HFN) AT 298.2 K
                      = -17.89 KCAL/MOLE
```

実測値は，$\Delta_f H^{298} = -74.8 \pm 0.3 \text{ kJ mol}^{-1} = -17.9 \pm 0.1 \text{ kcal mol}^{-1}$ である．このように，構造だけでなく，熱容量・双極子モーメント・スペクトル・分配関数・エントロピーなどが MM4 では計算可能である．

章末問題

19・1 (a) ネオペンタン（2,2-ジメチルプロパン）の $\Delta_f H^{298}$ を § 19・1 の加成的方法によって求めよ．

(b) イソペンタン（メチルブタン）からネオペンタ

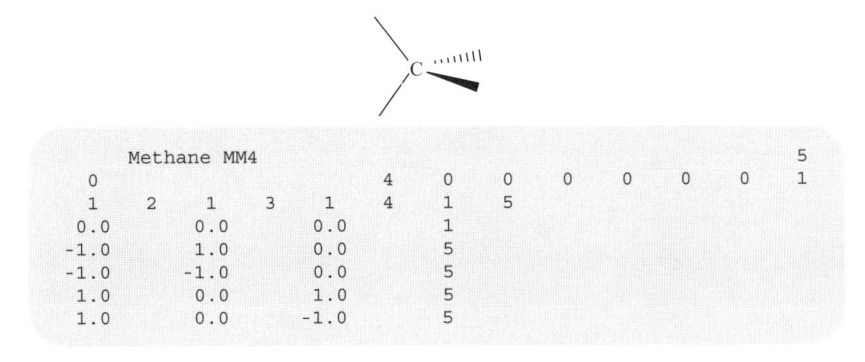

```
 Methane MM4                                                       5
 0                     4   0  0  0  0  0  1
   1   2   1   3   1   4   1   5
   0.0        0.0        0.0      1
  -1.0        1.0        0.0      5
  -1.0       -1.0        0.0      5
   1.0        0.0        1.0      5
   1.0        0.0       -1.0      5
```

ファイル 19・4 メタン用 MM4 入力ファイル．2 行目の 65 桁目の "1" は，$\Delta_f H^{298}$ の計算をすることの指定である．

```
 Methane MM4                                            0  5 0  0 0  10.0
 0   0      0.0000000          4   0   0    0  0   0  1      1     0
    1   2   1   3   1   4   1   5
    0.00000    0.00000    0.00000  C  1(  1)
   -0.60766    0.92497   -0.02506  H  5(  2)
   -0.66877   -0.88172   -0.02769  H  5(  3)
    0.60089   -0.02167    0.92947  H  5(  4)
    0.67554   -0.02158   -0.87672  H  5(  5)
```

ファイル 19・5 メタンに対して MM4 が出力した構造

[*17] 訳注：ファイル 19・5 に計算結果は示されていないが，$\sqrt{0.60766^2 + 0.92497^2 + 0.02506^2} = 1.107$ Å となる．

ンへの異性化エンタルピーは-14 kJ mol^{-1}である．アルカンにおけるC-Hのエンタルピー寄与を求めよ．

19・2 ファイル19・3で与えられた座標を用いて，ピタゴラスの定理によってO-Hの結合距離を計算せよ．実測値は$97.0 \text{ pm}=0.970 \text{ Å}$である．

19・3 ファイル19・3で与えられた最適化された構造から∠H-O-Hを求めよ．実測値は$104.5°$である．

19・4 MM4計算によると，水の双極子モーメントはどれほどか．この値を，多くの教科書に載っている値と比較せよ．

19・5 ファイル19・2に示した水に対する入力ファイルを拡張してエテン用に変更しよう．構造は＞の形で指定したものを＞＝＜とするのである．原子識別番号はsp^2の炭素原子を指定する2, 水素原子には112を与えること．変更がすんだら実行せよ．計算がうまくいけば，立体エネルギーは2 kcal mol^{-1}程度になるはずである．

19・6 例題19・3にならって，問題19・5の入力ファイルを修正してエタン用入力ファイルを作成せよ．その後，MM4を実行して出力ファイルTAPE9.MM4およびTAPE4.MM4を得ること．後者の一部はファイル19・1に示したとおりになっているはずである．

19・7 問題19・5および問題19・6の入力ファイル2行目の65桁目に1を指定して，エテンとエタンの標準生成エンタルピーを求めよ．標準状態において，エテンを水素化してエタンとする際のエンタルピー変化$\Delta_{hyd}H^{298}$を求めよ．構造最適化がうまくいけば，$\Delta_{hyd}H^{298}$は$-32.60 \pm 0.05 \text{ kcal mol}^{-1} = -136.4 \pm 0.2 \text{ kJ mol}^{-1}$程度になるはずである．

19・8 前問で，なぜH_2の標準生成エンタルピーの値を計算する必要がなかったのか答えよ．

$$C_2H_4(g) + H_2(g) \longrightarrow C_2H_6(g)$$

19・9 MM4をGUI環境で実行できるならば，メタンを1個ずつt-ブチル化したものの標準生成エンタルピーを求めてみよう．つまり，モノ(t-ブチル)メタン，ジ(t-ブチル)メタン，トリ(t-ブチル)メタン，テトラ(t-ブチル)メタンである．その結果の傾向は少し変わったものとなる．その理由を説明せよ．テトラ(t-ブチル)メタンの構造を描いてみるとよい．

19・10 水に関しての，あるMM4計算の出力ファイルTAPE4.MM4には3個の振動周波数が記載されていたという．このうちの二つはO-H結合の対称伸縮振動と逆対称伸縮振動に対するものである．これらの振動の様子を図示せよ．また，残る一つはこれら二つと大きく離れた値になっている．その理由を述べよ．

20

量子力学的分子モデリング

スレーター行列式とハートリー–フォックの方程式があれば，分子の構造，エネルギー，動力学の問題を解くために必要なものはすべて揃ったといえる．しかし，この方程式はこのままでは解けない．量子化学が発展するにはあと二つほどの画期的な進歩が必要であった．一つは，解くのが不可能にみえる微積分方程式を線形代数の方程式のように表す方法をローターン[*1]が見いだしたこと．もう一つは，並行してデジタル計算機の能力が飛躍的に上がったことである．今では，1秒間に膨大な回数の数学的な操作（計算）が可能となってきている．

分子の全エネルギーは，そのほとんどは分子を構成している原子のエネルギーであり，そのうちのほんの少しの取るに足らないと思われるほどのエネルギーが分子（**化学結合**）の形成に使われる．しかし，われわれの周りの世界で色・生命・多様性を支配しているのは，分子を形成するこの化学結合であることを忘れてはならない．そこで，この化学結合を計算で明らかにしたくなるのである．原子軌道を拡張して分子軌道を求めることは可能である．しかし，結合エネルギーおよびその差は非常に小さいので，計算に際しては高いレベルでの精度を必要とする．高精度のプログラムは今日では存在しており，（原理的には）すべての分子に対して適用可能である．ただ，計算機の速度やメモリー量は限られているので，あまり大きな分子を取扱うわけにはいかない．しかし，この分野の研究は活発に発展しており，困難は日に日に取除かれつつある．

20・1 分子変分法

分子に対する**変分法**は，原子の場合（17章）と同様に行われる．最適化された分子エネルギー E はつぎのような式で与えられる．

$$E = \frac{\langle \Psi | \hat{H} | \Psi \rangle}{\langle \Psi | \Psi \rangle} \quad (20 \cdot 1)$$

ここで，$|\Psi\rangle$ は分子全体を表す状態ベクトルである．Ψ が規格化されているとすれば，内積 $\langle \Psi | \Psi \rangle$ は1であるので，さらに

$$E = \langle \Psi | \hat{H} | \Psi \rangle \quad (20 \cdot 2)$$

となる．化学でよく使われる表現で書けば，状態ベクトルに等価な波動関数を使ってつぎのように表される[*2]．

$$E = \int \Psi \hat{H} \Psi \, d\tau \quad (20 \cdot 3)$$

状態ベクトルあるいは波動関数が厳密なものであれば，得られる E も厳密なものとなる．

20・2 水素分子イオン

分子の構造やエネルギーの計算の手始めとして，まず水素分子イオン H_2^+ を考えよう．問題を楕円座標で書き表し，数値計算法によって解がすでに求められている．したがって，問題に取組む前に正解は得られているわけである．H_2^+ のエネルギーは約 $-268 \, \text{kJ mol}^{-1}$ である．ただ，このとき使われた数値計算法は，より大きな分子やイオンにもっと拡張することはできなかった．したがって，この既知の結果を使って，より

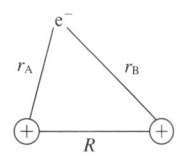

図 20・1 水素分子イオン H_2^+

[*1] 訳注：C. C. J. Roothaan, オランダの物理学者（1918–）．
[*2] 訳注：厳密には，式(20・3)の右辺の左側の Ψ は Ψ^* となる．

良い近似法を開発していくことにしよう．その近似法を使えば，化学的に重要な大きな分子の系に応用することができる．

H_2^+問題は図20·1のように与えられる．二つの原子核は動かないものとし[*3]，核間距離をRとしよう．こうすると，＋電荷をもつ原子核AとBが作る電場の中を電子1個が動き回るという問題になる．両原子核からの距離をr_Aとr_Bとする．この場合のシュレーディンガー方程式は水素原子の場合と似ているが，＋電荷が1個ではなく2個存在している点が異なる．あるRの値に対して原子単位で方程式を表すと

$$\left[-\frac{1}{2}\nabla^2 - \frac{1}{r_A} - \frac{1}{r_B}\right]\Psi = E_{el}\Psi \quad (20·4)$$

となる．Rをさまざまな値にすれば，それに対応して電子エネルギーE_{el}が決まる．Rはある一つの計算の際は定数であるが，系の全エネルギーE_{total}はRの関数となり，つぎのように表される．

$$E_{total} = E_{el} + \frac{1}{R} \quad (20·5)$$

この式を見れば，縦軸にE_{total}，横軸にRのプロットを描くことが思い浮かぶ．ここで，Eの添え字は文脈から明らかなので，以降は添え字を省略することにする．

LCAO[1]（原子軌道線形結合）近似を使うと，分子軌道はつぎのような二つの水素原子軌道の線形結合で表すことができる．

$$\Psi = N_1 e^{-r_A} \pm N_2 e^{-r_B} \quad (20·6)$$

原子軌道は，分子軌道を含むベクトル空間を定義する**基底関数**である．LCAO基底関数系は完全なものではなく，われわれが得た分子軌道は完全に正しいものとはいえないだろう．$N_1 e^{-r_A}$および$N_2 e^{-r_B}$を規格化された水素原子の1s軌道とし，それらを$1s_A$および$1s_B$と書くと，H_2^+の近似軌道は$\Psi_{H_2^+} = 1s_A \pm 1s_B$となる．物理的には，ある基底関数は水素原子Aがあって，ある距離の所に陽子（原子核）Bが存在していることを表しており，一方，別の基底関数は水素原子Bがあって，ある距離の所に陽子Aが存在していることを表している．どちらの基底関数も単独では，2個の原子核と1個の電子が相互作用をしているのを表すことはできない．われわれがここで求めているのはまさにこの相互作用であり，それが化学結合をもたらすことになるのである．

＋符号による線形結合[*4]は$\Psi_{H_2^+} = 1s_A + 1s_B$であり，エネルギーはつぎのように与えられる．

$$\begin{aligned}E &= \int \Psi \hat{H} \Psi \, d\tau \\ &= N^2 \int (1s_A + 1s_B)\left[-\frac{1}{2}\nabla^2 - \frac{1}{r_A} - \frac{1}{r_B} + \frac{1}{R}\right] \\ &\quad \times (1s_A + 1s_B) \, d\tau \quad (20·7)\end{aligned}$$

ここで，N^2は二つの規格化因子の積を意味し，積分は全空間τにわたって行う．展開し，対称性を考慮して簡単化を行うと，エネルギーEはつぎに示す三つの関数によって表すことができ[*5]

$$J = \left(1 + \frac{1}{R}\right)e^{-2R} \quad (20·8)$$

$$K = \frac{S}{R} - (1 + R)e^{-R} \quad (20·9)$$

$$S = \left(1 + R + \frac{R^2}{3}\right)e^{-R} \quad (20·10)$$

エネルギーはつぎのように与えられることが知られている．

$$E = \frac{J + K}{1 + S} \quad (20·11)$$

関数J, K, Sは核間距離Rの関数である．軌道間の相互作用は，Rが小さければ大きく，Rが大きければ小さくなる．＋符号による線形結合の場合の$E = f(R)$のグラフは図20·2に示されている．

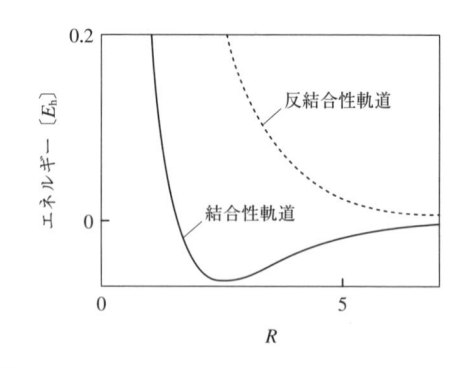

図20·2 H_2^+の結合性軌道と反結合性軌道．Eの単位はE_h，Rの単位はボーア半径(52.9 pm)である．

[*3] これはボルン-オッペンハイマー近似とよばれる．
[*4] 訳注：結合性軌道とよばれる．
[*5] 訳注：Jはクーロン積分，Kは交換積分，Sは重なり積分とよばれている．
[1] linear combination of atomic orbitals

正電荷を帯びている2個の原子核は電子と引き合っており，結果的に互いに相互作用をしている．ただ，非常に接近することはない．R が小さくなると，引力よりもはるかに大きい斥力が両者にはたらき，エネルギーは急激に増大するからである．引力と斥力の釣合いから，エネルギーの極小点ができる．この近似では，核間距離（＝結合距離）は2.5×（ボーア半径）＝132 pm となる．この結合距離で J，K，S の値を求めると，つぎに示す値となり，式(20·11)を使ってエネルギー E の値を求めると，つぎのようになる．

$$S = 0.461\,E_h \qquad J = 0.00963\,E_h$$
$$K = -0.1044\,E_h \qquad E = -0.065\,E_h$$
(20·12)

エネルギーの原子単位 E_h の値は，$1\,E_h = 2625$ kJ mol^{-1} であるので，E の極小値は $E = -0.065\,E_h = -171$ kJ mol^{-1} となる．実測値（268 kJ mol^{-1}）の約64 % である．この結果は定量的にはあまり良好ではないが，定性的には結合距離 132 pm においてエネルギーが極小になっている，つまり結合が形成されているという結果を与えている．特に，何の仮定をしなくても量子力学の自然な論理帰結として化学結合が導き出せるという点が注目に値する．

線形結合にはもう一つ $\Psi_{H_2^+} = 1s_A - 1s_B$ があり，そのエネルギーも図20·2に破線で示してある．この軌道は反結合性軌道とよばれており，極小点を示さず，R が減るに従って単調に増大していく．H_2^+ では，結合性軌道のエネルギーは遠く離れた H^+ と H の系のエネルギーより小さく，一方，反結合性軌道のエネルギーは大きい．結合距離における結合性軌道と反結合性軌道は，図20·3のように表示されることがしばしばある．

```
              ———— 反結合性軌道
    原子        ↑
              ———— 結合性軌道
```

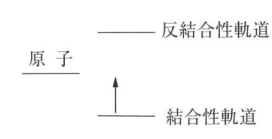

図20·3 H_2^+ の結合性軌道と反結合性軌道．下（結合性）の軌道に入っている1個の電子は，矢印（↑）で示されている．

20·3 一般的な分子軌道の計算

分子に対してシュレーディンガー方程式の近似解を得る場合，多電子波動関数 $\Psi(r_i)$ はつぎのように動径ベクトルを変数とする軌道 ψ_i に分解することができる．

$$\Psi(r_i) = (n!)^{-1/2} \det[(\psi_1\alpha)(\psi_1\beta)(\psi_2\alpha)...]$$
(20·13)

軌道 $\psi_1\alpha$，$\psi_1\beta$，$\psi_2\alpha$ はそれぞれ1個の電子を収容している．n は電子の数，記号 α と β は互いに反対向きのスピンを，det はスレーター行列式を意味している．スピンは対になることができるので，各軌道には2個の電子が入り，結局分子軌道 ψ_1，ψ_2，ψ_3…の数は電子数の半分となる．

1951年，ローターンはつぎのように i 番目の1電子分子軌道を基底関数 χ_μ の線形結合で表すことを提案した．

$$\psi_i = \sum_{\mu=1}^{N} c_{\mu i}\chi_\mu \quad (\mu = 1,2,3,\cdots,N)$$
(20·14)

ここで，N は分子軌道をつくるのに使われた原子軌道の数である．基底関数系（χ_1，χ_2，…）が決められたら，係数[*6] $c_{\mu i}$ を決めることになる．$c_{\mu i}$ が大きければ，対応する基底関数の全分子軌道への影響が大きく，$c_{\mu i}$ が小さければ，対応する基底関数の影響は小さいと言える．こうすると，詳細は省略するが，もともとの微積分方程式を解くことは，代数方程式を解くことに変わり，ローターン方程式はつぎのように行列の形で書くことができる．

$$FC = SCE \qquad (20·15)$$

ここで，C は係数 $c_{\mu i}$ からなる行列であり，E はエネルギー値からなる対角行列である．つまり，$E_{ij} = \varepsilon_i \delta_{ij}$ となる[*7]．S[*8] の要素は $S_{\mu\nu} = \int \chi_\mu \chi_\nu \,d\tau$ であり，F はフォック行列とよばれるものである[*9]．

F 行列の要素はつぎのように与えられる．

$$F_{\mu\nu} = H_{\mu\nu} + \sum_{\lambda\sigma} P_{\lambda\sigma}[(\mu\nu|\lambda\sigma) - (\mu\lambda|\nu\sigma)/2]$$
(20·16)

$H_{\mu\nu}$ と $P_{\mu\nu}$ の定義は

[*6] 訳注：分子軌道係数とよばれる．
[*7] 訳注：δ_{ij} はクロネッカーのデルタとよばれるもの．$i=j$ のとき 1 で，$i \neq j$ のとき 0 となる．
[*8] 訳注：S は重なり積分行列とよばれる．
[*9] 残念なことに，F は分子力学では力場行列に，量子力学ではフォック行列を表すのに使われている．これら二つを混同しないように注意．

$$H_{\mu\nu} = \int \chi_\mu \hat{H} \chi_\nu \, d\tau, \quad P_{\mu\nu} = 2\sum_i^n c_{\mu i}\, c_{\nu i} \tag{20.17}$$

であり，$(\mu\nu|\lambda\sigma)$ と $(\mu\lambda|\nu\sigma)$ の定義はつぎのようになる．

$$(\mu\nu|\lambda\sigma) = \iint \chi_\mu(1)\chi_\nu(1)\left(\frac{1}{r_{12}}\right)\chi_\lambda(2)\chi_\sigma(2)\, d\tau_1\, d\tau_2 \tag{20.18}$$

$$(\mu\lambda|\nu\sigma) = \iint \chi_\mu(1)\chi_\lambda(1)\left(\frac{1}{r_{12}}\right)\chi_\nu(2)\chi_\sigma(2)\, d\tau_1\, d\tau_2 \tag{20.19}$$

行列の要素 $H_{\mu\nu}$ は，他のすべての電子が存在しないとしたとき，原子核によって，ある電子にかかるハミルトン演算子の要素（コア積分）である．対角行列 E の要素 ε_i は各電子がもつエネルギーである．計算ソフトウェアとして，行列の乗算・逆行列・対角化のための計算ルーチンはさまざまなものが用意されている．

積分 $(\mu\nu|\lambda\sigma)$ と $(\mu\lambda|\nu\sigma)$ は見積もりが難しく，そのため分子軌道に関する研究は二つに分かれることとなった．"半経験的[1] 方法" と "*ab initio*[*10, 2] 法" の二つである．Dewar や Stewart の研究グループは，$F_{\mu\nu}$ を半経験的な定数で置き換えることによって解を得た．一方，Pople や Gordon の研究グループは非常に効率的な計算手順を考案し，計算機の処理能力の急激な向上と合わせることによって $F_{\mu\nu}$ における積分をすべて求め解いたのである．一般に，計算速度と精度は相容れない．半経験的方法の計算は速く，大きな分子にも適用可能であるが，精度はそれほどではない．一方，*ab initio* 法の精度は良いが，計算機のリソース[*11] を大量に必要とし，計算に要する時間が長くかかるという問題点がある．

20·4　半経験的方法

シュレーディンガー方程式を解くには，数多くの積分を求めなければならない．しかし，これらの積分のほとんどの値は小さく，分子のエネルギーやエンタルピーにはあまり寄与しないのが普通である．これらを無視すれば計算は簡単になり，精度が落ちることもほとんどないであろう．方程式の中の $(\mu\nu|\lambda\sigma)$ などの積分を無視すると，フォック行列の要素 $F_{\mu\nu}$ の代わりに $H_{\mu\nu}$ のみが入ることになる．積分をいくつか無視し，残りの積分は経験的パラメーターで置き換えることにすると，ある意味で筋の通ったハミルトン演算子の要素にはなるが，経験的なパラメーターを導入しているので近似であることには違いがない．そのようにつくられたものは"半経験的"ハミルトン演算子とよばれる．近似的ハミルトン演算子を得るために F 行列に手を加えた場合には，**半経験的方法**であるとよぶのが一般的である．一方，F 行列に手を加えることなく，完全な基底関数系を得ようとする場合は，**ab initio 法**とよばれる．どちらの手法も完全に厳密なものとはいえない．

コンピューターによる計算を前提にした半経験的方法の発展段階で一番重要だったステップは，多電子分子における多くの積分 $(\mu\nu|\lambda\sigma)$ や $(\mu\lambda|\nu\sigma)$ のうちで，どの積分は無視することができ，どの積分は保持し，どのようなパラメーター値を与えるべきかがわかったことであった．**微分重なりの無視**（NDO[3]）近似，**二原子微分重なりの無視**（NDDO[4]）近似は，一連のプログラム CNDO[5]（微分重なりの完全無視），INDO[*12]，MINDO[*13] へと発展していった．最初は，簡単な分子に対する *ab initio* 法の値を再現するように NDDO プログラムがパラメーター化されたが，後に Dewar らの AM1 プログラムや Stewart の PM3 法のような半経験的プログラムは実験で得られた熱力学結果に合うようにパラメーター化され，エネルギーやエンタルピーを計算できるようになった．現在では，両プログラムともにこのような目的のために広く使用されている．熱力学データのみならず，双極子モーメント・構造・異性化ポテンシャルなども半経験的プログラムによって計算可能となっている．

20·5　*ab initio* 法

シュレーディンガー方程式の厳密な解とは，電子や陽子などの質量と電荷量以外には経験的なパラメーターを必要としないもので，課題に対する絶対的な解である．実際には，分子の究極的な性質というものは決してわからないものである．絶えず改良されていく近似法によって，だんだんと明らかになってはいくけ

[*10] 訳注："最初から"という意味．発音は"アブイニシオ"．
[*11] 訳注：資源とも訳される．cpu（中央処理装置），メモリー，ハードディスクなど．
[*12] 訳注：intermediate neglect of differential overlap の略．
[*13] 訳注：modified INDO の略．

1) semiempirical　2) *ab initio*　3) neglect of differential overlap　4) neglect of diatomic differential overlap
5) complete neglect of differential overlap

れど．今日では，"ab initio 法"というものはほんの少しの経験的な"補正"は含んでいるものの，それを可能な限り減じる努力がなされている．基底関数系として選択する関数セット $\{\chi_\mu\}$ に課したい条件は，可能な限り完全であってほしい，つまり基底関数系がベクトル空間をくまなく及んでほしいということである．

20・6　ガウス型基底関数系

§17・3・1 においてすでに，ガウス関数 $\phi(r)=Ce^{-\alpha r^2}$ ($C=1$, $\alpha=0.28$) が水素原子のエネルギーの近似値としては，あまり良い値を与えないことを学んでいる．そこでの結果はエネルギー $E(\mathrm{HF})=-0.4244\,E_\mathrm{h}$ であり，水素原子の真のエネルギー ($-\frac{1}{2}E_\mathrm{h}$) の 85 % ほどであった．図 20・4 に示すように，指数部に r^2 を含むガウス関数 (---) は 1s 軌道（指数部は r に比例）より r が増すとともに急激に減少する．つまり，ガウス関数は，原子核から遠く離れると小さ過ぎる値をとるのである．

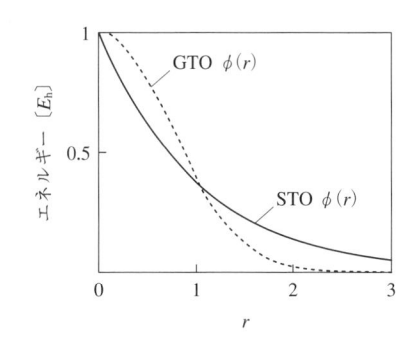

図 20・4　スレーター型 1s 軌道(STO, 実線)とガウス関数近似(破線)

つぎにガウス関数（原始[1] ガウス型関数）を二つ使ってみよう．一つはある原子核に近いところでSTO によく適合するもので，もう一つは原子核から離れたところで適合するものである．つぎのような関数である[*14]．

$$\mathrm{STO\text{-}2G} = C_1 e^{-\alpha_1 r^2} + C_2 e^{-\alpha_2 r^2} \quad (20\cdot20)$$

さて，値の大きい基底関数を原子核近くの軌道に合わせ，もう一方の基底関数を原子核からかなり離れた軌道の裾野に合わせるには二つをどのような割合で線形結合すればよいのであろうか．とにかく $\alpha_1=1.00$, $\alpha_2=0.25$ としてみよう．$C_1 e^{-r^2}$ も $C_2 e^{-0.25r^2}$ もつぎの

式 (20・21) のように和に寄与する．指数部が負の指数関数は，指数部の係数が大きいと，原子核の近くでは大きいが，少し離れるとすぐに減少する．だから，つぎの $\phi(r)$ の式において，r が大きいところでより大きな値をとるようにしたい．

$$\phi(r) = C_1 e^{-r^2} + C_2 e^{-0.25r^2} \quad (20\cdot21)$$

そこで，C_1 と C_2 のパラメーターの配分について考えなければならない．その配分が最終的な波動関数への各原始ガウス型関数の相対的な寄与を決めることになる．とりあえずつぎのような式で，$C_1/C_2 = 40/60$ として裾野を高めてみよう．

$$\phi(r) = 0.40\,e^{-r^2} + 0.60\,e^{-0.25r^2} \quad (20\cdot22)$$

```
1     # gen
2
3     hatom gen
4
5     0 2
6     h
7
8     1
9     S      2
10    1.0   0.40
11    0.25  0.60
12    ****
```

ファイル 20・1　水素原子に対する Gaussian 入力ファイル．パラメーターは 4 個（10-11 行目）．8 行目は中心の指定（本例では 1），9 行目で軌道は s で，基底関数は 2 個であることを指定している．3 行目は計算のタイトル．（ファイルの左端に，見やすいように行番号を示した．）

ファイル 20・1 に示したような入力ファイルを Gaussian プログラムに与えて，gen キーワードを用いて計算をする．パラメーターの入力書式はつぎのとおりである（10-11 行目）．

$$\alpha_1 \quad C_1$$
$$\alpha_2 \quad C_2$$

STO と $\phi(r)$ の式はつぎのようになり

$$\mathrm{STO}(r) = e^{-r} \quad (20\cdot23)$$
$$\phi(r) = 0.40\,e^{-r^2} + 0.60\,e^{-0.25r^2} \quad (20\cdot24)$$

両者のグラフは，図 20・5 のようになる．

両グラフの一致は完全なものではない．しかし，§17・3・1 で一つの原始ガウス型関数を用いて得た結果よりは良くなっているはずで，今回の基底関数系か

[*14] 訳注: STO-2G の 2 は 2 個，G は Gaussian を意味している．
[1] primitive

ファイル20・2 （出力ファイル）1s軌道として作られたSTO-2G基底関数系．指数部の係数を1.00と0.25と適当においている．

```
1    AO basis set in the form of general basis input:
2    1 0
3    S   2 1.00       0.000000000000
4        0.1000000000D+01    0.4304660143D+00
5        0.2500000000D+00    0.6456990214D+00
6    ****
```

ら得たエネルギーは HF=−0.4572106 E_h で正しい値 $-\frac{1}{2}E_h$ の91.4％となった．誤差は以前の15％から8.6％に減少した．ファイル20・1の #gen 入力行[*15]にキーワード GFInput という指定[*16]を追加すると，C パラメーターの変分法による最適化を行った際に，ファイル20・2のような結果が得られる[*17]．

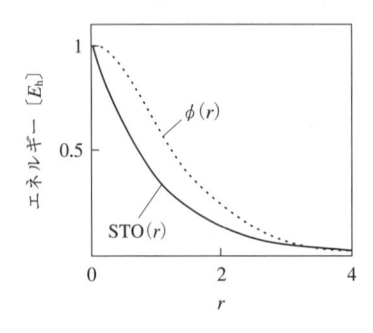

図20・5 水素原子1s STOと二つのガウス関数の線形結合 $\phi(r)=0.40\,\mathrm{e}^{-r^2}+0.60\,\mathrm{e}^{-0.25r^2}$ の比較．

20・7 組込みパラメーター

一方，パラメーターの値を自分で入力するのではなく，Gaussian ソフトに組込まれているパラメーターを使って計算することもできる．ファイル20・3に示

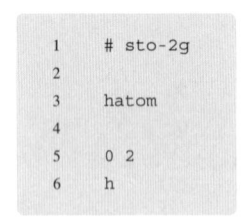

```
1    # sto-2g
2
3    hatom
4
5    0 2
6    h
```

ファイル20・3 （入力ファイル）組込みパラメーターを使うためのSTO-2G入力ファイル

したのがそのための入力ファイルである．
つぎに示した出力結果から，2個の原始ガウス型関数と不対電子1個が存在することがわかる．

```
1 basis functions    2 primitive gaussians
1 alpha electrons    0 beta electrons
```

これは，つくり上げようとしているSTO-2G基底関数系のイメージと合致している．もちろん，2個の原始ガウス型関数に対するパラメーターがどうなるかも知りたい．§20・6の最後と同様に入力ファイルのルートセクションで，# sto-2gの後にキーワード GFInput を指定すると，パラメーターに関する情報が得られる（ファイル20・4）．その結果，STO-2G基底関数は

$$\text{STO-2G} = 0.430\,\mathrm{e}^{-1.310r^2} + 0.679\,\mathrm{e}^{-0.233r^2} \tag{20・25}$$

であり，ファイル20・1に示した入力ファイルで適当に指定した関数からそれほど離れていない関数である

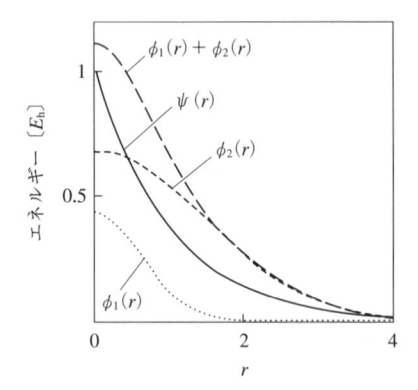

図20・6 二つのガウス関数で近似した水素原子の1s軌道．一番上の破線曲線は，下二つの曲線の和である．実線曲線は水素原子の1s軌道である．

[*15] 訳注: # で始まる行は，ルートセクションとよばれる．キーワード gen を指定すると，自分で設定した基底関数系を用いることができる．

[*16] 訳注: 入力したパラメーターがどう変化したかが出力結果に表示される．

[*17] 訳注: 4, 5行目を見れば，α は固定されているが，C は最適化されているのがわかる．0.1000000000D+01は 0.1000000000×10¹=1.000000000 を表している．D は倍精度（double precision）を意味している．E であれば単精度の表現である．つまり，この計算は倍精度で（有効数字を多くとって）なされていることがわかる．

```
1    AO basis set in the form of general basis input:
2      1 0
3    S   2 1.00       0.000000000000
4          0.1309756377D+01   0.4301284983D+00
5          0.2331359749D+00   0.6789135305D+00
6    ****
```

ファイル 20・4 （出力ファイル）STO-2G 基底関数系に対する Gaussian の組込みパラメーター

ことがわかった．この関数を図 20・6 にグラフで示す．係数 0.4301 と 0.6789 は $r=0$ における二つのガウス関数の切片である．前にも考察したように，パラメーター α はガウス関数が r 方向にどの程度広がっているかを決め，パラメーター C は各原始ガウス型関数が最終的な STO 関数にどのくらい寄与するかを決めている．組込みパラメーターは，水素原子よりずっと複雑な分子の場合で最適化されており，この場合の α_1 は最終的に 1.310 というやや大きな値になっている．

$$\text{STO-2G} = C_1 e^{-\alpha_1 r^2} + C_2 e^{-\alpha_2 r^2} \quad (20 \cdot 26)$$
$$\alpha_1 = 1.310 \qquad \alpha_2 = 0.233 \quad (20 \cdot 27)$$
$$C_1 = 0.430 \qquad C_2 = 0.679 \quad (20 \cdot 28)$$

さてこれで，STO-2G 計算においてパラメーターを得る 2 通りのやり方を学んだ．もしパラメーターのおよその値がわかっている場合はファイル 20・1 の入力ファイルのようにキーワード gen を指定してパラメーターを指定すればよく，わからない場合はファイル 20・3 の入力ファイルのように組込みパラメーターを使えばよい．キーワード GFInput を使うと，どのような組込みパラメーターが使われたのかを見ることができる．同様なことを，STO-3G，STO-4G，あるいはもっと多数の原子軌道近似に対してなすことができる．軌道によってはパラメーターはかなり複雑になるので手入力は事実上困難になる．

STO-2G，STO-3G，…，STO-6G と基底関数系を拡張していくと，いつか収穫逓減[*18]の点に到達してしまう．つまり，それ以上複雑な基底関数系を使ってもほとんど改善は得られないという点である．肯定的な見方をすると，基底関数は，ある計算結果をつぎの計算に利用することができるいくつかのグループに集約することが可能である．その各グループを単一の関数として取扱うことにより，計算機のリソースをより有効に使うことができるのである．一つの関数として扱える基底関数のグループを**短縮ガウス型軌道**[1]（CGTO）とよぶ．たとえば，36 個の原始ガウス型関数を使う場合，それらを 6 個ずつのグループに分割することにより，計算規模を $\frac{1}{6}$ に減らすことができるのである．

20・8 分子軌道

これまで学んできた計算方法を分子へ拡張することは，きわめて自然に行える．入力ファイルに，分子中の各原子に対して基底関数系を単に一つずつ入れていけばよい．入力ファイルを原子用から分子用に変更する例として，STO-2G 基底関数系を使った水素原子用の入力ファイルを，水素分子 H_2 用の入力ファイルに変更してみよう．ファイル 20・5 である．

この入力ファイルでは，2 番目の原子（H）は 1 番

```
1    #gen
2
3    H2mol gen
4
5      0 1
6    h
7    h 1 r
8
9    r=0.7
10
11     1
12     S 2
13        1.00  0.40
14        0.25  0.60
15     ****
16     2
17     S 2
18        1.00  0.40
19        0.25  0.60
20     ****
```

ファイル 20・5 （入力ファイル）H_2 分子用入力ファイル．この場合は，z-マトリックス書式で構造を入力している．

[*18] 訳注："逓減"は，しだいに減少すること．
[1] contracted Gaussian-type orbital

目の原子に対して z-マトリックス書式で与えられている．つまり，6 行目で最初の H 原子を基準と定め，7 行目で 2 番目の H 原子はどのくらい離れているかを指定する．中央の 1 は基準原子の原子識別番号である．距離は Å 単位で入力することになっている（9 行目の r=0.7）．

以前に学んだ電荷をもたない原子の場合，スピン多重度は $M=2S+1$ であり，$S=1/2$ であるから，$M=2$ であった（ファイル 20·3 の 5 行目）．しかし，H_2 分子では σ 電子は対をなしているので，そのスピン多重度は 1 となる．ファイル 20·5 では，11～15 行目は 16～20 行目とほぼ同じになっている．最初は H 原子 1，つぎは H 原子 2 に対応しており，違うのは原子識別番号（11 行目の 1 と 16 行目の 2）だけである．

出力されるエネルギーは制限ハートリー-フォック・エネルギー[1] E(RHF) とよばれるもので，つぎのように得られる．

$$E(\text{RHF}) = -1.07637168255$$

二つの電子のスピンが対になっておらず，別々の軌道にある，つまり励起状態では，非制限ハートリー-フォック・エネルギー[2] E(UHF) が使われる．UHF の場合の計算は，対の電子ではなく α と β スピンの電子の各組合わせに対してなされるので，より計算時間を要する．今のような簡単な場合は，それらの計算時間の差はほとんどない．

H_2 の実測した解離エネルギーは $0.174\,E_h$ である．STO-2G で計算した値は，実測値の 44 % でしかない[*19]．同じ計算を，構造を z-マトリックスで与え，かつ組込みパラメーターを使う入力ファイルをファイル 20·6 に示した．

この計算の場合，出力エネルギー値は E(RHF) $=-1.0934083\,E_h$ となり，解離エネルギーは実測値 $0.174\,E_h$ の 54 % となり，少し改善する．しかし，入力ファイル 20·5 および 20·6 を使った計算は双方とも，解離エネルギーに関して納得のいく結果を与えていない．しかし，§20·6 において同じ基底関数系を使って求めた H 原子の基底状態のエネルギー（計算値）$-0.4572\,E_h$ を使って解離エネルギーを計算すると，$D_0 = (-0.4572\,E_h) \times 2 - (-1.0764\,E_h) = 0.162\,E_h$ となり，実測値の 93 % になり，一致度は向上する．これは，二つの系，つまり原子と分子の系間で誤差が打ち消し合うからであろう．誤差の打ち消しは助かることだが，それに頼るわけにはいかないことはもちろんである．（実測値にも誤差がいくらかはあることに留意しておこう．）

```
1    # sto-2g
2
3    H2 molecule
4
5    0 1
6    H
7    H 1 r
8    variables
9    r=0.7
```

ファイル 20·6 （入力ファイル）H_2 分子用入力ファイル．z-マトリックス書式で構造を入力している．

20·8·1 GAMESS

GAMESS (The General Atomic and Molecular Electronic Structure System) は分子軌道計算プログラムであり，一般的使用およびアカデミック使用を念頭においてオープンソースソフトウェア[*20]として開発

ファイル 20·7 （入力ファイル）H_2 分子の GAMESS 用入力ファイル．SCF 計算の指定（SCFTYP）は RHF，座標系（COORD）は直交座標，基底関数系（GBASIS, NGAUSS）は STO-2G である．対称性は Dn 1，結合距離は 0.7 Å である．

```
1    $CONTRL SCFTYP=RHF COORD=CART $END
2    $BASIS GBASIS=STO NGAUSS=2 $END
3    $DATA
4    Hydrogen
5    Dn 1
6    H    1.0   0.0      0.0    0.0
7    H    1.0   0.7      0.0    0.0
8    $END
```

[*19] 訳注：解離は $H_2 \rightarrow H + H$ であるから，計算解離エネルギー $D_0 = -\frac{1}{2}E_h \times 2 - (-1.0764\,E_h) = 0.0764\,E_h$ であるので，$0.0764/0.174 = 0.44 = 44\,\%$．H の基底状態のエネルギーは $-\frac{1}{2}E_h$ であることを使っている．

[*20] 訳注：ソフトウェアの設計図に相当するソースコードを，インターネットなどを通じて無償で公開し，多くの人がそのソフトウェアの改良，再配布が行えるようにすること．

1) restricted Hartree Fock energy   2) unrestricted Hartree Fock energy

されているものである．ソフトウェアの著者はプログラムに対する料金を請求することはないが，ユーザーも他人に売るようなことをしてはならないことになっている．GAMESS を使って STO-2G エネルギー計算をするには，ファイル 20·7 のような入力ファイルを使用する（H_2 分子の計算）．分子の構造は直交座標で与えている．二原子分子の構造を指定するには，座標のいずれかがゼロでない原子が一つは必要である．結合距離は 0.7 Å と見積もっている．

ファイル 20·7 を見てほしい．入力ファイルの中で制御文は $ で始まり，最後は $END で終わっている．制御文は複数行にわたってもよいことになっている．制御文 $CONTRL では，オプション SCFTYP は RHF に，COORD は CART に指定されている[*21]．制御文 $BASIS は基底関数の指定で，オプション GBASIS は STO に，NGAUSS は 2 に指定されている[*22]．制御文 $DATA は分子の構造の入力の先頭を意味するもので，以後複数行のデータが，タイトル，対称性，座標と続き，最後に制御文 $END が入る．

H-H の結合距離は 0.7 Å なので，これを直交座標データで入力する必要があり，2 番目の H 原子の x 座標が 0.7 となっている．

プログラムを実行すると詳細な出力結果が得られるが，エネルギーだけ抜粋すると

```
        TOTAL ENERGY = -1.0934083240
```

である．この値は，ガウス型基底関数 STO-2G を使った結果で，エネルギーは $-1.0934\,E_h$ という値となり，ファイル 20·6 から得られた計算結果とほぼ同じ結果となった．結合エネルギー BE[1)]は，二つの原子の準位 $-\frac{1}{2}E_h$ から分子の準位を引いたものとして得られるので

$$BE = -\frac{1}{2}E_h \times 2 - (-1.0934\,E_h)$$
$$= 0.0934\,E_h = 245\text{ kJ mol}^{-1} \qquad (20·29)$$

となる．これは実測値 457 kJ mol^{-1} の半分強であり，ファイル 20·5 で見積もった値よりはやや良くなっている．さらに 6 個の原始ガウス型関数を用いた場合の結果は

```
        TOTAL ENERGY = -1.0991105267
```

と得られるので，$0.0991\,E_h = 260$ kJ mol^{-1} となり，実測値の 57 % となった．

20·9 メタン

1 個の C 原子が 4 個の H 原子と結合してメタンをつくるが，その構造は直交座標系でファイル 20·8 で示した座標のように表すことができ，これに似たものを入力ファイルに含めればよい．メタンの構造は大まかな座標で与えられ，プログラムの実行により最適化されることになる．これと同じようにしてアルカン・アルケン・アルキンほかさまざまな分子を取扱うことが可能になっていく．炭化水素だけでなく，ヘテロ原子を含む分子も同様な方法で計算が利用可能である．

実は，ファイル 20·8 に示したのは最適化された構造である．基底関数系も最適化された座標も唯一なものではなく，多数のものが可能である．

20·10 分割価電子基底関数系

ここ約百年の理論と実験によって，原子の中の電子は原子核を取巻く"殻"に入っており，それら殻はそれぞれ決まった半径をもっていると考えたほうがよいということになってきた．基底関数系を改良する一つ

```
Center  Atomic  Atomic    Coordinates (Angstroms)
Number  Number   Type      X           Y           Z
  1       6       0      0.000000    0.000000    0.000162
  2       1       0      0.000000    0.000000    1.089051
  3       1       0      0.000000    1.026565   -0.363340
  4       1       0     -0.889032   -0.513283   -0.363340
  5       1       0      0.889032   -0.513283   -0.363340
```

ファイル 20·8　メタンの STO-2G で最適化された座標の一つ．炭素原子は直交座標系の原点に置かれている．

[*21] 訳注：SCFTYP は波動関数の種類，閉殻系では RHF を，開殻系では UHF や ROHF を指定する．COORD (inates) は構造の与え方，直交座標なら CART(esian) を，z-マトリックスなら ZMT を指定する．
[*22] 訳注：つまり，STO-2G．
1) bond energy

のやり方としては，周期表でLi以降の原子の殻構造を，内側の**コア電子**，外側の**価電子**に分けるという考え方がある．3-21G **分割価電子基底関数系**[1] がその例であり，三つの原始ガウス型関数によってコア電子を表し，二つの軌道で価電子を表すのである．1個の原始ガウス型関数からなる軌道1は，2個の原始ガウス型関数からなる軌道2よりも原子核からの逸脱が大きい．これらの和が価電子の軌道となる．新たな基底関数を加えた基底関数系は，より完全なものに近づき，実際の軌道をより良く表現できることが期待される．分割価電子基底関数系がもっと大きくなると，メタンに対する比較的シンプルな6-31G計算をルートセクションで指定した場合に表示されるつぎのメッセージからもわかるように相当複雑なものになる．

```
17 basis functions   38 primitive Gaussians*23
```

20・11 分極基底関数[2]

化学結合している原子中の電子の存在確率密度は歪んでおり，化学結合している原子同士の間に若干入り込んでおり，もはや，その分布は球対称ではない．その新しい確率密度は，これまで使ってきた球対称の軌道に指向性をもったある種の基底関数を加えることによって実現できる．新しい軌道は"分極"していると言われる．よくなされる基底関数の変更は，結合に参加している水素の球対称s軌道にp軌道を追加することである．これは，たとえば6-31G(p) などと記される．その後この水素原子にp軌道を追加することよりも，炭素原子にd軌道を追加するほうがエネルギーに関して効果的であるということがわかった．そこで，6-31G(d) が非常によく使われるようになったわけである．さらに考えられるステップは両方の歪みを考慮した基底関数を追加することで，いま広く使われている6-31G(d,p) 基底関数系がそれである．6-31G**と記すこともある．

分割価電子基底関数系が使われるようになる前に，*ab initio* 分子軌道法はスレーター型軌道を再現しようとすることから，分子そのものの化学的あるいは物理的な特性の実験結果を再現しようとすることにシフトしてしまった．そのために基底関数系はさらに改良されることとなり，分子軌道の物理的側面の詳細を表現できるようになってきた．つまり，原子核から離れたところでは電子が非常に高い確率密度をもつことはないが，しかしその小さいけれども確率密度が存在することが化学結合において重要である．6-31+G(d,p) における"+"で示される<u>ディフューズ関数</u>[3] は高レベルの基底関数系であり，これを取込むと計算時間が非常に長くなるが，軌道の広がりを表すことができるという．

20・12 ヘテロ原子：酸素

これまでの計算を拡張して，メタノールのためのGaussian用STO-3G入力ファイルを作ってみよう．ファイル20・9である．H, C, O に対して組込み基底関数を使う．この計算では，ルートセクションでSTO-3Gを指定している．opt=z-matrixとされているので，内部座標の最適化が行われ，構造はz-マトリックスの形式で出力されることになる．z-マトリックスでの座標の入力はつぎのようになる．

```
1    # STO-3G opt=z-matrix
2
3    methanol
4
5     0   1
6    C
7    O,1,R1
8    H,1,R2,2,A
9    H,1,R2,2,A,3,D1
10   H,1,R2,2,A,3,D2
11   H,2,R2,1,A,3,D3
12          Variables:
13   R1=1.5
14   R1=1.1
15   A=110.
16   D1=-120.
17   D2=120.
18   D3=60.
```

ファイル20・9 メタノール用STO-3G入力ファイル

---

*23 訳注：C原子は，1s,2s,2s′, 2p (3個), 2p′ (3個) の基底関数9個．H原子は，1s,1s′ の基底関数2個で，その4倍の8個．合わせて17個の基底関数となる．6-31Gとは，コア電子は6個の原子ガウス型関数で，価電子は3個と1個で表現するという意味なので，C原子は 6+(3+1)+(3+1)×3=22個，H原子は (3+1)×4=16個となり，合わせて 22+16=38 個となる．

1) split valence basis set 2) polarized basis function 3) diffuse function

20・13 メタノールの Δ_fH^{298} の求め方

```
              Z-MATRIX (ANGSTROMS AND DEGREES)
  CD Cent Atom N1   Length/X   N2  Alpha/Y   N3  Beta/Z      J
   1   1   C
   2   2   O    1  1.439156( 1)
   3   3   H    1  1.066156( 2)   2  109.116( 6)
   4   4   H    1  1.066156( 3)   2  109.116( 7)   3 -120.422( 10)  0
   5   5   H    1  1.066156( 4)   2  109.116( 8)   3  119.800( 11)  0
   6   6   H    2  1.066156( 5)   1  109.116( 9)   3   60.253( 12)  0
                     Z-Matrix orientation:
   Center    Atomic    Atomic        Coordinates (Angstroms)
   Number    Number    Type         X           Y           Z
      1         6        0       0.000000    0.000000    0.000000
      2         8        0       0.000000    0.000000    1.439156
      3         1        0       1.007363    0.000000   -0.349152
      4         1        0      -0.510100    0.868665   -0.349152
      5         1        0      -0.500630   -0.874157   -0.349152
      6         1        0       0.499824    0.874618    1.788308
```

ファイル 20・10 メタノール STO-3G 計算の出力結果の一部．最適化された座標が示されている．上が内部座標，下が外部座標[*24]．

まず，6行目で炭素原子を基準原子とし，原子1とする．つぎに7行目で酸素原子が炭素原子に結合距離R1で繋がっていると指定する．3個の水素原子がC(1)に距離R2で繋がっている．R1とR2の値は，"Variables:" と書かれた行の下で，それぞれ1.5Åおよび1.1Åと指定されている．結合距離は推定値であって，分光学的な研究などからとってくるのが普通である[*25]．角度O-C-Hはメタンの四面体角A≈110°に近いであろうと予測できる．この値は8-11行目で与えている．二面角は9-11行目でD1=−120°，D2=120°，D3=60°と指定されている．

この入力ファイルには，直交座標（外部座標）は含まれていない．各原子の位置は，分子中の他の原子に対してz-マトリックスで指定されているわけである．このような座標を"内部座標"とよぶことになっている．

このような簡単な分子でも，出力結果に書かれているつぎのような基底関数や原始ガウス型関数の数を見れば，手計算など到底無理であることがわかる．

```
14 basis functions, 42 primitive gaussians,
14 cartesian basis functions
9 alpha electrons         9 beta electrons
```

入力された構造は，プログラム実行によって最適化される．ファイル20・10に示したように，座標は内部座標および外部（直交）座標として出力される．結合距離と結合角もプログラムにより少し修正を受けている．

C-H結合とO-H結合の長さの区別は，ファイル20・10（上）のz-マトリックス中の2行目と3行目から明らかだ（1.439Åと1.066Å）．また，結合角と二面角も入力値からシフトしているのがわかる．O原子の存在により，C原子の周りの四面体対称は少し歪んでいる．エネルギーの計算値はつぎのようになった（単位はE_h）．

```
TOTAL ENERGY = -113.538633
```

20・13 メタノールの Δ_fH^{298} の求め方

GaussianあるいはGAMESSを使ってメタノールのエネルギーを求めると，§20・12の最後に示したように−113.538633 E_h となる．このエネルギーは，原子核と電子が遠く隔てられている状態をゼロとしたものである．C，O，H原子が原子核と電子から生成されるときに放出されるエンタルピーを知り，さらに298Kにおける基準状態でC，H，O原子を組み合わせてC(gr)，O_2(g)，H_2(g) が生成されたときに放出されるエンタルピーを知れば，298KにおけるCH_3OH(g)の生成エンタルピーを知ることができるはずである．

[*24] 訳注: Alphaは結合角，Betaは二面角である．
[*25] 分光学から得られる典型的な結合距離は1～2Åである（§18・5参照）．電子線回折の研究によれば，気相中の1,2-ジクロロエタンのC-H結合の長さは1.1Åであるという．

第20章 量子力学的分子モデリング

つぎの反応式を考えよう．

$$\mathrm{C(gr)} + \frac{1}{2}\mathrm{O_2(g)} + 2\,\mathrm{H_2(g)} \longrightarrow \mathrm{CH_3OH(g)} \tag{20·30}$$

$$\begin{aligned}\Delta_f H^{298}&(\mathrm{CH_3OH(g)}) \\ &= H^{298}(\mathrm{CH_3OH(g)}) - [H^{298}(\mathrm{C(gr)}) \\ &\quad + \frac{1}{2}H^{298}(\mathrm{O_2(g)}) + 2\,H^{298}(\mathrm{H_2(g)})]\end{aligned} \tag{20·31}$$

式 (20·31) の右辺第2項は計算および実験からも得られる．これらは図 20·7 の左側に示した．

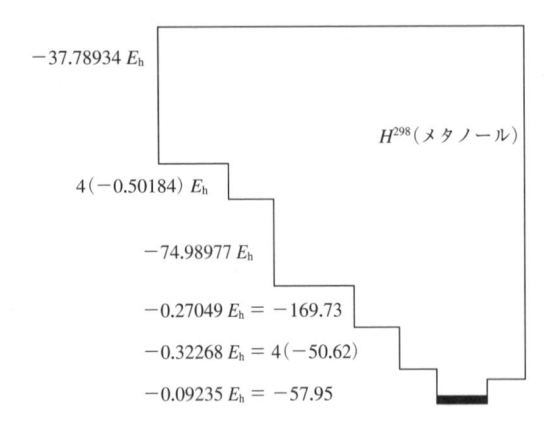

図 20·7 メタノールの $\Delta_f H^{298}$ を決定するための G3(MP2) 熱力学的サイクル．ステップ（階段）の高さのスケールは揃えられていない．単位 E_h がついていないステップの単位は kcal mol^{-1} である．

図 20·7 の左側を6個の下向き階段と見よう．単位が E_h で表された上3段が大きな値である．それら三つの和 $-114.78647\,E_h$ は，1個の炭素原子核，4個の水素原子核，1個の酸素原子核に必要数の電子が付加して気体状 C, H, O が生成されるときのエンタルピー変化に相当する．下3段は小さいもので，E_h 単位ではなく kcal mol^{-1} 単位で示されており，C 原子が1モル，H$_2$ 分子が2モル，O$_2$ 分子が $\frac{1}{2}$ モル，気体状原子からすべて基準状態で生成するときのエンタルピー変化である．6個のステップの総和は $-115.471973\,E_h$ となる．

原子核と電子から基準状態のメタノールへのエンタルピー変化は，図 20·7 の右側の長い縦線によって与えられる．標準状態におけるエタノール分子のエンタルピー計算値と，標準状態における混合単体のエンタルピー計算値の差は，まさに今求めている $\Delta_f H^{298}$ である．したがって，鍵となるのは右側の縦線の長さである．式 (20·31) より，$\Delta_f H^{298}$ はメタノール分子の H^{298} から構成元素の H^{298} を引くことにより得られる．

図 20·7 の左側のステップをすべて加えた減少値は $-115.471973\,E_h$ である．$\Delta_f H^{298}$ を求めるために，メタノールの最新の STO-3G 計算の結果を使うと，$\Delta_f H^{298} = (-113.538633\,E_h) - (-115.471973\,E_h) = 1.93334\,E_h$ となる．実は，この結果は酷い値である．モル当りにすると，$\Delta_f H^{298}$ は 5000 kJ mol^{-1} 以上になってしまう．同じような大きさの分子に対してなされた熱化学実験から約 100 kJ mol^{-1} 以上になることは考えられないからである．何が悪かったのであろうか？

これまで述べてきたやり方では深刻な不一致が見られた．図 20·7 の左側の原子に関する値は，精度の高い実験結果と計算値からなる．一方，右側のメタノール分子に関する値は STO-3G 近似で得られた結果である．大きな値をもつ近似値から大きな正確な値を引いた場合，大きな誤差が生じる．原子の場合にも同じ STO-3G 計算をするのも一つの手であるが，分子のエンタルピーを改善するほうが見込みがありそうだと思われる．

$\Delta_f H^{298}(\mathrm{CH_3OH(g)})$ の実測値は -201.5 kJ mol^{-1}，つまり約 $0.0767\,E_h$ であることがわかっている．計算結果で1%の精度を維持しようとすれば，計算において累積精度を $\pm 0.000767\,E_h$ にしなくてはならない．この要求から，エネルギーやエンタルピーの計算値は小数点以下6桁くらいまで求めなければならないことになる．つまり，μE_h（マイクロ・ハートリー）単位で考える必要があるのだ．ab initio 計算で 0.000767，つまり 767 ppm の精度を達成するやり方を見つけ出すという気の遠くなるような問題に取組まねばならないわけである．

ところで，STO-3G 基底関数系を拡張して STO-6G にすると，TOTAL ENERGY = -114.6409388873 と得られる．もっと高度な 6-31G にすると，出力ファイルには TOTAL ENERGY = -115.1928829735 と出る．キーワード opt を指定すると，TOTAL ENERGY = -115.2040086436 OPTIMIZED と表示される．これらの結果はそれぞれつぎのような生成エンタルピーを与える．$\Delta_f H^{298} = 0.831034\,E_h = 2182$ kJ mol^{-1}，$\Delta_f H^{298} = 0.27909\,E_h = 733$ kJ mol^{-1}，$\Delta_f H^{298} = 0.267964\,E_h = 704$ kJ mol^{-1}．正しい方向に向かっていることは明らかだが，先は長いように思える[*26]．

[*26] 訳注：この段階では $\Delta_f H^{298}$ と計算されている．本来は負の値となるはずである．

20·14 さらなる基底関数系の改良

基底関数系の改良の長い歴史が述べられている文献の中で基底関数系で最高のものとされた基底関数系，G3MP2Large の詳細は原論文で与えられている（Curtiss et al., 1999）．基底関数系そのものは，ウェブ上（http://www.cse.anl.gov/OldCHMwebsiteContent/compmat/g3theory.htm[*27]）に記載されており，キーワード gen を使えば利用可能である．

20·15 ポスト・ハートリー-フォック計算

基底関数系を最大限まで改善していっても，最後には分子エネルギーの精度に関する**ハートリー-フォック極限**[1)]にぶち当たる．ある電子の他の電子に対する影響は，平均化場近似下での SCF 手順では完全には考慮できないからである．ハートリー-フォック計算によるエネルギーと実験によって得られるエネルギーの差は**相関エネルギー**[2)]とよばれる．この欠点をただすには，つぎのような相関を受けたモデル[3)]が考えられる．つまり，ハートリー-フォック解に新しい配置状態関数を線形結合として加えるのである[*28]．

$$\psi = a\psi_0 + \sum_{ia} a_i^a \psi_i^a + \sum_{ijab} a_{ij}^{ab} \psi_{ij}^{ab} \quad (20·32)$$

右辺第 2 項の ψ_i^a は一電子励起（$i \to a$）配置，第 3 項の ψ_{ij}^{ab} は二電子励起（$i \to a, j \to b$）配置である．ここで，i, j は占有軌道をさし，a, b はより高いエネルギーをもつ励起軌道（**仮想軌道**[*29,4)]とよばれる）をさしている．仮想軌道の占有数は多くはないが，ゼロではない．この方法は**配置間相互作用法**[5)]（CI 法）とよばれている．式（20·32）の右辺第 2 項を含めることは 1 電子励起配置を考慮した配置間相互作用法（CIS）とよばれ，第 3 項を含めることは 2 電子励起配置を考慮した配置間相互作用法（CID）とよばれ，両者を含めることは CISD とよばれる．QCISD(T)/6-31G(d) と記すと，基底関数系として 6-31G(d) を使用した QCISD(T)[*30]を意味するが，これはシンプルな CI 項単独よりもより良いエネルギーの見積もりを与える計算方法であると言われている（Pople, 1999）．

20·16 摂動法

ハートリー-フォック極限を越えて進むためのもう一つの方法は，つぎのように**多体摂動項**を含めることである（Atkins and Friedman, 1997）．

$$E = E_0 + \lambda E_1 + \lambda^2 E_2 + \cdots \quad (20·33)$$

項 $\lambda^i E_i$ は，ハートリー-フォック計算で求まる E_0 の大きい値に比べて小さな摂動である．この方法は Møller と Plesset（1934）によって与えられたものである．この方法を活用するにはパワフルな能力をもった計算機が必要であるが，その登場よりはるか昔にこの理論は提出されたのである．$\lambda^i E_i$ の値が小さくなければ相関エネルギーにつながる．$i=2$ あるいは 4 の摂動は，2 人の頭文字をとってそれぞれ **MP2** と **MP4** とよばれる．MP2/6-31G のような表記が使われる．

相関エネルギーとしては，原子のスピン-軌道カップリングエネルギー ΔE(SO) が加わる（C: 0.14 mE_h, H: 0.0 mE_h[*31]）．また，G3[*32]，G4 とよばれる計算方法においては，"高レベル補正[6)]"（HLC）そして零点エネルギー E(ZPE) も含められる．零点エネルギーは，量子的調和振動子の基底状態がその放物線ポテンシャル井戸の底からエネルギー間隔の半分だけ上がったところにあることに起因している（§18·2）．分子中のすべての原子の零点エネルギーの和が E(ZPE) となる．HLC は基底状態にある中性分子の 1 対の価電子当たり 0.009279 E_h であり，これは純粋に経験的な因子である．数多くの既知の実験値および計算値に対して検定を行い，差が最小となるようこのパラメーターを決めたのである．

G3 基底関数系を使い MP2・ポストハートリー-フォック計算で求めたエネルギー E_0[G3(MP2)] は五つのエネルギー項の和となり，つぎのような式で与え

[*27] 訳注：この URL は変更される可能性がある．
[*28] 訳注：これは，占有軌道から仮想軌道へ電子を励起することに対応する．
[*29] 訳注：占有軌道以外の HF 計算では使われない分子軌道のこと．空軌道ともよばれる．
[*30] 訳注：Q は Quadratic の略，T は Triple の略で "3 電子励起配置" を意味し，その寄与も含めて計算することを指定している．
[*31] 訳注：m はミリの意．
[*32] 訳注：Gaussian-3 法の略で，エネルギーを高精度に見積もるための Pople らによって開発された計算方法である．

1) Hartree-Fock limit　2) correlation energy　3) correlated model　4) virtual orbital　5) configuration interaction
6) higher level correction

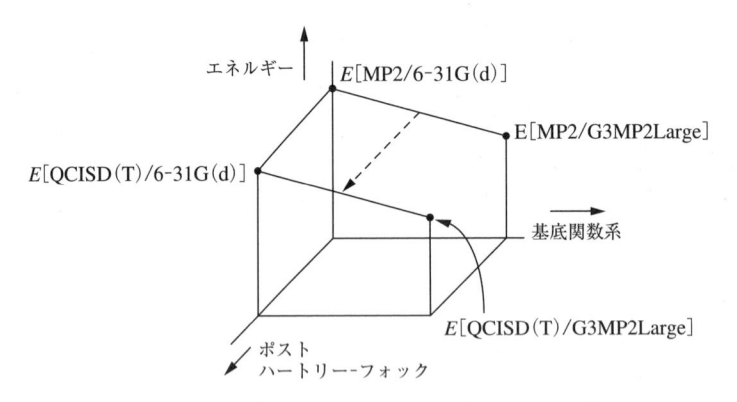

第20章 量子力学的分子モデリング

図 20·8 G3(MP2)スクリプトでのエネルギーの関係

```
Temperature=        298.150000    Pressure=           1.000000
E(ZPE)=             0.049406      E(Thermal)=         0.052749
E(QCISD(T))=        -115.374855   E(Empiric)=         -0.064953
DE(MP2)=            -0.161818
G3MP2(0 K)=         -115.552220   G3MP2 Energy=       115.548877
G3MP2 Enthalpy=     -115.547933   G3MP2 Free Energy=  -115.574944
1\1\GINC-DOUG\Mixed\G3MP2\G3MP2\C1H4O1\DROGERS\08-Jun-2009\0\\# g3mp2\
\methanol\\0,1\C,0,0.0185989192,0.032214273,0.0391675131\O,0,0.0052594
495,0.0091096338,1.4617939406\H,0,0.1036798736,0.0123972426,-0.3682155
629\H,0,-0.5076630411,0.9040926655,-0.3682155629\H,0,-0.5013614095,-0.
8683834341,-0.2863534272\H,0,0.4651982827,0.8057470613,1.7693787775\\V
ersion=AM64L-G03RevD.01\State=1-A'\MP2/6-31G(d)=-115.3461339\QCISD(T)/
6-31G(d)=-115.3748547\MP2/GTMP2Large=-115.5079522\G3MP2=-115.5522202
```

ファイル 20·11 メタノールの Gaussian G3(MP2) 計算結果の一部

られる.

$$E_0[G3(MP2)] = E[QCISD(T)/6\text{-}31G(d)]$$
$$+ \Delta E_{MP2} + \Delta E(SO)$$
$$+ E(HLC) + E(ZPE) \tag{20·34}$$

20·17 スクリプト

スクリプトとは計算手順のリストであり,プログラムがスタートするとそれら手順が順次,自動的に実行されていくものである. Gaussian ファミリーや Petersson (1998) による CBS® グループのようなスクリプトプログラムがよく知られている. スクリプトの代表的なものをリスト 20·1 に示した[*33, *34].

スクリプトの実行の結果を参考にして,どのように外挿計算が行われるかを図 20·8 で示そう. 求めるエネルギー $E[QCISD(T)/G3MP2Large]$ は直接的には計算できないが,残りの三つは計算が可能である. これら三つのエネルギーを使えば,図 20·8 からわかるように,外挿することによって望むエネルギーを推定することができる. $E[MP2/6\text{-}31G(d)]$ から $E[MP2/G3MP2Large]$ への直線は,基底関数系を 6-31G(d) から G3MP2Large へ拡張したときのエネルギーの低下を示している. 一方, $E[MP2/6\text{-}31G(d)]$ から $E[QCISD(T)/6\text{-}31G(d)]$ への直線は, QCISD(T) 相関が考慮に入れられたときのエネルギーの低下を示している.

リスト 20·1 計算化学におけるスクリプト[*34]

HF/6-31G(d) FOpt[*33]	HF 構造最適化
HF/6-31G(d) Freq	ZPE と振動計算
MP2(full)/6-31G(d) Opt	MP2(full)構造最適化
QCISD(T)/6-31G(d)	QCI エネルギー
MP2/GTMP2Large	GTMP2Large エネルギー

[*33] 訳注: FOpt は完全 (Full) 最適化の指定. メチル基を含めすべての構造の最適化を行う. Opt では,中心の C 原子にすべての電子を置いて,固定されたコアとして最適化を行う.
[*34] 訳注: 左側がスクリプト,右側はその機能の説明である.

上の計算はすべて G3(MP2) スクリプトで実行されている．G3(MP2) の出力結果の一部をファイル 20・11 に示したが，その中でメタノールの H^{298} はメッセージ G3MP2 Enthalpy = -115.547933 と示されている．この値を式(20・31)に $H^{298}(\mathrm{CH_3OH(g)})$ として代入すると，$\Delta_\mathrm{f} H^{298}$(メタノール) $=-0.007596\,E_\mathrm{h}$ $=-199.4\,\mathrm{kJ\,mol^{-1}}$ となる．実測値の $-201.5\pm0.3\,\mathrm{kJ\,mol^{-1}}$ と比較すると，誤差は 1 % 程度となる．これでメタノールに対しては，精度としては満足すべきところに到着したと言える．この例から，ほかのどんな化合物に対してもこの種の計算は可能であるように思える．ただ，計算機のパワーには限度があることを忘れてはならない．

20・18 密度汎関数法 (DFT)

密度汎関数法[1] は，G3 あるいは G3(MP2) 分子軌道法を基にしたモデル化学計算に比べてかなり速い．この理由から，DFT 法は実際の問題に取組む計算化学者の間で人気を博している．この方法は，"原子あるいは分子における電子の平均エネルギーは原子核の近くの電子の存在確率密度関数 ρ を変数とする関数である" という事実に基づいている．そして ρ は空間における電子の位置を変数とする関数である．関数を変数とする関数は**汎関数**とよばれる．DFT 法は多分に経験的であり，いくつかの可変パラメーターを含んでいる．ただ，それぞれは合理的な理論的モデルに基づいている．最も精度の高い汎関数の一つは，1932 年に Becke によって考案された交換汎関数と，1988 年に Lee, Yang, Parr によって考え出された相関汎関数の組合わせであり，頭文字をとって BLYP とよばれている．BLYP 汎関数に 3 個のパラメーターを導入したものが B3LYP とよばれる．B3LYP は，小さい炭化水素に対しては満足すべき結果を与えるが，大きな分子になるとあまり良好な計算結果を与えないことが知られている．

例題と章末問題

例題 20・1　メタン

メタン用の Gaussian 入力ファイルを作ろう．基底関数系を STO-2G，構造は z-マトリックスで与えること．キーワード opt を指定して，構造の最適化を図ること．

解法 20・1　ファイル 20・12 が求めるものである．6 行目の基準となる C (原子 1) の後に水素原子が順次追加されているのがわかる．最初の H 原子を指定するには C 原子との結合距離 ($R=1.1$ Å) のみでよい (7 行目)．2 番目の H 原子を指定するには r と結合角 $\angle\mathrm{H-C-H}=109°$ を指定する必要がある (8 行目)．3 番目と 4 番目の H 原子を指定するには結合距離・結合角・二面角を指定する必要がある (9～10 行目)．二面角は，それぞれ $-120°$，$120°$ と指定している．

```
1     # STO-2G opt
2
3     Methane
4
5      0 1
6     C
7     H,1,R
8     H,1,R,2,A
9     H,1,R,2,A,3,D1
10    H,1,R,2,A,3,D2
11     Variables:
12    R=1.1
13    A=109.0
14    D1=-120.0
15    D2=120.0
```

ファイル 20・12　メタン用 Gaussian 入力ファイル (z-マトリックス使用)．結合距離と結合角は適当に見積もったもの．

例題 20・2　GAMESS を使ったメタンの計算

フリーソフトウェアである GAMESS を使って行うためのメタノール用入力ファイルを書け．座標は z-マトリックスで与えること．

解法 20・2　ファイル 20・13 が求めるものである．入力ファイルは 3 行のコマンド行 (先頭が $) で始まり，その後のデータはタイトルにひき続き，対称性の指定の cs，その後は構造の z-マトリックスでの指定 (例題 20・1 参照) が続く．入力ファイルの大枠を示すので，各自完成させてほしい．GAMESS は，ユーザーフレンドリーなプログラム Gaussian に比べて少し気難しいところがあるが，フリーソフトウェアなので我慢すべきところである．

例題 20・3　原子座標に対称操作を適用する

場合によっては，対称性を使うことによりコン

---

[1] density functional theory

```
1    $CONTRL SCFTYP=RHF MULT=1 RUNTYP=OPTIMIIZE COORD=ZMT $END
2    $BASIS GBASIS=STO NGAUSS=2 $END
3    $DATA
4    Methanol
5    cs
6
7    C
8    O,1,R1
     (中略)

     $END
```

ファイル 20・13 メタン用 GAMESS 入力ファイル．2 行目の NGAUSS は，2, 3, …, 6 が指定可能である．この入力ファイルでは，構造を z-マトリックスで内部座標として指定しているが，ファイル 20・8 で示したように直交座標（外部座標）で指定することもできる．

```
1    $CONTRL SCFTYP=RHF RUNTYP=OPTIMIZE COORD=UNIQUE $END
2    $BASIS GBASIS=STO NGAUSS=2 $END
3    $DATA
4    Hydrogen
5    Dnh 4
6
7    H    1.0    0.0    0.0    0.35
8    $END
```

ファイル 20・14 ファイル 20・7 を分子構造の対称性を利用して変更したファイル．

ピューター資源の要求量を減らすことができる．対称性は，大きな分子に対して高レベルな計算を行うときに特に威力を発揮するのであるが，ここでは簡単な例でその概念を説明したい．§20・8・1 で出てきた GAMESS 用入力ファイル 20・7 を，対称性を利用する入力ファイルに変更せよ．結合の中点を通り結合に垂直な鏡面対称（対称面ともよぶ）を使うこと．

解法 20・3 ファイル 20・7 に示した入力ファイルは，計算に最小限必要なもの以上の情報を含んでいる．対称性で結ばれる二つの原子のうち，ある H 原子の一方に施す手順は，当然もう一方にも適用することになる．それを考慮した入力ファイルに変更しよう．

そのためには，ファイル 20・7 の座標 2 行を，鏡面対称で関係づけられる 2 個の H 原子のうちの一方のみの座標を指定し，CONTRL コマンド行で COORD=CART を COORD=UNIQUE に，対称行を Dn 1 から Dnh 4 と変更すればよい．結合の中点から H 原子までの距離は結合距離 0.70 Å の半分で，0.35 Å となる．もし，結合距離がわからない場合は，COORD=UNIQUE の前に RUNTYP=OPTIMIZE を指定すればよい（ファイル 20・14）．

この簡単になった入力ファイルを使ってプログラムを実行すると，以前と同じ結果が得られ，エネルギーに関してもつぎのような同じメッセージが出力される（単位は E_h）．

```
TOTAL ENERGY = -1.0934083240
```

結合距離に 10 ％の誤差を導入して，最適化を指定して実行した場合は

```
TOTAL ENERGY = -1.0938179551
```

という出力がなされ，0.26 kcal mol^{-1} ほど低いエネルギーが得られる．

章末問題

20・1 長さ l の一次元箱の中に粒子 1 個が入っている．この粒子のエネルギーを変分法の式を用いて求めよ．試行関数として $\Psi = A\sin(n\pi x/l)$ を使うこと．ハミルトン演算子は $-(\hbar^2/2m)(\partial^2/\partial x^2)$ である．

20・2 電子線回折の実験によると，1,2-ジクロロエタンにおいては 2 種の Cl−Cl 距離（結合はしていない）が得られるという．この事実は，分子構造および

MM や G3（MP2）のようなエネルギー計算にどのような影響を与えるか答えよ.

20・3 ベンゼン分子が，一辺 0.400 nm の正方形を底とするポテンシャル井戸に入っていると考え，そこに6個の 2pπ 電子が存在するとしよう（分子中の他の電子は無視する）．エネルギー準位の縮退度を下から順に，4番目まで答えよ．実際に実験をしてみると，縮退度は下から 1,2,2,1 である．上のモデルが正しいかどうかについてコメントせよ．

20・4 問題 20・3 のモデルで考えた場合，最高被占軌道の電子が最低の励起状態へ遷移するのに要するエネルギーを求めよ．そのエネルギーを電磁波で供給するとして，その波長を求めよ．その電磁波は可視光線に入るか？ ベンゼンには色がついているか答えよ．

20・5 (a) 水素原子の波動関数の式(20・22) STO-2G 基底関数に，適当な原始ガウス型関数を一つ追加して STO-3G 線形結合を作成し，グラフ作成プログラムを用いて，その関数 $\varphi_{mySTO-3G} = f(r)$ をプロットせよ．STO-3G 計算は，1990年代まで研究レベルで使用されていたものである．**ヒント** Gaussian 入力ファイルは，ファイル 20・1 を修正すればよい．

(b) この $\varphi_{mySTO-3G}$ を使ったときの水素原子のエネルギーを求めよ．基底状態のエネルギーの厳密な値 $-\frac{1}{2}E_h$ の何 % であるか答えよ．

20・6 分割価電子基底関数 3-21G を使ってヘリウム原子のエネルギー計算を実行せよ．このモデルでヘリウム原子の第一イオン化ポテンシャルを求めよ．実測値 0.903 E_h の何 % であるか答えよ．

20・7 (a) 分子イオン HeH$^+$ の 3-21G エネルギー計算を実行せよ．この分子イオンは存在すると予測できるか.

(b) 分子イオン He$_2^+$ の 3-21G 結合エネルギー計算を実行せよ．この分子イオンは存在すると予測できるか．

(c) 分子 He$_2$ の 3-21G 結合エネルギー計算を実行せよ．この分子は存在すると予測できるか．

(d) 水素化リチウム分子 LiH の 3-21G エネルギー計算を実行せよ．

20・8 ハートリー－フォック（HF）法による 3-21G エンタルピーがつぎのように与えられているとする（単位は E_h）．

　　メタン　HF = −39.9768776
　　エテン　HF = −77.6009881
　　エタン　HF = −78.793948
　　1,3-ブタジエン　HF = −154.0594565

また，生成エンタルピーは，$\Delta_f H^{298}$(メタン) = −74.4 kJ mol^{-1}, $\Delta_f H^{298}$(エテン) = 52.5 kJ mol^{-1}, $\Delta_f H^{298}$(エタン) = −83.8 kJ mol^{-1} である．1,3-ブタジエンの生成エンタルピーを求めよ．**ヒント** 実測値は 110.0 kJ mol^{-1} である．

20・9 問題 20・8 をもう一度計算し直そう．今度は，6-31G 基底関数系を使って，つぎの反応式中の四つの炭化水素の HF エネルギー値を求めるのである．

$$CH_2=CH-CH=CH_2 + 2\,CH_4 \longrightarrow 2\,CH_2=CH_2 + CH_3-CH_3$$

このように高次の基底関数系を使うことにより，実測値との一致はどれほど改善されたかを答えよ．

21

光化学と化学反応論

これまで考えてきた化学反応は，活性化障壁[1]を越えるのに必要なエネルギーが分子の並進運動として熱の形で外界から与えられるので，熱反応ということができる．一方，振動数 ν の光は $E=h\nu$ のエネルギーを反応物に与えることができうるので，これにより活性化障壁を越えさせることが可能である．これが**光化学反応**である．

21·1 アインシュタインの法則

他の化学反応と同様に，光化学反応も反応物を励起し，活性化エネルギー障壁を越えさせて生成物を生み出す．光化学反応では，この**活性化エネルギーは熱によってではなく入射光によって与えられる**．$E=h\nu$ というエネルギーを運ぶ光が粒子（光子）であるから，入射光粒子のエネルギーは反応物分子1個に集中されると考えるのが自然であり，反応物全体にあまねく分配されるわけではない．エネルギー伝搬の機構がこのようなものだとすると，量子エネルギー E が十分に大きい場合，入射光子に当たった分子はすべて活性化エネルギーを得て反応が進むので，反応する分子の数は吸収した光子の数に一致するはずである．これが**アインシュタインの法則**であり，つぎのように表される．

$$\text{反応する分子の数} = \text{吸収した光子の数} \quad (21·1)$$

多くの系がこのアインシュタインの法則に従い，この法則は光子の概念と提案されたエネルギー移動の機構を強く支持している．しかし，アインシュタインの法則から逸脱する系も多く存在するので，光化学反応の本当のところはこれまで描いてきた機構よりもっと込み入ったものであるに違いない．

21·2 量子効率

反応する分子の数が入射光子の数よりも小さい系もあれば，大きい系もある．系は，つぎに示す**量子効率** $\varPhi$ で特徴づけられる．

$$\varPhi = \frac{\text{反応する分子の数}}{\text{入射光子の数}} \quad (21·2)$$

アインシュタインの法則に従う系の量子効率は1である．

表21·1の1行目のように量子効率が1より小さい場合，エネルギーが消散する過程が存在すると思われる．複雑な分子では，入射エネルギーの量子はいくつかの自由度ごとに分かれ，結局は熱として消散してしまう．分子によっては，入射エネルギー量子の一部を光として再放射するものもある．系は，励起エネルギーの一部を光として放射し，残りは熱となる．

表21·1 量子効率の例

反　応[†]	量子効率
$(CH_3)_2C=O \longrightarrow CH_3-\dot{C}=O + \cdot CH_3$	0.17
$CH_3COOH \longrightarrow CH_4 + CO_2$	1
$H_2 + Cl_2 \longrightarrow 2HCl$	約 10^5

[†] ・印は不対電子を示す．

放射するエネルギーは入射エネルギーより小さく，放射光の波長は長いものとなる．これはしばしば**蛍光**[2]として観測され，たとえば紫外線[3]（短い波長，高エネルギー）が蛍光板に当たると，可視光線[4]（長い波長，低エネルギー）を発生する．このとき吸収と放射の間に時間のずれがある場合は，**りん光**[5]とよばれる（図21·1）．

---

1) activation barrier　2) fluorescence　3) ultraviolet light　4) visible light　5) phosphorescence

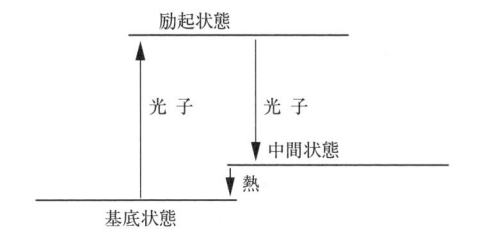

図 21·1 蛍光やりん光の放射のメカニズム

一方，量子効率が大きい反応の説明はそう簡単ではなく，新しい概念である"連鎖反応"を導入する必要がある．光誘導連鎖反応の機構はつぎのように進む．

1) 光によって活動的な化学種が生み出される．
2) その化学種が化学反応をひき起こし，他の活動的な化学種を生成する．
3) 最初の化学種自身も再生成される．

この機構によって，入射された1個の光子は数多くの生成物に寄与することになる．それが高い量子効率へとつながるのである．爆発的な増加も可能である．表 21·1 の 3 行目の H_2 と Cl_2 からの HCl の生成は，この光誘導連鎖反応の例の一つである．その過程は，光子 $h\nu$ の吸収によって2個のフリーラジカルがつぎのように生成されることから始まる．この最初のステップは**連鎖開始ステップ**とよばれる．

$$Cl_2 + h\nu \longrightarrow 2\,Cl\cdot \quad (21\cdot 3)$$

これに続いて，つぎに示す**連鎖成長ステップ**が起こる．

$$Cl\cdot + H_2 \longrightarrow HCl + H\cdot \quad (21\cdot 4)$$
$$H\cdot + Cl_2 \longrightarrow HCl + Cl\cdot \quad (21\cdot 5)$$

これらのステップは連鎖反応の中心となるもので，際限なく続くので，高い量子効率を与えることとなる．しかし，いつかはフリーラジカル同士がつぎのように衝突することもあり

$$Cl\cdot + Cl\cdot \longrightarrow Cl_2 + 熱 \quad (21\cdot 6)$$

あるいは，別のメカニズムによってエネルギーを失う．これらの過程は，**連鎖停止ステップ**とよばれる．

21·2·1 脂質の過酸化

脂質の過酸化あるいは自動酸化における連鎖開始ステップは，基底状態にある分子から光・熱・酵素などによって水素原子がとれてフリーラジカル R• が生成する反応である．脂質の過酸化はつぎのようにして連鎖反応によって起こる．連鎖成長ステップは

a $R\cdot + O_2 \longrightarrow ROO\cdot$ $\quad (21\cdot 7)$
b $ROO\cdot + RH \longrightarrow ROOH + R\cdot$ $\quad (21\cdot 8)$

そして，連鎖停止ステップはつぎの反応である．

$$ROO\cdot + ROO\cdot \longrightarrow 分子生成物 \quad (21\cdot 9)$$

この連鎖反応は生体膜を傷め，発がんと老化にかかわっていると考えられている．生体系において，不飽和脂肪酸は自動酸化に対して最も傷つきやすいことが知られている．

生体系は（死んだ系とは異なり），少量の外因性の**抗酸化剤**（ビタミンEなど）の作用によって自動酸化の過程から保護されている．抗酸化剤は，それ自身が非常に反応性に富むフリーラジカルである．これらのラジカルは ROO• ラジカルと反応することにより，成長ステップである酸化サイクルを阻害する．これにより連鎖反応は止められ，生体系への損傷を防ぐことができる．ビタミンEというのは，4種の**トコフェロール**[1] 類につけられた名前である．トコフェロールは芳香族アルコール（ArOH）であり，つぎのようにペルオキシルラジカルと反応する．

$$ROO\cdot + ArOH \longrightarrow ROOH + ArO\cdot \quad (21\cdot 10)$$

フェノールラジカル ArO• は，電子が芳香環全体に非局在化することによって安定化される．この安定性により，存在し続けることができ，最終的にペルオキシルラジカルとつぎのように反応することにより，連鎖反応を停止させる働きをする．

$$ArO\cdot + ROO\cdot \longrightarrow 生成物 \quad (21\cdot 11)$$

21·2·2 オゾン層の減少

O も O_2 も波長 200～300 nm の電磁波（紫外線）を吸収することはないが，**オゾン O_3** は約 250 nm の紫外線を吸収するので，地球を遮蔽し，そこに生息する生物への紫外線領域の量子による突然変異誘発性 DNA 改変を阻止する働きをもつ．つぎに示す成層圏で起こっている光化学反応のうち，2番目（21·13）と3番目（21·14）の反応のバランスがとれており，

---

[1] tocopherol

オゾンは少量ながらもほぼ一定の水準を保っていることが知られている．

$$O_2 + h\nu (< 200 \text{ nm}) \longrightarrow 2\text{ O} \quad (21\cdot 12)$$
$$O_3 + h\nu (\text{UV}) \longrightarrow O_2 + O \quad (21\cdot 13)$$
$$O + O_2 + M \rightleftarrows O_3 + M \quad (21\cdot 14)$$
$$O + O_3 \longrightarrow 2\text{ }O_2 \quad (21\cdot 15)$$

M は何らかの分子であり，おそらく N_2 である．この分子は反応には参加しないが，衝突によるエネルギーの交換には関与している．

ところが，他の反応がこのサイクルに影響を及ぼし，成層圏におけるオゾンのレベルを変化させるという．その一つが，人間によって作られたクロロフルオロカーボン[*1]による Cl_2O_2 を含む塩素サイクルである．成層圏中の塩素レベルはこの50年で約7倍に増え，南極大陸上空の成層圏のオゾンは減少していることが明らかとなっている．これが"オゾンホール"である．極地ではこれを観測しやすいが，この現象が極地上空の成層圏だけで起こっていると考える理由はないであろう．

21・3 結合解離エンタルピー（BDE）

光化学反応の場合，反応機構におけるフリーラジカルの安定性と生成速度に関心がわく．たとえば

$$CH_4 \longrightarrow \cdot CH_3 + H\cdot \quad (21\cdot 16)$$

のような一瞬しか存在しない化学種に対して，**均等開裂**[*2,1)]の場合，そのエンタルピーを測定するのは難しいが，つぎのような通常の解離と同様に計算は可能である．

$$AB \longrightarrow A\cdot + B\cdot \quad (21\cdot 17)$$

たとえば，エタンの解離

$$CH_3CH_3 \longrightarrow \cdot CH_3 + \cdot CH_3 \quad (21\cdot 18)$$

のように一般的な炭化水素とそのフリーラジカルに対する場合のシンプルな例の**結合解離エンタルピー（BDE）**[2)]は，つぎのように計算できる．

$$CH_3R \longrightarrow \cdot CH_3 + R\cdot \quad (21\cdot 19)$$
$$BDE(CH_3R) = \Delta_f H_{298}(\cdot CH_3) + \Delta_f H_{298}(R\cdot)$$
$$- \Delta_f H_{298}(CH_3R) \quad (21\cdot 20)$$

ラジカル R・は分岐してもよく，二重結合や三重結合を含んでいてもよい（Rogers et al., 2006）．

21・4 レーザー

励起状態のエネルギー準位の占有率が基底状態よりも大きいという**占有率反転**[3)]という状態にすることは可能だ．もしこの状態になったら，入射光（電磁波）は自身がもっているエネルギーに，**利得媒質**[*3,4)]が基底状態に戻るときに出すエネルギーを加えたものを放射することになる．市販の**レーザー**[*4]の場合，利得媒質である原子や分子は，光ポンプによって意図的に占有率反転の状態にされており，高エネルギー電磁波を放射するようになっている．

レーザーには光ポンプが備わっており，これで利得媒質の中で占有率反転をひき起こし，光源としての光の増幅を図る．この利得媒質からの光は二つの鏡の間を行きつ戻りつ反射され，しだいに増幅されていく．二つの鏡のうち一方は他方より意図的に反射率が低く作られており，強く増幅された光のいくらかはその反射率の低い鏡を通ってレーザー光として出ていく．アインシュタインは，最初の市販レーザーが作り出されるはるか前にレーザーの理論を考え出していたのである．

21・5 アイソデスミック反応

複数の原子からなる炭化水素の *ab initio* 計算で求めた H^{298} を使うと，関与する化合物のうち1個以外は $\Delta_f H^{298}$ が既知である**アイソデスミック反応**[*5]を考えることによって，未知の熱力学量を計算することができる（Hehre et al., 1970）．その未知の $\Delta_f H^{298}$ は残差をとることによって得られるからである．ここで，反応式の両辺の化合物の計算値にはかなりの誤差があると思われるが，反応式の両辺の結合の種類と数が同

---

*1 訳注: chlorofluorocarbon．慣用名はフロン（flon）．
*2 訳注: 共有結合 A–B が切れるとき，A 原子と B 原子がそれぞれ不対電子をもつ状態で開裂する反応形式．
*3 訳注: 占有率反転をつくれる物質．
*4 訳注: laser とは，light amplification by stimulated emission of radiation の略．
*5 訳注: アイソデスミックス反応（isodesmic reaction）とは，iso- 同一の，desmo- 結合を意味し，反応の前後で，結合の種類と数が変わらない反応のことである．例: $CH_2Cl_2(g) + CH_4(g) \longrightarrow CH_3Cl(g) + CH_3Cl(g)$．ともに，C–H が6個，C–Cl が2個．

1) homolytic cleavage   2) bond dissociation enthalpy   3) population inversion   4) gain medium

21·6 反応速度に関するアイリング理論

1935年にアイリングは反応速度に関する理論を考え出した．これはアレニウスの法則の温度依存性を説明できるもので，化学のさまざまな領域で広く使われてきた概念図の根拠を与えるものである．§20·2で，複雑な分子を考える手始めとして，水素分子イオンについて考察した．波動方程式が厳密に解ける分子はそれだけであるからだ．それと同様に，ここでも複雑な反応機構を考える前に，水素分子[*6]の一方の原子が別の水素原子に置き換わるつぎのような反応を考えよう．

$$H + H-H \longrightarrow H-H + H \quad (21\cdot21)$$

水素原子が水素分子に近づこうとすると斥力を感じるが，その斥力が一番弱いのは分子の両端方向のいずれかから近づいていくときである．

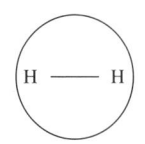

それゆえ，H_2へのH原子の攻撃がこの方向からなされるとすると，反応の系を記述するための距離はたった二つですむことがわかる．すなわち，攻撃される分子のH原子と攻撃するH原子の距離と，分子内のH原子間の距離である．前者をr'_{HH}，後者をr_{HH}としよう．攻撃するH原子と離脱していくH原子は，いつか中央のH原子から等距離になるはずであり，そのとき3個の原子はエネルギー的中間体を形成する．

$$H + H-H = \left[\overset{r'_{HH}}{H \cdots} \overset{r_{HH}}{H \cdots} H \right] = H-H + H \quad (21\cdot22)$$

上図の中央の構造が**活性錯体**[1)]であり，その左が反応前の配置，右が反応後の配置である．

21·7 ポテンシャルエネルギー表面

分子構造の研究においては，原子核間距離に対して分子のポテンシャルエネルギーをプロットし，ある距離（平衡結合距離）でのポテンシャルエネルギーの極小を求めるのが普通である．いま考えようとしている反応の場合，独立変数は二つr'_{HH}とr_{HH}なので，ポテンシャルエネルギーは込み入った関数となり，その表示には三次元的表面あるいは二次元での等高線が必要となる．アイリングは図21·2のような等高線図で**ポテンシャルエネルギーの表面**を表すやり方を考案した．

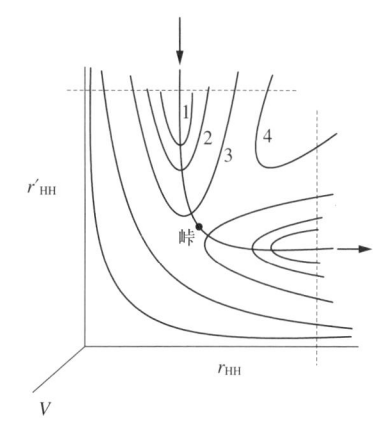

図 21·2 反応 $H + H-H \rightarrow H-H + H$のアイリング流ポテンシャルエネルギーのプロット．$V$軸は，紙面に垂直なポテンシャルエネルギーの軸である．

この等高線図は，山歩きなどで使われる地図と同じようなものである．各等高線は同じポテンシャルエネルギーの点を結んでおり，三次元表示をする場合には高さを表すことになる．図21·2中の二つの矢印を結ぶ双曲線に似た曲線は，反応が起こったときの系のポテンシャルエネルギーの極小の軌跡である．等高線4はポテンシャルエネルギーのさらに高い所の等高線である．

図21·2の上のほうにある水平の破線に沿ってスライスすると，交線の形は図20·2の実線，つまり2原子分子のポテンシャルエネルギー曲線と同じようになる．これは，距離r'_{HH}は非常に大きいのでH_2分子は摂動を受けないことになり，通常のポテンシャルエネルギー曲線となるのである．同じ議論が図21·2の右のほうにある垂直の破線に対しても成り立つことになる．

反応物側のポテンシャルエネルギーの谷と生成物側のポテンシャルエネルギーの谷を結ぶ曲線は，反応が進むときに系がとる経路と考えられる．これは**反応座**

---

*6 実験では，攻撃するH原子と区別できるように，分子には質量が若干異なるD（重水素）原子が使われた．
1) activated complex

標[1]とよばれ，反応物からスタートし，**活性化障壁**を乗り越え，生成物に至る．反応が進んで系が反応座標に沿って動いていくと，ポテンシャルエネルギーが上がっていき鞍点[2]に到着する．これは，いわば二つのポテンシャルエネルギーの谷の間の"峠"である．峠の頂点では $r'_{HH} = r_{HH}$ であり，系は活性錯体として存在する．反応座標を横軸にとり，ポテンシャルエネルギーを縦軸にとってプロットすると図 21・3 のようになる．

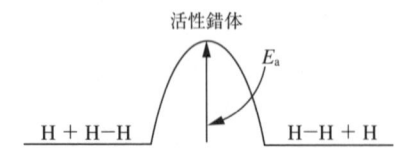

図 21・3 対称的な反応 $H + H-H \longrightarrow H-H + H$ における活性化．障壁の高さ（E_a）は約 40 kJ mol^{-1} である．

反応 $H + H-H \longrightarrow H-H + H$ の場合には，反応物のポテンシャルエネルギーは生成物のそれと同じで，図 21・3 のように対称的なものとなるが，複雑な系の場合は一般に対称的にはならない．図 21・4 に複雑な系が越えるべき活性化エネルギー障壁を示した．

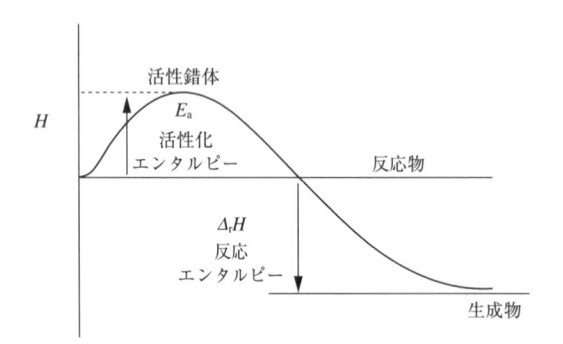

図 21・4 発熱反応の活性化エンタルピー

反応に影響を与える因子は大きくつぎの二つに分けられる．

1) **熱力学的因子**：平衡点がどこに存在するか，無限時間後には平衡はどこで成立するかを決める．
2) **動力学的因子**：平衡状態へ達するための時間スケールに関するもので，"無限時間"というものが数秒なのか，数時間なのか，数週間なのか，それともほぼ永劫なのかを決めている．

すでに学んだように，熱力学的因子は反応物と生成物のエンタルピーの差によって主として決まり，一方，動力学的因子は反応物側から見た活性化障壁の高さによって主として決まる．

21・7・1 光学反転

アイリングの反応機構の適用例としては，有機化学反応で起こるある種の幾何学的変化の説明があげられる．炭素原子に4種の異なる置換基が結合していると（図 21・5），その化合物は**光学活性**となり，偏光面を回転させる働きをもつ．その回転の角度，つまり旋光度は実験で測定できる．このような化合物の立体配置は，イオンで攻撃する化学反応により変化させることができる．攻撃するイオンが置換基 D と同一であれば，図 21・6 に示すように，まったく元の化合物と同じだが，旋光度は絶対値が同じで符号が逆の化合物が生成されることになる．この旋光度の符号の反転（**光学反転**[3]）は，活性錯体の概念を使うことによって説明できる．

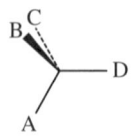

図 21・5 光学活性をもつ化合物．A, B, C, D はすべて異なる置換基とする．

つまり，入ってくる D は，中心の炭素原子に結合している置換基の立体配置を反転させ，旋光度の符号を逆にするのである．反転する場合のエンタルピー障壁，実はこれが反転の反応速度を決めるのだが，ここにおける構造は図 21・6 の中央に示した炭素原子を中心とした五つの結合からなるものである．これは明らかに不安定な化学種であり，最大のエンタルピーをもつはずである．

図 21・6 光学活性の反転

---

1) reaction coordinate   2) saddle point   3) optical inversion

21·8 定常状態における擬平衡

反応物と活性錯体の関係は，熱力学本来の意味での平衡状態とは言えないが，それを平衡とみて取扱うと役に立つ．これを**擬平衡**，あるいは**定常状態平衡**とよぶ．

つぎの反応は二次反応で，活性錯体AB^*を経て進むとしよう．

$$A + B \rightleftarrows AB^* \xrightarrow{k_1} 生成物 \quad (21\cdot23)$$

活性錯体は，つぎの擬平衡定数K^*によって制御されている．

$$K^* = \frac{[AB^*]}{[A][B]} \quad (21\cdot24)$$

生成物は，活性錯体が一次反応で壊れる反応でできるとすれば，反応速度は

$$反応速度 = -\frac{d[A]}{dt} = k_1[AB^*] \quad (21\cdot25)$$

となる．式(21·24)より

$$[AB^*] = K^*[A][B] \quad (21\cdot26)$$

となるので

$$-\frac{d[A]}{dt} = k_1 K^*[A][B] \quad (21\cdot27)$$

が得られる．この式から，活性錯体の分解反応は一次反応ではあるが，全体としては二次反応で進むことが明らかになった．この反応機構に従えば，$k_1 K^*$が二次反応の速度定数となる．

これからできる，あるいはこれから壊れる活性錯体は緩く結合しているので，その分解はある種の1サイクル（回）の振動と見ることもできる．錯体は，その一番弱い結合に沿って振動し，結合が切れることによって生成物かもとの反応物のいずれかを与える．振動の自由度は1であり，その運動エネルギーの寄与は$\frac{1}{2}k_B T$，そのポテンシャルエネルギーの寄与も$\frac{1}{2}k_B T$と期待されるので，合計のエネルギーEは$k_B T$となる[*7]．一方，光の振動数をνとすれば$E = h\nu$であるので

$$k_B T = h\nu \quad \nu = \frac{k_B T}{h} = \frac{RT}{N_A h} \quad (21\cdot28)$$

と得られる．ここで，Rは気体定数，N_Aはアボガドロ定数である．

活性錯体が形成されれば必ず生成物に至ると仮定すれば，1サイクルの振動で生成物ができるので，1秒間当たりの振動回数は反応する活性錯体の数に等しいと言える．つまり$k_1 = \nu$である（どちらも単位s^{-1}をもつことに注意）．したがって

$$-\frac{d[A]}{dt} = \frac{RT}{N_A h} K^*[A][B] \quad (21\cdot29)$$

となる．上の仮定が成り立たない場合は，**透過係数**[1]κを入れればよい．透過係数は，活性錯体のうちの生成物を与える錯体の割合であり，式(21·29)はつぎのように修正される．

$$-\frac{d[A]}{dt} = \kappa \frac{RT}{N_A h} K^*[A][B] \quad (21\cdot30)$$

実測される速度定数k_{obs}はつぎのようになる．

$$k_{obs} = \kappa \frac{RT}{N_A h} K^* \quad (21\cdot31)$$

21·9 活性化エントロピー

§7·8で学んだように，一般に反応のギブズエネルギー変化は平衡定数の自然対数と$\Delta G° = -RT \ln K_{eq}$〔式(7·55)〕のような関係があり，定常状態における擬平衡においてはつぎのように書ける．

$$\Delta G°{}^* = -RT \ln K°{}^* \quad (21\cdot32)$$

左辺の肩付の*印は，擬平衡に対する標準ギブズエネルギー変化であることを示している．式を変形すると，$K°{}^*$を求める式はつぎのようになる．

$$K°{}^* = e^{-\Delta G°{}^*/RT} \quad (21\cdot33)$$

すでに学んだように

$$\Delta G° = \Delta H° - T\Delta S° \quad (21\cdot34)$$

が成り立つので，式(21·33)はつぎのように与えられる．

$$K°{}^* = e^{\Delta S°{}^*/R} e^{-\Delta H°{}^*/RT} \quad (21\cdot35)$$

したがって，式(21·31)はつぎのように書き換えることができる．

$$k_{obs} = \kappa \frac{RT}{N_A h} e^{\Delta S°{}^*/R} e^{-\Delta H°{}^*/RT} \quad (21\cdot36)$$

ここで，つぎのアレニウスの式〔式(10·70)〕と比較してみよう．$\Delta_a H$を一般的な記号E_a（活性化エネル

[*7] 訳注：振動エネルギーは$E_{vib} = \frac{1}{2}\mu v^2 + \frac{1}{2}k_f x^2$と表される（$\mu$は換算質量，$k_f$は力の定数）．右辺第1項が運動エネルギー，右辺第2項がポテンシャルエネルギー．ともに2乗項（$\frac{1}{2}ab^2$，aは定数，bは変数）とよばれるもので，その期待値は$\frac{1}{2}k_B T$となる．

[1] transmission coefficient

ギー）に変更して記した．

$$k_{obs} = a\, e^{-E_a/RT} \quad (21\cdot 37)$$

アレニウスの理論における E_a は，アイリングの理論における $\Delta H^{\circ *}$ と同じであるとすると，前指数因子 a は

$$a = \kappa \frac{RT}{N_A h} e^{\Delta S^{\circ *}/R} \quad (21\cdot 38)$$

となることがわかる．アレニウスの理論では，前指数因子 a は温度にかかわらず一定であるとされていたが，この式から a に温度依存性があることがわかる．実際に精密な測定を行うと，a の温度依存性が明らかになるのである．

21·10 活性錯体の構造

活性錯体の構造が堅いものであれば，その形成は系の自由度の減少を意味し，エントロピー変化 ΔS^* は負になり，前指数因子 a は小さくなる．一方，その構造が反応物に比べて柔らかいものであれば，ΔS^* は正になり，a は大きくなることがわかる．反応によっては $e^{-E_a/RT}$ の値が小さくて反応にとって不都合な場合もあるが，前指数因子が大きければ，反応は進むことになる．

つぎの二つの反応において

$$NO + O_3 = NO_2 + O_2 \quad (21\cdot 39)$$
$$CH_3I + HI = CH_4 + I_2 \quad (21\cdot 40)$$

k は前者が $6.3 \times 10^7 \sqrt{T}\, e^{-2300/RT}$ で後者が $5.2 \times 10^{10} \times \sqrt{T}\, e^{-33000/RT}$ であることがわかった．これらの結果を検討すれば，上の反応は，下の反応より活性化障壁が低いことがわかるが，前指数因子も小さいことがわかる．つまり，活性化エントロピーが，一酸化窒素の酸化反応（21·39）はヨウ素の引き抜き反応（21·40）よりも負で絶対値が大きいということである．上の活性錯体は堅い構造を，下の活性錯体は柔らかい構造をとっていることがわかる．

例題と章末問題

例題 21·1 C−C の結合解離エンタルピー（BDE）

G3（MP2）モデル化学で，エタンの C−C の結合解離エンタルピー（BDE）を求めよ．

解法 21·1 "G3（MP2）モデル化学" という言葉は，すべての分子やラジカルに対して G3（MP2）オプションを用いて計算するということを意味する．エタンの場合，C−C 結合の均等開裂によるつぎの反応

$$CH_3CH_3 \longrightarrow 2\, {\cdot}CH_3$$

は $\Delta_{dissoc}H^{298}$，つまり BDE をもち

$$\begin{aligned}
\mathrm{BDE}(CH_3CH_3) &= \Delta_{dissoc}H^{298}(CH_3CH_3) \\
&= 2\Delta_f H^{298}({\cdot}CH_3) - \Delta_f H^{298}(CH_3CH_3) \\
&= 2H^{298}({\cdot}CH_3) - H^{298}(CH_3CH_3) \\
&= [2 \times (-39.752873) - (-79.646716)]\, E_h \\
&= 0.1410\, E_h \\
&= 88.4\, \mathrm{kcal\,mol^{-1}} = 370\, \mathrm{kJ\,mol^{-1}}
\end{aligned}$$

を得る．分子とラジカルの生成エンタルピーはともに原子核と電子が遠く隔てられている状態を基準にして計算されることを考えると，H^{298} はこの例題で $\Delta_f H^{298}$ の代わりとして代入できることがわかる．また，均等開裂反応では生成エンタルピーにおける誤差は打ち消し合う（2 ${\cdot}CH_3$ でも CH_3CH_3 でも計算誤差は同程度）．この BDE の実測値は $89.7\, \mathrm{kcal\,mol^{-1}} = 375.3\, \mathrm{kJ\,mol^{-1}}$ であるので，実測値と計算値の差は 1.4％ である．

例題 21·2 アイソデスミック反応

t−ブチルメタン（2,2−ジメチルプロパン）の生成エンタルピーをアイソデスミック反応を使って求めよ．ただし，$\Delta_f H^{298}$（メタン）$= -17.9\, \mathrm{kcal\,mol^{-1}}$ および $\Delta_f H^{298}$（エタン）$= -20.1\, \mathrm{kcal\,mol^{-1}}$ とする．

解法 21·2 Cheng と Li（2003）は，n-t-ブチルメタンの $\Delta_f H^{298}$ を計算している（n はモノ(1)，ジ(2)，トリ(3)，テトラ(4)）．そのなかで一番簡単なモノ体が題意の化合物である（2,2−ジメチルプロパン）．つぎのようなアイソデスミック反応を考える．

$$\begin{array}{c}
\quad\quad CH_3 \\
\quad\quad | \\
CH_3-C-CH_3 \\
\quad\quad | \\
\quad\quad CH_3
\end{array} + 3\,CH_4 \longrightarrow 4\,C_2H_6$$

$-197.35354 \quad -40.41828 \quad -79.64672\,(E_h\,\mathrm{mol}^{-1})$
$\qquad\qquad\qquad -17.9 \quad\quad -20.1 \quad (\mathrm{kcal\,mol^{-1}})$

反応式のすぐ下の行の値は $\Delta_f H^{298}$ の計算値であり，その下の行は CH_4 と C_2H_6 の実測値である．

左辺においては，二つのアルカンで24個のC−H結合と4個のC−C結合がある．一方，右辺にもC−H結合は4×6＝24個，C−C結合は4×1＝4個存在する．両辺で結合の種類とそれらの個数が等しいので，この反応はアイソデスミック反応である．この問題で未知の値は t-ブチルメタンの $\Delta_f H^{298}$ である．

一方，反応エンタルピーの計算値 $\Delta_r H^{298}$ はつぎのように求まる．

$$\begin{aligned}\Delta_r H^{298} &= 4 \times (-79.64672) - (-197.35354) \\ &\quad - 3 \times (-40.41828) \\ &= 0.02150\ E_h\,\text{mol}^{-1} = 13.49\ \text{kcal mol}^{-1} \\ &= 56.44\ \text{kJ mol}^{-1}\end{aligned}$$

このエンタルピー変化を使うと，メタンとエタンに対する実測値 $\Delta_f H^{298}$ から未知の $\Delta_f H^{298}$（t-ブチルメタン）をつぎのようにして求めることができる．

$$\begin{aligned}\Delta_r H^{298} &= 4\,\Delta_f H^{298}(\text{エタン}) - \Delta_f H^{298}(t\text{-ブチルメタン}) \\ &\quad - 3\,\Delta_f H^{298}(\text{メタン}) \\ 13.5 &= 4 \times (-20.1) - \Delta_f H^{298}(t\text{-ブチルメタン}) \\ &\quad - 3 \times (-17.9) \\ \Delta_f H^{298}(t\text{-ブチルメタン}) &= -40.2\ \text{kcal mol}^{-1} \\ &= -168.2\ \text{kJ mol}^{-1}\end{aligned}$$

実測値は $-39.9\ \text{kcal mol}^{-1} = -166.9\ \text{kJ mol}^{-1}$ である．

［補足］ここまで，アイソデスミック反応は既知の実験値を再現するテストに使われてきただけであった．また，$n=2$ の化合物，つまりジ-t-ブチルメタンに対しても実験値との一致が良いことがわかっている．一方，$n=3$ のトリ-t-ブチルメタンについては実験データは未確定であり，論争中である．テトラ-t-ブチルメタンに至っては，非常に歪みが大きい化合物であり未だ合成されていないことから実験データは存在しない．著者の Cheng らは，この系列の4種の $\Delta_f H^{298}$ を求める計算を行い，ジ-t-ブチルメタンは $-59.2\ \text{kcal mol}^{-1}$，トリ-$t$-ブチルメタンは $-55.3\ \text{kcal mol}^{-1}$，テトラ-$t$-ブチルメタンは $-32.0\ \text{kcal mol}^{-1}$ であることを明らかにした．本例題は，既知の化合物を使って計算手法の正しさを検証し，実験が不可能である未知化合物への拡張の可能性を示したものである．

章末問題

21・1 塩素ガスとトルエンは暗所では反応しないが，Cl_2-トルエン混合物に光を当てると反応は起こる．この反応の機構を提案せよ．また，どういう実験をすればその提案が証明あるいは否定されるかについても答えよ．

21・2 1 bar，298 K の下でのメタン分子の数密度（1 m^3 当たりの分子数）は，理想気体と仮定すると $\rho = nN_A/V = pN_A/RT = 2.43 \times 10^{25}\ \text{m}^{-3}$ となる．衝突断面積が $5.3 \times 10^{-19}\ \text{m}^2$ であることがわかっており，メタン分子の平均速さは $<x> = (8RT/\pi M)^{1/2} = 628\ \text{m s}^{-1}$ と得られる．分子の衝突回数を求めよ．また，単位を含めて計算して，最終的な単位がまさに振動数の単位 s^{-1} であることも示すこと．　**ヒント**　速さ v で進む分子間の衝突における相対速度の平均は $\sqrt{2}\,v$ で与えられる．

21・3 G3（MP2）オプションを使用して計算を行い，つぎの二つの反応に対するBDE（結合解離エネルギー）を求めよ．

$$CH_2=CH-CH_3 \longrightarrow CH_2=\dot{C}H + \cdot CH_3$$
$$CH_2=CH-CH_2-CH_3 \longrightarrow CH_2=CH-\dot{C}H_2 + \cdot CH_3$$

また，これら二つの不飽和脂肪酸におけるフリーラジカル生成における BDE 間の差について，例題 21・1 の結果も合わせて，議論せよ．例題 21・1 からデータを借用してよい．

21・4 三つのコーヒーカップが垂直に上から A，B，C と並んでいる．A と B は底に穴が開いており，C には穴はないという．つぎのように A から出た液体は B へ，B から出た液体は C へ入るようになっている．

$$A \longrightarrow B \longrightarrow C$$

A の穴は B の穴よりわずかに大きい．A に 1 杯分のコーヒーを注ぐと，どうなるであろうか．

1) A，B，C の中における液体の深さを時間の関数として図示せよ．
2) A の穴を少し大きくしたとき，各液体の深さを時間の関数として図示せよ．
3) A の穴をもっと大きくしたとき，液体の深さを時間の関数として図示せよ．
4) この過程を繰返していくと，B の深さは究極的にどうなるか．

21・5 一酸化窒素 NO は成層圏のオゾンを破壊する．（成層圏における超音速ジェットの飛行は NO のレベルを高める心配があるため禁止されている．）この O_3 の分解反応の機構を提案せよ．

21・6 ヘリウム−ネオン・レーザーが発する光の波長

は1152 nm である．この波長の光子1モルのエネルギーを求めよ．

21・7 アセトン(g)に313 nmの光を当てると解離光化学反応が起こり，エタン(g)とCO(g)が生成する．総エネルギー200 Jの光を使って実験をしたとき，9.00×10^{-5} mol のアセトンが解離したという．量子効率を求めよ．

21・8 しばしば"温度を10度上げると，反応速度は倍になる"と言われる．温度変化が298 Kから308 Kとして，活性化エネルギーE_aを求めよ．この規則は一般性があるか答えよ．

付　表

　原著には付表はつけられていないが，読者の便宜を考慮して，原著者の許可を得て，追加することとした．付表には，本書には出てこない値も含まれていたり，数値に若干の違いがあるかもしれない．

1. 基本的物理定数

　基本的な物理定数の値をまとめて示す．

付表 1　基本的物理定数の値

物理量（記号）	数　値
アボガドロ定数 (N_A)	6.0221×10^{23} mol^{-1}
気体定数 (R)	8.3145 J K^{-1} mol^{-1}
重力加速度 (g)	9.8067 m s^{-2}
真空中の光速度 (c_0)	2.9979×10^8 m s^{-1}
真空の誘電率 (ε_0)	8.8542×10^{-12} F m^{-1}
中性子の静止質量 (m_n)	1.6749×10^{-27} kg
電気素量 (e)	1.6022×10^{-19} C
電子の静止質量 (m_e)	9.1094×10^{-31} kg
統一原子質量単位 (u)	1.6605×10^{-27} kg
ハートリー (E_h)	4.3597×10^{-18} J $= 27.211$ eV
	1 モルでは 2625.5 kJ mol^{-1} $= 627.51$ kcal mol^{-1}
ファラデー定数 (F)	9.6485×10^4 C mol^{-1}
プランク定数 (h)	6.6261×10^{-34} J s
$\hbar$ ($= h/2\pi$)	1.0546×10^{-34} J s
ボーア半径 (a_0)	0.52918×10^{-10} m $= 0.52918$ Å
ボルツマン定数 (k_B)	1.3807×10^{-23} J K^{-1}
陽子の静止質量 (m_p)	1.6726×10^{-27} kg
リュードベリ定数 (R_∞)	1.0974×10^7 m^{-1}

2. 熱力学的諸量表

gは気体，lは液体，sは固体，crは結晶，aqは水溶液を表す．本文に出てくる値と若干の違いがあるかもしれないことをあらかじめ断っておく．

付表 2　熱力学的諸量表

	$\Delta_f H°$ [kJ mol^{-1}]	$\Delta_f G°$ [kJ mol^{-1}]	$S°$ [J K^{-1} mol^{-1}]
C (s, 石墨)	0.0	0.0	5.7
C (s, ダイヤモンド)	1.9	2.9	2.4
CO (g)	−110.5	−137.3	197.9
CO$_2$ (g)	−393.5	−394.4	213.6
CO$_2$ (aq)	−412.9	−386.2	121.3
H$_2$ (g)	0.0	0.0	130.6
H$_2$ (aq)	−4.2	17.6	57.7
H$_2$O (l)	−285.8	−237.2	69.9
H$_2$O (g)	−241.8	−228.6	188.7
I$_2$ (g)	62.3	19.4	260.6
I$_2$ (cr)	0.0	0.0	116.7
N$_2$ (g)	0.0	0.0	191.5
N$_2$ (aq)	−10.5	18.1	95.4
NH$_3$ (g)	−46.2	−16.6	192.5
NH$_3$ (aq)	−80.3	−26.6	111.3
NO$_2$ (g)	33.9	51.8	240.5
N$_2$O$_4$ (g)	9.7	98.3	304.3
O$_2$ (g)	0.0	0.0	205.0
O$_2$ (aq)	−12.1	16.3	110.9
PCl$_3$ (l)	−319.7	−272.3	217.1
PCl$_3$ (g)	−287.0	−267.8	311.8
SO$_3$ (g)	−395.7	−371.1	256.8
エタノール (l)	−277.0	−174.2	161.0
α-D-グルコース (cr)	−1274.4	−910.6	212.1
α-D-グルコース (aq)	−1263.1	−914.5	264.0
L(+)-乳酸 (cr)	−694.0	−523.3	143.5
L(+)-乳酸 (aq)	−686.2	−538.8	221.8
メタン (g)	−74.9	−50.8	186.2
エタン (g)	−84.7	−32.9	229.5
ベンゼン (g)	82.9	129.7	269.2
ベンゼン (l)	49.0	172.8	124.5
メタノール (g)	−201.2	−146.6	186.2
メタノール (l)	−238.7	−166.3	126.8
メタノール (aq)	−245.9	−175.2	132.3

3. 25 °C における標準還元電位

付表 3 25 °C における標準還元電位

還元半反応			$E°$ [V]
(強い酸化剤)			
F_2	$+ 2e^-$	$\longrightarrow$ $2F^-$	$+2.87$
$S_2O_8^{2-}$	$+ 2e^-$	$\longrightarrow$ $2SO_4^{2-}$	$+2.05$
Au^+	$+ e^-$	$\longrightarrow$ Au	$+1.69$
Pb^{4+}	$+ 2e^-$	$\longrightarrow$ Pb^{2+}	$+1.67$
Ce^{4+}	$+ e^-$	$\longrightarrow$ Ce^{3+}	$+1.61$
$MnO_4^- + 8H^+$	$+ 5e^-$	$\longrightarrow$ $Mn^{2+} + 4H_2O$	$+1.51$
Cl_2	$+ 2e^-$	$\longrightarrow$ $2Cl^-$	$+1.36$
$Cr_2O_7^{2-} + 14H^+$	$+ 6e^-$	$\longrightarrow$ $2Cr^{3+} + 7H_2O$	$+1.33$
$O_2 + 4H^+$	$+ 4e^-$	$\longrightarrow$ $2H_2O$	$+1.23$
			$+0.81$ (pH = 7)
Br_2	$+ 2e^-$	$\longrightarrow$ $2Br^-$	$+1.09$
Ag^+	$+ e^-$	$\longrightarrow$ Ag	$+0.80$
Hg_2^{2+}	$+ 2e^-$	$\longrightarrow$ $2Hg$	$+0.79$
Fe^{3+}	$+ e^-$	$\longrightarrow$ Fe^{2+}	$+0.77$
I_2	$+ 2e^-$	$\longrightarrow$ $2I^-$	$+0.54$
$O_2 + 2H_2O$	$+ 4e^-$	$\longrightarrow$ $4OH^-$	$+0.40$
			$+0.82$ (pH = 7)
Cu^{2+}	$+ 2e^-$	$\longrightarrow$ Cu	$+0.34$
$AgCl$	$+ e^-$	$\longrightarrow$ $Ag + Cl^-$	$+0.22$
$2H^+$	**$+ 2e^-$**	**$\longrightarrow$ H_2**	**0 (定義)**
Fe^{3+}	$+ 3e^-$	$\longrightarrow$ Fe	-0.04
$O_2 + H_2O$	$+ 2e^-$	$\longrightarrow$ $HO_2^- + OH^-$	-0.08
Pb^{2+}	$+ 2e^-$	$\longrightarrow$ Pb	-0.13
Sn^{2+}	$+ 2e^-$	$\longrightarrow$ Sn	-0.14
Cd^{2+}	$+ 2e^-$	$\longrightarrow$ Cd	-0.40
Fe^{2+}	$+ 2e^-$	$\longrightarrow$ Fe	-0.44
Zn^{2+}	$+ 2e^-$	$\longrightarrow$ Zn	-0.76
$2H_2O$	$+ 2e^-$	$\longrightarrow$ $H_2 + 2OH^-$	-0.83
			-0.42 (pH = 7)
Al^{3+}	$+ 3e^-$	$\longrightarrow$ Al	-1.66
Mg^{2+}	$+ 2e^-$	$\longrightarrow$ Mg	-2.36
Na^+	$+ e^-$	$\longrightarrow$ Na	-2.71
Ca^{2+}	$+ 2e^-$	$\longrightarrow$ Ca	-2.87
K^+	$+ e^-$	$\longrightarrow$ K	-2.93
Li^+	$+ e^-$	$\longrightarrow$ Li	-3.05
(強い還元剤)			

章末問題の解答[*]

第1章
1·1　8.64 dm³
1·7　H₂ が 92.7 %，D₂ が 7.3 %
1·9　0.0798 m³
1·11　分子量 32，つまり O₂
1·13　3.72 kJ mol⁻¹
1·15　515 m s⁻¹
1·17　61.1 dm³

第2章
2·1　17.9 dm³
2·4　$b = V_c/3$
2·8　−1.641 dm³ mol⁻¹，$Z = 0.944$
2·10　$p = 79$ bar，$pV = 24.38$ bar dm³

第3章
3·1　$\dfrac{2}{3}$
3·3　速さ 19.8 m s⁻¹，運動エネルギー 3.92 kJ
3·5　5.46 J cal⁻¹
3·7　329 K
3·11　25.08 ℃

第4章
4·1　2.39×10^{-4} K
4·3　−874.1 kJ mol⁻¹
4·5　−5511 kJ mol⁻¹
4·9　398 K では −96.6 kJ mol⁻¹，0 K では理論的には −79.0 kJ mol⁻¹

第5章
5·1　31 kJ mol⁻¹
5·3　11.5 J K⁻¹
5·5　ほとんど変化はない．
5·7　1.24 J K⁻¹ mol⁻¹
5·9　(a) 22.0 J K⁻¹ mol⁻¹，(b) 109 J K⁻¹ mol⁻¹

(c) 気相状態は液相状態よりはるかに乱雑さが大きい．一方，液相状態は固相状態より少ししか乱雑さは大きくない．したがって，(b) の蒸発エントロピーのほうが，(a) の融解エントロピーより大きくなる．

第6章
6·4　−334.1 kJ mol⁻¹
6·5　88 J K⁻¹ mol⁻¹ × T_b
6·6　2.3 J K⁻¹ mol⁻¹
6·9　46.5 J K⁻¹ mol⁻¹
6·11　−893 kJ mol⁻¹

第7章
7·3　3.46 kJ mol⁻¹
7·5　$\Delta_r H° = -90$ kJ mol⁻¹，$\Delta_r S° = -49$ J K⁻¹ mol⁻¹
7·7　2.0 kJ mol⁻¹

第8章
8·1　A: 62.3 %，B: 37.7 %，1.65 倍
8·2　8.15 pm
8·5　$\Lambda(\text{I}) = 4.34$ pm，$\Lambda(\text{I}_2) = 3.07$ pm
8·7　$Q_{\text{trans}}^{1000}(\text{I}) = 6.974 \times 10^{32}$，$Q_{\text{trans}}^{1000}(\text{I}_2) = 1.972 \times 10^{33}$
8·8　4.5
8·9　1.30×10^{-3}

第9章
9·1　(a) 2，(b) 3
9·5　278.6 K
9·7　図 9·10 において，共融点 P が自由度 0，曲線 MP および NP 上が 1，曲線 MPN より上が 2．
9·9
△○

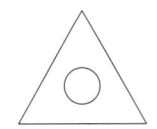

---

[*] 訳注: 原則的には，原著どおりに奇数番の問題の正解を示すが，原著の問題には一部欠番が存在していたり，解答に科学計算ソフトウェアが必須となる場合もあるので，バランスを考えて偶数番の問題の正解を示すこともある．

第 10 章

10・1 半減期 20 分，速度定数 3.46×10^{-2} min^{-1}

10・3 2 倍になる時間 = 2 年，$k = 0.346$ y^{-1}，$A = 12$，$P(10) = 384$

10・5 4.5×10^3 y

10・9 二次反応，2.1 (mol dm^{-3})$^{-1}$ s^{-1}

第 11 章

11・1 球の表面積 = 4.84，立方体の表面積 = 6，前者のほうが約 19 % 小さい．

11・3 2.40 Å

11・5 8

11・7 (a) 12.3，(b) 8.38，(c) 充填率 0.681

第 12 章

12・1 (a) 10.00 %，(b) 0.1711 mol，(c) 1.901 mol kg^{-1}，(d) 温度の指定がなく，密度も不明だから答えられない．(e) 93.37 cm^3，(f) 1.833 mol dm^{-3}

12・4 1.86 K kg mol^{-1}

12・7 50 g mol^{-1}

12・10 158 g mol^{-1}

第 13 章

13・1 -54.8 kJ mol^{-1}

13・3 59 ng

13・5 (a) 伝導率 5.85×10^7 Ω^{-1} m^{-1}，銅線のコンダクタンス 45.9 Ω^{-1}，(b) 368 Ω^{-1}

13・7 (a) 55.35 mol dm^{-3}，(b) 1.81×10^{-9}，(c) 1.01×10^{-14}，(d) 1.00×10^{-7} mol dm^{-3}

13・9 270.9×10^{-4} Ω^{-1} m^2 mol^{-1}

13・11 1.23 V

第 14 章

14・1 (a) Cu(s) が正極，(b) 0.74 V

14・3 5×10^{-13}

14・6 $\Delta_r G = -148$ kJ mol^{-1}，$K_{eq} = 8.8 \times 10^{25}$（還元は可能）

14・7 pH = 5.6（若干酸性）

第 15 章

15・1 4.569×10^{14} Hz，3.028×10^{-19} J，1.524×10^4 cm^{-1}

15・3 $v_0^2 / 2g$

15・4 (a) -3，(b) 0

(c) 暗算で計算を行うには，余因子を使って展開すると

$$\begin{vmatrix} 1 & 2 & 3 \\ 4 & 5 & 6 \\ 7 & 8 & 9.1 \end{vmatrix} = \begin{vmatrix} 5 & 6 \\ 8 & 9.1 \end{vmatrix} - 2\begin{vmatrix} 4 & 6 \\ 7 & 9.1 \end{vmatrix} + 3\begin{vmatrix} 4 & 5 \\ 7 & 8 \end{vmatrix}$$

となるので (b) と比べると，右辺第 1 項と 2 項のみ異なってくる．その差から，$5 \times 0.1 - 2 \times 4 \times 0.1 = -0.3$ が得られる．

15・7 ヒント 積の微分は $(fg)' = f'g + fg'$ を使えばよい．

第 16 章

16・1 被積分関数 xe^{-x^2} が原点対称であるから，積分はゼロとなる．

$$y = \int_{-\infty}^{\infty} xe^{-x^2}\,dx = 0$$

16・4 (a) $v = e/\sqrt{(4\pi\varepsilon_0)mr}$，(b) 2.187×10^6 m s^{-1}

(c) $[v] = \dfrac{C}{\sqrt{C^2 s^2 kg^{-1} m^{-3} kg\,m}}$

$= \dfrac{C}{\sqrt{C^2 s^2 m^{-2}}} = \dfrac{C}{C s m^{-1}} = $ m s^{-1}

(d) 光の速度を超えてしまうから．

16・5 $A = \sqrt{\dfrac{2}{a}}$

16・6 振り子

16・9 0.091

第 17 章

17・1 (a) -2，(b) 1，(c) $x^2 - 1$，(d) 0，(e) 1

17・3 (a) 2.222×10^{-5} cm，(b) 2.222×10^{-7} m，

(c) 2.222×10^2 nm，(d) 2.222×10^5 pm，

(e) 2.222×10^3 Å，(f) 1.349×10^{15} Hz，

(g) 8.940×10^{-19} J

17・5 7.721×10^{-18} J，紫外線

17・7 $\begin{vmatrix} 1s(1)\alpha(1) & 1s(1)\beta(1) \\ 1s(2)\alpha(2) & 1s(2)\beta(2) \end{vmatrix}$ 規格化因子は $\dfrac{1}{\sqrt{2}}$

17・9 -77.5 eV，2.0 %

第 18 章

18・1 6.642×10^{-20} J

18・3 $k_f = 4\pi^2 c^2 \bar{\nu}^2 m$ となるので，単位は $[k_f] = $ (m s^{-1})^2 m^{-2} kg = (kg m s^{-2}) m^{-1} = N m^{-1}

18・5 2143 cm^{-1}，1855 N m^{-1}

18・6 113 pm

18・9 8.47 D

18・11 1.43 D，1.93×10^{-33} cm^3 mol^{-1}

18·13 CH₃COCH₃ (with C=O double bond on middle C)

第 19 章

19·1 (a) -168 kJ mol^{-1}, (b) -7 kJ mol^{-1}

19·2 0.967 Å

19·3 105°

19·5 原子座標データの前に制御データも加えて示すと,このページの下の図のようになる.コロンの左は行番号である.

19·7 $-132.7 \text{ kJ mol}^{-1}$

第 20 章

20·1 $E = \dfrac{\langle \Psi | \hat{H} | \Psi \rangle}{\langle \Psi | \Psi \rangle} = \dfrac{n^2 h^2}{8ml^2}$

20·2 つぎに示すような二つのコンホーマー(配座異性体)が存在し,それぞれトランス配座とゴーシュ配座とよばれる.両者における Cl–Cl 距離は異なってくる.当然,エネルギーは違ってくる.

トランス配座　　ゴーシュ配座

20·3 縮退度は,下から 1, 2, 1, 2 となる.

20·4 1.13×10^{-18} J, 176 nm, 可視光線ではなく,紫外線である.

20·7 (a) 分子イオンのエネルギー UHF = -2.8874 E_h で,He$^+$($-2.0000\, E_\text{h}$) と H($-0.5000\, E_\text{h}$) の和 ($-2.5000\, E_\text{h}$) よりも小さいので,存在しうる.

(b) 二原子分子イオンのエネルギー UHF = $-4.8708\, E_\text{h}$ で,He$^+$($-2.0000\, E_\text{h}$) と He($-2.8357\, E_\text{h}$) の和($-4.8357\, E_\text{h}$)よりもわずかに小さい.しかし,実は差 $0.0351\, E_\text{h} = 92.1 \text{ kJ mol}^{-1}$ であり,かなり大きいと言えるので,存在しうる.

(c) 分子のエネルギーは HF = $-5.6714\, E_\text{h}$ で,He($-2.8357\, E_\text{h}$) の 2 倍に等しい.安定化は得られないので,存在しえない.

(d) LiH 分子のエネルギーは HF = $-7.9298\, E_\text{h}$ で,Li($-7.3815\, E_\text{h}$) と H($-0.5000\, E_\text{h}$) の和($-7.8815\, E_\text{h}$) よりもわずかに小さい.しかし,差 $0.0483\, E_\text{h} = 126.8 \text{ kJ mol}^{-1}$ であり,かなり大きいと言えるので,存在しうる.水素化リチウム LiH は有機化学で還元剤としてしばしば使用される.

第 21 章

21·1 考えられる反応機構は,ラジカル反応である.つぎのような連鎖開始ステップでラジカルが生成され

$$\text{Cl}_2 + h\nu \longrightarrow 2\,\text{Cl}\cdot$$

これに続いて,つぎに示す連鎖成長ステップが起こる.

$$\text{Cl}\cdot + \text{PhCH}_3 \longrightarrow \text{HCl} + \text{PhCH}_2\cdot$$
$$\text{PhCH}_2\cdot + \text{Cl}_2 \longrightarrow \text{PhCH}_2\text{Cl} + \text{Cl}\cdot$$

これらのステップは連鎖反応の中心となるものである.連鎖停止ステップはつぎのような反応である.

$$2\,\text{Cl}\cdot \longrightarrow \text{Cl}_2$$

```
 1:    Ethene                                                    6
 2:    1                      4                                  1
 3:    1    2    0    0    0    0    0    0    0    0    0
 4:    1    3    2    4    1    5    2    6
 5:   -0.5   0.0   0.0   2
 6:    0.5   0.0   0.0   2
 7:   -1.5   0.5   0.0   5
 8:    1.5   0.5   0.0   5
 9:   -1.5  -0.5   0.0   5
10:    1.5  -0.5   0.0   5
```

図　問題 19·5 の入力ファイル.1 行目はタイトルと 65 桁目の 6 は原子数.2 行目の 1(骨格原子同士の結合 C–C の数)と 4(C–H の数)は,結合している原子対の数を指定し,65 桁目の 1 は標準生成エンタルピーを計算することを指定している.3～4 行目は結合している原子対の指定.5～10 行目が原子座標データ*.単位は Å.

---

* 訳注: 初めの座標は,この程度の粗いもので構わない.

$$\text{PhCH}_2\cdot + \text{Cl}\cdot \longrightarrow \text{PhCH}_2\text{Cl}$$
$$2\,\text{PhCH}_2\cdot \longrightarrow \text{PhCH}_2\text{CH}_2\text{Ph}$$

この反応機構の正しさを証明するには，混合物の中に PhCH$_2$CH$_2$Ph が存在することを確認すればよい．

21・2 1.1×10^{10}

21・3 計算をしてみると，CH$_2$=CH−CH$_3$ の BDE は 419.3 kJ mol^{-1}，CH$_2$=CH−CH$_2$−CH$_3$ の BDE は 310.6 kJ mol^{-1} であることがわかる．例題 21・1 の飽和脂肪酸の場合の 370 kJ mol^{-1} と比較すると，二重結合が隣にある前者の場合の C−C 結合は強められ，後者の場合の C−C 結合は弱められていることがわかる．

21・6 104 kJ mol^{-1}

21・7 0.172

21・8 52.9 kJ mol^{-1}，もちろん一般的に成立する法則ではない．温度と $\Delta_a H$ の組合わせにより，偶然に成立する場合もある．

参 考 文 献

Allinger, N. L. 2010. "Molecular Structures", John Wiley & Sons, Hoboken NJ.
Allinger, N. L.; Chen, K.; Lii, J.-H. 1996. *J. Comp. Chem.* **17**, 642−668.
Atkins, P. W. 1998. "Physical Chemistry", 6th ed., Freeman, New York.
Atkins, P. W.; Friedman, R. S. 1997. "Molecular Quantum Mechanics", 3rd ed., Oxford, New York.
Barrante, J. R. 1998. "Applied Mathematics for Physical Chemistry", 2nd ed., Prentice-Hall, Englewood Cliffs, NJ.
Barrow, G. M. 1996. "Physical Chemistry", 6th ed., WCB/McGraw-Hill, New York.
Becke, A. D. 1933. *J. Chem. Phys.* **98**, 1372−1377, 5648−5652.
Bohr, N. 1913. *Philos. Mag.* **26**, 1−25.
Born, M.; Heisenberg, W.; Jordan, P. 1926. *Z. Phys.* **35**, 557−615.
Cheng, M. F.; Li, W.-K. 2003. *J. Phys. Chem. A* **107**, 5492−5498.
Cohen, N.; Benson, S. W. 1993. *Chem. Rev.* **93**, 2419−2438.
"CRC Handbook of Chemistry and Physics", 2008−2009, 89th ed., Lide, D. R.; ed., CRC Press, Boca Raton, FL.
Curtiss, L. A., et al. 1999. *J. Chem. Phys.* **110**, 4703−4709.
De Broglie, L. 1924. Thesis, Paris. 1926. *Ann. Phys.* **3**, 22. Pauling, L.; Wilson, E. B. 1935. "Introduction to Quantum Mechanics", McGraw-Hill, New York. Reprinted 1963, Dover, New York も参照.
Ebbing, D. D.; Gammon. S. D. 1999. "General Chemistry", 6th ed., Houghton Mifflin, Boston.
Eğe, S. N. 1994. "Organic Chemistry; Structure and Reactivity", 3rd ed., D. C. Heath, Lexington, MA.
Eyring, H. 1935. *J. Chem. Phys.* **3**, 107−115.
Fock, V. 1930. *Z. Phys.* **61**, 126−148.
Gibson, D. G., et al. 2010. *Science* **329**, 52−56.
Hammes, G. G., 2007. "Physical Chemistry for the Biological Sciences", John Wiley & Sons, Hoboken, NJ.
Hartree, D. R. 1928. *Proc. Cambridge Philos. Soc.* **24**, 89−111, 111−132.
Hehre, W. 2006. "Computational Chemistry", in Engel T., "Quantum Chemistry and Spectroscopy", Pearson-Benjamin Cummings, New York.
Hehre, W. J., et al. 1970. *J. Am. Chem. Soc.* **92**, 4796−4801.
Heisenberg, W. 1925. *Z. Phys.* **33**, 879−893.
Heitler, W.; London, F. 1927. *Z. Phys.* **44**, 455−472.
Henry, W. 1803. "Philsophical Transactions of the Royal Society".
Houston, P. L. 2006. "Chemical Kinetics and Reaction Dynamics", Dover Publications, Mineola, New York.
Irikura, K. K. 'Essential Statistical Thermodynamics in Computational Thermochemistry', in Irikura, K. K.; Furrip, D. J., eds. 1998. "Computational Thermochemistry", American

Chemical Society, Washington, D.C.

Kistiakowsky, G. B., et al. 1935. *J Am. Chem. Soc.* **57**, 65-75.

Klotz, I. M.; Rosenberg, R. M. 2008. "Chemical Thermodynamics. Basic Theory and Methods", 7th ed., J. Wiley Interscience, New York.

Kondepudi, D.; Prigogine, I. 1998. "Modern Thermodynamics: From Heat Engines to Dissipative Structures", John Wiley & Sons, New York.

Laidler, K. J.; Meiser, J. H. 1999. "Physical Chemistry", 3rd ed., Houghton Mifflin, Boston.

Lee, C. et al. *Phys. Rev.* **37**, 785-789.

Levine, I. N. 2000. "Quantum Chemistry", 5th ed., Prentice-Hall, New York.

Levine, I. 2000. Physical Chemistry", 6th ed. McGraw-Hill Inc., New York.

Lewis, G. N.; Randall, M., revised by Pitzer K. S.; Brewer, L. 1961. "Thermodynamics", 2nd ed., McGraw-Hill, New York.

Maczek, A. 1998. "Statistical Thermodynamics", Oxford Science, New York.

McQuarrie, D. A. 1983. "Quantum Chemistry", University Science Books, Mill Valley, CA.

McQuarrie, D. H.; Simon, J. D. 1997. "Physical Chemistry: A Molecular Approach", University Science Books, Sausalito, CA.

Metiu, H. 2006. "Physical Chemistry", Taylor and Francis, New York.

Moeller C.; Plesset, M. S. 1934. *Phys. Rev.* **46**, 618-622. Cramer, C. J. 2004. "Computational Chemistry", 2nd ed., John Wiley & Sons, Hoboken NJ も参照.

Nash, L. K. 2006. "Elements of Statistical Thermodynamics", 2nd ed. Dover Publications, Mineola, New York.

Nevins, N.; Chen, K.; Allinger, N. L. 1996a. *J. Comp. Chem.* **17**, 669-694.

Nevins, N.; Lii, J.-H.; Allinger, N. L. 1996b. *J. Comp. Chem.* **17**, 695-729.

Pauling, L.; Wilson, E. B. 1935. "Introduction to Quantum Mechanics", McGraw-Hill, New York. Reprinted 1963, Dover Publications, New York.

Petersson, G. A. 1998. 'Complete Basis Set Thermochemistry and Kinetics', in Irikura, K. K.; Furrip, D. J., eds., "Computational Thermochemistry", American Chemical Society, Washington, D.C.

Petersson, et al. 1991. *J. Chem. Phys.* **94**, 6081-6090, 6091-6101.

Pitzer, K. S.; Brewer, L. Revision of Lewis, G. N.; Randall, M. 1961. "Thermodynamics", 2nd ed., McGraw-Hill, New York.

Planck, M. 1901. *Ann. Phys.* **4**, 553-563; 717-727. Kuhn, T. S. 1978. "Black Body Theory and the Quantum Discontinuity 1894-1912", The University of Chicago Press, Chicago; and Oxford, New York も参照.

Pople, J. A. 1999. Nobel Lectures. *Rev. Mod. Phys.* **71**, 1267-1274.

Rioux, F. 1987. *Eur. J. Phys.* **8**, 297-299.

Rogers, D. W., et al. 2003. *Org. Lett.* **5**, 2373-2375.

Rogers, D. W. 2005. "Einstein's **Other** Theory. The Planck-Bose-Einstein Theory of Heat Capacity", Princeton University Press, NJ.

Rogers, D. W.; Zavitsas, A. A.; Matsunaga, N. 2005. *J. Phys. Chem. A* **109**, 9169-9173.

Rogers, D. W.; Matsunaga, N.; Zavitsas, A. A. 2006. *J. Org. Chem.* **71**, 2214-2219.

Rogers, D. W.; Zavitsas, A. A.; Matsunaga, N., 2009. *J. Phys. Chem. A* **113**, 12049-12055.

Rosenberg, R. M.; Peticolas, W. L. 2004. *J. Chem. Ed.* **81**, 1647-1652.

Schrödinger, E. 1925. *Z. Phys.* **33**, 879.

Schrödinger, E. 1926. *Ann. Phys.* **79**, 361, *Ann. Phys.* **79**, 734.
Silbey, R. J. et al. 2005. "Physical Chemistry", 4th ed., John Wiley & Sons, Hoboken NJ.
Slater, J. C. 1930. *Phys. Rev.* **35**, 210-211.
Steiner, E. 1996. "The Chemistry Maths Book", Oxford Science Publications, NY.
Streitwieser Jr., A. 1961. "Molecular Orbital Theory", John Wiley & Sons, Hoboken NJ.
Treptow, R. S. 2010. *J. Chem. Ed.* **87**, 168-171.
Uhlenbeck, G. E.; Goudsmit, S. 1925. *Naturwissenschaften* **13**, 953-954.
Webbook.nist.gov
Zavitsas, A. A. 2001. *J. Chem. Ed.* **78**, 417-419.
Zavitsas, A. A.; Rogers, D. W.; Matsunaga, N. 2008. *J. Phys. Chem. A* **112**, 5734-5741.
Zewail, A. H. 1994. "Femtochemistry: Ultrafast Dynamics of the Chemical Bond", Vols.1 and 2, World Scientific, Singapore.

索　引

あ

アイソデスミック反応　192, 196
アイリング理論　193
アインシュタインの法則　190
アセトニトリル　85
アセトン　105
圧縮率因子　11
圧力分率　3
アノード　112, 119
ab initio 法　176
アボガドロの法則　3
α粒子　77
アレニウスの式　84, 195
アンサンブル　4
安定度定数　121
アンモニア　104

い

ESR　161
esu　159
イオン移動度　111
イオン化エネルギー　147
イオン活量　113
イオン化ポテンシャル　147, 152
イオン間距離　95
イオン伝導率　112
イオン透過膜　109
イオン独立移動の法則　111
位置エネルギー　19
一次反応　78
一次反応の速度則　77
一重置換軌道　185
一酸化炭素　161
逸散度　48
移動度　112
陰　極　113, 119

う，え

運動エネルギー　4
運動エネルギー演算子　134
運動の第二法則　154

永久機関　21
永久双極子モーメント　158
永年行列式　143
液相線　72
液　体　88
液体膜　89

か

SCF　130, 147, 152
SCF エネルギー　151
SCF 変分法　147
STO　150, 151, 153
STO-2G 基底関数系　178
エタン　157, 167
X 線回折　92
X 線結晶学　92
X 線結晶解析　94
ATP の生成　56
ATP の分解　57
NMR　159
NDO　176
NDDO　176
エネルギー　24
エネルギー準位　125, 145, 155, 156
エネルギーの量子化　125
MRI　161
MM　164
MM パラメーター　166
MKSA 単位　1
MP2　185
MP4　185
LS カップリング　152
エルミート演算子　144
塩化銀　121, 123
塩化水銀　122
塩　橋　117
演算子　126
エンタルピー　24, 35, 46, 68, 70, 95, 98,
　　　　　　　164, 166, 168, 183
エントロピー　39, 60, 70, 98, 46
エントロピー変化　41

お

オイラーの交換関係式　20
オゾン　82
オゾン層　191
オゾンホール　83
オービタル　127
オービット　127
オブザーバブル　135
オームの法則　108
親核種　77

か

外　界　22
開始反応　81
回転運動　62
回転エネルギー　156
回転共鳴振動数　61
回転スペクトル　156

回転定数　61, 156
回転分配関数　61, 162
解離定数　67, 111
Gaussian　146
ガウス型基底関数系　177
ガウス関数　146
ガウス分布　4
化学結合　143, 173
化学シフト　160
化学電池　108, 117
化学反応　43
化学反応論　190
化学ポテンシャル　46, 51, 55, 67, 70, 100,
　　　　　　　　108, 117
化学量論係数　52
可逆過程　23
可逆遷移　23
可逆反応　80
角運動量　152
核磁気共鳴　159
角度因子　139
確　率　60
確率因子　85
確率分布　4
確率密度　5
重なり　141
過酸化　191
過剰関数　70
加成性　34
仮想軌道　185
カソード　112, 119
活性化エネルギー　83, 190
活性化エンタルピー　83, 194
活性化エントロピー　195
活性化障壁　84, 194
活性錯体　84, 85, 195
活　量　53, 66, 100, 109
活量係数　100, 105, 109
価電子　181
加　熱　41
GAMESS　180, 187
ガラス電極　120, 122
カルノー（Sadi Carnot）　39
カルノー機関　39
ガルバニの実験　117
カロメル　122
カロメル電極　120, 122
カロリー　30
還　元　119
還元電位　118
換算圧力　15
換算温度　15
換算質量　156
換算体積　15
換算変数　15
干　渉　92
慣性モーメント　156
完全系　66

索引

完全微分 19

き

規格化 138
規格化因子 150, 174
基準状態 31, 95
気相線 72
期待値 143
気体定数 1
基底関数 174
軌道角運動量 152
希薄溶液 101
ギブズ（J. Willard Gibbs）43
ギブズ関数 43
ギブズ（自由）エネルギー 43, 46, 51, 59, 70, 80, 98, 119
ギブズ状態関数 46
ギブズの化学ポテンシャル 70
ギブズの相律 71
ギブズ-ヘルムホルツの式 49, 53
擬平衡 195
擬平衡定数 195
基本波 133
逆転温度 25
逆ラプラス変換 79
球面調和関数 139
境界条件 133
凝固点降下 102
凝固点降下定数 102
凝縮 72
凝縮相 88
共存曲線 67
強電解質 110
共沸混合物 73
共鳴振動数 155
共有結合 94
共有結合半径 94
共融混合物 73
共融点 73
極性分子 159
極大沸点 73
極板 108
均等開裂 192

く，け

GUI 167
空間 5
組込みパラメーター 178
クラウジウス（Rudolf Clausius）39
クラウジウス-クラペイロンの式 68, 101
グレアムの流出の法則 3
クロロフルオロカーボン化合物 83

系 22, 135
経験的な状態方程式 10
蛍光 190
計算統計熱力学 63
計算動力学 85
計算熱化学 54
経路非依存性 23

結合エンタルピー 164
結合解離エンタルピー 192, 196
結合距離 157, 161
結合性軌道 174
結合の強さ 157, 161
結合モーメント 159
結晶 91
結晶系 94
決定係数 12
原子 143
原子オービタル 127
原子化 165
原子価論 128
原子軌道 137
原説 154, 159
原子単位 130
原子半径 95

こ

コア電子 181
光化学 190
光化学反応 190
光学活性 194
光学反転 194
交換関係式 20
交差項 167
抗酸化剤 191
光子 190
格子エネルギー 95
構成原理 150
構造最適化 169
高調波 133
極小化 145
固体 88
古典的分子モデリング 164
固有関数 134
固有値 134
固有ベクトル 134
固有方程式 134
孤立系 22
コールラウシュ（Friedrich W. G. Kohlrausch）110
コールラウシュの法則 110
混合 42
混合気体 55
コンダクタンス 109, 112
コンホメーション 165

さ

最適化 145
最適化パラメーター 145
最密充塡 94
最密充塡構造 91
最密充塡単位格子 97
酸化 119
酸化還元反応 119
三斜晶系 94
三重点 68
酸素 182
酸素原子 153

酸素ボンベ熱量測定法 37
三方晶系 94

し

CIS 185
CID 185
GAMESS 180, 187
CNDO 176
紫外線 83
時間の矢 40
示強変数 3, 46
ジクロロエテン 159
仕事 19
自己無撞着場 130
示差走査熱量測定法 36
脂質の過酸化 191
次数 82
実効濃度 53
実効分子量 16
実在気体 10
実在溶液 99
質量モル濃度 105
自動酸化 191
自発的過程 42
弱電解質 110, 111
遮蔽 148, 160
遮蔽定数 150, 151
斜方晶系 94
シャルルの法則 1
自由電子モデル 157
充塡率 93
自由度 13, 66, 71
自由波 133
重力場 23
縮退 58
縮退度 5, 137, 139
ジュール-トムソン係数 25
ジュール-トムソン効果 25
ジュール-トムソンの実験 25
ジュールの実験 25
シュレーディンガー（Erwin Schrödinger）35, 125
シュレーディンガー方程式 35, 126, 134
純水の解離定数 66
蒸気圧 74, 98, 100
蒸気圧降下 102
詳細釣合いの原理 81
状態関数 22, 126
状態ベクトル 126
状態方程式 2
状態量 22
状態和 6, 162
衝突理論 84
蒸発エンタルピー 74
常微分 20
蒸留 72
ショ糖 106
示量変数 3, 46
伸縮エネルギー 166
浸透 102
浸透圧 102
振動運動 62
振動周波数 61
振幅 134

す

水素化反応　32
水素原子　138, 145
水素原子スペクトル　125
水素原子のエネルギー　145
水素電池　123
水素半電池　118, 123
水素分子　179
水素分子イオン　173
水素類似原子　129
水素類似原子の波動関数　139
水和数　104
スカラー　4
スクリプト　186
スクロース　106
ストップトフロー装置　82
スピン　128, 149
スピン角運動量　152
スピン軌道　185
スピン－軌道カップリング　152
スピン－スピンカップリング　160
スレーター（John C. Slater）　128
スレーター型軌道　148, 150, 151, 153
スレーター行列式　128, 175, 149
スレーターの規則　151

せ

正極　119
制限ハートリー－フォックエネルギー　180
生成エンタルピー　30
生成ギブズ自由エネルギー　46
成長反応　81
静電単位　159
静電容量　157
成分　66
正方晶系　94
節　136
絶縁体　108
摂動法　185
節面　141
ゼロ次近似　147
遷移状態　169
前期量子論　125, 126
閃光光分解法　82
前指数因子　84
線スペクトル　125
線積分　21, 28
選択律　156
全モル伝導率　112
全モル伝導率　158
占有数　5
占有率反転　192

そ

相　66
相関エネルギー　185
双極子　158
双極子モーメント　157, 162

相殺的干渉　92
層状スリーブ管　90
相図　68, 71, 73, 75
相滴定　74
相転移　72
相分離　72
相律　66
束一的性質　104
速度式　77, 82
速度定数　80
束縛波　133
存在確率密度　137

た

対応状態　13
対応状態の法則　15
対称数　62
体心単純立方格子　97
体心立方充填構造　94
ダイヤモンド　89
タイライン　72
多次元空間　5
多体摂動項　185
多電子原子系　141
多電子波動関数　175
ダニエル電池　117
単位　1
単位格子　93
単斜晶系　94
短縮ガウス型軌道　179
単純正方単位格子　97
単純立方格子　94, 97
断熱過程　24
断熱仕事　27
断熱膨張　27

ち，つ

力の定数　154
置換基エンタルピー　164
中心力場近似　128
超空間　5
張力　88
超臨界流体　14
調和振動子　61, 154
直方晶系　94
直交性　141
追随イオン　112
つじつまの合う場　130, 147
強め合い干渉　92

て

定圧熱容量　24
定圧モル熱容量　26
DFT　186
抵抗　108
抵抗率　109
停止反応　81
定常状態　195

定常状態近似　81
定常状態平衡　195
ディフューズ関数　182
定容熱容量　24
定容モル熱容量　26
ディラック（Paul Dirac）　126
ディラック記法　126
デカルト座標　5
熱的死　40
デバイ（Peter J. W. Debye）　44, 159
デバイ－ヒュッケルの極限則　114, 121
電圧　108, 117
電圧降下　108
転移　41
電位　108
電位差　108
電解質　108
電解槽　119
電荷量　119
電気化学　117
電気化学ポテンシャル　117
電気双極子モーメント　158
電気的仕事　119
電気ポテンシャル　108, 117
電子スピン共鳴　161
電子スペクトル　125, 157
電磁波　92
電堆　117
電池　108, 117, 119
電池図　118
電池反応　118
伝導率　108, 109
電離　111
電離度　111
電流　108
電流密度　109
電量分析　108

と

等圧線　15
等エンタルピー　25
等温線　14
透過係数　195
動径因子　139
統計学　58
動径関数　139
統計熱力学　58
逃散能　48
導体　108
動力学的因子　194
独立変数　66
トコフェロール　191
閉じた系　22
ド・ブロイ（Louis de Broglie）　125
トルートンの規則　40
ドルトンの法則　3

な 行

内部エネルギー　19, 24, 30
波　133
二原子微分重なりの無視　176

索引

二原子分子 156
二酸化硫黄 162
二次元膜 88
二次反応 78
二重置換軌道 185

ねじりモーメント 159
ねじれ力 166
熱 19
熱化学 30
熱含量 167
熱機関 39
熱素 30
熱的波長 63
熱の移動 42
熱反応 36, 190
熱容量 24, 89
熱力学 19, 58
熱力学関数 60
熱力学第一法則 19
熱力学第二法則 21, 39
熱力学第三法則 43
熱力学的遷移 23
熱力学の因子 194
熱力学の基本恒等式 47
熱量 30
熱量計 30
ネルンストの式 119, 122
粘性係数 90
粘性抗力 90
粘度 90

濃淡電池 120
濃度 66
濃度単位 99

は

配向分極 158
排除体積 10, 16
ハイゼンベルク (Werner Heisenberg) 125
配置間相互作用法 185
パウリの排他原理 139
波数 61, 155
パッキング 91
パッシェン系列 125
バッテリー 117
発熱反応 194
波動 133
波動関数 126, 143
波動方程式 125, 133
波動力学 133
波動-粒子の二重性 126
ハートリー 145
ハートリーエネルギー 35
ハートリー積 141
ハートリー独立電子法 129
ハートリー-フォック極限 185
ハートリー-フォック法 130
波腹 140
ハミルトン演算子 126, 134, 143, 146
ハミルトン関数 126
バルマー系列 125
汎関数 79
半経験的方法 176
反結合 127

反結合性軌道 174
半減期 77
半電池 118
半透膜 102, 109
反応エンタルピー 32, 194
反応機構 82
反応ギブズ自由エネルギー 47
反応座標 193
反応商 51, 119
反応進行度 40, 52
反応速度 79, 193
反応速度定数 84
反応速度への温度の影響 83
反応速度論 77

ひ

pH 123
pH 計 120
光誘導連鎖反応 191
引数 79
非制限ハートリー-フォックエネルギー 180
ヒットルフセル 113
微分 20
微分重なりの完全無視 176
微分重なりの無視 176
比誘電率 158
標準温度 36
標準ギブズ自由エネルギー 52, 80
標準状態 33
標準水素電極 120
標準電池電位 120
標準反応エンタルピー 54
標準反応エントロピー 54
表面張力 88
開いた系 22
ビリアル係数 11
ビリアル状態方程式 11
ビリアル展開式 13, 17
非理想的挙動 16
頻度因子 84

ふ

ファラデー定数 109
ファラデーの法則 112
ファンデルワールスの状態方程式 10, 16
ファントホッフ (J. H. van't Hoff) 53
ファントホッフの式 53, 103
ファントホッフのi係数 104
フェノールラジカル 191
フェルミ粒子 149
フォック (Vladimir A. Fock) 128
フォック行列 175
不可逆変化 39
不確定性原理 125
フガシティー 48, 53
負極 119
複合的相図 73
1,3-ブタジエン 157
t-ブチルメタン 196
フックの法則 154
物質量 3

沸点上昇 101
沸点上昇定数 102
部分モル体積 68
ブラケット記法 126
ブラッグの式 92
ブラッグの法則 92
ブラベ (Auguste Bravais) 94
ブラベ格子 94
プランク (Max Planck) 125
プランク定数 125
プランクの式 126
プリゴジン (Ilya Prigogine) 22
フリーラジカル 81, 161, 191
フレオン 83
分圧 3, 104
分割価電子基底関数系 181
分極 182
分極基底関数 182
分極率 159
分子間力 98
分子軌道 175, 179
分子構造 154
分子度 82
分子変分法 173
分子モデリング 167
分子力学法 164, 166
分子量子化学 127
分配関数 6, 58, 59, 61
分留 73

へ

平均イオン活量係数 122, 123
平衡 51, 58, 67, 72
平衡定数 40, 48, 51, 62, 64, 81
平衡反応 82
並進運動 62, 64
並発反応 82
ベクトル 4
ヘスの法則 32
β^+ 線 86
β^- 線 86
ヘリウム原子 129, 146, 152
ペルオキシルラジカル 191
ヘルムホルツ自由エネルギー 43
変形分極 158
ベンゼン 102, 106
偏微分 20
変分法 143, 145
ヘンリーの法則 100, 105

ほ

ボーア (Niels Bohr) 125
ポアズイユの式 91
ボーア半径 130
ボーア理論 126
ボイル-シャルルの法則 1, 7
ボイルの法則 1
崩壊系列 77
崩壊速度 77
崩壊定数 77
放射性元素 77

索引

放射化学反応　77
膨　張　41
飽和カロメル電極　122
ポスト・ハートリー–フォック計算　185
ボース粒子　149
保存系　127
保存則　19
ポテンシャル井戸　155
ポテンシャルエネルギー
　　　　　19, 95, 136, 155, 166
ポテンシャルエネルギー表面　193
ポーリング（Linus Pauling）　128
ボルタ（Alessandro Volta）　117
ボルタ電池　117
ボルツマン因子　59, 85
ボルツマン式　58
ボルツマン定数　5, 60
ボルン（Max Born）　127
ボルン–ハーバーサイクル　95, 96

ま 行

マイクロ波分光学　157
曲がり　166
マクスウェル–ボルツマン分布　4, 7, 84
膜電位　108
マクローリン展開　103
マーデルンク定数　96

水　66, 74
水分子　169
密度汎関数法（DFT）　187

娘核種　77
無秩序さ　40
無名数　66

メタノール　183
メタン　165, 171, 181, 187
メチルイソシアニド　85
面心立方晶系　93
面心立方充塡構造　94

毛管現象　88
モ　ル　2
モルイオン伝導率　113, 115
モル質量　16, 106
モル分率　3, 98, 105, 106

や 行

有効核電荷　129, 151
融　点　73
誘電体　158
誘電率　158
U字管　102
輸　率　111, 112, 115

溶　液　98
溶液熱量測定法　56
溶解度積　121
陽　極　113, 119
溶　質　99
容積モル濃度　105
陽電子　86
溶　媒　99
溶媒和数　104

ら 行

ライマン系列　125
ラウールの法則　98
ラジウム　77
ラッセル–ソンダースカップリング　152
ラドン　77
ラプラシアン　130
ラプラス演算子　130
ラプラス変換　79

り

力　場　167

離散的な分布　5
理想気体　26
理想気体の法則　1
理想溶液　69, 98
立体配座　165
立方晶系　94
利得媒質　192
硫酸亜鉛　117
流　束　111
量子化学　133
量子効率　190
量子数　133
量子的剛体回転子　156
量子力学　125, 135
量子力学第一原理　30
量子力学的分子モデリング　173
良導体　108
菱面体晶系　94
臨界圧力　14
臨界温度　13
臨界体積　14
臨界定数　14
臨界点　14, 68
臨界密度　15
りん光　190

る～ろ

ルシャトリエ（H. L. le Chatelier）　53
ルシャトリエの原理　53
零点エネルギー　155
レーザー　192
レドックス反応　119
連鎖開始ステップ　191
連鎖成長ステップ　191, 196
連続反応　80, 82

ローターン（C. C. J. Roothaan）　173
ローターン方程式　175
六方晶系　94
ローブ　141

中 村 和 郎
なか　むら　かず　お

1945 年　奈良県に生まれる
1969 年　東京大学薬学部 卒
1974 年　東京大学大学院薬学研究科 修了
1992〜2011 年　昭和大学薬学部 教授
現　昭和大学 客員教授
専 攻　構造生物学, タンパク質結晶学
薬 学 博 士

第 1 版 第 1 刷　2013 年 3 月 8 日 発行

コンサイス物理化学

訳　　者　　中　村　和　郎
発 行 者　　小　澤　美 奈 子
発　　行　　株式会社 東京化学同人
東京都文京区千石 3 丁目 36-7 (〒112-0011)
電話 (03) 3946-5311・FAX (03) 3946-5316
URL: http://www.tkd-pbl.com/

印　刷　大日本印刷株式会社
製　本　株式会社 青木製本所

ISBN978-4-8079-0802-8　Printed in Japan
無断複写, 転載を禁じます.

書名中「コンサイス」は (株) 三省堂の登録商標で,
許諾を得て使用しています.